普通高等教育"十二五"部委级规划教材

食品工程原理

赵黎明　黄阿根　主编

U0242005

中国纺织出版社

内 容 提 要

本书重点介绍了食品工程的基本概念、原理及其应用。全书共分十一章，以"三传理论"为主线，简明扼要地介绍了能量衡算和物料平衡、热力学、食品流动、非均相分离、传质和传热等的基本概念、工程原理和应用。书中弱化了基本公式的推导，增加了大量数学模型和经验公式的应用，并通过工程案例来分析、讲解，特别强调了工程原理在食品工业过程中的应用，把握基础，侧重应用，易学易懂。

本书可作为普通高等学校食品及相关专业本科生教材及研究生的参考书，也可作为各类食品从业人员的参考用书。

图书在版编目(CIP)数据

食品工程原理 / 赵黎明，黄阿根主编. — 北京：中国纺织出版社，2013.9（2021.3重印）

普通高等教育"十二五"部委级规划教材

ISBN 978 - 7 - 5064 - 9850 - 0

Ⅰ.食… Ⅱ.①赵… ②黄… Ⅲ.①食品工程学—高等学校—教材 Ⅳ.①TS201.1

中国版本图书馆 CIP 数据核字(2013)第 137908 号

责任编辑：国帅 闫婷 责任设计：品欣排版 责任印制：王艳丽

中国纺织出版社出版发行

地址：北京朝阳区百子湾东里 A407 号楼 邮政编码：100124

邮购电话：010—67004461 传真：010—87155801

http://www.c-textilep.com

E-mail:faxing@c-textilep.com

北京玺诚印务有限公司印刷 各地新华书店经销

2013 年 9 月第 1 版 2021 年 3 月第 4 次印刷

开本：710×1000 1/16 印张：30

字数：468 千字 定价：48.00 元

凡购本书，如有缺页、倒页、脱页，由本社图书营销中心调换

本书编委会成员

主　编　赵黎明　黄阿根

副主编　孙兰萍　杜传来

参　编（按姓氏笔画排序）

朱定和　孙兰萍　杜传来

花旭斌　吴恩奇　赵大庆

赵黎明　徐环昕　黄阿根

廖彩虎

出版者的话

《国家中长期教育改革和发展规划纲要》中提出"全面提高高等教育质量"，"提高人才培养质量"。教高［2007］1号文件"关于实施高等学校本科教学质量与教学改革工程的意见"中，明确了"继续推进国家精品课程建设"，"积极推进网络教育资源开发和共享平台建设，建设面向全国高校的精品课程和立体化教材的数字化资源中心"，对高等教育教材的质量和立体化模式都提出了更高、更具体的要求。

"着力培养信念执着、品德优良、知识丰富、本领过硬的高素质专业人才和拔尖创新人才"，已成为当今本科教育的主题。教材建设作为教学的重要组成部分，如何适应新形势下我国教学改革要求，配合教育部"卓越工程师教育培养计划"的实施，满足应用型人才培养的需要，在人才培养中发挥作用，成为院校和出版人共同努力的目标。中国纺织服装教育协会协同中国纺织出版社，认真组织制订"十二五"部委级教材规划，组织专家对各院校上报的"十二五"规划教材选题进行认真评选，力求使教材出版与教学改革和课程建设发展相适应，充分体现教材的适用性、科学性、系统性和新颖性，使教材内容具有以下三个特点：

（1）围绕一个核心——育人目标。根据教育规律和课程设置特点，从提高学生分析问题、解决问题的能力入手，教材附有课程设置指导，并于章首介绍本章知识点、重点、难点及专业技能，增加相关学科的最新研究理论、研究热点或历史背景，章后附形式多样的思考题等，提高教材的可读性，增加学生学习兴趣和自学能力，提升学生科技素养和人文素养。

（2）突出一个环节——实践环节。教材出版突出应用性学科的特点，注重理论与生产实践的结合，有针对性地设置教材内容，增加实践、实验内容，并通过多媒体等形式，直观反映生产实践的最新成果。

（3）实现一个立体——开发立体化教材体系。充分利用现代教育技术手段，构建数字教育资源平台，开发教学课件、音像制品、素材库、试题库等多种立体化的配套教材，以直观的形式和丰富的表达充分展现教学内容。

教材出版是教育发展中的重要组成部分，为出版高质量的教材，出版社严格甄选作者，组织专家评审，并对出版全过程进行跟踪，及时了解教材编写进度、编写质量,力求做到作者权威、编辑专业、审读严格、精品出版。我们愿与院校一起,共同探讨、完善教材出版,不断推出精品教材,以适应我国高等教育的发展要求。

中国纺织出版社
教材出版中心

前　言

食品工程原理是食品科学与工程专业本科阶段的经典核心课程,也是一门主干基础专业课程。它在基础课和专业课之间起着承前启后、由理及工的桥梁作用。它是一门建立在化工单元操作的基本理论和方法之上而具有食品工程学科显著自身特色的工程学科,也是将食品原料通过工业化过程转变为食品产品的技术方法和理论依据,在食品学科发展中具有不可替代的重要作用。

学过食品工程原理的学生十有八九会抱怨这门课程枯燥、难学,这主要是由食品工程原理本身的难度和抽象性造成的。与其他食品专业课程不同,食品工程以公式推导和应用为基础,基于化工单元操作理论,综合利用数学、物理学、普通化学及物理化学等多学科的知识去解决食品加工过程中所遇到的实际问题,具有较强的工程特点,对学生的数学基础有较高的要求。

本书弱化了公式的推导,增加了大量数学模型和经验公式的应用,强调基本原理的应用和案例分析,以"三传理论"为主线,简明扼要地介绍包括能量和质量衡算、热力学、传质和传热、动量传递在内的工程原理的核心概念及其在食品加工中的应用,旨在使学生掌握足够的理论知识,并具有较强的应用能力,以胜任食品加工实践。本书减少了数学基础强弱对学习本课程的影响,以提高学生的学习兴趣,利于对核心知识的掌握。

全书共分十一章,分别由华东理工大学赵黎明(绪论、第一章)、徐环昕(第十章),扬州大学黄阿根(第七章、第八章、附录)、蚌埠学院孙兰萍(第四章)、赵大庆(第五章、第六章),安徽科技学院杜传来(第二章)、韶关学院朱定和(第三章)、廖彩虎(第九章),西昌学院花旭斌(第十一章),内蒙古民族大学吴恩奇编写,赵黎明统稿。

本书的编写参阅了国内外有关专家的论著、教材、资料,得到了江南大学夏文水教授的关心和支持,并得到相关兄弟院校领导和老师的大力支持和协助。对本书做出贡献的还有华东理工大学研究生陈超琴、刘明英、何灯军、杨杨等,在此一并表示感谢!由于编者水平和能力有限,书中难免存在不足之处,敬请读者批评指正,以便进一步修改完善。

赵黎明

2013.05.16

目　录

绪　论

一、课程概述

食品工程（Food engineering）涵盖了所有的典型工程原理，包括热力学（Thermodynamic）、流体力学（Hydrodynamic）、传热（Heat transfer）和传质（Mass transfer），同时也与物理化学、生物过程和材料科学密切相关。了解并掌握食品加工过程中存在的各类工程原理和方法对于食品工业的成长以及食品科学的教学是极其重要的。食品工程原理（Principle of food engineering）是一门以力学、热力学、动力学、传热和传质为理论基础的课程，是化工单元操作和化工原理在食品工业的具体应用。该课程主要阐述食品加工过程中各加工单元系统的相互关系，如质量平衡和能量平衡关系，以及影响这些相互关系的因素。

食品工程原理是在化工原理基础上提炼和发展出来的一个具体领域，二者有相同的理论基础和相似的单元操作，如干燥、过滤、蒸发、精馏、萃取、搅拌和吸收等主要单元操作完全一致。由于食品原料和化学原料不同，且食品加工有食品安全、卫生等特殊的学科要求，因此像制冷低温原理、真空技术原理、均质乳化、粉碎筛分等在食品加工中应用较多，而在化学工程中则少见甚至完全没有。食品工程原理强调食品材料加工过程中的品质保护问题，更加强调低温技术、冷冻干燥技术。在食品工程原理课程中始终贯穿着各种技术原理与食品色、香、味的关系问题。

食品工程原理还含有食品机械设计制造、选型配套以及维修操作等基础，是保证食品工艺准确实施的必备知识，是食品工程专业的主干课程。将先进的工业技术应用于食品加工业，使食品工业从以手工操作为主发展到以机械操作为主。各道工艺从零散发展到连续化、自动化或半自动化。随着生物技术与电子信息技术的发展，一些生物技术和光电技术在食品工程中的应用不断出现。食品工程原理强调工程观点、定量运算、实验技能和设计能力的训练，要求做到理论与实际的结合，以提高分析、解决实际工程问题的能力。

国外有关这方面的教科书和参考书较多，如 *Food Engineering Operations*、*Elements of Food Engineering*、*Food Process Engineering*、*Fundamentals of Food Engineering*、*Process Engineering in the Food Industries*、*Unit Operations in Food Processing* 等。本书取名为"食品工程原理"，以基本原理的应用、基本原理在食品工业中的

应用案例介绍为主要内容。全书减少了与《化工原理》重复的基本理论和理论推导内容,增加了数学模型和经验公式和工程案例分析比重,侧重于基本单元操作的应用。

食物由于物理、化学、酶或微生物的作用而产生变化,了解整个化学变化中的动力学非常必要。本课程要求在学习食品工程原理之前首先应学习数学、化学和物理这些基础课程。

二、三传理论

不同食品的生产过程使用各种物理加工过程,根据操作原理可归结为多个应用广泛的基本操作过程,如流体输送、搅拌、沉降、过滤、热交换、制冷、蒸发、结晶、吸收、蒸馏、粉碎、乳化萃取、吸附、干燥等。这些基本的物理过程称为单元操作(Unit operation)。这些单元操作均为物理性操作,只改变物料的状态或其物理性质,不改变其化学性质。将若干个单元操作串联起来可组成一个工艺过程。同一食品加工过程中一般包含多个不同的单元操作。同一单元操作在不同的生产过程应用时,其基本原理相同,相关设备也可以通用。

所有的单元操作按其基本原理可以分为三大类:①流体流动过程(Fluid flow process),以动量传递为基础,包括流体输送、搅拌、沉降、过滤等;②传热过程(Heat transfer process),包括热交换、蒸发等;③传质过程(Mass transfer process),包括吸收、蒸馏、萃取、吸附、干燥等。以上三个过程包括了三种理论,统称为“三传理论”。

动量传递(Momentum transfer):流体流动时,其内部发生动量传递,故流体流动过程也称为动量传递过程。凡是遵循流体流动基本规律的单元操作,都可以用动量传递的理论去研究。

热量传递(Heat transfer):物体被加热或冷却的过程也称为物体的传热过程。凡是遵循传热基本规律的单元操作,均适用于热量传递的理论。

质量传递(Mass transfer):两相间物质的传递过程即为质量传递。

“三传理论”是单元操作的理论基础,单元操作是“三传理论”的具体应用。同时,“三传理论”和单元操作也是食品工程技术的理论和实践基础。表1中列举了奶粉加工过程中的单元操作及其对应的传递理论。

表1 奶粉加工过程中的单元操作及对应的传递理论

名称	作用	单元操作	涉及的传递理论
冷冻盐水管道	提供冷却介质	流体输送	动量传递
自来水管道	提供流动介质	流体输送	动量传递
蒸汽管道	提供加热介质	流体输送	动量传递

名称	作用	单元操作	涉及的传递理论
离心泵	输送牛奶	流体输送	动量传递
板式换热器	冷却牛奶与加热空气	传热	热量传递
配料槽	配料、混合与标准化	搅拌	动量传递
均质机	均质牛奶	均质	动量传递与质量传递
两段板式换热器	巴氏灭菌	传热	热量传递
升膜式蒸发器	浓缩牛奶	浓缩	热量传递、动量传递与质量传递
旋液分离器	分离水中的牛奶	非均相物系分离	动量传递与质量传递
喷射泵	提供负压	流体输送	动量传递
高压泵	产生较大压力	流体输送	动量传递
空气过滤器	过滤空气，使其清洁	过滤	动量传递
喷雾干燥器	干燥牛奶使其成为奶粉	干燥	热量传递、动量传递与质量传递
旋风分离器	分离空气中奶粉颗粒	非均相物系分离	动量传递与质量传递
风机	排出废气	流体输送	动量传递
筛分机	筛出大的奶粉颗粒	筛分	
流化床冷却	冷却干燥后的牛奶	传热	热量传递

学习食品工程原理课程的核心就是掌握"三传理论"，并能够使用其解决食品加工过程中的问题、设计食品加工生产线等。

三、量纲或因次

可以被观察或测量的物理实体可以用量纲（Dimension）或因次定性表征。例如，时间、长度、面积、体积、质量、力、温度和能量，都是不同的量纲。量纲定量尺度用单位表示，如长度可以用测量单位米、厘米、毫米表示。

基本量纲，像长度$[L]$、时间$[t]$、温度$[\theta]$和质量$[m]$，表示一个物理实体。导出量纲是基本量纲组合导出的（例如，体积是长度的立方，速度是距离除以时间）。

$$[Q] = [L]^x[m]^y[t]^z\cdots\cdots$$

式中：　Q——物理量；

　　　　$[Q]$——物理量Q的量纲；

$x, y, z\cdots\cdots$——任意的有理数。

方程式中量纲必须一致，即物理方程量纲一致原则。也就是说，如果方程式中左侧的量纲是长度，那么右侧量纲也必须是长度；否则，方程式就是错误的。这是一个很好的检测方程式是否正确的方法。在解决数值问题时，把方程式中的每个单位都写准确也是非常有用的。这个方法可以有效地避免计算错误。

四、工程单位

物理量的测量会应用到大量的单位,包括英制单位,厘米－克－秒单位制(CGS制)单位,米－千克－秒单位制(MKS制)单位。然而,同时使用这些单位,会比较乱。为规范单位系统的符号和数量,1960年第十一届国际计量大会通过国际单位制(SI)。目前,SI单位制是由七个基本单位、两个辅助单位和一系列的导出单位组成的。

(一)基本单位

SI系统是以七个独立量纲的基本单位为基础的。这七个单位是:长度单位(米,m)、质量单位(千克,kg)、时间单位(秒,s)、电流单位(安培,A)、热力学单位(开尔文,K)、物质的量(摩尔,mol)和发光强度单位(坎德拉,cd)。

(二)导出单位

导出单位是基本单位经过乘法或者除法运算后的代数集合。简言之,导出单位通常采用特殊的名字和符号,并用来获得其他导出单位。一些常用的导出单位如:牛顿(N)、焦耳(J)、瓦特(W)、伏特(V)、欧姆(Ω)、库伦(C)、法拉(F)、亨利(H)、韦伯(Wb)、流明(lm)等。

(三)辅助单位

辅助单位包含两种纯几何单位,既可视为基本单位,又可作为导出单位。①平面角单位弧度(rad):两条半径所夹圆弧的长度与半径长度相等时所夹角的弧度为1弧度;②立体角单位(球面度,sr):以球心为顶点在球的表面切割等于球半径平方的面积所对应的的立体角为1球面弧度。

(四)单位换算

在本学科范围内,主要涉及力学、热学领域,故常用的单位是长度m、质量kg、时间s、温度℃。目前国际上各科学领域采用的单位制虽向SI过渡,但要全面实施尚需经历一定时间,而且文献资料中的数据又是多种单位制并存,使用时要进行换算,所以掌握物理量在不同单位制中的换算方法,是学好食品工程原理的基础。

1. 常用物理量的单位换算

同一物理量,若单位不同其数值就不同,例如,重力加速度在SI中的单位为m/s^2,其值为9.81;在CGS制中的单位为cm/s^2,其值为981,即

重力加速度 $g = 9.81 \ m/s^2 = 981 \ cm/s^2$

上式为重力加速度在SI与CGS制中的换算关系。这里将一些常见物理量的单位换算列举如表2所示,希望熟记。

表 2　常见物理量的单位换算

单位符号	单位名称	使用范围	单位换算
lb	磅	停用	1 lb≈0.453 6 kg
in	英寸	停用	1 in≈0.025 4 m
ft	英尺	停用	1 ft≈12 in≈0.304 8 m
yd	码	停用	1 yd≈0.914 4 m
kgf	千克力	停用	1 kgf≈9.81 N
dyn	达因	停用	1 dyn = 10^{-5} N
atm	标准气压	停用	1 atm = 101.325 kPa
mmHg	毫米汞柱	停用	1 mmHg≈133.3 Pa
mmH_2O	毫米水柱	停用	1mmH$_2$O≈9.81 Pa
kgf/cm^2	千克力每平方厘米	停用	1 kgf/cm^2≈98.1 kPa
at	工程大气压	停用	1 at = 98.1 kPa
bar,b	巴	停用	1 bar = 10^5 Pa = 100 kPa
Torr	托	停用	1 Torr≈133.3 Pa
Pa·s	帕秒	导出	1 Pa·S = 1 kg/(m·s)
P	泊	停用	1 P = 0.1 Pa·s
cP	厘泊	停用	1 cp = 1 mPa·s = 10^{-3} Pa·s
cal	热力学卡	停用	1 cal = 4.184 J
erg	尔格	停用	1 erg = 10^{-7} J
BTU	英热单位	停用	1 BTU≈1.055 kJ
HP	马力	停用	1 HP≈735.5 W
W	瓦	导出	1 W = 1 J/s
	度	停用	1 度 = 1 kW·h
℃	摄氏度	导出	表示温度差和温度间隔时:1 ℃ = 1 K
℉	华氏度	停用	表示温度数值时:1 ℉ = 1.8 ℃
K	开	基本	t ℃ = T(K) − 273.15 t ℃ = (℉ − 32)/1.8

【例 1】　从已有资料中查出常温下苯的导热系数 λ 为 0.091 9 BTU/(ft·h·℉),试从基本单位换算开始,将苯的导热系数单位换算为 W/(m·℃)。

解:单位换算时,一般应先写出原单位与要换算的新单位之间的关系,再采用单位间的换算因数与各基本单位相乘或相除的方法,以消去原单位而引入新单位。新单位 W/(m·℃)也可写为 J/(m·s·℃)。

长度 1 m = 3.280 8 ft　热量 1 J = $9.486×10^{-4}$ BTU　温度差 1 ℃ = 1.8 ℉

时间 1 h = 3 600 s

苯的导热系数为：

$\lambda = 0.091\ 9\ \text{BTU}/(\text{ft} \cdot \text{h} \cdot ^{\circ}\text{F})$

$= \left(\dfrac{0.091\ 9\ \text{BTU}}{\text{ft} \cdot \text{h} \cdot ^{\circ}\text{F}}\right)\left(\dfrac{1\ \text{h}}{3\ 600\ \text{s}}\right)\left(\dfrac{1\ \text{J}}{9.486 \times 10^{-4}\ \text{BTU}}\right)\left(\dfrac{3.280\ 8\ \text{ft}}{\text{m}}\right)\left(\dfrac{1.8\ ^{\circ}\text{F}}{1\ ^{\circ}\text{C}}\right)$

$= 0.159\ \text{J}/(\text{m} \cdot \text{s} \cdot ^{\circ}\text{C}) = 0.159\ \text{W}/(\text{m} \cdot ^{\circ}\text{C})$

2. 经验公式（或数学公式）的换算

工程中遇到的公式有两大类。一类是反映物理量之间关系的物理方程。它是根据物理规律建立起来的，要求公式中各物理量的单位可以任选一种单位制，但同一式中绝不允许同时采用两种单位制，因此物理方程又称单位一致性或因次一致性方程。

另一类是根据实验数据整理而成的经验公式，式中各符号只代表物理量数字部分，而它们的单位必须采用指定的单位，故经验公式又称数字公式。若已知物理量的单位与公式中规定的不相符，则应先将已知数据换算成经验公式中指定的单位后才能进行运算。若经验公式要经常使用，则应将公式加以变换，使式中各符号都采用计算者所希望的单位。这就是经验公式的换算，换算方法见例2。

【例2】 经验公式 $S = 295.7u \cdot t$，其中 S:ft; u:in/s; t:h

请将经验公式中各符号用 SI 制单位表示（即 S':m; u':m/s; t':s）

解：将各参数用单位为 SI 制单位取代后的关系列出。

$S'(\text{m}) = S'(\text{m}) \times \left(\dfrac{3.280\ 3\ \text{ft}}{1\ \text{m}}\right) = 3.280\ 3S'(\text{ft})$

$u'(\text{m/s}) = u'(\text{m/s}) \times \left(\dfrac{39.37\ \text{in}}{1\ \text{m}}\right) = 39.37u'(\text{in/s})$

$t'\text{s} = t'\text{s} \times \dfrac{1\ \text{h}}{3\ 600\ \text{s}} = \dfrac{t'}{3\ 600}(\text{h})$

分别将 S'、u'、t' 表示的 s、u、t 代入原经验公式得：

$3.280\ 3\ S' = 300 \times 39.37u' \times \dfrac{t'}{3\ 600}$

$S' = u' \cdot t'$

去除上标得经验公式为：$S = u \cdot t$，

式中：S——m;

u——m/s;

t——s

五、系统

系统(System)是指任何可以用真实或假想的边界包围起来的规定的空间或物质限定的数量。边界不仅可以是固定的,还可以是移动的。例如图1,是由水槽、管道和阀门组成的封闭系统。假如我们仅分析阀门,我们在分析系统边界的时候仅划环绕阀门的部分。

系统是由系统边界以内的组件组成的。一旦划定了系统边界,那么所有边界以外的

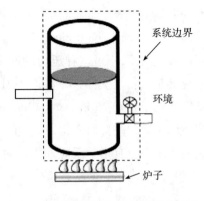

图1 包含输送管道和阀门的系统示意图

都称为环境(Surroundings)。因此,合理选择系统和边界非常重要,可以简化问题的分析。

系统既可以是开放的,也可以是封闭的。对于封闭系统,系统边界对于流动性物质是不可透过的。换言之,封闭系统不允许系统内的物质与环境进行物质交换。封闭系统可以与环境进行热和功的交换,从而导致系统内的能量、体积或系统的其他性能发生改变,但是质量守恒。例如,一个边界包围着部分罐壁的系统,物质流是不能透过的,在这种情况下,我们可以将其视为封闭系统来处理。而在开放系统中,热和物质都可以穿过边界进出系统。结果如图1所示,热和液体会沿着系统边界流动。

如果一个系统与环境没有物质、热或功的交换,我们称之为隔绝系统(Isolated system)。隔绝系统对环境没有任何影响。例如,我们在一个绝热容器内进行化学反应,这样系统和环境没有热交换,如果容器体积同时保持不变,我们则可认为该化学反应是在隔绝系统内进行的。

如果在一个隔绝或开放系统内,系统与外界无热交换,我们称这个系统为绝热(Adiabatic)系统。尽管我们不可能实现绝对的绝热,但在一定条件下可以做到接近绝热条件。当一个过程在恒定温度下进行,同时与外界也进行热交换,我们则称该系统为等温(Isothermal)系统。对系统边界的定义没有严格限制,事实上,我们可以在过程中灵活的界定。我们可以以活塞和气缸为例来说明系统边界的可变性。

系统的状态与系统的平衡条件相关。在平衡状态下,系统的所有性质都是固定值;如果任何一个性质的数值发生改变,系统的状态也随之发生改变。例

如，一个苹果的内部温度都统一是 10℃，则该苹果处于热平衡（Thermal equilibrium）状态。同样，如果一个物体各个方向压力都相同，则此物体处于机械平衡（Mechanical equilibrium）状态。尽管系统中的压力由于重力引进的提升而可能发生改变，不过这种压力的改变在热力学系统里通常忽略不计。如果我们研究的是两相系统，例如饱和液体中含有析出的晶体并且它们的质量保持不变，则它们处于相平衡（Phase equilibrium）状态。此外，如果系统中一物质的化学组成不随时间的改变而变化，则系统处于化学平衡（Chemical equilibrium）状态，这说明系统中没有化学反应发生。对于一个被认为处于平衡状态的系统，必须所有过程都要满足平衡状态条件。

当系统经历状态改变，则过程（Processs）发生了。过程的途径可能包含不同的状态。一个完整过程的描述包括初始状态、中间状态、结束状态以及与环境的相互作用。例如，当将上述的 10℃状态的苹果转移到 5℃的环境中，苹果温度将会逐渐趋近于 5℃，并达到平衡状态。苹果的温度变化是一个冷却过程。在这种情况下，温度变化从初始的 10℃降到 5℃，变化路径如图 2 所示。

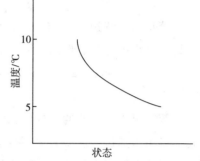

图 2　苹果从 10 ℃降温到 5 ℃的状态变化路径

上述例子表明，对于任何系统，我们可以用其性质来描述系统的状态。如果要固定一个系统的状态，则要指定其各种性质的数值，例如，压力、温度和体积，可以定义热力学系统的平衡状态。这些性质不依赖于系统的状态是如何获得的，它们只是系统状态的函数。因此，性质是不依赖于系统状态变化路径的。我们可以将性质分类为广泛性和内含性。

广泛性的数值依赖于系统的范围和尺寸。例如，质量、长度、体积和能量都依赖于给定系统的大小。这些性质是附加的，因此，一个系统的广泛性性质是系统各组成部分性质的总和。我们可以简单地通过对系统的尺寸的考量来确定性质是否是外延的。如果是与系统尺寸有关的，则是广泛性性质。

内含性不依赖于系统的尺寸。例如，温度、压力和密度。对于一个均相系统，我们通常是通过对两个广泛性质相除来获得的。例如，质量除以体积，质量和体积都是广泛性质，但是它们相除得到的是密度是内含性质。

同时还有系统的比性质，一般用每单位质量表示。这样，比体积就是"体积/单位质量"，比能量就是"能量/单位质量"。

第一章　物料衡算和能量衡算

本章学习要求：通过本章的学习，学生需要掌握物料平衡的基本方法和能量衡算的原则和方法；掌握食物比热的计算方法、数学模型和焓的计算方法，了解冷冻状态下食物的焓变计算方法，并能熟练运用。

第一节　概述

物料衡算（Material balance）用于核定加工过程中物料的进料流和出料流，从而定量确定整个流程的物料量或组分的物料量，基于在一个设定的系统内质量守恒。在从原料中获得指定组分、估算经混合加工后的产品最终组成、计算加工收率以及评价机械分离设备的分离效率等方面，物料衡算是非常重要的手段。在食品加工领域，为了明确生产过程中原料、成品以及损失的物料量，必须要进行物料衡算。

能量衡算（Energy balance）可以用来计算系统中包含的不同形式的能量，对于判断节能方法的效率或确定节能区间非常重要。在设计含加热或冷却工艺的加工过程时，通过能量衡算，确保设计产能下用于热交换的流体量和装备尺寸满足实现加工目标的要求。

第二节　质量平衡和物料衡算

一、质量守恒定律

质量守恒定律（Law of conservation of mass）：物质既不可能创造，也不可能毁灭。但物质的组成可以从一种形式变为另一种形式，即使在发生化学反应的情况下，反应前后反应物和产物的组成可能不一样，但是系统内物质的总量不变。可以把参与化学反应的物质视为一个封闭系统中的物质。

进入系统的质量流量－离开系统的质量流量＝系统质量流量累积量（1－1）

如果系统对于某物质的积累量为零，那么物质进出系统的量必须相等。如果累积量＝0，则说明过程处于静态；如果累积量≠0，则说明体系中组分的质量或浓度随时间变化，该过程处于非静态。例如，如图1－1所示，如果容器中水的质量保持不变,且水以 1kg/s 的速度流入,则水流出的速度也必须是 1kg/s。

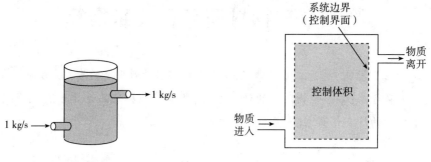

图 1 - 1　进出容器的液体流　　　　　图 1 - 2　定容系统示意图

把上述情形用数学模型来表达。为了更直观,可以参照图 1 - 2。图 1 - 2 中显示了容器有一个入口和一个出口,在体积恒定的容器中也可以有多个的入口和出口。因此,一般情况下,流入系统的质量流量为:

$$q_{m,inlet} = \sum_{i=1}^{n} q_{m,i} \qquad (1-2)$$

式中:i——流入口;

　　　n——系统中流入口的数量。

输出系统的质量流量是:

$$q_{m,exit} = \sum_{e=1}^{p} q_{m,e} \qquad (1-3)$$

式中:e——流出口;

　　　p——系统中流出口的数量。

系统内的质量流量积累量是时间的函数,可以表示为:

$$q_{m,accumulation} = \frac{\mathrm{d}m_{system}}{\mathrm{d}t} \qquad (1-4)$$

将上式代入式(1-1),得:

$$q_{m,inlet} - q_{m,exit} = \frac{\mathrm{d}m_{system}}{\mathrm{d}t} \qquad (1-5)$$

通常,质量流量要比其他流动特性,如流速,更容易测量。

二、过程流程图

在列物料平衡方程前,先画出过程流程图并确定系统范围。

例如,考察葡萄糖结晶工艺过程,求从 100 kg 含糖 20%(重量比)和水溶性杂质 1% 的糖浆中生产的结晶葡萄糖(干基)量。首先将糖浆浓缩到 75% 糖浓度,输送至结晶器中到 20 ℃结晶,经离心分离后,湿晶体进入干燥器干燥得到结晶葡萄糖产品。葡萄糖结晶工艺的过程流程图如图 1 – 3 所示。

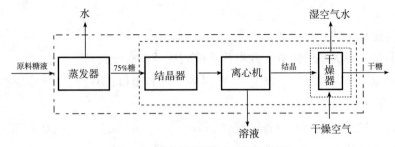

图 1 – 3 葡萄糖结晶工艺的过程流程图

三、总质量平衡

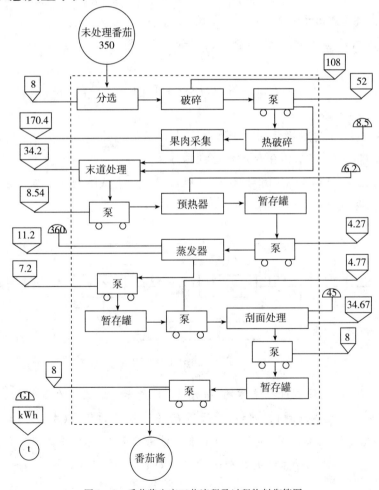

图 1 – 4 番茄酱生产工艺流程及过程物料衡算图

11

物料衡算在工厂设计和生产实践方面非常重要。图1-4所示的一条番茄酱生产线,通过物料衡算,可以准确计算出原料的组成、产品生产路线和副产品生产路线。

物料衡算步骤:

①收集所有关于流体进入和离开系统的质量和成分数据;

②绘制整个过程框图,正确标出物料的入口和出口;确定系统边界和衡算范围;将所有数据标注在框图上;

③选择计算基准(如质量或时间),利用式(1-5),按照选定的基准建立物料平衡方程来计算未知量。每个未知量对应一个平衡方程。

【例1-1】 在蒸发器中,稀物料进入系统,浓缩物料离开蒸发器,水分蒸发。设 I 代表进入系统的稀物料重量,W 是水的蒸发量,C 代表浓缩物重量,假设过程是稳定状态,要求列出系统总的物料平衡式。

解:根据题意,绘制过程物料平衡图如图1-5所示。

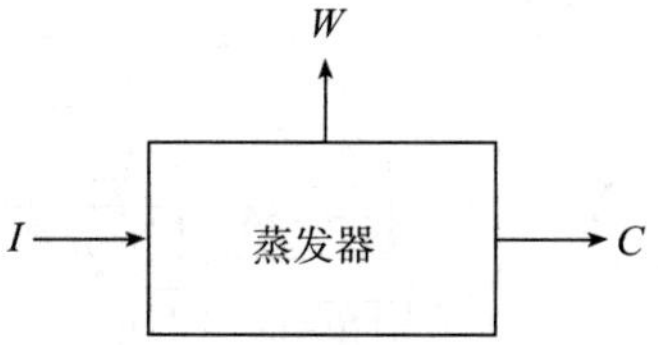

总质量平衡:流入 = 流出 + 累积,即:$I = W + C$ (稳态系统累积量 $= 0$)

图 1-5 蒸发器进出物料平衡图

【例1-2】 浓缩果汁的生产方法是先将水果原汁浓缩到65%(固形物含量),然后将其与水果原汁按比例混合,得到45%(固形物含量)的浓缩果汁。试绘制整个工艺系统的物料平衡图,并设置尽可能多的子系统。

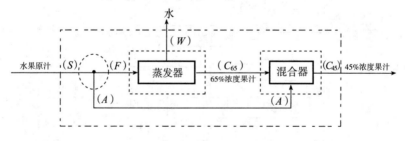

图 1-6 浓缩果汁工艺流程图

解:根据题意,绘制过程流程图,如图1-6所示。假设一个配置器,将水果原汁(S)分为蒸发器进料(F)和用于稀释65%浓缩汁的部分(A)。同时引入一个混合器用于将65%浓缩汁(C_{65})和水果原汁混合配制成45%的浓缩汁(C_{45})。对于整个系统和不同子系统的物料平衡方程如下:

总系统:$S = W + C_{45}$;分配器:$S = F + A$;蒸发器:$F = W + C_{65}$;混合器:$C_{65} + A = C45$

四、组分质量衡算

总物料衡算的原理同样适用于单个组分。如果有 n 个组分,就可以列出 n 个独立方程;1 个总物料平衡式和 $n-1$ 个组分平衡方程。由于物料衡算问题的目标是确定进入和离开系统的物料质量和组成,因此一般通常需要建立几个方程式,并同时求解这些方程来获得未知量。在物料衡算中,使用质量单位,浓度使用质量分数或质量百分数。

$$A_{质量分数} = \frac{m_A}{m_t} \tag{1-6}$$

式中:m_t——含组分 A 的混合物总质量;

　　m_A——组分 A 的质量。

由式(1-6)可以导出:

$$m_t = \frac{m_A}{A_{质量分数}} \tag{1-7}$$

这样,只要知道组分 A 的质量和 A 的质量分数,就可以算出混合物的质量。

【例1-3】　将 100 kg 含85% 蔗糖和1% 水溶性杂质的浓缩糖浆送入结晶器,经过冷却,糖结晶析出,然后用离心机将结晶与母液分离,晶体中晶浆占20%(质量分数),晶浆组成与母液相同,母液中含有60%(质量分数)的蔗糖。试绘制流程图并建立总物料平衡方程和组分平衡方程。

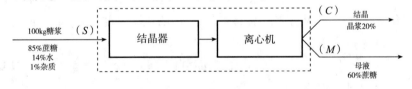

图1-7　糖浆结晶物料衡算流程图

解:物料平衡流程图如图1-7所示。将系统边界的基准设定于整个结晶和离心过程,则物料平衡方程如下:

总质量平衡:$S = C + M$

基于蔗糖的组分平衡:$S(0.85) = M(0.6) + C(0.2)(0.6) + C(0.8)$

式中等号左侧项是进入系统的蔗糖量。等号右侧第一项是母液中的蔗糖量,第二项是结晶中带有的母液中蔗糖量,第三项是结晶蔗糖量。

基于水的组分平衡：

令 x = 母液中杂质质量分数，则：$S(0.14) = M(0.4 - x) + C(0.2)(0.4 - x)$

式中等号左侧项为进入系统的水量。等号右侧第一项是母液中的水量，第二项是结晶带出的晶浆中带有的水量。

基于杂质的组分平衡：$S(0.01) = M(x) + C(0.2)(x)$

注意：总共列了 4 个方程，但只有 3 个未知量，即 C、M 和 x。有一个方程是多余的。

【例 1 - 4】 将猪肉（蛋白质 15%，脂肪 20%，水 63%）和背膘（水 15%，脂肪 80%，蛋白质 3%）混合成 100 kg 脂肪含量 25% 的肉糜，试绘制总的物料平衡流程图和组分平衡。

解：物料平衡图如图 1 - 8 所示。

总质量平衡：$P + B = 100$

脂肪平衡：$0.2P + 0.8B = 0.25(100)$

将 $P = 100 - B$ 代入第 2 个方程得：$0.2(100 - B) + 0.8B = 25$

则：$B = \dfrac{25 - 20}{0.8 - 0.2} = 8.33$ kg，$P = 100 - 8.33 = 91.67$ kg

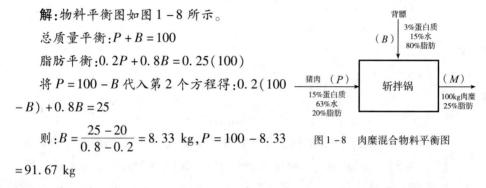

图 1 - 8　肉糜混合物料平衡图

五、开放系统的质量守恒

选取部分管道作为考察对象，对于这个体积恒定的开放式系统，流体以速度 u 通过积分区域 $\mathrm{d}A$ 进入系统。流体如果以 u_n 的速度穿过边界，那么进入系统的流体质量流量可表示为：

$$\mathrm{d}m = \rho u_n \mathrm{d}A \qquad (1 - 8)$$

对整个区域求积分，可得：

$$m = \int_A \rho u_n \mathrm{d}A \qquad (1 - 9)$$

系统的总质量可以表示为体积与密度的乘积，并代入式(1 - 1)，得到

$$\int_{A_{\text{inlet}}} \rho u_n \mathrm{d}A - \int_{A_{\text{exit}}} \rho u_n \mathrm{d}A = \frac{\mathrm{d}}{\mathrm{d}t} \int_V \rho \mathrm{d}V \qquad (1 - 10)$$

在工程实践中，式(1 - 10)可简化为两种常见形式。首先，如果流量是常数，那么在整个截面上流体的其他可测参数也视为常数。这些性质在不同横截面处可能不同，但在同一横截面中它们在径向上是相同的。例如，水在管道中流动时

管道中心处和管壁处密度、压力或温度等性质在数值上是相同的。对于均一流体可以用简单求和代替积分运算,即:

$$\sum_{inlet}\rho u_n dA - \sum_{exit}\rho u_n dA = \frac{d}{dt}\int_V \rho dV \qquad (1-11)$$

其次,假设系统处于稳定状态,流速不随时间变化,则式(1-11)等号右侧为0。因此,可以得到:

$$\sum_{inlet}\rho u_n dA = \sum_{exit}\rho u_n dA \qquad (1-12)$$

假设目标液体是不可压缩的(假设大多数流体都是不可压缩),故密度不变。则,

$$\sum_{inlet}u_n dA = \sum_{exit}u_n dA \qquad (1-13)$$

根据质量守恒定律,对于均一、稳态的不可压缩流体,其体积流量为常数。对于可压缩流体,如蒸汽和气体,则入口和出口的流量相同。

六、封闭系统的质量守恒

对于封闭系统,系统中质量不随时间变化,即:

$$\frac{dm_{system}}{dt} = 0 \qquad (1-14)$$

即:

$$m_{system} = 常数 \qquad (1-15)$$

【例1-5】 如图1-9所示,利用两段膜分离系统浓缩果汁,将总固形物含量(TS)从10%提高至30%。整个浓缩过程共分为两个阶段,第一阶段浓缩排放出一部分低固形物含量的液体。第二阶段从低固形物含量的液体中分离出最终所需的浓缩产品,剩下的液体返回至第一阶段进行循环浓缩。试计算当循环液2% TS、废弃液0.5% TS、膜1和膜2两段中间过程浓度25% TS情况下循环液的流速。整个过程以100 kg/min的流量产生30% TS浓缩液。

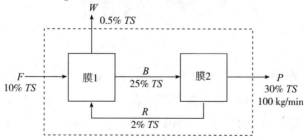

图1-9　两段膜浓缩系统物料衡算图

解:根据题意,已知进料(F)浓度 $= 10\%$,浓缩液(P)浓度 $= 30\%$,循环液(R)浓度 $= 2\%$,废物液(W)浓度 $= 0.5\%$,阶段中间液(B)浓度 $= 25\%$,浓缩液质量流量 $= 100$ kg/min;取 1 min 作为计算基准

对于总系统有:

$F = P + W; Fx_F = Px_P + Wx_W;$

$F = 100 + W; F(0.1) = 100(0.3) + W(0.005)$

其中 x 为固体质量分数。

对第一阶段有:

$F + R = W + B; Fx_F + Rx_R = Bx_B + Wx_W;$

$F(0.1) + R(0.02) = B(0.25) + W(0.005)$

对第二阶段有:

$(100 + W)(0.1) = 30 + 0.005W$

$0.1W - 0.005W = 30 - 10$

$0.095W = 20$

$W = 210.5$ kg/min

$F = 310.5$ kg/min

对第三阶段有:

$310.5 + R = 210.5 + B$

$B = 100 + R$

$310.5(0.1) + 0.02R = 210.5(0.005) + 0.25B$

$31.05 + 0.02R = 1.0525 + 25 + 0.25R$

$R = 21.73$ kg/min

即所求的循环量为 21.73 kg/min。

第三节　能量衡算

一、热力学

热力学(Thermodynamics)为我们研究食品加工中的常见现象提供了理论基础。在工程过程中,通过宏观角度处理问题的热力学分支,被称为经典热力学(Classic thermodynamics)。统计热力学(Statistical thermodynamics)则研究在分子水平上发生的变化,涉及分子组的平均表现。食品工程中更多关注的是热力学

在食品加工过程中的应用。例如,我们需要计算影响加工过程的热量和功率等。此外,我们还需要确定系统处于平衡状态时各种变量之间的相互关系。

热力学第一定律是对能量守恒的阐述,指出:孤立系统的能量保持不变。热力学第二定律研究能量的转移或转换,热力学第二定律揭示了任何进程始终是朝着能量减少的方向进行的。

二、总能量

系统的总能量可以写成方程的形式,即:

$$E_{total} = E_k + E_p + E_{electrical} + E_{magnetic} + E_{chemical} + \cdots + E_i \qquad (1-16)$$

式中:E_i——内能,kJ。

如果其他形式能的数量值相对于动能、势能和内能幅度都很小,那么

$$E_{total} = E_k + E_p + E_i \qquad (1-17)$$

三、显热与潜热

显热(Sensible heat)是两个不同温度物体间的能量传递,或由于温度的原因存在于物体中的能量。潜热(Latent heat)是与相变关联的能量,如从固态转为液态时的融解(融化)热,以及从液态转为蒸气时的汽化热。

四、热量和焓

在食品工程过程中,体系与环境之间的热量传递普遍存在。热在烹调、保藏和制造工业化食品过程中起着非常重要的作用。热是一种常见的能量形式,与温度密切相关。

用符号 Q 表示热量(Heat content),单位焦耳(J)。如向环境放出热量,则 Q 为负值;相反,如果从中吸收热量,则 Q 为正值。单位时间内的热量转移用传热速率 q 来表达,单位为 J/s 或 W(瓦特)。如已知比热 C,即可确定热量 Q。

焓(Enthalpy,H)是物质的内在属性,其绝对值不能直接测量。但是,对于进入和离开系统的所有成分,如果选定一个参考状态设定其焓值为 0,则该组分由参考状态到当前状态的焓变即是该条件下该组分的绝对焓值。在蒸汽表中,用来测定水的焓值的参考温度(T_{ref})是 0.01 ℃。在任一温度 T 时,一个系统中所有组分的焓值等于蒸汽表中得到的水的焓值:

$$H = C_p(T - T_{ref}) \qquad (1-18)$$

式中:C_p——常压下的比热。

单位质量物体在不同温度时的焓变就是热量 Q:

$$Q = mC_p(T_2 - T_1) \qquad (1-19)$$

五、比热

比热(Specific heat, C_p)是单位质量的物质温度上升或下降 1 ℃ 所吸收或释放出的热量。比热随温度的变化而变化,大多数固体和液体在相当宽的温度范围内有恒定的比热;而相比液体或固体,气体比热则随温度的变化而变化。单位质量焓变可以用下式计算:

$$q = m\int_{T_1}^{T_2} C_p \mathrm{d}T \qquad (1-20)$$

许多手册中会列出的比热值一般是一定温度范围下的平均比热值。已知平均比热时,式(1-20)化为:

$$q = mC_{avg}(T_2 - T_1) \qquad (1-21)$$

对于固体和液体,式(1-20)和式(1-21)在一般食品加工的温度范围内有效。

对于不含脂肪的水果、蔬菜、水果原浆和植物源浓缩物,Siebel(1918 年)发现比热随水分含量而变化,并且可以通过计算水的比热和固体比热的加权平均值获得比热值。

假设,对于不含脂肪的植物材料,其水分的质量分数为 X,水在冰点以上时的比热值为 4 186.8 J/(kg·℃),非脂固体的比热为 837.36 J/(kg·℃),由于非脂固体的质量分数为 $(1-X)$,故单位质量的无脂植物原料在冰点以上时的加权平均比热为:

$$C_{avg} = 4\ 186.8X + 837.36(1-X) \qquad (1-22)$$

式(1-22)即 Seibel's 方程,已用于计算 Ashrae(1965 年)列表中的水果和蔬菜的比热值。

如果脂肪存在,其中脂肪的质量分数为 F、非脂固体的质量分数为 SNF、水分的质量分数为 M,则冰点以上的比热值用下式计算:

$$C'_{avg} = 4\ 186.8X + 837.36SNF + 1\ 674.72F \qquad (1-23)$$

在冰点以下时不适合用水的比热来计算总混合物的比热,这是因为在不同温度下冻结水和非冻结水的量是变化的。必须将融化时水的潜热、液态水的显热和冰的显热分别计算。在本章的后段会涉及这部分内容。

式(1-23)具有普适性,可以替代式(1-22)。

【例1-6】　计算含15%蛋白质、20%脂肪和65%水的烤牛肉的比热值。

解：由式(1.25)得：

$$C'_{avg} = 0.65(4\,186.8) + 0.15(837.36) + 0.2(1\,674.72) = 3\,182\ J/(kg \cdot ℃)$$

【例1-7】　将10 kg含15%蛋白质、20%脂肪和65%水的烤牛肉从4℃温度升高至65℃。计算该过程需要的热量。

解：根据式(1-23)及例1-6中的结果，

$$q = mC_{avg}(T_2 - T_1) = 10 \times 3\,182 \times (65 - 4) = 1\,941\ KJ$$

Siebel's 方程在计算食品体系比热时还是过于简单，因为这个方程假设各种类型的非脂固体的比热是相同的。此外，Siebel's 方程在计算冰点以下时的食品比热时，假设所有的水都是冻结状态的，这与实际不符。为此，固体和液体的比热可以用 Choi & Okos(1988)校正式来估算。校正式中比热[J/(kg·℃)]是温度(T,℃)的函数。则在冻结前混合物的比热为：

$$C_{avg} = P(C_{pp}) + F(C_{pf}) + C(C_{pc}) + Fi(C_{pfi}) + A(C_{pa}) + X(C_{waf})\quad(1-24)$$

式中：P, F, Fi, A, C, X——蛋白质、脂肪、纤维素、灰分、碳水化合物和水分的质量分数。

其中，不同食品组分的比热值计算公式如下：

蛋白质：　$C_{pp} = 2\,008.2 + 1\,208.9 \times 10^{-3}T - 1\,312.9 \times 10^{-6}T^2$　　　　(1-24a)

脂肪：　　$C_{pf} = 1\,984.2 + 1\,473.3 \times 10^{-3}T - 4\,800.8 \times 10^{-6}T^2$　　　　(1-24b)

碳水化合物：

　　　　　$C_{pc} = 1\,548.8 + 1\,962.5 \times 10^{-3}T - 5\,939.9 \times 10^{-6}T^2$　　　　(1-24c)

纤维素：　$C_{pfi} = 1\,845.9 + 1\,930.6 \times 10^{-3}T - 4\,650.9 \times 10^{-6}T^2$　　　　(1-24d)

灰分：　　$C_{pa} = 1\,092.6 + 1\,889.6 \times 10^{-3}T - 3\,681.7 \times 10^{-6}T^2$　　　　(1-24e)

水在冰点上时：

　　　　　$C_{waf} = 4\,176.2 - 9.086\,4 \times 10^{-5}T + 5\,473.1 \times 10^{-6}T^2$　　　　(1-24f)

【例1-8】　计算一种含15%蛋白质、20%蔗糖、1%纤维、0.5%灰分、20%脂肪和43.5%水分的配方食品在25℃时的比热值。

解：根据 Chio & Okos 数学模型式，分别将各组分的质量分数和温度T(25℃)代入相关计算式，得到 $C_{pp} = 2\,037.6\ J/(kg \cdot ℃)$；$C_{pf} = 2\,018.0\ J/(kg \cdot ℃)$；$C_{pc} = 1\,594.1\ J/(kg \cdot ℃)$；$C_{pfi} = 1\,891.3\ J/(kg \cdot ℃)$；$C_{pa} = 1\,137.5\ J/(kg \cdot ℃)$；$C_{waf} = 4\,179.6\ J/(kg \cdot ℃)$，以上单位均为 J/(kg·℃)。代入式(1-24)得：

$$C_{pavg} = 0.15(2\,037.6) + 0.2(1\,594.1) + 0.01(1\,891.3) + 0.005(1\,137.5) +$$
$$0.2(2\,018) + 0.435(4\,179.6)$$

$$= 2\ 870.8\ \mathrm{J/(kg \cdot ℃)}$$

如果将例 1 − 8 中的情况用 Seibel's 方程式(1 − 23)求解,则可以得到:

$$C_p = 1\ 674.72(0.2) + 837.36(0.15 + 0.01 + 0.005 + 0.2) + 4\ 186.8(0.435)$$
$$= 2\ 462\ \mathrm{J/(kg \cdot ℃)}$$

显然,Choi & Okos(1988)校正式得到的平均比热值要高于 Seibel's 方程得到的数值。因此,对于两个数学模型的应用范围需要进行讨论。一般地,对于高水分含量的食品体系,Choi & Okos(1988)计算值要高于 Seibel's 方程。在水分含量 $X > 0.7$ 且不含脂肪情况下,Seibel's 方程计算值与实验值非常接近;而 Choi & Okos(1988)则在低水分含量且成分组成比较宽泛的大多数食品中适用,这是因为该式是在大量文献数据基础上建立的数学模型。如不严格要求比热值的准确性或仅进行估算,用 Seibel's 公式比较简便。以上两个平均比热计算模型非常重要。

在计算焓变时,需求得一个较宽温度范围内的平均比热,因此 Choi & Okos 方程需要进行调整。用 C^* 表示在 T_1 到 T_2 温度变化过程中的平均比热,设 $T_2 - T_1 = \delta, T_2^2 - T_1^2 = \delta^2, T_2^3 - T_1^3 = \delta^3$,则:

$$C^* = \frac{1}{\delta} \int_{T_1}^{T_2} C_p \mathrm{d}T \qquad (1 - 25)$$

式(1 − 24)则调整为:

$$C_{avg}^* = P(C_{pp}^*) + F(C_{pf}^*) + C(C_{pc}^*) + Fi(C_{pfi}^*) + A(C_{pa}^*) + X(C_{waf}^*) \quad (1 - 26)$$

其中:

蛋白质: $\quad C_{pp}^* = (2\ 008.2\delta + 0.604\ 5\delta^2 - 437.6 \times 10^{-6}\delta^3)/\delta \qquad (1 - 26a)$

脂肪: $\quad C_{pf}^* = (1\ 984.2\delta + 0.736\ 7\delta^2 - 1\ 600 \times 10^{-6}\delta^3)/\delta \qquad (1 - 26b)$

碳水化合物: $\quad C_{pc}^* = (1\ 548.8\delta + 0.981\ 2\delta^2 - 1\ 980 \times 10^{-6}\delta^3)/\delta \qquad (1 - 26c)$

纤维: $\quad C_{pfi}^* = (1\ 845.9\delta + 0.965\ 3\delta^2 - 1\ 550 \times 10^{-6}\delta^3)/\delta \qquad (1 - 26d)$

灰分: $\quad C_{pa}^* = (1\ 092.6\delta + 0.944\ 8\delta^2 - 1\ 227 \times 10^{-6}\delta^3)/\delta \qquad (1 - 26e)$

水分: $\quad C_{waf}^* = (4\ 176.2\delta - 4.543 \times 10^{-5}\delta^2 + 1\ 824 \times 10^{-6}\delta^3)/\delta \qquad (1 - 26f)$

六、食物冻结过程中的焓变

如需考虑食品在冻结过程中除去的热量,就必须将因相变而产生的融化潜热考虑进来。我们知道,并不是食品中所有的水在冰点(Freezing point)都变成冰,在冻结点以下存在一些非冻结水,这时如使用 Seibel's 方程来计算食品的比热值会非常不准确,最好的方法是通过计算过程焓变来计算热量。Chang & Tao

(1981)提出了一个数学模型。该模型要求食品的水分含量在73% ~ 94%范围内,并假定所有的水在227 K时冻结。则T温度下的焓H可由下式计算:

$$H = H_f[aT_r + (1-a)T_r^b] = (9\ 792.46 + 405\ 096X)[aT_r + (1-a)T_r^b]$$

$$(1-27)$$

$$H_f = 9\ 792.46 + 405\ 096X \qquad (1-28)$$

式中:T_r——温度降,可由式(1-29)来定义;

　　T_f——冰点温度,K,可由式(1.32) ~ (1.34)计算得到;

　　T——待测焓时的温度,K;

　　H_f——冰点的焓,J/kg;

　　X——食物中水分质量分数;

a和b——经验系数,不同类型的食物a、b值由式(1-33) ~ 式(1-36)定义。

$$T_r = \frac{T - 227.6}{T_f - 227.6} \qquad (1-29)$$

肉类:
$$T_f = 271.18 + 1.47X \qquad (1-30)$$

果蔬:
$$T_f = 287.56 - 49.19X + 37.07X^2 \qquad (1-31)$$

果汁:
$$T_f = 120.47 + 327.35X - 176.49X^2 \qquad (1-32)$$

肉类:
$$a = 0.316 - 0.247(X - 0.73) - 0.688(X - 0.73)^5 \qquad (1-33)$$

$$b = 22.95 + 54.68(a - 0.28) - 5\ 589.03(a - 0.28)^5 \qquad (1-34)$$

果蔬及果蔬汁:

$$a = 0.362 + 0.049\ 8(X - 0.73) - 3.465(X - 0.73)^2 \qquad (1-35)$$

$$b = 27.2 - 129.04(a - 0.23) - 481.46(a - 0.23)^2 \qquad (1-36)$$

【例1-9】　将1 kg固形物含量25%的葡萄汁从冰点冻结到-30 ℃,计算葡萄汁的冰点及过程中需要除去的热量。

解:由题意得,葡萄汁中水分含量$X = 0.75$,

由式(1-32)得冰点:$T_f = 120.47 + 327.35 \times 0.75 - 176.49 \times 0.75^2 =$ 266.7 K

根据式(1-28),冰点焓值:$H_f = 9\ 792.46 + 405\ 096 \times 0.75 = 313\ 614$ J

由式(1-35)、式(1-36):

$a = 0.362 + 0.049\ 8 \times 0.02 - 3.465 \times 0.02^2 = 0.361\ 6$

$b = 27.2 - 129.04 \times 0.131\ 6 - 481.46 \times 0.131\ 6^2 = 1.879$

所以,$T_r = (-30 + 273 - 227.6)/(266.7 - 227.6) = 0.394$

由式(1-27)得-30 ℃时的焓值:$H = 313\ 614 \times [0.361\ 6 \times 0.394 + (1 -$

0.361 6) × (0.394)$^{1.879}$] = 79 457 J/kg

从冰点温度降至 −30 ℃ 时的焓变为: $\Delta H = 313\ 614 − 79\ 457 = 234\ 157$ J/kg

即降温过程需要从葡萄汁体系中除去 234 157 J 的热量。

纯水在冻结时,水在冻结点会发生由液态水到固体冰的相变。在水未全部转化为冰之前,水发生相变过程中会不断释放能量,并且不会有显热损失。在食品体系中,水以溶液的形式存在,食品中的所有水溶性化合物都将对冰点降低有作用。这是由于冰晶由纯水组成,当水在转变成冰的同时未冻结的水中的溶质被浓缩。溶质降低冰点,食物中冰的形成必将在一个温度范围内发生,冰仅仅是冰晶形成的起始。

对于理想溶液,当溶质浓度较低时,冰点降 ΔT_f 可以定义为:

$$\Delta T_f = K_f M \tag{1-37}$$

式中:ΔT_f——相对于水的冰点(℃)的冰点降;

K_f——结晶热力常数,水的 $K_f = 1.86$;

M——溶质重量摩尔浓度,mol/kg。

令 $n = w$ 克水中溶质的摩尔数。食物的冰点降可由溶质浓度和食物中水分含量计算出来。对于高度离子化溶质(如钠盐和钾盐),n 等于溶质的摩尔数乘以 2。

$$M = \frac{1\ 000n}{w} \tag{1-38}$$

在冻结过程中,n 是常数,而 w 随着冰晶的形成而变化。

令 $T_f =$ 冰点,$\Delta T_f = 0 − T_f = (−T_f)$,

则由式(1 −37)得: $$M = \frac{(−T_f)}{1.86} \tag{1-39}$$

对于单位质量的食物(1 kg),令 w_o 为冻结前混合物中原始水量,

$w_o =$ 水质量分数 × 1 000

$$n = \frac{(−T_f)}{1.86} \times \frac{w_o}{1\ 000} = \frac{(−T_f)w_o}{1\ 860} \tag{1-40}$$

在冰点下任一温度 T,有 $\Delta T_f = 0 − T = −T$,

则, $$M = \frac{−T}{1.86} = \frac{1\ 000n}{w} \tag{1-41}$$

则在冰点下任一温度 T 时食物中未结冰水的质量可以由下式计算:

$$w = \frac{1\ 000n \times 1.86}{−T} = \frac{1\ 000w_o(−T_f)}{1\ 860} \cdot \frac{1.86}{−T} = w_o \frac{(−T_f)}{(−T)} \tag{1-42}$$

体系中冰的质量为初始总水量与未结冰水的质量之差,即:

$$w_{冰} = w_o - w = w_o\left[1 - \frac{(-T_f)}{(-T)}\right] \quad (1-43)$$

在冰点以下,水温每升高 dT,水将损失的显热为:

$$dq = wC_{pl}dT$$

则冰点下液态水(Liquid water)从 T_f 变化到 T 时的显热变化值 q_{sl} 为:

$$q_{sl} = \int_{T_f}^{T} C_{pl}w dT = C_{pl}w_o \int_{T_f}^{T} \frac{-T_f}{-T}dT = C_{pl}w_o(-T_f)\ln\frac{-T}{-T_f} \quad (1-44)$$

此时固态冰的显热变化值 q_{si} 由下式计算:

$$q_{si} = \int_{T_f}^{T} C_{pi}\left[1 - \frac{(-T_f)}{(-T)}\right]dT = C_{pi}w_o\left[(T_f - T) - (-T_f)\ln\frac{-T}{-T_f}\right] \quad (1-45)$$

食物体系在冻结过程中总的焓变由以下部分组成:脂肪的显热、非脂固体的显热、冰的显热、液态水的显热以及冰融化潜热。

则从冰点到任一温度 T 过程中食物总的焓变可定义为:

$$q = \Delta H = FC_{pf}(T_f - T) + SNFC_{psnf}(T_f - T) + q_{sw} + q_{si} + I(334\,860) \quad (1-46)$$

【例1-10】　去骨的烤猪胸肉中水分含量为70.6%,蛋白质24.0%,灰分1.2%,脂肪4.2%,冰点为 -1.2 ℃。用食盐水将此肉进行腌制后,肉重量比未腌制前增加了15%,盐净含量为1.0%。计算:①腌制肉的新冰点;②每 kg 腌制肉从新冰点冷冻至 -18 ℃时的焓变。

解:基准 1 kg,由式(1-41)得未腌制前肉中溶质摩尔浓度 $M = \frac{-T_f}{1.86}$

$= \frac{-(-1.2)}{1.86} = 0.645$ mol/kg,初始水分含量 $w_o = 1000 \times 70.6\% = 706$ g,则根据式(1-42)得,$n_o = (1.2 \times 706)/1860 = 0.455$ mol

腌制后:总质量 $m = 1 + 0.15 \times 1 = 1.15$ kg;盐含量 NaCl $= 0.01 \times 1.15 = 0.0115$ kg;水分含量 $w = m - (NaCl) - (1 - w_o) = 1.15 - 0.0115 - (1 - 0.706) = 844$ g

由于 NaCl 为强电离电解质,因此视溶质中的摩尔数 n 为 NaCl 的摩尔数乘以2,则腌肉中溶质的摩尔数 n 为:

$$n = 2 \times [0.0115 \times 1000/58.5] + n_o = 0.848 \text{ mol}$$

由式(1-40),则腌肉中溶质的重量摩尔浓度 $M = 1000 \times n/w = 1000 \times 0.848/844 = 1.005$ mol/kg

①由式(1-41),新冰点 $T_f = 0 - 1.86M = 0 - 1.005 \times 1.86 = -1.9$ ℃;

②在 −18 ℃时，$w_o' = 844$ g，由式(1−44)，$w' = 844 \times (−1.9 / −18) = 89.1$ g；

由式(1−45)，$I = w' − w_o' = 844 − 89.1 = 754.9$ g

$C_{pl} = 4186.8$ J/(kg·℃)，$C_{pi} = C_{pl}/2 = 2093.4$ J/(kg·℃)，$C_{psnf} = 837.36$ J/(kg·℃)

由式(1−46)、(1−47)得：

$q_{sl} = 4186.8 \times 0.844 \times 1.9 \times \ln(−18/−1.9) = 15\ 096$ J

$q_{si} = 2093.4 \times 0.844 \times [(−1.9 − (−18)) − 1.9 \times \ln(−18/−1.9)] = 20\ 898$ J

由式(1−26b)得：$C_{pf} = 1998.29$ J/(kg·℃)

腌制后：

$$SNF = 0.24 + 0.012 + 0.0115 = 0.264 \text{ kg.}$$

由式(1−48)得总焓变：

$q = 15\ 096 + 20\ 898 + SNF \times 837.36 \times (18 − 1.9) + F \times 1998.29 \times (18 − 1.9) + I \times 334860$

$= 15\ 096 + 20\ 898 + 0.264 \times 837.36 \times (18 − 1.9) + 0.42 \times 1998.29 \times (18 − 1.9) + 0.7549 \times 334860$

$= 53\ 318$ J

七、能量衡算

系统的能量衡算基于能量守恒定律。基本能量衡算方程为：

能量输入 = 能量输出 + 累积量

因此，当一个系统执行任何进程时，进入系统与离开系统的能量差必定等于系统中任意能量的变化值，即：

$$E_{in} − E_{out} = \Delta E_{system} \qquad (1−47)$$

当系统处于稳态时，其性质不会随时间变化而变化。这些性质从一个位置到另一个位置可能会有所不同。这在许多工程系统中都是一个很普遍的情况。对于一个稳态流系统，它的能量不会随时间的改变而改变。利用这个条件，我们可得到如下有关能量平衡表达式：

$$E_{in} = E_{out} \qquad (1−48)$$

将各种能量的表达式代入方程(1−48)，我们得到

$$Q_{in} + W_{in} + \sum_{j=1}^{p} m_i \left(E'_{i,j} + \frac{u_j^2}{2} + gz_j + p_j V'_j \right)$$

$$= Q_{out} + W_{out} + \sum_{e=1}^{q} m_e \left(E'_{i,e} + \frac{u_e^2}{2} + gz_e + p_e V'_e \right) \qquad (1−49)$$

式中：E'——物体单位质量的内能；

　　　V'——比容积；

　　　u——流速，m/s；

　　　z——离位能基准面的垂直距离，m；

　　　p——压强，Pa。

系统的一般方程应为流体的流进和流出分别提供输入口（p 端）和输出口（q 端）。如果系统中仅含有一个输入口（位置 1）和一个输出口（位置 2），那么

$$Q_{in} = W_m + \left(\frac{u_2^2}{2} + gz_2 + \frac{p_2}{\rho_2}\right) - \left(\frac{u_1^2}{2} + gz_1 + \frac{p_1}{\rho_1}\right) + (E'_{i,2} - E'_{i,1}) \quad (1-50)$$

式中：Q_m、W_m——单位质量传递的热量和功。

在式（1-50）中用 $1/\rho$ 代替比容 V'。

【例 1-11】　如图 1-10 所示，用一台热烫机处理山药浆。山药浆的流量为 860 kg/h。已知，热烫加工的理论总能耗为 1.19 GJ/h，热烫机没有绝缘保护所导致的热量损失约为 0.24 GJ/h。如果热烫机输入的总热量为 2.71 GJ/h，①计算对水重新加热所需的能量；②确定每支流向的能量百分数。

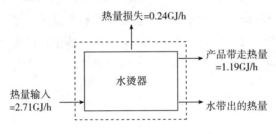

图 1-10　系统热量示意图

解：给定：产品的质量流量 = 860 kg/h；产品所需的理论能量值 = 1.19 GJ/h；由于没有绝缘体导致的能量损失 = 0.24 GJ/h；热烫机的输入能量 = 2.71 GJ/h。

以 1 h 为计算基准，能量平衡可以写成如下形式：

$$E_{in} = E_{owp} + E_{loss} + E_{oww}$$

即：2.71 GJ = 1.19 GJ + 0.24 GJ + E_{oww}，故：E_{oww} = 1.28 GJ

因此，重新加热水所需的能量为：(2.71 - 1.28)GJ/h = 1.43 GJ/h。

产品带走的热量占总热量的比例为：(1.19/2.71)×100% = 43.91%；

热烫机热损失占总热量的比例：(0.24/2.71)×100% = 8.86%；

水带走的热量占总热量的比例：(1.28/2.71)×100% = 47.23%

本例题也表明，该热烫机的热效率仅为 44%。

习　题

1. 某食品中含有90%的水分,经热风干燥后85%的水分被去除。试确定每公斤原食品中的含水量及干燥后食品中的水分和干物质含量。

2. 将10%固含量的芹菜原汁与白砂糖混合,蒸发浓缩后得到15%固含量和15%白砂糖含量的浓缩芹菜汁。试确定200 kg芹菜原汁能浓缩制备多少kg浓缩芹菜汁? 白砂糖添加量和浓缩过程中水分蒸发量分别多少?

3. 将某湿复合面团放置在一个能去除6 000 kJ热的冷冻箱中冻藏,湿面团在冻结温度(-2 ℃)以上的比热为4 kJ/(kg·℃),熔解潜热为275 kJ/kg;低于-2 ℃的冷冻面团的比热为2.5 kJ/(kg·℃)。将10 kg湿面团(初始温度10 ℃)放入冷冻箱,请计算面团平衡时的温度。

4. 用冷水作为冷媒,用间歇式换热器将山药汁从75 ℃降温至25 ℃,冷却水的温度则由5 ℃升至20 ℃,如山药汁的流量为2 000 kg/h,山药汁的比热为3.8 kJ/(kg·℃),水的比热为4.1 kJ/(kg·℃),请确定冷却水的流量。

5. 糖浆以1 000 kg/h的流量流经换热器。换热器提供的热量为186 000 kJ/h,糖浆的平均比热为5.2 kJ/(kg·℃)。糖浆在换热器出口的温度为95 ℃。试确定糖浆的进口温度。

第二章　流体流动和输送

本章学习要求:本章主要讨论流体流动和输送,要求通过本章的学习,能够完成工程中流体流动和输送中管道设计与计算及泵的选型。掌握流体流动的连续式方程、伯努利方程、范宁阻力损失通式及其应用;掌握离心泵的基本原理及选用;理解流体在管内流动的现象、流量计测定流量的原理和离心泵的工作原理、操作及安装;了解流体的不稳定流动和非牛顿流体及复杂管路的计算,流体输送机械的分类及应用。

食品生产中许多原料、半成品、成品或辅助材料都是以流动状态存在的,为保证连续的生产过程,必须将原材料送入加工系统,将流体半成品从一工序送入另一工序,同时还要将流体成品从系统引出,因此流体流动和输送是食品生产上一项重要的单元操作。本章从流体力学基础着手,掌握流体平衡和运动基本规律,研究管内流动以解决实际问题。

第一节　流体静力学基本方程

一、流体的物理性质

(一)流体密度(ρ)和比容(v)

1. 密度

单位体积流体的质量,称为流体的密度。

$$\rho = \frac{m}{V}(\mathrm{kg/m^3}) \tag{2-1}$$

式中:ρ——流体的密度,$\mathrm{kg/m^3}$;

m——流体的质量,kg;

V——流体的体积,$\mathrm{m^3}$。

不同的流体密度是不同的,对一定的流体,密度是压强 p 和温度 T 的函数,可用下式表示:

$$\rho = f(p,T) \tag{2-2}$$

液体的密度随压强的变化甚小(极高压强下除外),可忽略不计,但其随温度稍有改变。气体的密度随压强和温度的变化较大。

当压强不太高、温度不太低时,气体的密度可近似地按理想气体状态方程式计算:

$$\rho = \frac{m}{V} = \frac{pM}{RT} \qquad (2-3)$$

式中:p—— 气体的压力,kN/m^2 或 kPa;

$\quad T$ ——气体的绝对温度,K;

$\quad M$ ——气体的分子量,$kg/kmol$;

$\quad R$——通用气体常数,$8.314kJ/(kmol \cdot K)$。

2. 比容

单位质量流体的体积,称为流体的比容,用符号 v 表示,单位为 m^3/kg,则

$$v = \frac{V}{m} = \frac{1}{\rho}(m^3/kg) \qquad (2-4)$$

式中:V——流体的体积,m^3;

$\quad m$ ——流体的质量,kg;

$\quad \rho$——流体的密度,kg/m^3。

(二)压强(p)

垂直作用于流体单位面积上的力,称为流体的压强,习惯上称为压力。单位为:$Pa(N/m^2)$。

压强可以有不同的计量基准。

绝对压强(Absolute pressure):以绝对真空(即零大气压)为基准。

表强(Gauge pressure):以当地大气压为基准。它与绝对压强的关系,可用下式表示:

$$表压 = 绝对压强 - 大气压强$$

真空度(Vacuum):当被测流体的绝对压力小于大气压时,其低于大气压的数值,即:

$$真空度 = 大气压强 - 绝对压强$$

注意:此处的大气压强均应指当地大气压。在本章中如不加说明均可按标准大气压计算。

(三)黏度(μ)

运动着的流体内部相邻两流体层之间的相互作用力称为流体内摩擦力(黏滞力)。当流体运动时产生内摩擦力的特性称为流体的黏性。流体运动时内摩

擦力的大小,体现了流体黏性的大小。黏性是流体的基本物理特性之一,任何流体都有黏性,黏性只有在流体运动时才会表现出来。一般液体黏度随温度升高,黏度降低;气体黏度随温度升高,黏度升高。

黏度是流体黏性大小的量度,常用单位:Pa·S。

此外工程上有时用运动黏度表示:$v = \dfrac{\mu}{\rho}$,单位为 m^2/s。

二、牛顿黏性定律及牛顿型流体与非牛顿型流体

(一)牛顿黏性定律及牛顿型流体

设有上下两块平行放置而相距很近的平板,两板间充满着静止的液体,如图 2-1 所示。

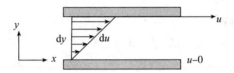

图 2-1　平板间黏性流体的速度分布

$\dfrac{du}{dy}$ 表示速度沿法线方向(即与流动垂直方向)上的变化率即速度梯度。

实验证明,两流体层之间单位面积上的内摩擦力(或称为剪应力)τ 与垂直于流动方向的速度梯度成正比。

$$\tau = \mu \frac{du}{dy} \qquad (2-5)$$

式中:μ——比例系数,称为黏性系数,或动力黏度,简称黏度。

上式所表示的关系,称为牛顿黏性定律。牛顿黏性定律指出,流体的剪应力与法向速度梯度成正比而和法向压力无关。

服从这一定律的流体称为牛顿型流体,如所有气体、纯液体及简单溶液、稀糖液、酒、醋、酱油、食用油等。而不服从这一定律的流体称为非牛顿型流体,如分子量极大的高分子物质的溶液或混合物,以及浓度很高的颗粒悬浮液等均带有非牛顿性质(黏度值不确定)。

【例2-1】　旋转圆筒黏度计,外筒固定,内筒由同步电机带动旋转。内外筒间充入实验液体(见图 2-2)。已知内筒半径 $r_1 = 1.93$ cm,外筒半径 $r_2 = 2$ cm,内筒高 $h = 7$ cm,实验测得内筒转速 $n = 10$ r/min,转轴上扭矩 $M = 0.0045$ N·m。试求该实验液体的动力黏度。

解:充入内外筒间隙的实验液体在内筒带动下做圆周运动。因间隙很小,速度近似直线分布。不计内筒两端面的影响,内筒壁剪应力。

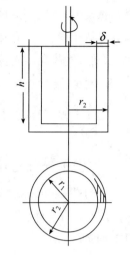

$$\tau = \mu \frac{du}{dy} = \mu \frac{\omega r_1}{\delta}$$

式中,内筒的旋转角速度

$$\omega = \frac{2\pi n}{60} = \frac{2\pi \times 10}{60} = \frac{\pi}{3}$$

扭矩 $\quad M = \tau \cdot 2\pi r_1 \cdot h \cdot r_1 = \frac{2\pi \mu \omega r_1^3 h}{\delta}$

动力粘度 $\quad \mu = \dfrac{M\delta}{2\pi \omega r_1^3 h} = 0.952 \text{ Pa} \cdot \text{s}$

(二)非牛顿型流体

图 2 – 2　旋转筒黏度计示意图

对于给定的流体和流动体系,施加一定的切向力(剪应力)产生相应的速度梯度(或称剪切速率)。剪应力 τ 与速度梯度 du/dy 的关系即为该流体在特定温度、压强条件下的流变特性,即:

$$\tau = f\left(\frac{du}{dy}\right) \tag{2-6}$$

各种不同流体剪应力随剪切速率 du/dy 变化关系如图 2 – 3。

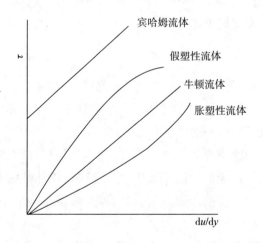

图 2 – 3　不同流体剪应力随剪切速率变化关系

1. 塑性流体

理想塑性流体称为宾哈姆(Bingham)流体,这种流体实际上是不存在的。实际的塑性流体与宾哈姆流体是有区别的,但在实践上可以把塑性流体作为宾哈姆流体来处理。

宾哈姆流体与牛顿流体的区别:这种流体是在剪应力超过某一屈服值 τ_0 时,流体的各层间才开始产生相对运动,流体就显示出与牛顿流体相同的性质。

宾哈姆流体的剪应力与速度梯度的关系可用下式表示,式中 μ_p 为塑性黏度,Pa·s。

$$\tau = \tau_0 + \mu_p \frac{\mathrm{d}u}{\mathrm{d}y} \qquad (2-7)$$

在食品工业上接近宾哈姆流体的物料有干酪、巧克力酱等。

2. 假塑性流体

假塑性(Pseudoplastic)流体与牛顿流体的共同点是,这种流体运动开始时并不需要克服一个屈服应力。但它们的区别在于其剪应力与速度梯度的关系曲线形状上,假塑性流体呈向下凹的曲线,而牛顿流体呈直线。假塑性流体的剪应力与速度梯度的关系为:

$$\tau = k\left(\frac{\mathrm{d}u}{\mathrm{d}y}\right)^n \quad (n<1) \qquad (2-8)$$

对于假塑性流体,因 $n<1$,故表观黏度随速度梯度的增大而降低。

表现为假塑性流体的物料,如蛋黄酱、血液、番茄酱、果酱及其他高分子物质的溶液。一般而言,高分子溶液的浓度愈高或高分子物质的分子愈大,则假塑性也愈显著。

3. 胀塑性流体

与假塑性流体性质相反,胀塑性(Dilatant)流体的表观黏度随速度梯度增大而增大,其剪应力与速度梯度具有如下关系

$$\mu_a = k\left(\frac{\mathrm{d}u}{\mathrm{d}y}\right)^n \quad (n>1) \qquad (2-9)$$

食品工业上胀塑性流体的例子有淀粉溶液和多数蜂蜜等。

牛顿型流体、假塑性流体和胀塑性流体的应力与应变关系都可以用统一的幂函数的形式来表示,这类流体统称为指数律流体。

$$\tau = k\left(\frac{\mathrm{d}u}{\mathrm{d}y}\right)^n \qquad (2-10)$$

式中:k——稠度指数;

n——流变指数,表示流体的非牛顿性的程度。

除指数律流体外还有时变性流体,时变性流体又有两种,一种是搅动时黏性

随时间而降低的流体,称为摇溶性流体。但是,当搅拌停止后,流体黏度将回复到原来的数值。如面包的面团和凝乳就具有这种性质。另一种时变性流体在搅动时,其所产生的现象刚好与上述相反,流体的黏度随搅拌时间延长而增大,称为震凝性流体。

三、静力学基本方程式及其应用

(一)静力学方程式

描述静止流体内部压力随高度变化规律的数学表达式即为静力学基本方程式:如图2-4,取静止流体内部流体柱部分为研究对象,设其横截面积为 A,液体的密度为 ρ,则液柱所受的重力为 $F_g = \rho g(z_1 - z_2)A$,上下表面受的总压力分别为 p_1A、p_2A。

列平衡方程:

$$p_2A - p_1A - \rho g(z_1 - z_2)A = 0$$

$$\therefore p_2 - p_1 = \rho g(z_1 - z_2)$$

即:
$$p_1 + \rho g z_1 = p_2 + \rho g z_2 = 常数 \qquad (2-11)$$

$$\frac{p_1}{\rho} + g z_1 = \frac{p_2}{\rho} + g z_2 = 常数 \qquad (2-12)$$

$$\frac{p_1}{\rho g} + z_1 = \frac{p_2}{\rho g} + z_2 = 常数 \qquad (2-13)$$

此三式表明:静止流体内部各点的位能和压力能之和为常数。

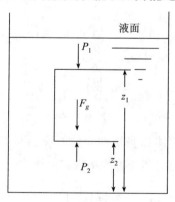

图2-4 流体静力学分析

(二)静力学方程应用

在食品工程中,静力学基本方程应用很广,下面介绍几个例子。

1.压强及压差的测量

测量压强及压差所使用的压差计就是以流体静力学基本方程式为依据的。

U形管压差计的结构如图 2 - 5 所示。将 U 形管两端与所要测的两点接触，若作用于 U 形管两端的压力不等(图中 $p_1 > p_2$)，则在 U 形管的两侧出现指示液面的高度差，R 称为压差计的读数。压差($p_1 - p_2$)与 R 的关系式，可根据静力学方程式进行推导得到：

$$p_1 - p_2 = (\rho_A - \rho_B)gR \qquad (2-14)$$

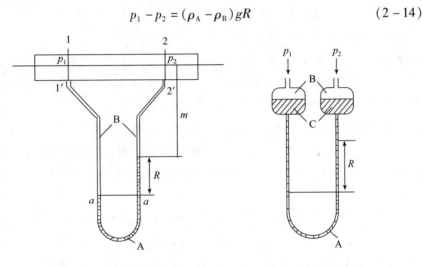

图 2 - 5　U 形管压差计　　　　　　　图 2 - 6　微差压差计

微差压差计如图 2 - 6 所示。若所测压差很小，U 形管压差计很难测量到，即数值 R 难以准确读出。为放大读数 R，可用微差压差计。如图所示为微差压差计，装有两种密度相近且不互溶的指示液 A 和 C，而指示液 C 与被测流体不互溶。并在 U 形管两侧上增设两个小室，但小室的指示液 C 的液面变化甚微。则

$$p_1 - p_2 = (\rho_A - \rho_C)gR \qquad (2-15)$$

2.液位的测量

食品厂经常要了解容器里液体的贮存量，或要控制容器里液面的高度，故要进行液位的测量。液位测量可采用如图 2 - 7 所示的液位测量计。图中左边是贮液容器，右边是与其连通的测定装置，其下部为指示液，若容器中液体密度为 ρ，指示剂密度为 ρ_A。则由静力学基本方程：$p_A = p_0 + \rho g z$，$p_B = p_0 + \rho g R$

因为　　　　　　　　　　　$p_A = p_B$

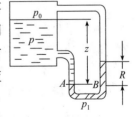

图 2 - 7　液位测量计

所以
$$z = \frac{\rho_A}{\rho}R$$

【例 2-2】 用远距离测量液位的装置来测量贮罐内对硝基氯苯的液位,其流程如图 2-8 所示。自管口通入压缩氮气,用调节阀 1 调节其流量。管内氮气的流速控制得很小,只要在鼓泡观察器 2 内看出有气泡缓慢逸出即可。因此,气体通过吹气管 4 的流动阻力可以忽略不计。管内某截面上的压强用 U 形管压差计 3 来测量。压差计读数 R 的大小,反映贮罐 5 内液面的高度。

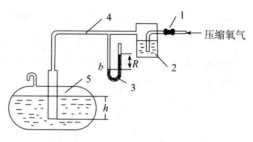

1—调节阀;2—鼓泡观察器;
3—U 形管压差计;4—吹气管;5—贮罐
图 2-8　远距离测量液位装置流程图

现已知 U 形管压差计的指示液为水银,其读数 $R = 100$ mm,罐内对硝基氯苯的密度 $\rho = 1\ 250$ kg/m³,贮罐上方与大气相通,试求贮罐中液面离吹气管出口的距离 h。

解: 由于吹气管内氮气的流速很小,且管内不能存有液体,故可以认为管出口 a 处与 U 形管压差计 b 处的压强近似相等,即 $p_a = p_b$。

若 p_a 与 p_b 均用表压强表示,根据流体静力学基本方程式得:

$$p_a = \rho g h \qquad p_b = \rho g R$$

所以
$$h = \rho_{Hg} R/\rho = 13\ 600 \times 0.1/1\ 250 = 1.09 \text{ m}$$

3. 液封

在食品生产中常遇到液封,液封的目的主要是维持设备中压力稳定和保障人身安全,液封设计的目的实际上就是为了计算液柱的高度。

第二节　流体流动的基本方程

流体是指在剪应力作用下能产生连续变形的物体,流体是气体与液体的总称。流体的流量、流速等反映了流体流动状态,与流体流动关系密切。

一、流量与流速

单位时间内流过管道任一截面的流体量,称为流量。若流量用体积来计量,则称为体积流量,以 q_V 表示,其单位为 m³/s。若流量用质量来计量,则称为质量流量,以 q_m 表示,其单位为 kg/s。

单位时间内流体在流动方向上所流过的距离,称为流速,以 u 表示,其单位为 m/s。

由于气体的体积流量随温度和压强而变化,显然气体的流速亦随之而变。因此,采用质量流速就较为方便。质量流速的定义是单位时间内流体流过管道单位截面积的质量,亦称为质量通量,以 G 表示,单位为 kg/$(m^2 \cdot s)$。

则
$$q_V = uA \tag{2-16}$$

$$q_m = \rho V \tag{2-17}$$

$$G = q_m/A = \rho V/A = \rho u \tag{2-18}$$

式中:A——与流动方向相垂直的管道截面积,m^2。

一般管道的截面均为圆形,若以 d 表示管道的内径,

则
$$A = \frac{1}{4}\pi d^2$$

由式(2-15)可知
$$d = \sqrt{\frac{4V}{\pi u}} \tag{2-19}$$

此即为流体输送管路直径的确定公式。

流量一般由生产任务所决定,所以关键在于选择合适的流速,若流速选得太大,管径虽然可以减小,但流体流过管道的阻力增大,消耗的动力就大,操作费随之增加。反之,流速选得太小,操作费可以相应减少,但管径增大,管路的基建费随之增加。所以当流体以大流量在长距离的管路中输送时,需根据具体情况在操作费与基建费之间通过经济权衡来确定适宜的流速。车间内部的工艺管线,通常较短,管内流速可选用经验数据,某些流体在管道中的常用流速范围如表2-1所示。

表2-1 管道内流速常用范围

流体种类	应用场合	管道种类	平均流速/(m/s)	备注
水	一般给水	主压力管道	2-3	
		低压管道	0.5-1	
	泵进口		0.5-2.0	
	泵出口		1.0-3.0	

续表

流体种类	应用场合	管道种类		平均流速/（m/s）	备注
水	工业用水	离心泵压力管		3－4	
		离心泵吸水管	DN250	1－2	
			DN250	1.5－2.5	
		往复泵压力管		1.5－2	
		往复泵吸水管		<1	
		给水总管		1.5－3	
		排水管		0.5－1.0	
	冷却	冷水管		1.5－2.5	
		热水管		1－1.5	
	凝结	凝结水泵吸水管		0.5－1	
		凝结水泵出水管		1－2	
		自流凝结水管		0.1－0.3	
一般液体	低黏度			1.5－3.0	
高黏度液体	黏度 50 MPa·s	DN25		0.5－0.9	
		DN50		0.7－1.0	
		DN100		1.0－1.6	
	黏度 100 MPa·s	DN25		0.3－0.6	
		DN50		0.5－0.7	
		DN100		0.7－1.0	
		DN200		1.2－1.6	
	黏度 1 000 MPa·s	DN25		0.1－0.2	
		DN50		0.16－0.25	
		DN100		0.25－0.35	
		DN200		0.35－0.55	
气体	低压			10－20	
	高压			8－15	20－30MPa
	排气	烟道		2－7	

续表

流体种类	应用场合	管道种类	平均流速/(m/s)	备注
压缩空气	压气机	压气机进气管	~10	
		压气机输气管	~20	
	一般情况	DN < 50	< 8	
		DN > 70	< 15	
饱和蒸汽	锅炉、汽轮机	DN < 100	15 – 30	
		DN = 100 – 200	25 – 35	
		DN > 200	30 – 40	
过热蒸汽	锅炉、汽轮机	DN < 100	20 – 40	
		DN = 100 – 200	30 – 50	
		DN > 200	40 – 60	

二、稳定流动热力体系的概念

(一)稳定流动与不稳定流动

通常遇到的流体流动有稳定流动和不稳定流动两种类型。稳定流动是指体系内部任一点上,表明流体性质和流动参数的的物理量(如密度、流速、压力、温度等)均不随时间而改变,如图 2 – 9 所示:反之,若流体在各截面上的有关物理量随时间而变化,则称为不稳定流动。

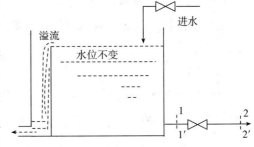

图 2 – 9　稳定流动示意图

(二)热力体系

热力体系是指某一由周围边界所限定的空间内的所有物质。边界可以是真实的(如管道壁面),也可以是虚拟的(如管道进出截面)。

边界所限定空间的外部称为外界,体系与外界可能进行物质交换、热量交换和功交换。

当流体流过如图 2 – 10 所示的设备时,如果流体在各个截面上的状态、对外交换、功交换都不随时间改变,并且同一时期内流体流过任何截面上的流量均相等,称这种流动为稳定流动热力体系。

三、稳定流动体系的物料衡算——连续性方程

对于定态流动系统(稳定流动),在管路中流体没有增加和漏失的情况下,质量流量相等,故

$$\rho_1 u_1 A_1 = \rho_2 u_2 A_2 \qquad (2-20)$$

此式为稳定流动连续式方程,适用于可压缩流体一般情形,对不可压缩流体的特殊情形:

因为 $\qquad\qquad \rho_1 = \rho_2 = \rho(\text{常数})$

所以 $\qquad\qquad u_1 A_1 = u_2 A_2 = (\text{常数}) \qquad (2-21)$

圆管内不可压缩流体 $\qquad u_1 d_1^2 = u_2 d_2^2 \qquad (2-22)$

四、稳定流动体系的机械能衡算——伯努利方程

流体具有的能量有很多,如流体分子内部具有的能量——内能、机械能、电能、化学能,而在工程流体流动或输送过程中,更多的是研究流体机械能的变化,故本处重点介绍流体的机械能衡算。

(一)机械能衡算体系

流体的机械能包括位能、动能、静压能,下面以单位质量流体为基准,说明它们的大小。

(1)位能

流体由于在地球引力场中的位置而产生的能量。若任选一基准水平面作为位能的零点,则离基准面垂直距离为 z 的流体所具有的位能为 $gz(\text{J/kg})$。

(2)动能

流体由于运动而产生的能量。若流体以均匀速度 u 流动,则流体所具有的动能为 $\frac{1}{2}u^2(\text{J/kg})$。若流动截面上流速分布不均,可近似按平均流速进行计算或乘以动能校正系数。

(3)静压能

静压能也称为流动功,是流动体系中在不改变流体体积的情况下,引导流体经过界面进入或流出所必须做的功,其值等于 pv 或 $\dfrac{p}{\rho}$。

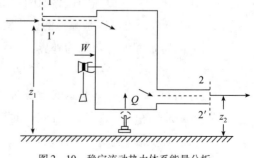

图 2-10　稳定流动热力体系能量分析

对图 2 - 10 所示稳定流动的体系,进行机械能分析,除了 1 - 1′ 截面带入体系机械能以及 2 - 2′ 截面带出体系机械能外,该系统还存在如下机械能交换:

(1)外加机械功

如果流动体系中还有压缩机或泵等动力机械,则外界通过这类机械将对体系作功,视为功的输入。相反,也有体系对外作功的情形,视为功的输出。可以人为约定,外界对体系作功为正,体系对外界作功为负。设对应于单位质量流体的有效功为 W_e,单位 J/kg。

(2)摩擦阻力损失

实际流体流动过程中,由于黏性的阻滞作用,内部各质点间会产生摩擦,使机械能损失,损失的机械能常常是以热能的形式转化到流体中,变成内能,体现为流体温度升高。损失的机械能用 $\sum h_f$ 表示,单位 J/kg。

(二)理想流体的伯努利方程

对于图 2 - 10 所示稳定流动的体系,假设满足:

①流体具有稳定、连续、不可压缩性;

②流体为理想流体;理想流体指流体黏度为零,不管怎么流动其摩擦碰撞为完全弹性碰撞,不会产生摩擦阻力损失和能量损失,即 $\sum h_f = 0$;

③体系外加机械功为零;

则对体系进行机械能衡算得:

$$gz_1 + \frac{u_1^2}{2} + \frac{p_1}{\rho} = gz_2 + \frac{u_2^2}{2} + \frac{p_2}{\rho} \qquad (2-23)$$

式(2 - 22)称为伯努利(Bernoulli)方程,说明理想流体进出体系的机械能可以互相转换,但总机械能是守恒的。

(三)实际流体的伯努利方程

实际流体在流动过程中,流体与管内壁产生摩擦,分子之间的摩擦力将不可避免地造成机械能损失。对稳定、连续、不可压缩的流体机械能进行衡算,得到:

$$gz_1 + \frac{u_1^2}{2} + \frac{p_1}{\rho} + W_e = gz_2 + \frac{u_2^2}{2} + \frac{p_2}{\rho} + \sum h_f \qquad (2-24a)$$

或

$$g\Delta z + \Delta \frac{u^2}{2} + \frac{\Delta p}{\rho} = W_e - \sum h_f \qquad (2-24b)$$

$$E_t = W_e - \sum h_f \qquad (2-24c)$$

式(2 - 24a)、式(2 - 24b)、式(2 - 24c)为不可压缩实际流体的机械能衡算式,它不限于理想流体,通常也称为伯努利方程。该式是以单位质量流体为基准的衡算式。衡算基准不同,伯努利方程形式也不同。式(2-25)和式(2-26)分别是以重量和体积为基准的机械能衡算式,学习中注意区别。

$$\Delta z + \Delta \frac{u^2}{2g} + \frac{\Delta p}{\rho g} = H_e - \sum H_f \qquad (2-25)$$

$$\rho g \Delta z + \rho \Delta \frac{u^2}{2} + \Delta p = \rho W_e - \Delta p_f \qquad (2-26)$$

式中:$\sum H_f$、Δp_f——单位重量、单位体积流体流动过程中的摩擦损失或水头损失,

关于该项的求解将是我们下面重点讨论的内容;

H_e——输送设备的压头或扬程。

应用时应注意:

①流动是连续稳定流动,对不稳定流动瞬间成立;

②公式中各项单位要一致;

③选择的截面与流体流动方向垂直;

④流体流动是连续的;

⑤对可压缩流体,如所取两截面的压强变化小于原来绝对压强的20%,即$(p_1 - p_2)/p_1 < 20\%$时,仍可用此式但密度应为两截面间的平均密度,引起的误差在工程计算上是允许的。

五、伯努利方程式的应用

利用伯努利方程与连续性方程,可以确定容器间的相对位置、管内流体的流量、输送设备的功率、管路中流体的压力等。

【例2-3】 如图2-11所示,用虹吸管从高位槽向反应器加料,高位槽和反应器均与大气连通,要求料液在管内以1 m/s的速度流动。设料液在管内流动时的能量损失为20 J/kg(不包括出口的能量损失),试求高位槽的液面应比虹吸管的出口高出多少?

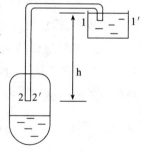

图2-11 虹吸管示意图

解:取高位槽液面为1-1′截面,虹吸管出口内侧截面为2-2′截面,并以2-2′为基准面。由伯努利方程得:

$$gz_1 + \frac{u_1^2}{2} + \frac{p_1}{\rho} + W_e = gz_2 + \frac{u_2^2}{2} + \frac{p_2}{\rho} + \sum h_f$$

式中:$z_1 = h$,$z_2 = 0$,$p_1 = p_1 = 0$(表压)

$W_e = 0$,因为1-1′截面比2-2′截面面积大得多,

所示 $u_1 \approx 0$，而 $\sum h_f = 20$ J/kg

$u_2 = 1$ m/s，代入得：$9.81h = \dfrac{1}{2} + 20$

所以 $h = 2.09$ m

即高位槽液面应比虹吸管出口高 2.09 m。

【例 2-4】 如图 2-12 所示，有一输水系统，输水管管径 ϕ57 mm×3.5 mm，已知 $\sum H_f$（全部能量损耗）为 44.15 Pa，贮槽水面压强为 100 kPa（绝），水管出口处压强为 220 kPa，水管出口处距贮槽底 20 m，贮槽内水深 2 m，水泵每小时送水 13 m^3，求输水泵所需的外加压头。

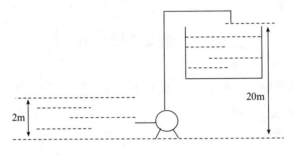

图 2-12 输水系统示意图

解：根据题意，设贮槽液面为 1-1′面，管出口截面为 2-2′面，列伯努利方程：

$$z_1 + \frac{u_1^2}{2g} + \frac{p_1}{\rho g} + H_e = z_2 + \frac{u_2^2}{2g} + \frac{p_2}{\rho g} + \sum H_f$$

$z_1 = 2$ m，$z_2 = 20$ m，$p_1 = 100$ kPa（绝压），$p_2 = 220$ kPa（绝压），$u_1 = 0$，

$\sum H_f = 44.15$ Pa

$$\because u_2 = \frac{Q}{\frac{\pi}{4}d^2} = \frac{13}{3\,600 \times \frac{\pi}{4} \times 0.05^2} = 1.84 \text{ m/s}$$

$$\therefore H_e = (20-2) \times 9.81 + \frac{220-100}{10^3} + \frac{1.84^2}{2} + 44.15 = 222.54 \text{ Pa}$$

【例 2-5】 将葡萄酒从贮槽通过泵送到白兰地蒸馏锅，流体流过管路时总的阻力损失为 18.23 J/kg。贮槽内液面高于地面 3 m，管子进蒸馏锅处的高度为 6 m，所用的离心泵直接安装在靠近贮槽，而流量则由靠近蒸馏锅的调节阀来控制，试估算泵排出口的压力。设贮槽和蒸馏锅内均为大气压，已知在上述流量下，经过阀门后的压力为 8.44×10⁴ Pa，葡萄酒的密度为 985 kg/m^3，黏度为 1.5

$\times 10^{-3}$ Pa·s。

解:选择泵排出口液面为 $1-1'$ 面及出口管液面为 $2-2'$ 面,由 $1-1'$ 面 $2-2'$ 面列伯努利方程:

$$gz_1 + \frac{u_1^2}{2} + \frac{p_1}{\rho} + W_e = gz_2 + \frac{u_2^2}{2} + \frac{p_2}{\rho} + \sum h_f$$

因为 $u_1 = u_2 = 0$,在所选两截面间无泵所做功,即 $W = 0$,则

$$p_1 = \rho g(Z_2 - Z_1) + p_2 + \rho \sum h_f$$

又因为 $\sum h_f = 18.23$ J/kg

所以 $p_1 = 985 \times 9.81 \times 3 + 8.44 \times 10^4 + 985 \times 18.23 = 1.313 \times 10^5$ Pa

第三节　流体流动的阻力

伯努利方程式中 $\sum h_f$ 是流体流动中克服流动阻力而损失的能量,简称流体流动阻力。在利用伯努利方程解决实际问题时,该项必须确定。流体流动过程中的阻力与哪些因素有关呢? 本节将讨论流体流动阻力的产生、影响因素及计算方法。

一、流体流动的型态与雷诺数

(一)雷诺实验

对于流体流动的类型,雷诺(Reynolds)从事了专门的研究。雷诺(Reynolds)于 1883 年进行了著名的雷诺实验,首先发现流体流动中会出现两种截然不同的流动形态。如图 2-13 所示为雷诺实验装置示意图,水以一定的平均速度 u 在稳定状态下通过一透明管,水流速度大小可由管路出口处阀门来进行调节。在水槽上部放置一个有色液体贮器,下接一很细的导管及细嘴,将有色液体引入透明管内。有色流体作为流动情况的示踪剂,通过观察其流动状况可判断出管内水质点的运动状况。流体流动时,在水的流速从小到大的变化过程中,可以观察到两种截然不同的流型即所谓的雷诺现象。

当水流速度较低时,有色液体成一根细线,如图 2-13(b)所示,这表明水的质点也作直线运动,此时,圆管内流体好像分成了无数个同心圆筒,各层圆筒上的流体质点互不混杂。这种流型被定义为层流或滞流(Laminar flow)。当将出口阀门开度逐渐调大时,有色液体细线开始出现波动而成波浪形,如图 2-13(c)所示,但轮廓仍很清晰且不与清水相混合,这称为过渡状态。继续调大阀门开度,

波动加剧,细线断裂。当水流速度达到某一数值后,有色液体瞬间弥漫开来,使整个玻璃管内的流体呈现均匀的颜色,如图 2 - 13(d)所示,这表明,此刻水的质点的速度在大小和方向上时刻都在发生变化。这种流型被定义成湍流或紊流(Turbulent flow)。

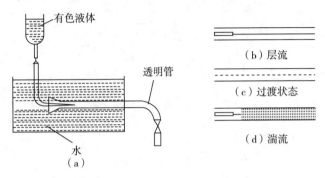

图 2 - 13 雷诺实验

(二)雷诺数与流体流动型态

采用不同管径的圆管和不同流体分别进行实验,结果表明,流体的流型由层流向湍流的转变不仅与液体的流速 u 有关,还与流体的密度 ρ、粘度 μ 以及流动管道的直径 d 有关。将这些变量组合成一个数群 $du\rho/\mu$,以其数值的大小作为判断流动类型的依据。这个数群称为雷诺准数,用 Re 表示,即:

$$Re = \frac{du\rho}{\mu} \qquad (2-27)$$

其量纲为:

$$[Re] = \left[\frac{du\rho}{\mu}\right] = \frac{m \cdot (m/s) \cdot (kg/m^3)}{N \cdot s \cdot m^2} = m^0 kg^0 s^0$$

上式表明,雷诺数是一个无因次准数,数群中各物理量必须采用同一单位制。

无数的观察与研究证明,Re 值的大小,可以用来判断流动类型。$Re < 2\,000$,为层流,$Re > 4\,000$,为湍流。Re 在 $2\,000 \sim 4\,000$ 之间为过渡流。湍流流动状态可为层流,也可能为湍流,但湍流的可能性更大。原因是在雷诺数较高时层流极不稳定,遇到外界振动干扰就容易变为湍流。

二、流体层流运动速度分布

流体在管内为层流时,其剪切力可用黏性定律表示。如图 2 - 14 所示,在圆管内以管轴为中心,任取一流体单元,半径为 r,长度为 l,对该流体单元作受力分析。

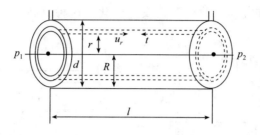

图 2 - 14　流体层流运动速度分布

由推动与阻力平衡,得

$$\pi r^2 \Delta p = \tau \cdot 2\pi rL$$

又因为

$$\tau = -\mu \frac{\mathrm{d}u}{\mathrm{d}r}$$

所以

$$\pi r^2 \Delta p = -\mu \frac{\mathrm{d}u}{\mathrm{d}r} \cdot 2\pi rL$$

$$\frac{\mathrm{d}u}{\mathrm{d}r} = -\frac{\Delta p}{2\mu l} r$$

由此推得:

$$u_r = \frac{p_1 - p_2}{4\mu l}(R^2 - r^2) \qquad (2-28)$$

这就是圆管层流的速度分布规律,说明层流时速度分布特征是:流体质点无返混,整个流动区都存在速度梯度,速度分布呈二次抛物线型,当 $r = 0$ 管中心处流速最大:

$$u_{\max} = \frac{\Delta p R^2}{4\mu l} \qquad (2-29)$$

若流体流量为 q_v,则

$$q_v = \int_A u \mathrm{d}A = \int \frac{-\Delta p}{4\mu l}(R^2 - r^2)2\pi r \mathrm{d}r = \frac{-\pi \Delta p R^4}{8\mu l} = \frac{-\pi \Delta p d^4}{128\mu l} \qquad (2-30)$$

此式称为哈根—泊稷叶(Hagen-Poiseulle)定律,它与精密实验的测定结果完全一致。哈根—泊稷叶定律也是测定液体黏度的依据。

管中平均速度:
$$\bar{u} = \frac{q_v}{A} = \frac{-\pi \Delta p R^4}{4\mu L \pi R^2} = \frac{-\Delta p}{8\mu L} R^2 \qquad (2-31)$$

因此层流时平均流速是最大流速的一半,即:

$$\bar{u} = \frac{1}{2}u_{max} \qquad\qquad (2-32)$$

三、流体湍流运动速度分布

流体在圆管内湍流时,由于其剪切力不能用数学式简单表示,所以管内湍流的速度分布一般通过实验研究,采用经验式近似表示:

$$u_r = u_{max}\left(1 - \frac{r}{R}\right)^{\frac{1}{n}} \qquad\qquad (2-33)$$

式中,当 $4\times10^4 < Re < 1.1\times10^5$ 时,$n=6$;$1.1\times10^5 < Re < 3.2\times10^6$ 时,$n=7$;$Re > 3.2\times10^6$ 时,$n=8$。

湍流速度分布特征是:流体质点杂乱无章,仅在管壁处存在速度梯度,速度分布服从尼古拉则的 $1/n$ 次方定律。

必须注意:湍流时,黏在管壁上的一层流体流速为零,其附近一薄层流体的流速仍然很小,作层流流动,这层流体称为层流底层,它是传热、传质的主要障碍。

四、流体流动阻力损失

根据前面的讨论可知,具有黏性的流体在流动中会产生阻力,阻力的大小不仅与流体的物性有关,而且与流动状态及壁面等因素有关。流体流动和输送用的管路主要由两部分组成,一部分是直管,另一部分是管件(如弯头、三通、阀门等)。因此,流体流动阻力相应分成两类,一类是流体流经一定管径的直管时由于内摩擦而产生的阻力,称为直管阻力或沿程阻力,用符号 h_f 表示;另一类是流体流经管件、阀门及管截面突然缩小或突然扩大处等局部障碍所引起的阻力,称为局部阻力,用符号 h'_f 表示;

伯努利方程中的 $\sum h_f$ 项,是指所研究的管路系统中总的能量损失(或称总的阻力),包括各段直管阻力和局部阻力之和。下面分别讨论。

(一)流体在直管中的流动阻力

如图 2-15 所示,不可压缩流体以流速 u 在内径为 d、长为 l 的水平均匀直管中作稳定流动,其流动阻力可用下式计算(根据流体的受力分析推导),即

$$h_f = \lambda\,\frac{l}{d}\,\frac{u^2}{2} \qquad (2-34)$$

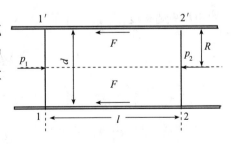

图 2-15 水平直管内流体受力分析

式中:h_f——流体的直管阻力,J/kg;

λ——摩擦系数;

l——直管长度,m;

d——直管内径,m;

u——流体流速,m/s。

此式称为范宁(Faning)公式,是计算流体在直管内流动阻力的通式,或称为直管阻力计算公式,对层流、湍流均适用。应用该式计算直管阻力时,关键是针对层流和湍流不同流动类型确定不同的摩擦系数 λ。

(1)层流时的 λ

前面推得层流时平均流速 $\bar{u} = \dfrac{\Delta p R^2}{8\mu l}$,则

$$\Delta p = \frac{8\mu l u}{R^2} = \frac{8\mu l u}{\dfrac{d^2}{4}} = \frac{32\mu l u}{d^2} \tag{2-35}$$

此式称为哈根—泊稷叶方程,再代入 $L_f = \dfrac{\Delta p}{\rho}$,得

$$L_f = \frac{32\mu l u}{d^2 \rho} = \frac{32\mu l u}{d \cdot d u \rho} = \frac{1}{Re} \cdot \frac{32 l u^2}{d} = \frac{64}{Re} \cdot \frac{l}{d} \cdot \frac{u^2}{2}$$

∴ 层流时 $\lambda = \dfrac{64}{Re}$ 与 Re 成反比。

(2)湍流时的 λ

湍流时 λ 影响因素复杂,主要受物性参数如密度 ρ、粘度 μ、操作条件流速 u、管道几何尺寸管径 d 和绝对粗糙度 ε 等的影响,为了有效揭示这些因素对 λ 的影响,工程上常将这些物理量有效组合成较少的无因次数群,减少变量数,从而达到通过较少的实验揭示这些因素对 λ 影响的目的,这种方法称为无因次数群化法。对于湍流情况,由该法研究得出,此时的 λ 不仅与 Re 有关,而且与管内壁的相对粗糙程度 $\left(\dfrac{\varepsilon}{d}\right)$ 有关,即:

$$\lambda = f\left(Re, \frac{\varepsilon}{d}\right) \tag{2-36}$$

式中:$\dfrac{\varepsilon}{d}$——管道内壁的相对粗糙度。

绝对粗糙度 ε:管道壁面凸出部分的平均高度。

相对粗糙度:绝对粗糙度与管内径的比值。

层流流动时,由于流速较慢,与管壁无碰撞,阻力与$\dfrac{\varepsilon}{d}$无关,只与 Re 有关。

湍流时,通过实验得到了一些经验公式,如

光滑管:
$$\lambda = \frac{0.3164}{Re^{0.25}} \qquad (2-37)$$

此式称为柏拉修斯公式,适用于 $4\,000 < Re < 10^5$ 的情况。

粗糙管:

$$\frac{1}{\sqrt{\lambda}} = -2.01\lg\left(\frac{\frac{\varepsilon}{d}}{3.7} + \frac{2.51}{Re\sqrt{\lambda}}\right) \qquad (2-38)$$

此式称为科尔布鲁克(Colebrook)公式,其适用于整个非层流区域,式中的 λ 值可用计算机编程迭代求解。

在工程计算时,为了计算简便,一般是把 λ 与 Re 和 $\dfrac{\varepsilon}{d}$ 的实验结果在双对数坐标纸中绘成如图 2-16 所示的关系曲线,此图称为莫迪图(Moody)(摩擦系数图)。即利用摩擦系数图来查取 λ 的值。

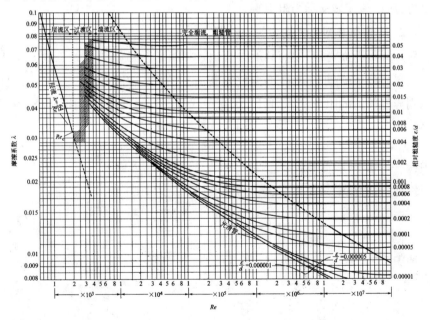

图 2-16　摩擦阻力系数莫迪图

依据图 2-16 中摩擦系数 λ 与 Re 和 $\dfrac{\varepsilon}{d}$ 的关系曲线,该图可分为四个区域。

①层流区($Re<2\ 000$):当流体做层流流动时,管壁上凹凸不平的粗糙峰被平稳地滑动着的流体层所掩盖,流体在其上流过与在光滑管壁上流过没有区别,因此,λ 与 $\dfrac{\varepsilon}{d}$ 无关,只是 Re 的函数,且为直线关系,即 $\lambda=\dfrac{64}{Re}$。

②过渡区($2\ 000<Re<4\ 000$):在该区域内层流或湍流的 λ—Re 线均可应用,但在工程计算时,为了安全起见,一般将摩擦系数适当考虑得大一些,因此往往将湍流的曲线延长后再查取 λ 值。

③湍流区($Re>4\ 000$,以及虚线以下的区域):此时 λ 与 Re 和 $\dfrac{\varepsilon}{d}$ 均有关。当 $\dfrac{\varepsilon}{d}$ 一定时,λ 随 Re 的增大而减小,Re 增大到某一数值后,λ 下降缓慢;当 Re 一定时,λ 随 $\dfrac{\varepsilon}{d}$ 的增加而增大。

④完全湍流区(虚线以上的部分):此区域内各曲线都趋近于水平线,即 λ 与 Re 无关,只与 $\dfrac{\varepsilon}{d}$ 有关。对于特定管路 $\dfrac{\varepsilon}{d}$ 一定,λ 为常数,则阻力损失正比于流速的平方,所以该区域又称为阻力平方区。

(二)流体在非圆形直管中的流动阻力

对于异形断面管道,用与圆形管直径 d 相当的"直径"称当量直径 d_e 以代替之。当量直径为流动截面积 A 与过流断面上流体与固体接触周长 S 之比的 4 倍。则异型管道的阻力计算即以当量直径代替圆管的直径,利用范宁公式求解。

$$d_e=4\times\dfrac{流道截面积}{润湿周边长} \tag{2-39}$$

式中:d_e——非圆形管的当量直径。

例如:若管截面是矩形,其长与宽分别为 a 与 b,则:

$$d_e=\dfrac{4ab}{2(a+b)}=\dfrac{2ab}{a+b} \tag{2-40}$$

如图 2-17 所示,外径为 D 内径为 d 的套管环形管道:

$$d_e=4\times\dfrac{\dfrac{1}{4}\pi(D^2-d^2)}{\pi(D+d)}=D-d \tag{2-41}$$

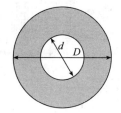

图 2-17 环形管道截面示意图

研究结果表明,当量直径用于湍流情况下的阻力计算时还须进行修正,即:

$$\lambda = \frac{C}{Re} \quad Re = \frac{\rho d_e u}{\mu}$$

式中:C——无因次系数,一些非圆形管的常数 C 值见表 2 – 2 所示。

应予指出,不能用当量直径来计算流体通过的截面积、流速和流量,Re 准数中的流速 u 是指流体的真实流速,不能用当量直径 d_e 来计算。

表 2 – 2　某些非圆形管的常数 C 值

非圆形管的截面形状	正方形	等边三角形	环形	长方形　长:宽 =2:1	长方形　长:宽 =4:1
常数 C	571	53	96	62	73

(三)流体流动的局部阻力(局部损失)

局部阻力损失有两种表示法:阻力系数法和当量长度法。

1. 当量长度法

$$h'_f = \lambda \frac{l_e}{d} \cdot \frac{u^2}{2} \qquad (2-42)$$

直管与局部阻力合并:$\sum h_f = h_f + h'_f = \lambda \frac{l + l_e}{d} \frac{u^2}{2}$ 　　　　(2 – 43)

l_e 一般由实验确定,图 2 – 18 中列出了某些常用管件和阀门的 l_e 值。

2. 阻力系数法

$$h'_f = \zeta \cdot \frac{u^2}{2} \qquad (2-44)$$

式中:ζ——局部阻力系数。

常用管件局部阻力系数列于表 2 – 3。

对突扩:$\zeta = (1 - A_1/A_2)^2$ 　管出口:$A_1/A_2 \approx 0$,$\zeta_出 = 1$;管进口:$\zeta = 0.5$

表 2 – 3　局部阻力系数值

局部阻力名称		局部阻力系数 ζ 值					
突扩	A_1/A_2	0	0.2	0.4	0.6	0.8	1.0
	ζ	1	0.64	0.36	0.16	0.04	0
突缩	A_1/A_2	0	0.2	0.4	0.6	0.8	1.0
	ζ	0.5	0.45	0.34	0.25	0.15	0
肘管	α	90	120	135	150	180	360
	ζ	1.1	0.55	0.35	0.2	0	2.2

局部阻力名称	局部阻力系数 ζ 值					
弯管	φ	30	45	60	75	90	120
	R/d 1.5	0.08	0.11	0.14	0.16	0.175	0.20
	2.0	0.07	0.10	0.12	0.14	0.15	0.17
蝶阀	α	5	10	15	20	40	60
	ζ	0.24	0.52	0.9	1.54	10.8	11.8
旋塞	θ	5	10	15	20	40	60
	ζ	0.05	0.29	0.93	1.56	17.3	20.6
带滤水网底阀	d/mm	40	50	70	100	150	200
	ζ	12	10	8.5	7	6	5.2
闸阀	开度	全开	3/4 开	1/2 开	1/4 开		
	ζ	0.17	0.9	4.5	24		
隔膜阀	开度	全开	3/4 开	1/2 开	1/4 开		
	ζ	2.3	2.6	4.3	21		
标准三通	流向						
	ζ	0.4	1.3	1.5	1.0		
截止阀	开度	全开	1/2 开				
	ζ	6.4	9.5				
Z 止回阀	形式	摇摆式	球形式				
	ζ	2	70				
角阀	1.5						
水表	7						
活管接	0.4						
出管口	1						
入管口	锐口:0.5;钝口:0.25~0.1;圆滑口:0.06~0.05						

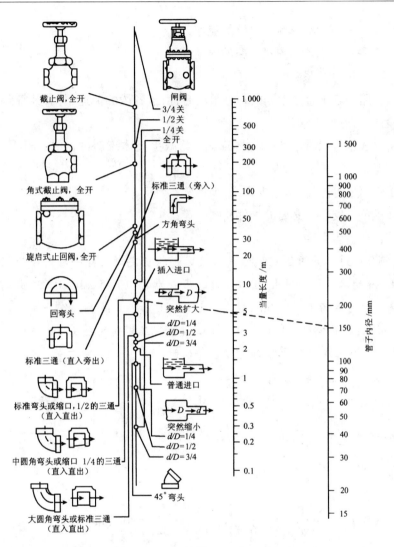

图 2 – 18　常用管件阀门的当量长度

(三)管路总能量损失

管径相同的管路总阻力 $\sum h_f$ 为管路上全部直管阻力和各个局部阻力之和,即:

$$\sum h_f = h_f + h'_f = \lambda \frac{l + \sum l_e}{d} \frac{u^2}{2} \quad \text{或} \quad \sum h_f = (\lambda \frac{l}{d} + \sum \zeta) \frac{u^2}{2} \quad (2 - 45)$$

式中:$\sum l_e$——表示管路上所有管件和阀门等的当量长度之和,m;

$\qquad \sum \zeta$——表示管路上所有管件和阀门等的局部阻力系数之和;

$\qquad l$——表示管路上各段直管的总长度,m;

u——表示流体流经管路的流速,m/s;

d——表示流体流过管路的内径,m;

λ——摩擦系数。

当管路由若干直径不同的管路组成时,由于各段的流速不同,其管路总阻力应分段计算,然后再求和。

由上式也可以看出,在工程实践中,为减少流体流动过程中的阻力,可采取以下途径:

①管路尽可能短,尽量走直线,少拐弯;

②尽量不安装不必要的管件和阀门等;

③管径适当大些。

【例2-6】 如图2-19,空气从鼓风机的稳定罐里经一段内径为320 mm,长为15 m的水平钢管送出,出口以外的压强为$1.013\,25 \times 10^5$ Pa,进出口处的空气的密度都可取为1.2 kg/m³,黏度为1.8×10^{-5} Pa·s,若操作条件下的流量为6 000 m³/h,钢管绝对粗糙度为0.3 mm,试求稳压罐内的表压强为多少 Pa。

解:1-1′选在稳压管外侧,有$\zeta_{进口} = 0.5$

2-2′选在稳压管内侧,$\zeta_{出} = 0$

因为$z_1 = z_2$ $u_1 \approx 0$ $P_2(表压) = 0$

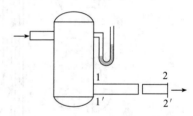

又$gz_2 + \dfrac{u_2^2}{2} + \dfrac{p_2}{\rho} + \sum h_f = gz_1 + \dfrac{u_1^2}{2} + \dfrac{p_1}{\rho}$

所以$p_1 = \rho\left(\dfrac{u_2^2}{2} + \dfrac{p_2}{\rho} + \sum h_f\right)$

图2-19 空气流经水平钢管示意图

又因为$u_2 = \sqrt{\dfrac{4V}{\pi d^2}} = \sqrt{\dfrac{4 \times 6\,000}{3\,600 \times 3.14 \times 0.32^2}} = 20.7$ m/s

$Re = \dfrac{dup}{u} = \dfrac{0.32 \times 20.7 \times 1.2}{1.8 \times 10^{-5}} = 4.42 \times 10^5$

$\varepsilon/d = 0.3/320 = 0.001$

查莫迪图得:$\zeta = 0.0205$

所以$\sum h_f = \zeta\dfrac{u_2^2}{2} + \lambda\dfrac{l}{d} \cdot \dfrac{u_2^2}{2} = 0.5 \times \dfrac{20.7^2}{2} + 0.020\,5 \times \dfrac{15}{0.32} \times \dfrac{20.7^2}{2} = 313$ J/kg

所以$p_1 = 1.2 \times \left(\dfrac{20.7^2}{2} + 313\right) = 632.7$ Pa

注:控制面若选在管出口截面内侧有u,但$\zeta_{出} = 0$

控制面若选在管出口截面外则$u = 0$,但$\zeta_{出} = 1.0$

第四节　管路计算与流量测定

一、管路计算

在食品工业生产中常用的管路,根据其连接和铺设情况,可分为无分支的简单管路计算和有分支的复杂管路计算。

管路计算主要依据下面的基本公式:

连续性方程: $V = \dfrac{\pi}{4} d^2 u$

伯努利方程: $g\Delta z + \Delta\dfrac{u^2}{2} + \dfrac{\Delta p}{\rho} = W_e - \sum h_f$

阻力计算(摩擦系数): $\sum h_f = h_f + h_f{'} = \left(\lambda\dfrac{l + \sum l_e}{d}\right)\dfrac{u^2}{2}$

(一)简单管路

简单管路可以是等径或异径串联管路。简单管路计算的主要内容是:

①已知管径、管长、管件和阀门,欲将已知量的流体从一处输送至另一处所需的功率;

②已知管径、管长、管件和阀门,欲在允许的能量损失下,求管路的输送量;

③已知管长、管件和阀门,在要求的流体输送量和能量损失下,求输送管路的直径。

在上述3个内容中,②和③计算略复杂一些。在流速 u 或管径 d 为未知量情况下,无法计算 Re ,因此也就无法判断流态和确定摩擦系数 λ 。这种情况下,往往采用试差法求解。试差法应用中,由于摩擦系数 λ 变化范围较小,通常将其作为迭带变量。

下面通过例题说明管路计算方法。

【例2-7】　如图2-20所示,自来水塔将水送至车间,输送管路采用 Φ114 mm×4 mm 的钢管,管路总长为190 m(包括管件、阀门及3个弯头的当量长度,但不包括进出口损失)。水塔内水面维持恒定,并高出出水口 15 m。设水温为12 ℃,求管路的输水量 $q_V(\mathrm{m^3/h})$ 。

解:如图取塔内水面与出水口中心分别为 $1-1{'}$ 和 $2-2{'}$ (出口外侧)两个截面,则

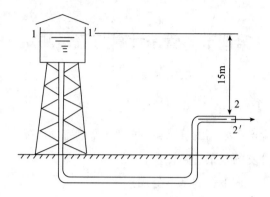

图 2 - 20　自来水塔流程示意图

$$gz_1 + \frac{u_1^2}{2} + \frac{p_1}{\rho} + W_e = gz_2 + \frac{u_2^2}{2} + \frac{p_2}{\rho} + \sum h_f$$

$z_2 = 0, z_1 = 15 \text{ m}, u_1 = 0, u_2 = u(未知), W_e = 0, p_1 = p_2 = 0(表压)$

$$\sum h_f = gz_1 = h_f + h'_f = \left(\lambda \frac{l + \sum l_e}{d} + \sum \zeta\right) \frac{u^2}{2} = 9.81 \times 15$$

将以上数值带入式中,整理得:

$$u = \sqrt{\frac{2 \times 9.81 \times 15}{\dfrac{190\lambda}{0.106} + 1.5}} = \sqrt{\frac{294.3}{1\,792\lambda + 1.5}} \qquad (2-46)$$

式中 $\lambda = f(Re, \varepsilon/d) = f\left(\dfrac{du\rho}{\mu}, \dfrac{\varepsilon}{d}\right)$

上两式中,含有两个未知数 λ 和 u,由于 λ 的求解依赖于 Re,而 Re 又是 u 的函数,故需采用试差法求解,其步骤为:

①设定一个 λ 的初始值 λ_0;

②根据式(2-46)求 u;

③根据此 u 值求 Re;

④用求出的 Re 及 $\dfrac{\varepsilon}{d}$ 值从摩擦系数图中查出新的 λ_1;

⑤比较 λ_0 与 λ_1,若两者接近或相符,u 即为所求,并据此计算输水量;否则以当前的 λ_1 值代入式(2-46),按上述步骤重复计算,直至两者接近或相符为止。

本例中,取管壁的绝对粗糙度 $\varepsilon = 0.2$ mm,则 $\varepsilon/d = 0.2/106 = 0.001\,89$

水温 12 ℃时,其密度 $\rho = 1\,000$ kg/m³,黏度 $\mu = 1.236 \times 10^{-3}$ Pa·s,于是,根

据上述步骤计算的结果为：

序次	λ_0	u	Re	ε/d	λ_1
第一次	0.02	2.81	2.4×10^5	1.89×10^{-3}	0.024
第二次	0.024	2.58	2.2×10^5	1.89×10^{-3}	0.0241

由于两次计算的值基本相符，故 $u = 2.58$ m/s，于是输水量为：

$$q_V = \pi d^2 u/4 = 3\,600 \times 3.14 \times 0.106^2 \times 2.58 \times 0.25 = 81.96 \text{ m}^3/\text{h}$$

（应用试差法，也可设流速，可参考常用流体流速范围表，但设 λ 一般较好，λ 常在 $0.02 \sim 0.03$ 范围内。）

(二)复杂管路

管路中存在分流与合流时，称为复杂管路。输送流体的管路联接和铺设，有两种情况。一种是没有分支的简单管路，另一种是复杂的并联管路和分支管路，如图 2 – 21 所示。

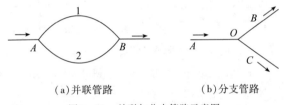

（a）并联管路　　　　（b）分支管路

图 2 – 21　并联与分支管路示意图

在并联管路中，各支路的能量损失相等，主管中的流量必等于各管的流量之和。在分支管路中，单位质量流体在两支管流动终了时的总机械能与能量损失之和必相等，主管流量等于各支管流量之和。

并联管路与分支管路计算的主要内容为：①规定总管流量和各支管的尺寸，计算各支管的流量；②规定各支管的流量、管长及管件与阀门的设置，选择合适的管径；③在已知的输送条件下，计算输送设备应提供的功率。

1. 并联管路

对于如图 2 – 20(a)所示的并联管路，$\sum h_{f,AB} = \sum h_{f,1} = \sum h_{f,2}$ 　　　　　(2 – 47)

上式表明，并联管路中各支管的阻力损失相等。

此外，根据流体的连续性条件，在稳定流动情况下，主管中的流量等于各支管中流量之和。

2. 分支管路

对于如图 2 – 20(b)所示的分支管路：

$$gz_B + \frac{p_B}{\rho} + \frac{u_B^2}{2} + \sum h_{f,B} = gz_C + \frac{p_C}{\rho} + \frac{u_C^2}{2} + \sum h_{f,C} \qquad (2-48)$$

上式表明,对于分支管路,单位质量的流体在各支管流动终了时的总能量与能量损失之和相等。

此外,由连续性方程可得知主管流量等于各支管流量之和。

【例2-8】 某敞口高位槽输送管路(见图2-22),在管路 OC 段的水平位置装有一孔板流量计,已知孔径 $d_0 = 25$ mm,流量系数 $C_0 = 0.62$,管长 $L_{OC} = 45$ m,$L_{CB} = 15$ m,$L_{CA} = 15$ m(包括所有阻力的当量长度),管径 $d_{OC} = 50$ mm,$d_{CB} = 40$ mm,$d_{CA} = 40$ mm,当阀 A 全关,B 阀打开时,压力表 $p_B = 2.354 \times 10^4$ Pa,试计算:

①孔板两侧的压差为多少 Pa?

②若维持阀 B 的开度不变,逐渐打开阀 A,直到 CB、CA 两管中流速相等,此时两压力表的读数分别为多少 Pa?(已知流体密度 $\rho = 1\,000$ kg/m³,λ 均取 0.03)。

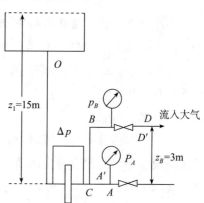

图2-22 敞口高位槽输送管路示意图

解:本题属分支管路计算题型

①当阀 A 全关时,是简单管路

在水槽液面至 B 表处截面间应用伯努利方程

$u_1 = 0, z_1 = 15\text{m}, p_1 = 0, z_2 = 3\text{m}, p_B = 2.354 \times 10^4 \text{Pa}$

$\sum h_{f,OB} = \sum h_{f,OC} + \sum h_{f,CB}$

$u_C = (d_B/d_C)^2 u_B = 0.64 u_B$

$\sum h_{f,OC} = \lambda_c \frac{l_c}{d_c} \frac{u_c^2}{2} = 0.03 \times \frac{45}{0.05} \times \frac{(0.64 u_B)^2}{2} = 5.529\ 6 u_B^2$

$\sum h_{f,CB} = \lambda_B \frac{l_B}{d_B} \frac{u_B^2}{2} = 0.03 \times \frac{15}{0.04} \times \frac{u_B^2}{2} = 5.625 u_B^2$

$\sum h_{f,OB} = 11.154\ 6 u_B^2$

在水槽液面至 B 表处截面间应用伯努利方程得:

$9.81(15-3) - 2.354 \times 10^4/\rho - u_B^2/2 = \sum h_{f,OB} = 11.1546 u_B^2$

$u_B^2 = 8.08 \quad u_B = 2.842\ 7 \text{ m/s}$

$q_V = \pi d_B^2 u_B/4 = 3.57 \times 10^{-3} \text{ m}^3/\text{s}$

$$V = C_0 A_0 \sqrt{2\Delta p / \rho} \quad \Delta p = 6.889 \times 10^4 \text{ Pa}$$

②从 B 表至出口 D 处的总阻力系数由①求得：

$$\frac{p_B}{\rho} = \zeta \frac{u_B^2}{2} (包括出口阻力) \quad \zeta = 5.625u_B^2$$

当阀 A 开时,在水槽液面与 $D - D'$ 应用伯努利方程

$$g(z_c - z_B) = \sum h_{f,OD} = \sum h_{f,OC} + \sum h_{f,CB} + \sum h_{f,BD}$$

$$\sum h_{f,CB} = 5.625u_B^2 \quad \sum h_{f,BD} = 5.827u_B^2/2 = 2.919u_B^2$$

而 $d_c^2 u_c = 2d_B^2 u_B \quad u_c^2 = 1.28u_B^2$

$$\sum h_{f,OC} = 0.03 \times (45/0.05) \times 0.5 \times (1.28u_B)^2 = 22.1184\ u_B^2$$

$$117.2 = (22.1184 + 5.625 + 2.919)u_B^2$$

$$u_B^2 = 3.8392 \text{ m}^2/\text{s}^2 \quad u_B = 1.96 \text{ m/s} \quad u_C = 2.217 \text{ m/s}$$

$$p_B = \zeta \frac{u_B^2}{2} = 5.8277 \times 1\,000 \times 3.8392/2 = 1.186 \times 10^4 \text{ Pa}(表)$$

在水槽液面与 $A - A'$ 间应用伯努利方程

$$gz_c = \sum h_{f,OC} + \sum h_{f,CA} + u_A^2/2 + p_A/p$$

$$\sum h_{f,OC} = 22.1184u_B^2 = 84.917 \text{ m}^2/\text{s}^2$$

$$\sum h_{f,CA} = 0.03 \times 15/0.04 \times 3.8392/2 = 21.5955 \text{ m}^2/\text{s}^2$$

$$9.81 \times 15 = 84.917 + 21.5955 + 3.8392/2 + p_A/p$$

$$p_A = 3.8718 \times 10^4 \text{ Pa}(表)$$

二、流量测定

在食品工业生产中,为了检查生产操作条件,或者调节、控制生产过程的进行,经常需要测量流量。一般可以采用流量计直接测量,也可以采用流速计测量流速再乘以流动截面积而得。下面列举几种工厂和实验室常用的根据流体机械能相互转换的基本原理而工作的流速计和流量计。

(一)测速管

测速管又称皮托管(Pitot tube)。它是由两根同心圆管组成,如图 2 - 23 所示。

测速管置于管道中,同心圆管的轴向与流体流

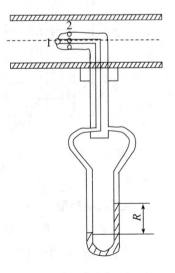

图 2 - 23　测速管示意图

动方向平行。内管前端敞开,开口正对流体流动方向;外管前端封死,而在离端点一定距离处开有几个小孔,流体从小孔旁流过。内外管的另一端伸到管路外部,与压差计相连接。

当流体流过时,内管首先被流体充满,使后续流体流到前端时停滞下来,形成驻点。另一方面,流过外管测孔的流体,其流速仍保持点 l 处的速度。

列点 1 与点 2 处的伯努利方程式,结合 U 形管压差计内压差的变化,若指示剂密度为 ρ_A,流体密度为 ρ,则:

$$u_r = \sqrt{2gR(\rho_A - \rho)/\rho} \tag{2-49}$$

若被测流体为气体,因 $\rho_A \gg \rho$,上式可简化成:

$$u_r = \sqrt{2gR\rho_A/\rho} \tag{2-50}$$

必须注意用上式求得的 u_r 只是点速度,而不是平均速度,但可通过测管中心处最大流速 $u_{\max}$,然后根据图 2-24 求出管内平均速度,进而可算出流量。

测速管的优点是对流体的阻力较小,适用于测量大直径管路中的气体流速。测速管不能直接测出平均流速,且读数较小,常需配用微差压差计。当流体中含有固体杂质时,会将测压孔堵塞,不宜采用测速管。

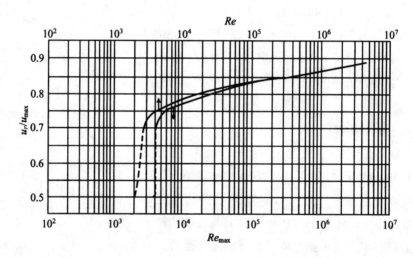

图 2-24 圆管中的平均速度 u 与 $u_{\max}$ 的关系

(二)孔板流量计

孔板流量计(Orifice meter)是利用孔板对流体的节流作用,使流体的流速增大,压力减小,以产生的压力差作为测量的依据。

如图 2-25 所示,在管道内与流动垂直的方向插入一片中央开圆孔的板,孔的中心位于管道的中心线上,即构成孔扳流量计。

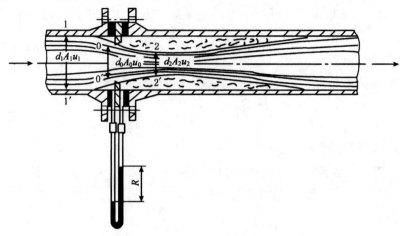

图 2 – 25 孔板流量计

由于惯性作用,流体流过小孔后继续收缩,在 2—2′ 截面处,收缩至最小,称为缩脉。缩脉处流体流速最大,压力最低。但由于缩脉的位置较难确定,因此孔板流量计通常采用孔板处的截面替代缩脉处的截面。在截面 1—1′(孔板左侧最大流动截面)和截面 0—0′(孔板所在流动截面)处列能量平衡方程式,并暂时忽略孔板处的能量损失,得:

$$\frac{u_1^2}{2} + \frac{p_1}{\rho} = \frac{u_0^2}{2} + \frac{p_0}{\rho}$$

考虑到流体流过孔口时的损失和上、下游测压口位置的影响,对上式进行修正,修正系数 C_0 称为流量系数。

$$q_V = C_0 A_0 \sqrt{\frac{2gR(\rho_A - \rho)}{\rho}}$$

$$(2-51)$$

式中:A_0、A_1——孔板孔口面积和管道截面面积;

Re——流体流经管路的雷诺数,而不是流经孔口的雷诺数,其表达式为 $Re = d_1 u_1 \rho / \mu$。

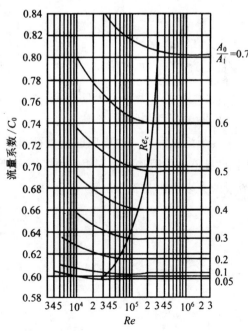

图 2 – 26 流量系数 C_0 与 Re 的关系

59

孔板流量计是一种容易制造的简单装置。当流量有较大变化时,为了调整测量条件,可很方便的调换孔板。它的主要缺点是流体经过孔板后能量损失较大,并随 A_0/A_1 的减小而加大,而且孔口边缘容易腐蚀和磨损,所以流量计应定期进行校正。

孔板流量计的能量损失(或称永久损失)可按下式估算:

$$h_f = \frac{\Delta p_f}{\rho} = \frac{p_1 - p_2}{\rho}\left(1 - 1.1\frac{A_0}{A_1}\right) \qquad (2-52)$$

(三)文丘里流量计

为了减少流体流经节流元件时的能量损失,可以用一段渐缩渐扩管代替孔板,这样构成的流量计称为文丘里流量计或文氏流量计,如图 2 - 27 所示。

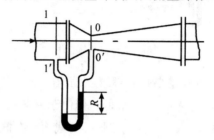

图 2 - 27　文丘里流量计

用文丘里流量计测量流量,其表达式与孔板流量计相类似。

$$q_V = C_v A_0 \sqrt{\frac{2(p_1 - p_0)}{\rho}} = C_v A_0 \sqrt{\frac{2gR(\rho_A - \rho)}{\rho}} \qquad (2-53)$$

式中: C_v——文丘里流量计的流量系数,其值一般约为 0.98 或 0.99。

(四)转子流量计

转子流量计是一种典型的变截面流量计。转子在受到上、下截面压力差作用、自身重力作用和浮力作用下处于平衡状态,稳定在锥形管中。其位置标示着流量的大小。如图 2 - 28 所示。

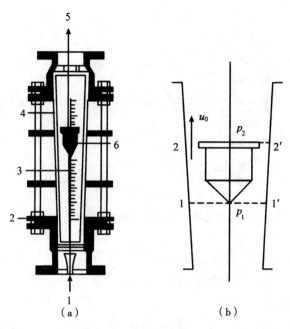

1—流体入口　2—凸缘填函盖版　3—刻度　4—锥形玻璃管　5—流体出口　6—转子
图 2 – 28　转子流量计

假设在一定的流量条件下,转子处于平衡位置,截面 2 – 2′和截面 1 – 1′的静压力分别为 p_1 和 p_2,若忽略转子旋转的剪应力,其力平衡方程式为:

$$转子承受的压力差 = 转子所受的重力 - 流体对转子的浮力$$

即

$$(p_1 - p_2)A_f = V_f \rho_f g - V_f \rho g$$

所以

$$p_1 - p_2 = \frac{V_f g(\rho_f - \rho)}{A_f}$$

式中:A_f、V_f——转子的最大截面积和转子体积;

ρ_f、ρ——转子的密度。

从上式可知,$p_1 - p_2$ 为定值,与流量无关。

当转子停留在某固定位置时,可仿照孔板流量计的流量公式写出转子流量计的流量公式,即:

$$q_V = C_R A_R \sqrt{\frac{2g V_f (\rho_1 - \rho)}{A_f \rho}} \tag{2 – 54}$$

式中:C_R——转子流量计的流量系数;

A_R——玻璃管与转子之间的环隙面积。

流量系数 C_R 与转子形状和雷诺数有关,其值可由图 2 – 29 确定。

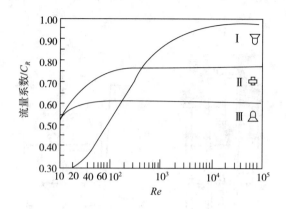

图 2 – 29　转子流量计的流量系数

由上式可知,在所测量的流量范围内,C_R 为常数时,流量只随环形截面积 A_R 而变。环形截面积的大小随转子所在的位置而变,因而可用转子所处位置的高低来反映流量的大小。

最后指出,孔板流量计、文氏流量计与转子流量计的主要区别在于:前者的节流口面积不变,流体流经节流口所产生的压强差随流量不同而变化,因此可通过流量计的压差计读数来反映流量的大小,这类流量计统称为差压流量计。而后者是使流体流经节流口所产生的压强差保持恒定,而节流口的面积随流量而变化,由此变动的截面积来反映流量的大小,即根据转子所处位置的高低来读取流量,故此类流量计又称为截面流量计。

第五节　液体输送设备

在食品工业生产中,常常将流体从低处输送到高处,或从低压送至高压,或沿管道送至较远的地方。为达到此目的,必须将一定的外界能量加于流体,以克服流动过程中所产生的阻力并补偿输送流体所不足的总能量。这种为输送所提供能量的机械称为流体输送机械。输送液体的机械通称为泵。按其工作原理,泵分为叶片泵、往复泵和旋转泵等。输送气体的机械通常称为风机或压缩机,它们都靠使气体的压力增大以达输送气体的目的。按压力增大的程度依次分为通风机、鼓风机和压缩机。

本节结合食品生产的特点,着重讨论液体输送机械的工作原理、基本构造、性能、合理选用、功率消耗的计算以及在管路中位置的确定等。

一、泵的类型

泵按其工作原理和结构特征可分为以下一些基本类型：

①叶片式泵：叶片式泵包括所有依靠高速旋转叶轮对被输送液体作功的机械。属于这种类型的泵有各种型式的离心泵、轴流泵和旋涡泵等。

②往复式泵：往复式泵是依靠做往复运动的活塞的推挤而对液体作功的机械。属于这种类型的有各种型式的活塞泵、柱塞泵和隔膜泵等。

③旋转式泵：旋转式泵是依靠作旋转运动的部件的推挤而对液体作功的机械。属于这种类型的有齿轮泵、螺杆泵、转子泵、滑片泵等。

后两类泵的工作原理是相同的，即均以运动件的强制推挤作用达到液体输送的目的，统称为正位移式泵或容积式泵。下面我们重点介绍离心泵。

二、离心泵的结构、主要性能和特性

(一) 离心泵的结构

离心泵的典型结构如图 2 – 30 所示，主要的部件有叶轮、泵壳和轴封三大部分。

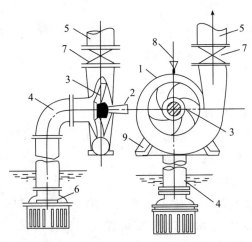

1—泵壳；2—泵轴；3—叶轮；4—吸水管；5—压水管；6—底阀；7—闸阀；8—灌水漏斗；9—泵座

图 2 – 30　离心泵的结构

1. 叶轮

叶轮的作用是将原动机的机械能直接传给液体，以增加液体的静压能和动能（主要增加静压能）。

叶轮一般有6~12片后弯叶片。叶轮有开式、半闭式和闭式三种,如图2-31
所示。

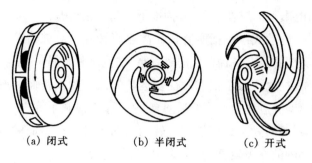

(a) 闭式   (b) 半闭式   (c) 开式

图2-31　离心泵的叶轮

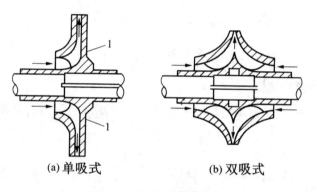

(a) 单吸式   (b) 双吸式

图2-32　离心泵的吸液方式

开式叶轮在叶片两侧无盖板,制造简单、清洗方便,适用于输送含有较大量
悬浮物的物料,效率较低,输送的液体压力不高;半闭式叶轮在吸入口一侧无盖
板,而在另一侧有盖板,适用于输送易沉淀或含有颗粒的物料,效率也较低;闭式
叶轮在叶轮的叶片两侧有前后盖板,效率高,适用于输送不含杂质的清洁液体。
一般的离心泵叶轮多为此类。

后盖板上的平衡孔用以消除轴向推力。离开叶轮周边的液体压力已经较
高,有一部分会渗到叶轮后盖板后侧,而叶轮前侧液体入口处为低压,因而产生
了将叶轮推向泵入口一侧的轴向推力。这容易引起叶轮与泵壳接触处的磨损,
严重时还会产生振动。平衡孔使一部分高压液体泄露到低压区,减小叶轮前后
的压力差。但由此也会引起泵效率的降低。

叶轮有单吸和双吸两种吸液方式,如图2-32所示。

2. 泵壳

泵壳的作用是将叶轮封闭在一定的空间内,以便由叶轮的作用吸入和压出

液体。泵壳多做成蜗壳形,故又称蜗壳。由于流道截面积逐渐扩大,故从叶轮四周甩出的高速液体逐渐降低流速,使部分动能有效地转换为静压能。泵壳不仅汇集由叶轮甩出的液体,同时又是一个能量转换装置。

为使泵内液体能量转换效率增高,叶轮外周安装导轮。导轮是位于叶轮外周固定的带叶片的环。这些叶片的弯曲方向与叶轮叶片的弯曲方向相反,其弯曲角度正好与液体从叶轮流出的方向相适应,引导液体在泵壳通道内平稳地改变方向,将使能量损耗减至最小,提高动能转换为静压能的效率。

3. 轴封装置

轴封装置的作用是防止泵壳内液体沿轴漏出或外界空气漏入泵壳内。常用轴封装置有填料密封和机械密封两种。填料一般用浸油或涂有石墨的石棉绳。机械密封主要是靠装在轴上的动环与固定在泵壳上的静环之间端面作相对运动而达到密封的目的。

(二)离心泵的主要性能参数

泵的主要性能参数包括压头(扬程)、流量、转速、功率和效率。这些性能参数是表示该泵特性的指标,通常在泵的铭牌上或样本中写明,以供选用。

(1)泵的流量:

离心泵的流量是指泵在单位时间内排出的液体体积,一般用符号 q_V 表示,常用单位为 m^3/s 或 m^3/h。

(2)泵的压头(扬程):

离心泵的压头又称扬程,它是指离心泵对单位重量(1N)的液体所提供的有效能量,单位为 m,通常用符号 H 表示。

泵的压头,在一定的管路输送系统中,是一定要表现出来的。在泵入口截面 $1-1'$ 和出口截面 $2-2'$ 间列伯努利方程式,即:

$$z_1 + \frac{p_1}{\rho g} + \frac{u_1^2}{2g} + H = z_2 + \frac{p_2}{\rho g} + \frac{u_2^2}{2g} + \sum H_{f,1-2} \qquad (2-55)$$

对液体而言,动能在机械能中所占份额较小,可以忽略,则式(2-55)可写成:

$$H = \Delta Z + \frac{p_2 - p_1}{\rho g} + \sum H_{f,1-2} \qquad (2-56)$$

由上式可看出,泵的压头表现为:①将液体的位压头提高 ΔZ;②将液体的静压头提高 $(p_2 - p_1)/(\rho g)$;③抵偿了吸入管路的压头损失 $\sum h_{f,1-2}$。

式中,ΔZ 称为升举高度,因此,泵的扬程不仅在概念上而且在数值上均不等于泵的升举高度,升举高度只是泵扬程的一部分。

(3)泵的有效功率和效率:

离心泵的有效功率是液体从叶轮获得的能量,以符号 N_e 表示,单位为 W 或 kW。

$$N_e = \frac{\rho g V H}{1\ 000} \qquad (2-57)$$

实际上,泵如果达到这一输送任务,电动机输入到泵轴上的功率必须大于此有效功率。泵轴从电动机得到的实际功率称为泵的轴功率,通常所称泵的功率即指此轴功率,以符号 N_a 表示。

泵的有效功率与轴功率之比,称为泵的效率,以符号 η 表示,故泵的效率为:

$$\eta = \frac{N_e}{N_a} \times 100\% \qquad (2-58)$$

因为有能量损失,由原动机提供给泵轴的能量不能全部为液体所获得,致使泵的有效压头和流量都较理论值低,通常用效率来反映能量损失。离心泵的能量损失包括以下几项:

①容积损失:即泵的泄漏造成的损失。由于动件与泵壳之间的间隙以及阀门关闭不严等原因,造成泵内排液侧的液体反渗到进液口侧,这种泄漏引起的损失称为容积损失;

②机械损失:泵运转时,由于泵轴与轴承、填料函,活塞与泵缸等处的摩擦而引起的机械能损失,称为机械损失;

③水力损失:液体流过泵体内时,其流速大小和方向都要改变,并发生冲击,从而又一次将传递过来的机械能损失掉一部分,称为水力损失。

(4)泵的转速:

泵的转速 n 是指离心泵、旋转泵的泵轴的转速或往复泵曲轴的转速,通常以 r/min 为单位。

(三)泵的特性曲线

上述泵的各性能参数 H、V、n、η 以及 p 之间并不是孤立的,而是相互联系,相互制约的。泵的铭牌上所列的数值均指该泵在效率最高点时的性能,还不能全面反映它的性能。要全面反映泵的性能,必须找出这些性能参数之间的关系。

所谓泵的特性曲线,是指泵在一定的转速下,压头、功率、效率与流量之间的关系曲线。泵的性能参数之间的关系因泵的种类不同而不同,如叶片式泵和正位移式泵两类泵的特性曲线是截然不同的。

　　叶片式泵的特性曲线一般由 H—V、N_e—V 和 η—V 三条曲线所组成。它是在一定的转速下,用实验方法测出各个不同流量下所对应的压头和功率,而后计算出对应的效率,最后在坐标纸上绘制而成。图 2-33 是离心泵和轴流泵这两种叶片式泵的特性曲线。一般泵的实际工作流量、压头应该选择在最高效率区附近才是合理的。

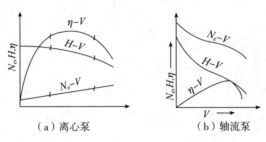

（a）离心泵　　　　　（b）轴流泵

图 2-33　离心泵和轴流泵的特性曲线

离心泵具有如下的性能特点:

　　①当流量为零时,离心泵的压头不超出某一有限值,并且压头随流量增加而缓慢降低。因此有可能利用调节泵出口阀门的方法来调节离心泵的流量。

　　②功率随流量增加而平稳上升,且流量为零时功率最小,所以离心泵启动时都将出口调节阀关闭,以降低启动功率。

　　③随着流量的增大,效率随之上升而达到一个最大值;而后随流量再增大时效率便下降。说明离心泵在一定转速下有一最高效率点,称为设计点。泵在与最高效率相对应的流量及扬程下工作最为经济,所以与最高效率点对应的 Q、H、N 值成为最佳工况参数。离心泵的铭牌上标出的性能参数就是指该泵在最高效率点运行时的工况参数。根据输送条件的要求,离心泵往往不可能正好在最佳工况下运转,因此一般只能规定一个工作范围,称为泵的高效率区,通常为最高效率的 92% 左右。选用离心泵时,应尽可能使泵在此范围内工作。

　　这里强调说明,离心泵的性能曲线都是由试验测得的,性能曲线依泵的类型、尺寸、转速及液体工质(主要是其物性 ρ 与 μ)等四项条件而定。泵厂提供的泵的性能曲线都是在特定的四项条件下测定的,那么如果使用条件与厂方指定的条件有差异,并且使用者又缺乏实验手段,能否从厂方提供的性能曲线推导出适于使用条件的性能曲线呢。下面讨论一下这些问题。

　　(1)转速 n 对特性曲线的影响

　　泵的特性曲线是在一定转速下测得,实际使用时会遇到 n 改变的情况,若 n

变化 $<20\%$,则可推得:

$$\frac{H'}{H} = \left(\frac{n'}{n}\right)^2$$

$$\frac{V'}{V} = \left(\frac{n'}{n}\right)$$

$$\frac{N'_a}{N_a} = \left(\frac{n'}{n}\right)^3$$

上式称为离心泵的比例定律。

（2）叶轮直径 D 对特性曲线的影响

泵的特性曲线是针对某一型号的泵（叶轮直径 D 一定），一个过大的泵,若将其叶轮略加切削而使直径变小,可以减少流量 V 和降低扬程 H 和轴功率 N_a。若叶轮直径变化 $<5\%$,则有:

$$\frac{H'}{H} = \left(\frac{D'}{D}\right)^2$$

$$\frac{V'}{V} = \left(\frac{D'}{D}\right)$$

$$\frac{N'_a}{N_a} = \left(\frac{D'}{D}\right)^3$$

上式称为离心泵的切割定律。

（3）液体密度 ρ 对特性曲线的影响

离心泵的流量、压头均与液体的密度无关,效率也不随密度而改变。当被输送液体的密度发生改变时, $V—H$ 曲线和 $V—\eta$ 曲线基本不变。但泵的轴功率与液体的密度成正比,此时原产品说明书上的 $V—N_a$ 曲线已不再使用,泵的轴功率需按式（2 – 58）重新计算。

（4）液体黏度 μ 对特性曲线的影响

所输送的液体黏度愈大,泵体内能量损失愈多,结果泵的压头、流量都要减小,效率下降,而轴功率则要增大,所以特性曲线改变。

（四）泵的安装高度

1. 离心泵的汽蚀现象及危害

离心泵的吸液是靠吸入液面与吸入口间的压差完成的。吸入管路越高,吸上高度越高,则吸入口处的压力将越小。当吸入口处压力小于操作条件下被输送液体的饱和蒸汽压时,液体将会汽化产生气泡,含有气泡的液体进入泵体后,在旋转叶轮的作用下,进入高压区,气泡在高压的作用下,又会凝结为液体,由于原气泡位置的空出造成局部真空,使周围液体在高压的作用下迅速填补原气泡所占空间。这种高速冲击频率很高,可以达到每秒几千次,冲击压强可以达到数百个大气压甚至更高。这种高强度高频率的冲击,轻的能造成叶轮的疲劳,重的则可以将叶轮与泵壳破坏,甚至能把叶轮打成蜂窝状。这种由于被输送液体在泵体内汽化再凝结对叶轮产生剥蚀的现象叫离心泵的汽蚀现象。

汽蚀现象发生时,会产生噪声和引起振动,流量、扬程及效率均会迅速下降,严重时不能吸液。工程上规定,当泵的扬程下降3%时,进入了汽蚀状态。

2. 离心泵的安装高度

工程上从根本上避免汽蚀现象的方法是限制泵的安装高度。泵的安装高度也叫泵的几何安装高度,是指泵的吸入口轴线与贮液槽液面间的垂直距离,如图2-34所示的Z_s。

在我国的离心泵规格中,采用两种指标对Z_s加以限制:允许吸上真空高度H_s和汽蚀余量Δh。

允许吸上真空高度H_s是指泵入口处压力p_s可允许达到的最高真空度,以压头形式表示:

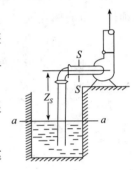

图2-34　泵的安装高度

$$H_s = \frac{p_a - p_s}{\rho g}$$

对于离心泵,如列出贮液槽液面和泵吸入口处截面间的能量方程,则可将吸入高度表示为:

$$Z_s = \frac{p_a - p_s}{\rho g} - \frac{u_s^2}{2g} - \sum H_{f,s} \tag{2-59}$$

$$Z_s = H_s - \frac{u_s^2}{2g} - \sum H_{f,s}$$

已知泵的允许吸上真空高度H_s,求出u_s和$\sum H_{f,s}$,即可计算泵的允许安装高度Z_s。由式(2-59)知,为提高泵的安装高度,应尽量减小u_s和$\sum H_{f,s}$,应选用直径稍大的吸入管,并使其尽可能短,尽量减少弯头,不安装截止阀。

通常在泵样本中查得的H_s是根据1标准大气压等于10 m水柱求得的,水温为20 ℃时得出的数值。若操作条件和上述不符,则H_s必须按下式进行校正。

$$H'_s = \left(H_s - 10 + H_a + \frac{p_V - p'_V}{9.81 \times 1\,000} \right) \frac{1\,000}{\rho} \tag{2-60}$$

式中:H_a——泵工作点的大气压,mH₂O;

p'_V——输送温度下水的饱和蒸汽压,Pa;

p_V——20 ℃下水的饱和蒸汽压,Pa;

ρ——操作条件下液体的密度,kg/m³。

泵的安装高度除根据上述泵的允许吸上真空高度来计算外,还有用汽蚀余量的方法。实际上,泵入口处绝对压力尚未低至 p_V 时,汽蚀现象也可能发生。这是因为泵入口处并不是泵内压力最低的地方。液体进入叶轮后,由于流道改变和流速变化,压力将进一步降低,同时,在低压下液体虽然尚未汽化,但其中溶解的气体将分离逸出,促使叶轮和泵壳加快侵蚀。为了保证运转时不发生汽蚀,必须使单位液体在入口处所具有的能量有充分的余量,足以克服液体流到泵内压力最低处的能量损失。从这个意义上表示汽蚀性能的参数,称为汽蚀余量 Δh。

汽蚀余量是指泵吸入口处动压头与静压头之和比被输送液体的饱和蒸汽压头高出的最小值,用 Δh 表示,即:

$$\Delta h = \left(\frac{p_s}{\rho g} + \frac{u_s^2}{2g} \right) - \frac{p_v}{\rho g} \qquad (2-61)$$

$$Z_s = \frac{p_a - p_v}{\rho g} - \Delta h - \sum H_{fs}$$

如由泵样本中查得 Δh,则可根据上式计算泵的允许安装高度 Z_s。当然,Δh 也应根据操作条件校正。

为了安全起见,泵的实际安装高度通常应比允许安装高度值低 $0.5 \sim 1.0$ m。

(五)泵的工作点与流量调节

1. 管路特性

管路特性可用管路特性方程或管路特性曲线来表示,它表示管路中流量(或流速)与压头的关系。

如图 2-35 所示,在截面 1-1′与 2-2′间列能量平衡方程可得:

$$H = \Delta Z + \frac{\Delta p}{\rho g} + \frac{\Delta u^2}{2g} + \sum H_f \quad (2-62)$$

在特定的管路系统与一定的操作条件下,ΔZ 与 $\Delta p/\rho g$ 均为定值,令 $K = \Delta Z + \Delta p/\rho g$,若贮槽与受槽截面积都很大,其流速与管路相比可忽略不计,则动压头也可忽略,则得:

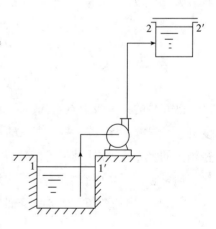

图 2-35 某特定管路系统

$$H = K + \sum H_f \qquad (2-63)$$

而

$$\sum H_f = \lambda \left(\frac{l + \sum l_e}{d} \right) \left(\frac{u^2}{2g} \right) = \left(\frac{8\lambda}{\pi^2 g} \right) \left(\frac{l + \sum l_e}{d^5} \right) V^2$$

则

$$H = K + BV^2$$

上式称为管路特性曲线方程。将此关系标绘在相应的坐标图上,所得曲线称为管路特性曲线管路特性曲线的形状由管路布局和流量等条件来确定,而与离心泵的性能无关。

2. 泵的工作点

离心泵在管路中运行时,泵所能提供的流量及压头与管路所需要的数值一致。此时安装在管路中的离心泵的工作点必须同时满足泵的特性方程和管路特性方程,即

$$H = f(Q) \qquad 泵特性方程$$

$$H = K + BQ^2 \qquad 管路特性方程$$

联立上述两方程,得到的解即为泵的工作点。或将泵的特性曲线 H—Q 与管路特性曲线 H—Q 标绘在同一图上,两曲线的交点 M 即为泵的工作点,如图 2−36 所示。对所选定的离心泵,以一定的转速在该管路中运行时,只能在 M 点工作。

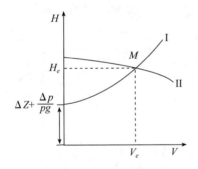

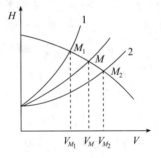

2−36 泵的特性曲线与管路特性曲线   2−37 阀门的开度对工作点的影响

3. 泵的流量调节

由于生产任务的变化,管路需要的流量有时是需要改变的,这实际上就是要改变泵的工作点。由于泵的工作点由管路特性和泵的特性共同决定,因此改变泵的特性和管路特性均能改变工作点,从而达到调节流量的目的。

(1)改变阀门的开度

改变离心泵出口管上调节阀门的开度,可改变管路特性曲线。当阀门关小时,管路局部阻力增大,管路特性曲线变陡,如图 2−37 中曲线 1 所示。工作点由 M 点移至 M_1 点,流量由 Q_M 降至 Q_{M_1}。当阀门开大时,管路局部阻力减小,管

路特性曲线变平坦,如图 2-37 中曲线 2 所示。工作点移至 M_2 点,流量加大至 Q_{M_2}。

由于用阀门调节简单方便,且流量可连续变化,因此工业生产中主要采用此方法。

（2）改变泵的转速

改变泵的转速,可改变泵的特性曲线。如图 2-38 所示,泵的转速为 n 时,工作点为 M,将泵的转速提高到 n_1,泵的特性曲线 $H—Q$ 向上移,工作点由 M 变至 M_1,流量由 Q_M 加大到 Q_{M_1};将泵的转速降至 n_2,泵的特性曲线 $H—Q$ 向下移,工作点移至 M_2,流量减小至 Q_{M_2}。

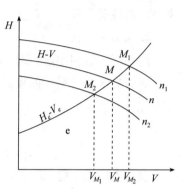

2-38　泵转速对工作点的影响

（3）改变泵的叶轮直径

减小泵的叶轮直径也可以改变泵的特性曲线,使泵的流量变小。这种调节方法实施起来不方便,且调节范围也不大,若减小不当还会降低效率。利用此方法调节流量,实际上与更换一台规格较小的泵一样。

【例 2-9】　用离心泵将水送到一敞口高位槽,两液面距离为 15 m,当转速为 2 900 r/min 时,离心泵的特性方程为（特性曲线见图 2-39）:

$$H_e = 45 - 1.3 \times 10-6V^2$$

管内流量为 $V = 0.003 \ \mathrm{m^3/s}$,试求:

①将泵的转速调为 2 800 r/min,而管路情况不变,则管内流量为多少?（设满足速度三角形相似。）

②若利用关小阀门的方法,使管内流量调至与①流量相同,而泵的转速仍维持 2 900 r/min,则比①多消耗多少能量?若流体密度为 1 000 $\mathrm{kg/m^3}$,理论上每小时省多少度电?（1 度电 $= 1 \ \mathrm{kW \cdot h}$）

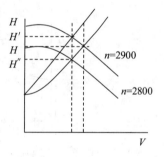

图 2-39　离心泵特性曲线

解: 泵特性曲线方程　　　　$H = 45 - 1.3 \times 10^{-6}V^2$　　　　　　（2-64）

管路特性曲线方程　　　　　　$H = 15 + KV^2$　　　　　　　　　　（2-65）

将 $V = 0.003$ 代入式（2-64）得 $H = 33.3 \ \mathrm{m}$,将此时的 V,H 代入式（2-65）得 $K = 2.033 \times 10^{-6}$,

所以管路特性曲线方程为 $H = 15 + 2.033 \times 10^{-6} \ V^2$　　　　　（2-66）

因为 $H'/H = (n'/n)^2$，$V'/V = n'/n$，$H = (n'/n)^2 H' = (29/28)^2 H'$，$V = 29/28 V'$，

故转速改变后泵特性曲线方程变为 $(29/28)^2 H = 45 - 1.3 \times 10^6 29/28 V'^2$

$$H = 41.95 - 1.3 \times 10^6 V^2 \qquad\qquad (2-67)$$

式(2-66)、式(2-67)联解得 $H' = 36.03$ m，$V' = 4.553 \times 10^{-3}$ m³/s = 16.390 8 m³/h

若用关小阀门的方法调节，则泵特性曲线不变仍为式(2-64)，

此时代入 $V'' = 0.004\ 553$ 得 $H'' = 18.05$ m

$\Delta H = H' - H'' = 36.03 - 18.05 = 17.98$ m

节约功 $= \rho g V \Delta H = 1\ 000 \times 9.81 \times 0.004\ 553 \times 3\ 600 \times 17.98 = 2.89 \times 10^6$ J/h，

相当于 $2.89 \times 10^6/(1\ 000 \times 3\ 600) \times 1 = 0.803$ 度电

(六)离心泵的类型、选用及使用注意事项

1. 离心泵的类型

离心泵种类繁多，相应的分类方法也多种多样。按液体的输入方式不同，可分为单吸泵和双吸泵；按叶轮数目不同，可分为单级泵和多级泵；按泵轴的方位不同，可分为立式和卧式；按被输送液体的性质可分为水泵、耐腐蚀泵、油泵、杂质泵、屏蔽泵、液下泵和低温泵等。各种类型的离心泵按其结构特点各自成为一个系列，并以一个或几个汉语拼音字母作为系列代号，在每一系列中，由于有各种不同的规格，因而附以不同的字母和数字来区别。以下仅对食品工厂中常用离心泵的类型作一简单说明，见表2-4。

表2-4　离心泵的类型

类　型		结构特点	用　途
清水泵	IS 型	单级单吸式，泵体和泵盖都用铸铁制成，泵体和泵盖为后开门结构形式；检修方便，不用拆卸泵体、管路和电机	是应用最广的离心泵，用来输送清水以及物理、化学性质类似于水的清洁液体
	D 型	多级泵，可达到较高的压头	要求的压头较高而流量并不太大的场合
	SH 型	双吸式离心泵；叶轮有两个入口，故输送液体流量较大	输送液体的流量较大而所需的压头不高的场合
耐腐蚀泵（F 型）		与液体接触的部件用耐腐蚀材料制成；密封要求高，常采用机械密封装置 FH 型（灰口铸铁）、FG 型（高硅铸铁）、FB 型（铬镍合金钢）、FM 型（铬镍钼钛合金钢）、FS 型（聚三氟氯乙烯塑料）	输送酸、碱等腐蚀性液体

类　型	结构特点	用　途
油泵 （Y 型）	有良好的密封性能；热油泵的轴密封装置和轴承都装有冷却水夹套	输送油类产品
杂质泵 （P 型）	叶轮流道宽,叶片数目少,常采用半敞式或敞式叶轮；有些泵壳内衬以耐磨的铸钢护板；不易堵塞,容易拆卸,耐磨 PW 型(污水泵)、PS 型(砂泵)、PN 型(泥浆泵)	输送悬浮液及黏稠的浆液等
屏蔽泵	无泄漏泵,叶轮和电机联为一个整体并密封在同一泵壳内,不需要轴封装置；效率较低,为 26% ~50%	常输送易燃、易爆、剧毒及具有放射性的液体
液下泵 （EY 型）	液下泵经常安装在液体贮槽内,对轴封要求不高,既节省了空间又改善了操作环境；效率不高	适用于输送加工过程中各种腐蚀性液体和高凝固点液体

2. 离心泵的选用程序

①确定离心泵的类型:根据被输送液体的性质和操作条件确定离心泵的类型,如液体的温度、压力、黏度、腐蚀性、固体粒子含量以及是否易燃易爆等都是选用离心泵类型的重要依据。

②确定输送系统的流量和扬程:输送液体的流量一般为生产任务所规定,如果流量是变化的,应按最大流量考虑。根据管路条件及伯努利方程,确定最大流量下所需要的压头。

③确定离心泵的型号:根据管路要求的流量 Q 和扬程 H 来选定合适的离心泵型号。在选用时,应考虑到操作条件的变化并留有一定的余量。选用时要使所选泵的流量与扬程比任务需要的稍大一些。如果用系列特性曲线来选,要使 (Q,H) 点落在泵的 $Q—H$ 线以下,并处在高效区。

若有几种型号的泵同时满足管路的具体要求,则应选效率较高的,同时也要考虑泵的价格。

④校核轴功率:当液体密度与水不同时,必须校核轴功率。

⑤列出泵在设计点处的性能,供使用时参考。

3. 离心泵使用注意事项

①使用前打开出口阀,排气灌泵,防止"气搏";

②关闭出口阀启动,减少启动功率,保护电机;

③停机前关闭出口阀,减少对叶轮的冲击,防止损坏叶轮;

④使用过程中注意振动、噪声及排水量等特征是否正常,防止汽蚀;

⑤长期不使用的泵,应先转动泵至运转灵活再操作,防止烧坏电机。

习 题

1. 一直径 3 m 的卧式圆筒形贮槽,槽内装满有密度为 940 kg/m³ 的植物油,贮槽上部最高处装有压力表,其读数为 70 kPa,求槽内最高压强是多少?

2. 用直径 $d = 100$ mm 的管道,输送流量为 10 kg/s 的水,如水的温度为 5 ℃,试确定管内水的流态。如用这管道输送同样质量流量的花生油,已知花生油的密度 $\rho = 920$ kg/m³,运动黏度 $\nu = 1.087 \times 10^{-3}$ m²/s,试确定花生油的流态。

3. 如图所示,有一输水系统,输水管管径 $\phi 57$ mm × 3.5 mm,已知 $\sum H_f$(全部能量损耗)为 4.5 m 水柱,贮槽水面压强为 100 kPa(绝),水管出口处压强为 220 kPa,水管出口处距贮槽底 20 m,贮槽内水深 2 m,水泵每小时送水 13 m³,求输水泵所需的外加压头。

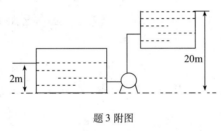

题 3 附图

4. 如图所示高位槽水面距出水管的垂直距离保持 5 m 不变,所用管路为 $\phi 114$ mm × 4 mm 的钢管,若管路压力损失为 $\left(1 + \dfrac{3}{2} U^2\right)$ m 水柱,问该高位槽每小时送水量多少? 若要使水的流量增加 30%,应将水箱升高多少?

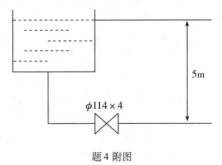

$\phi 114 \times 4$

题 4 附图

5. 用泵将密度为 1 081 kg/m³,黏度为 1.9 MPa·s 的蔗糖溶液从开口贮槽送至高位,流量为 1.5 L/s,采用内径 25 mm 的光滑管,管长 50 m,贮槽液面和管子高位出口距地面高度分别为 3 m 和 14 m,管出口处表压为 40 kPa,整个流动系统局部阻力因数之和 $\sum \zeta = 13.0$，若泵效率为 0.58，求泵的功率。

6. 将温度为 263 K 的冷冻盐水(25% $CaCl_2$ 溶液，相对密度即比重为 1.24，黏度为 0.007 Pa·s)从敞口贮槽送入冷却设备，已知贮槽盐水液面低于管路出口 2 m，整个输送管路由 50 m，规格为 ϕ33.5 mm × 3.25 mm 的有缝钢管组成，其中有 6 个标准弯头，1 个截止阀，2 个闸门阀，均为全开，如果要求流量为 6 m^3/h，试求所需泵的扬程。局部阻力系数弯头设为 $\zeta_1 = 1.1$，截止阀为 $\zeta_2 = 6.4$，闸门阀 $\zeta_3 = 0.17$，钢管粗糙度 $\varepsilon = 0.000\ 2$ m 并且冷却设备通大气。

7. 输送流量 12 m^3/h 的水泵，泵出口处压力表读数 1.9 atm，泵入口处真空表读数 140 mmHg，轴功率 1.20 kW，电动机转数 2 900 r/min，真空表与压力表距离 0.7 m，出口管与入口管直径相同。求泵的压头 H 与效率?

8. 牛奶以 48 kg/min 的流量流经某泵时获得的压强为 70.5 kPa，牛奶的密度为 1 050 kg/m^3，设泵的效率为 80%，试估算泵所作的有效功率和泵的轴功率。

9. 拟用一台离心泵以 60 m^3/h 的流量输送常温的清水，已查得在此流量下的允许吸上真空 $H_s = 5.6$ m，已知吸入管内径为 75 mm，吸入管段的压头损失估计为 0.5 m。试求：

①若泵的安装高度为 5.0 m，该泵能否正常工作。该地区大气压为 9.81 × 10^4 Pa。

②若该泵在海拔高度 1 000 m 的地区输送 40 ℃的清水，允许的几何安装高度为多少。当地大气压为 9.02 × 10^4 Pa。

第三章 沉降、过滤及流态化

本章学习要求：了解非均相物系用机械方法进行分离的原理、适用范围及主要设备的性能。要求能够根据分离任务正确选择分离方法和设备。重点掌握沉降的基本原理、基本计算方法、过滤操作原理、过滤基本方程式及过滤计算。

在食品加工中，借助机械能的转换即动量传递使物系发生相对运动，实现混合物系的分离、分散，或借助机械能变化强化传热、传质的单元操作有很多，如沉降、过滤、筛分、搅拌、均质、流态化等。

沉降(Sedimentation)和过滤(Filtration)主要讨论的是流体与固体颗粒之间的相对运动，包括固体颗粒在流体中的运动和流体通过固体颗粒的流动，并通过相对运动达到将流体和固体颗粒分离的目的。这相对运动要借助外力来产生某些特定的运动，这些外力可是重力、离心力、压力差等。流态化(Fluidization)是流体通过固体床层，在合力场的作用下，使固体颗粒悬浮乃至随流体运动(输送)的过程。该单元操作在实际运用中，常常作为实现热量或质量传递的手段，是兼有动量传递和热量/质量传递的操作。

搅拌(Stir)、均质(Homogeneity)和乳化(Emulsification)均是通过外力使物系均匀化的过程。搅拌侧重于物料运动及其激烈程度；均质和乳化侧重于将分散质进一步微粒化，以达到更高的稳定性和更细微的均匀性。若分散质为固相，操作称为均质；若分散质为液相，操作称为乳化。

本章主要讨论沉降、过滤和流态化单元操作。

第一节 沉降

沉降操作是依靠某种质量力场的作用，利用分散质与分散介质的密度差，使之发生相对运动而分离的过程。按混合物所处的质量力场的不同，可分为重力沉降和离心沉降。

一、重力沉降

(一)重力沉降速度

依靠重力场的作用而发生的沉降过程称为重力沉降(Gravitational settling)。

当固体颗粒的密度与流体不同时,单个球形颗粒在重力作用下将沿重力方向作自由沉降运动。此时颗粒受到以下三方面的作用力:重力 F_g,浮力 F_b 及阻力 F_d,力的作用方向如图 3 – 1 所示。

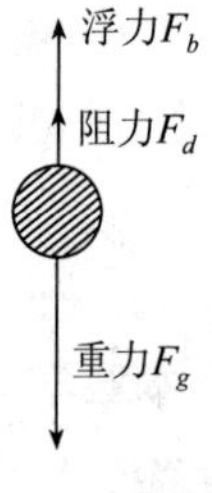

若颗粒的密度为 ρ_s,直径为 d,流体密度为 ρ,则:

$$F_g = \frac{\pi}{6}d^3\rho_s g$$

$$F_b = \frac{\pi}{6}d^3\rho g$$

$$F_d = \xi A \frac{\rho u^2}{2}$$

图 3 – 1 沉降颗粒
受力情况

式中:ξ——阻力系数(Drag coefficient),无因次;

A——颗粒在垂直于运动方向的平面上的投影面积,m^2,对于球形 $A = \frac{\pi}{4}d^2$;

u——颗粒与流体间的相对运动速度,m/s。

假设:颗粒为光滑刚性球体,流体介质为无限连续,颗粒间互不影响,则由牛顿第二定律可得:

$$F_g - F_b - F_d = ma$$

或　　　$$\frac{\pi}{6}d^3\rho_s g - \frac{\pi}{6}d^3\rho g - \xi\frac{\pi}{4}d^2\frac{\rho u^2}{2} = \frac{\pi}{6}d^3\rho_s a \qquad (3-1)$$

当颗粒开始沉降瞬间,$u = 0$,则 $F_d = 0$,而加速度 a 最大,随着 u 的不断增加,加速度不断地减小,当加速度为零,即重力、浮力和阻力达到平衡,颗粒开始作匀速沉降运动,此时的速度称沉降速度,又称终端速度,用 u_t 表示。由此看来,颗粒的沉降分为两个阶段,即加速阶段和匀速阶段,加速阶段非常短,主要是匀速阶段。于是,整个沉降过程都可认为是匀速沉降。由式(3 – 1)得:

$$u_t = \sqrt{\frac{4gd(\rho_s - \rho)}{3\rho\xi}} \qquad (3-2)$$

式中:u_t——球形颗粒(Spherical particle)的自由沉降速度,m/s;

d——颗粒直径,m。

通过因次分析可知,阻力系数 ξ 应是颗粒与流体相对运动时雷诺数 Re 的函数,即:

$$\xi = f(Re)$$

颗粒雷诺数的定义为:

$$Re = \frac{du\rho}{\mu} \tag{3-3}$$

式中:d——颗粒直径(对非球形颗粒而言,则取等体积球形颗粒的当量直径);

u——颗粒的自由沉降速度;

μ、ρ——流体的物性参数,分别为黏度、密度。

根据实验结果,得到球形颗粒的阻力系数 ξ 与雷诺数 Re 的函数关系。如图 3-2 所示。

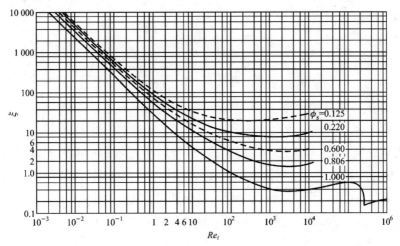

注　图中 φ_s 表示颗粒的球形度,对于球形颗粒 $\varphi_s = 1$。

图 3-2　$\xi-Re$ 关系曲线

曲线变化规律可分为四区,各区内的曲线可分别用相应的关系式表示为:

(1)层流区:$10^{-4} < Re < 1$

$$\xi = \frac{24}{Re} \tag{3-4}$$

此时

$$u_t = \frac{d^2(\rho_s - \rho)g}{18\mu} \tag{3-5}$$

此式称为斯托克斯(Stokes)公式。在层流区内,流体的黏性阻力占主要地位。

(2)过渡区:$1 < Re < 10^3$

$$\xi = \frac{18.5}{Re^{0.6}} \tag{3-6}$$

$$u_t = 0.27 \sqrt{\frac{d(\rho_s - \rho)g}{\rho}Re^{0.6}} \tag{3-7}$$

此式称为阿伦(Allen)公式。在过渡区内,流体的黏性阻力与形体阻力共同起作用。

(3)湍流区:$10^3 < Re < 2 \times 10^5$

$$\xi = 0.44 \tag{3-8}$$

$$u_t = 1.74 \sqrt{\frac{d(\rho_s - \rho)g}{\rho}} \tag{3-9}$$

此式称为牛顿(Newton)公式。在湍流区内,形体阻力起主要作用。

边界层内为湍流:$Re > 2 \times 10^5$

$$\xi = 0.1 \tag{3-10}$$

$$u_t = 3.69 \sqrt{\frac{d(\rho_s - \rho)g}{\rho}} \tag{3-11}$$

(二)沉降速度的计算

1. 试差法

先假设流动区,再从式(3-4)至式(3-11)中选取相应的公式,求出沉降速度 u_t,再由 u_t 算出 Re,校核其值是否在假定区。若在假定区,沉降速度为 u_t;若不在假定区,重新假设流动区,重新计算,直到符合为止。

沉降操作涉及的颗粒直径都较小,通常在层流区内。

2. 图解法

将式(3-2)转化成下式:

$$\xi = \frac{4d^3(\rho_s - \rho)g}{3\rho u_t^2} = \frac{4d^3\rho(\rho_s - \rho)g}{3\mu^2} \cdot \frac{1}{Re_0^2} = \frac{常数}{Re_0^2}$$

$$\xi Re_0^2 = 常数 \tag{3-12}$$

将式(3-12)取对数后在图3-2上标成直线,由直线与原曲线交点的 Re_0 值,即可计算出 u_t。

【例3-1】 玉米淀粉水悬浮液于 20 ℃时颗粒的直径为 $6 \sim 21$ μm,其平均值为 15 μm,求沉降速度。假定吸水后淀粉颗粒的相对密度为 1.02。

解:水在 20 ℃时,$\mu = 10^{-3}$ Pa·s,$\rho_s = 1\,020$ kg/m³,假定在层流区沉降,则按斯托克斯公式:

$$u_t = \frac{d^2(\rho_s - \rho)g}{18\mu} = \frac{(15 \times 10^{-6})^2 \times (1\,020 - 1\,000) \times 9.81}{18 \times 10^{-3}} = 2.45 \times 10^{-6} \text{ m/s}$$

校核雷诺数:

$$Re = \frac{du\rho}{\mu} = \frac{15 \times 10^{-6} \times 2.45 \times 10^{-6} \times 1\,000}{10^{-3}} = 3.68 \times 10^{-5} < 1.0$$

原假设在层流区沉降正确,故沉降速度为 2.45×10^{-6} m/s 有效可靠。

【例 3 - 2】 油和水的分离

设计一连续分离罐用于液态油的水洗之后,估计该罐所需的面积是多少?已知离开水洗罐的油是直径为 5.1×10^{-5} m 的球形液滴,进入分离罐的浓度为 4 kg 水:1 kg 油,要求离开分离罐的水无油。进料速度为 1 000 kg/h,油的密度是 894 kg/m³,油和水的温度均为 38 ℃。采用斯托克斯定律(Stokes' Law)。

解: 从附录中可以查出,38 ℃时水的黏度为 0.7×10^{-3} Pa·s,密度为 992 kg/m³;

油滴的直径:5.1×10^{-5} m;

根据式(3 - 5),$u_t = d^2 g(\rho_s - \rho)/18\mu$

$u_t = (5.1 \times 10^{-5})^2 \times 9.81 \times (992 - 894)/18 \times 0.7 \times 10^{-3} = 1.98 \times 10^{-4}$ m/s = 0.71 m/h

据题意得:进料中水与油的质量比 =4;流出液体中要求水是无油的,即水与油的质量比 =0,dV/dt = 液体中油的流速 = 1 000/5 = 200 kg/h,可以得到:

$A = (4 - 0)(dV/dt)/u\rho = 4 \times 200/(0.71 \times 992) = 1.14$ m²

根据例 3 - 2 可以看出,沉降不仅用于比重大于液相的物质向下沉的问题,也能用于比重小于液相向上浮的问题。这在食品工业中使用较多,乳制品加工过程中,如液态奶,就要防止油脂的上浮;果汁加工过程中,也要防止比重小于水的物质的上浮,这样才能保证产品质量。防止油脂上浮的方法是将油脂的粒径减小,可采用均质的方法;也可增加溶液的黏度等。另外,也用在食品工业中从水中分离小的脂肪颗粒。首先在准备提供泡沫,有一定压力的水中溶解空气,然后突然释放压力,空气以细小泡沫的形式出现在水中,并且与脂肪一起升到表面溢出槽。

(三)影响沉降速度的因素

由于绝大多数的沉降是在层流区进行的,故从理论上可对影响沉降速度的因素作如下分析。

1. 颗粒直径

由斯托克斯公式(3 - 5)知,沉降速度与粒径的平方成正比。说明了粒径越大,沉降越快,反之,越慢。食品生产中常利用这点,如牛奶和果汁的均质处理,使得颗粒或液滴微粒化,进而可使沉降速度减慢;为使胶体食品迅速澄清,可增大颗粒直径。

2. 分散介质黏度

由斯托克斯公式(3 - 5)知,沉降速度与介质的黏度成反比。食品中有些难于用沉降分离的物质,主要是因为黏度过大。这时可通过加酶制剂或加热方法来降低黏度,以达到快速沉降的目的,但加热易产生干扰沉降。

3. 两相密度差

由斯托克斯公式(3-5)知,沉降速度与两相密度差成正比,但在一定悬浮液的沉降分离中,密度差数值很难改变。

实际上,工业化沉降速度还受颗粒形状、颗粒浓度、壁效应等影响。同一固体物质,球形或近似球形颗粒比同体积非球形颗粒的沉降要快些。当物系中的颗粒较多,颗粒之间相互距离较近时,颗粒沉降会受到其他颗粒的影响,这种沉降称之为干扰沉降。干扰沉降速度比自由沉降的小。容器的壁面和底面均增加颗粒沉降时的拽力,使颗粒的实际沉降速度较自由沉降时的速度低。当容器尺寸远远大于颗粒尺寸时,器壁效应可以忽略,否则需加以考虑。

(四)降尘室

食品工程中重力沉降应用很多。如要从喷雾干燥气流中分离出奶粉颗粒,或从烟尘气体中分离出烟尘,或从含淀粉颗粒的水中分离出淀粉颗粒等。从气流中分离尘粒所用的设备为降尘室(Settling apparatus/Dust collector),从悬浮液中分离固体颗粒所用的设备为沉降槽(Settling tank)。

降尘室也叫除尘室。如图3-3所示,含尘气体进入降尘室后,由于流通截面扩大,导致速度减慢,只要在气体通过降尘室的时间内,颗粒能够降至室底,颗粒便能被分离。

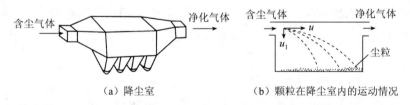

（a）降尘室　　　　　　　　　（b）颗粒在降尘室内的运动情况

图3-3　降尘室示意图

设:l 为降尘室的长度,m;h 为降尘室的高度,m;b 为降尘室宽度,m;u_t 为颗粒的沉降速度,m/s;u 为气体在降尘室中的水平流速,m/s;q_V 为含尘气体的体积流量。则沉降面积 $A_0 = bl$,气体在降尘室中停留的时间 $t = l/u$,颗粒沉降时间 $t_0 = H/u_t$。

颗粒被分离出的条件为:

$t_0 \leqslant t$　即　$h/u_t \leqslant l/u$

将 $u = q_V/(h \cdot b)$ 代入上式得:

$q_V \leqslant bl\, u_t = A_0\, u_t$

由此可知：降尘室的生产能力只与 A_0 及 u_t 有关，而与 h 无关，因此，可将降尘室制成多层。

在计算沉降速度 u_t 时应注意，要以最小颗粒直径计算，且气流速度不应过高，以免引起干扰沉降或已经沉降下来的颗粒重新卷起，且要保证 u 处于层流范围。

【例 3－3】　降尘室计算

用降尘室除去玉米淀粉生产过程中产生的淀粉粉尘（密度 3 500 kg/m³），操作条件下的气体体积流量为 6 m³/s，密度为 0.6 kg/m³，黏度为 3×10^{-5} Pa·s，降尘室高 2 m，宽 2 m，长 5 m。试求能 100% 除去的最小尘粒直径。若将该降尘室用隔板分成 10 层（不计隔板厚度），而需完全除去的最小颗粒要求不变，则降尘室的气体处理量为多大？若生产能力不变，则能 100% 除去的最小尘粒直径为多大？

解：①能 100% 除去的最小颗粒直径：

假设沉降服从斯托克斯公式，则：

$$d = \sqrt{\frac{18\mu u_t}{(\rho_s - \rho)g}} = \sqrt{\frac{18\mu q_V}{(\rho_s - \rho)gA}} \tag{a}$$

将 $\mu = 3 \times 10^{-5}$ Pa·s；$q_V = 6$ m³/s；$\rho_s = 3\,500$ kg/m³；$\rho = 0.6$ kg/m³；$A = 2 \times 5 = 10$ m² 代入式（a）得：

$$d = \sqrt{\frac{18 \times 3 \times 10^{-5} \times 6}{(3\,500 - 0.6) \times 9.81 \times 10}} = 2.89 \times 10^{-5} \text{ m} = 2.89 \times 10^{-2} \text{ mm}$$

检验雷诺数：

根据 $q_V = Au_t$，得：$u_t = q_V/A = 6/10 = 0.6$ m/s

$$Re = \frac{du_t\rho}{\mu} = \frac{2.89 \times 10^{-5} \times 0.6 \times 0.6}{3 \times 10^{-5}} = 0.347 < 1$$

可见假设正确。能 100% 除去的最小颗粒直径为 2.89×10^{-2} mm。

②若将该降尘室用隔板分成 10 层，且需完全除去的最小颗粒要求不变，即 d 不变，则从斯托克斯公式知 u_t 也不变，于是，每一小室的气体处理能力 $q_V = Au_t$ 不变，仍为 6 m³/s，故降尘室总的生产能力为：

$$q'_V = 10q_V = 10 \times 6 = 60 \text{ m}^3/\text{s}$$

③将降尘室用隔板分成 10 层，而生产能力不变，则能 100% 除去的最小尘粒直径为：

$$d'' = \sqrt{\frac{18\mu q''_V}{(\rho_s - \rho)gA}} \qquad\qquad (b)$$

式中的 V'' 为每一小室的气体处理能力，$q''_V = q_V/10 = 6/10 = 0.6 \ \mathrm{m^3/s}$；

将式(a)与式(b)相比，得：

$$\frac{d''}{d} = \sqrt{\frac{q''_V}{q_V}} = \sqrt{\frac{0.6}{6}} = \sqrt{\frac{1}{10}} = 0.316$$

$$d'' = 0.316 \times d = 0.316 \times 2.89 \times 10^{-2} = 9.13 \times 10^{-3} \ \mathrm{mm}$$

由计算可见，将该降尘室用隔板分成 10 层后，若需完全除去的最小颗粒要求不变，则降尘室的气体处理量将变为原来的 10 倍。若生产能力不变，则能100% 除去的最小尘粒直径变为原来的 $\sqrt{1/10}$。

二、离心沉降

(一)离心沉降速度

依靠惯性离心力的作用而实现的沉降称为离心沉降(Centrifugal sedimentation)。对两相密度差较小，颗粒粒度较细的非均匀相系，可利用颗粒作圆周运动时的离心力以加快沉降过程。当颗粒在离心力场中沉降时，如图 3 - 4 所示，惯性离心力随位置和转速而改变，如颗粒与转轴的距离为 r，流体和颗粒的切向速度为 $u_T(u_T = r\omega)$，则对任何质量 m 颗粒的惯性离心力为：

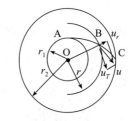

图 3 - 4　颗粒在旋转流场中的运动

$$F_e = m \cdot r \cdot \omega^2 = m\frac{u_T^2}{r}$$

当流体带着颗粒旋转时，颗粒在径向受到惯性离心力 F_e、向心力 F_b 和阻力 F_R 三个力的作用。若颗粒为球形，则：

$$F_e = m\frac{u_T^2}{r} = \frac{\pi}{6}d^3\rho_s\frac{u_T^2}{r} \qquad\qquad (3-13)$$

$$F_b = \frac{\pi}{6}d^3\rho\frac{u_T^2}{r} \qquad\qquad (3-14)$$

$$F_R = \xi\frac{\pi}{8}d^2\rho\frac{u_r^2}{r} \qquad\qquad (3-15)$$

三力平衡得：

$$u_r = \sqrt{\frac{4d(\rho_s - \rho)u_T^2}{3\xi\rho r}} \qquad\qquad (3-16)$$

式中：u_r——颗粒在离心力作用下的沉降速度。

该式与式(3-2)的不同之处在于该式用离心加速度$a(a=r\omega^2=u_T^2/r)$取代了式(3-2)中的重力加速度g。

若颗粒与流体的相对运动属于层流，阻力系数也符合斯托克斯定律，则：

$$u_r=\frac{d^2(\rho_s-\rho)}{18\mu}\cdot\frac{u_T^2}{r} \qquad (3-17)$$

在层流沉降区，同一颗粒在同种介质中所受离心力与重力之比为：

$$K_c=\frac{r\omega^2}{g}=\frac{u_T^2}{gr} \qquad (3-18)$$

此K_c值称为离心分离因素(Centrifuging factor)，其数值的大小是反映离心分离设备性能的重要指标。K_c越大，设备分离效率越高。

重力沉降依靠固体颗粒的重力mg(m为固体颗粒质量，kg)，因此沉降速度慢，分离效果差。由式(3-17)知，对固体颗粒施加离心力可以显著提高沉降速度，即使微小粒滴也能迅速沉降。当采用高速离心机时，甚至能对同位素进行分离。

(二)离心沉降的应用

典型的应用有：用于气—固分离的旋风分离和液-固分离的离心分离(包括离心沉降和离心过滤)。气—固非均相物系的离心沉降一般在旋风分离器中进行，固体悬浮液的离心沉降一般在各种沉降式离心机中进行。

由于离心分离具有很多优点，所以应用日益广泛，特别适合于食品工业中含结晶(或颗粒)的悬浮液和乳浊液的分离，如蔗糖、味精、酵母、鱼肉制品、果汁、牛奶、啤酒、饮料等的分离处理。离心沉降与重力沉降相比，具有生产能力大、分离效果好、制品纯度高等特点。

(三)离心沉降设备及其工作原理

1. 旋风分离器(Cyclone separator)

(1)旋风分离器的操作原理

典型的离心沉降分离设备是旋流分离器，其特征是设备静止不动，流体在设备内旋转，流体的切向速度可看作常数。旋流分离器既可用于气—固体系，也可用于液-固体系的分离，前者称旋风分离器，后者称旋液分离器。工业上使用最多的是旋风分离器。

如图3-5是具有代表性的旋风分离器的结构型式，称为标准旋风分离器，上部为圆柱形，下部为圆锥形，其各部分尺寸均标注在图中。含尘气体从圆筒上部的长方形切线进口进入旋风分离器里。进口的气速为 15～20 m/s。含尘气体在器内受器壁限制,沿圆筒内壁作旋转向下的三维流动(称外旋流),在惯性离心力作用下,颗粒被甩向器壁与气流分离,再沿内壁面落入底部的落灰斗。圆柱部分是主要除尘区域,到了圆锥部分,由于旋转半径缩小而切向速度增大,增强了除尘效果。在圆锥底部附近,气流转变为旋转方向相同上升气流(称内旋流),由上部出口管排出。

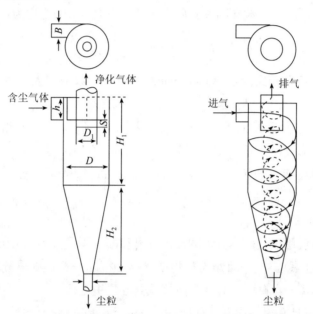

（a）标准型旋风分离器　　（b）气体在旋风分离器内的运动情况

注：$h=D/2$　$B=D/4$　$D_1=D/2$　$H_1=2D$
$H_2=2D$　$S=D/8$　$D_2=D/4$

图 3-5　旋风分离器

旋风分离器是系列化的气 - 固分离设备,广泛适用于含颗粒浓度为 0.01～500 g/m³、粒度不小于 5 μm 的气体净化与颗粒回收操作,尤其是各种气 - 固流态化装置的尾气处理。在食品工业上常用于奶粉、蛋粉等干制品的后期分离,也可用于气流干燥等。

（2）旋风分离器的性能

评价旋风分离器性能的主要指标有:分离效率(Separation efficiency)和气体经过旋风分离器的压降(Qressure drop)。

临界粒径(Critical radius of particle)是理论上在旋风分离器中能被完全分离下来的最小颗粒直径。临界粒径是判断分离效率高低的依据。

　　计算临界粒径的关系式,可根据下列假设条件推导。①进入旋风分离器的气流严格按螺旋路线作等速运动,其切向速度等于进口气速;②颗粒向器壁沉降时,必须穿过厚度等于整个进气口宽度 b 的气流层,方能到达壁面而被分离;③颗粒与气流的相对运动为层流。

　　颗粒在层流区作自由沉降,其径向沉降速度可用式(3 - 16)计算。因 $\rho \ll \rho_s$,故式(3 - 17)中的 $\rho_s - \rho \approx \rho_s$,旋转半径 R 可取平均值 R_{av},颗粒到达器壁所需的沉降时间 T_t 为 $18\mu R_{av} b / (d^2 \rho_s u_i^2)$。令外圈气流的有效旋转圈数为 N_e,它在器内运行的距离便是 $2\pi R_{av} N_e$,则停留时间 t 为 $2\pi R_{av} N_e / u_i$。若某种尺寸的颗粒所需的沉降时间 T_t 恰好等于停留时间 t,该颗粒就是理论上能被完全分离下来的最小颗粒。以 d_c 代表这种颗粒的直径,即临界粒径,则由 $T = T_t$ 推导可得:

$$d_c = \sqrt{\frac{9\mu b}{\pi N_e u_i \rho_s}} \tag{3 - 19}$$

式中: u_i ——进口处的平均气速,m/s;

　　　　N_e ——气流旋转圈数,一般为 0.5 ~ 3.0,但对于标准分离器, $N_e = 5$;

　　　　b ——进气宽度,m;

　　　　ρ_s ——固相密度,kg/m^3。

　　一般旋风分离器是以圆筒直径 D 为参数,其他尺寸都与 D 成一定比例。由上式可见,临界粒径随分离器的尺寸增大而加大, d_c 增大,分离效率降低,因此分离效率随分离器尺寸增大而减小。所以,气体处理量大时,常并联使用几个小的旋风分离器,以维持较高的除尘效率。

　　分离效率有两种表示方法,一是总效率,以 η_0 表示;二是分效率,又称粒级效率,以 η_{pi} 表示。

　　总效率(Overall efficiency)是指进入旋风分离器的全部颗粒中被分离出来的质量分数,即:

$$\eta_0 = \frac{c_1 - c_2}{c_1} \tag{3 - 20}$$

式中: c_1 ——旋风分离器进口气体含尘浓度,kg/m^3;

　　　　c_2 ——旋风分离器出口气体含尘浓度,kg/m^3。

　　含尘气流中颗粒通常大小不均,各尺寸的颗粒被分离下来的百分数互不相同。按各种粒度分别表明其被分离下来的质量分数称为粒级效率。通常把气流中所含颗粒的尺寸范围分成几个小段,则其中第 i 个小段范围内的颗粒的粒级效率定义为:

$$\eta_{pi} = \frac{c_{1i} - c_{2i}}{c_{1i}} \qquad\qquad (3-21)$$

式中：C_{1i}——进口气体中粒径在第 i 小段范围内的颗粒浓度，kg/m^3；

C_{2i}——出口气体中粒径在第 i 小段范围内的颗粒浓度，kg/m^3。

一般从理论讲，凡颗粒直径大于临界直径 d_c 的颗粒的粒级效率为100%，而小于临界直径 d_c 的颗粒的粒级效率为零。实际上，直径小于临界直径的颗粒也有被分离出来的，而有的大于临界直径的颗粒未被分离出来。这主要是因为直径小于 d_c 的颗粒中，有些在旋风分离器进口处已很靠近壁面，因而只要很短的沉降时间就能沉降，或在器内聚结成大颗粒，而被沉降；而直径大于 d_c 的颗粒中，有些受气体涡流的影响未能到达壁面，或沉降后又被气流重新卷起而带走。

粒级效率（Granularity grading）为50%时颗粒的直径，称为分割直径 d_{50}。某些高效率旋风分离器的分割直径可小至 $3\sim10\ \mu m$。

$$d_{50} = 0.27\left[\frac{\mu D}{u_i(\rho_s - \rho)}\right]^{\frac{1}{2}} \qquad\qquad (3-22)$$

粒级效率与颗粒直径间的关系曲线称粒级效率曲线（Grain grade efficiency curve）。由于气流运动的复杂性，粒级效率曲线是一条光滑曲线。实践中常把粒级效率曲线标绘成粒级效率 η_{pi} 与 d/d_{50} 的关系曲线。标准型旋风分离器的粒级效率曲线如图3-6所示。

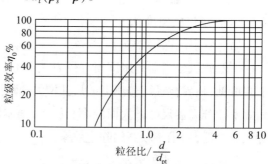

图3-6 标准旋风分离器的粒级效率曲线

同一型式、尺寸比例相同的旋风分离器，其粒级效率曲线相同。

总效率 η_0 可通过实测进、出口气体的粒子浓度得到，也可由含尘气体的粒子粒度分布和粒级效率曲线，通过下式求得：

$$\eta_0 = \sum \eta_{pi} x_i \qquad\qquad (3-23)$$

式中：x_i——进口气体中粒径为 d_{pi} 颗粒的质量分数。

压强降：压降是评价旋风分离器的又一个重要性能指标，它是决定分离过程的能耗和合理选择风机的依据。气体流经旋风分离器时，由于进气管、排气管及主体器壁所引起的摩擦阻力，气体流动时的局部阻力及气体旋转所产生的动能损失等等，造成气体的压降，即：

$$\Delta p = \xi \frac{\rho u_i^2}{2} \qquad\qquad (3-24)$$

式中:ξ——阻力系数。

对于同一结构型式及尺寸比例的旋风分离器,ξ 为常数。一般 ξ 为 $5 \sim 8$(标准旋风分离器 $\xi = 8$)。对于一般的旋风分离器,其压降 $\Delta p = 500 \sim 2\ 000$ Pa。

影响旋风分离器性能的因素多而复杂,物系情况及操作条件是其中的重要方面。一般,颗粒密度大、粒径大、进口气速高及粉尘浓度高等均有利于分离。如:含尘浓度高则有利于颗粒的聚结,可提高效率,并且颗粒浓度增大可以抑制气体涡流,从而使阻力下降,所以较高的含尘浓度对压降与效率两个方面均有利,但有些因素则对两方面有相互矛盾的影响,例如,进口气速 u_i 稍高有利于分离,但过高则导致涡流加剧,反而不利于分离,并突然增大压降,因此 u_i 保持在 $15 \sim 25$ m/s 范围为宜。

(3)旋风分离器的选用

旋风分离器的优缺点:结构简单,造价低廉,没有活动部件,可用多种材料制造,操作范围宽广,分离效率较高。但旋风分离器一般用来除去气流中直径 5 μm 以上的颗粒,而不适用于处理黏性粉尘、含湿量高的粉尘及腐蚀性粉尘。此外,气量的波动对除尘效果及设备阻力的影响较大。直径 200 μm 以上的粗大颗粒,最好先用重力沉降法除去,以减少颗粒对分离器器壁的磨损。直径 5 μm 以下的颗粒,需用袋滤器(bagfilter)或湿法扑集(wetcollector)。

旋风分离器的选用:首先根据系统的物性和分离任务要求选定旋风分离器的型式,然后根据含尘气体的体积流量、要求达到的分离效率和允许的压降确定旋风分离器的尺寸和个数。3 种常用旋风分离器的性能见本书附录。

通常并联的分离效率优于串联,并且设备小、投资省。故工业生产中,一般均采用多台旋风分离器并联操作的方法。

【例 3-4】 某淀粉厂的气流干燥器每小时送出 10 000 m³ 带有淀粉的热空气,拟采用扩散式旋风分离器收取其中的淀粉,要求压降不超过 1 373 Pa。已知气体密度为 1.0 kg/m³。试选择合适的型号。

解:当 u_i 不变时,由式(3-24)可知:气体通过旋风分离器的压降与气体密度成正比。故可将压降折算成气体密度为 1.2 kg/m³ 时的数值:

$\Delta p = 1\ 373 \times 1.2 / 1.0 = 1\ 648$ Pa

查附录,3 号扩散式旋风分离器(直径为 370 mm)在 1 570 Pa 的压降下操作时,生产能力为 2 500 m³/h,现要达到 10 000 m³/h 的生产能力,可采用 4 台并联。

也可以作出其他选择,即选用的型号与台数不同于上面方案。所有这些方案在满足气体处理量及不超过允许压降的条件下,效率高低和费用大小将不同。合适的型号只能根据实际情况和经验确定。

2. 离心机(Centrifugal separator)

目前国产离心机的品种、规格不少,均有定型产品。

离心机可按其分离因素 K_c 大小分为3类:

①常速离心机(Normal speed centrifuge):$K_c < 3\ 000$。主要用于分离颗粒不大的悬浮液和物料的脱水;

②高速离心机(High speed centrifuge):$3\ 000 < K_c < 50\ 000$,主要用于分离乳状和细粒悬浮液;

③超高速离心机(Ultra speed centrifuge):$K_c > 50\ 000$,主要用于分离极难分离的超微细粒的悬浮物系和高分子胶体悬浮液。

离心机按分离原理和结构可分为沉降式离心机(如沉降式离心机、螺旋沉降离心机)、过滤式离心机、分离机(如碟式离心机、管式离心机)等类型。

3. 离心沉降机械在食品工业中的应用

沉降式离心机主要用于回收动植物蛋白,分离可可、咖啡、茶等滤浆,以及鱼油去杂和鱼肉制取等。

螺旋沉降离心机在食品工业中的应用有果汁澄清、淀粉与蛋白质的分离、油脂分离、大豆分离蛋白的生产等。

过滤式离心机主要用于砂糖等结晶食品的精制、脱水蔬菜制品的预脱水、淀粉脱水、果蔬菜榨汁、回收植物蛋白以及冷冻浓缩的冰晶分离等场合。

管式(超速)分离式分离机常用于动、植物油和鱼油的脱水,果汁、苹果浆、糖浆的澄清;倒锥式(超速)分离式分离机则广泛用于牛奶的净化和奶油的分离,动物脂肪、植物油、鱼油脱水和澄清,果汁澄清等。

碟式离心机主要用于果汁、乳品、油类、啤酒、酵母、油脂、淀粉、味精等食品工业生产过程,在不同行业分别有专用的碟式离心机。

第二节　过滤

过滤是一大类单元操作的总称。过滤的方式很多,适用的物系也很广泛,固－液、固－气、大颗粒、小颗粒都很常见。采用膜过滤甚至可以分离10 nm 大小的大分子质量蛋白质和病毒粒子等。本节以食品工业上最多见的悬浮液为主讨论过滤基本问题。

　　过滤是属于流体通过颗粒间流动的一个典型的单元操作,在食品工业生产中被广泛应用。其基本原理是在外力(重力、压力、离心力)作用下,使悬浮液中的液体通过多孔性介质,而固体颗粒被截留,从而使液、固两相得以分离,如图3－7所示。

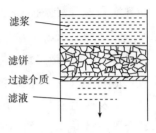

图3－7　过滤操作示意图

　　处理的悬浮液称为滤浆(Slurry),多孔的物质称为过滤介质(Filter medium)。通过过滤介质的液体称为滤液(Filter liquor),被截留的物质称为滤饼(Filter cake)。在食品工业上,悬浮液过滤主要用于:

　　①含大量不溶性固体的过滤,目的是将其分离成固体和液体组分,取其有价值的一种或两种,如葡萄糖、食用油脱色。

　　②从大量有价值的液体中除去少量不溶性固体,目的是生产澄清液体食品,如果汁、牛奶。

　　过滤分两大类:深层过滤和滤饼过滤。

　　①深层过滤(Deep bed filtration):颗粒尺寸比介质孔道的直径小得多,但孔道弯曲细长,颗粒进入后很容易被截留住,且由于流体流过时所引起的挤压与冲撞作用,颗粒紧附在孔道的壁面上。此过滤是在介质内部进行的,介质表面无滤饼形成,适用于从液体中除去很小量(固体颗粒含量在0.1%以下)的固体微粒,如水的净化、烟气除尘、饮料精滤等。

　　②滤饼过滤(Cake filtration):颗粒尺寸大多数都比介质孔道的直径大,固体物积聚于介质表面,形成滤饼,适用固体物含量比较大的悬浮液(体积分数在1%以上),食品工业上一般常用此种方法。

一、过滤的基本概念

(一)过滤介质

　　过滤过程所用的多孔性介质称为过滤介质,过滤介质应具有下列特性:多孔性、孔径大小适宜、耐腐蚀、耐热并具有足够的机械强度,食品工业中使用的过滤介质还应具有无毒、化学性质稳定的特点。常用的过滤介质主要有织物介质,如由棉、麻、丝、毛等天然纤维及各种合成纤维、金属丝等编织成的滤布(Filter cloth)。另外还有砂粒、碎石、木炭、石棉等粒状堆积介质,以及多孔陶瓷、多孔塑料及多孔金属等多孔固体介质。这些介质用于深层过滤。现在工业还使用多孔膜,主要用于膜过滤,包括各种有机高分子膜和无机材料膜,广泛使用的是醋酸纤维素和芳香聚酰胺系两大类有机高分子膜。

固体颗粒被过滤介质截留后,逐渐累积成饼(称为滤饼),如图 3 - 8(b)"滤饼过滤"所示。当过滤刚开始时,很小的颗粒可能会进入介质的孔道内或通过介质孔道而不被截留,使滤液浑浊,但随着过滤的继续进行,细小的颗粒便可能在孔道上及孔道中发生架桥现象,如图 3 - 8(c)"架桥现象"所示,从而形成滤饼。其后,逐渐增厚的滤饼便成为真正有效的过滤介质。

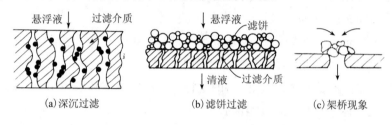

(a)深沉过滤　　　　(b)滤饼过滤　　　　(c)架桥现象

图 3 - 8　滤饼过滤示意图

(二)过滤推动力和过滤阻力

在过滤过程中,滤液通过过滤介质和滤饼层流动时需克服流动阻力,因此,过滤过程必须施加外力,这个外力就是过滤推动力。过滤推动力是指由滤饼和过滤介质所组成的过滤层两侧的压力差。压力差的来源是悬浮液本身的液柱,在悬浮液表面加压或在悬浮液下方抽真空以及离心力。

过滤阻力是指滤液通过滤饼和过滤介质时的流动阻力。采用粒状介质时,滤饼阻力可忽略;而当采用织状介质,且滤饼已垒积至相当厚度时,介质阻力可忽略。

(三)滤饼的压缩性

若形成的滤饼刚性不足,则其内部空隙结构将随着滤饼的增厚或压差的增大而变形,空隙率减小,称这种滤饼为可压缩滤饼(Compressible filter cake),反之,若滤饼内部空隙结构不变形,则称为不可压缩滤饼(Noncompressible filter cake)。

可压缩滤饼是由于滤饼两侧压差增大时,颗粒形状和颗粒间的空隙发生显著改变,而导致空隙率减小,单位厚度滤饼的流动阻力也会增大。不可压缩滤饼,单位厚度滤饼的流动阻力可以认为是不变的。

(四)助滤剂

若滤浆中所含固体颗粒很小,这些细小颗粒可能会将过滤介质的孔道堵塞,或者所形成的滤饼孔道很小,使过滤阻力很大而导致过滤困难。又若滤饼可压缩,随着过滤进行,滤饼受压变形,也将导致过滤困难。为防止以上不良现象发生,可采用助滤剂以改善滤饼的结构,增强其刚性。

助滤剂(Filter aids)通常是一些不可压缩的粉状或纤维状固体,能形成结构疏松的固体层。使用时,可将助滤剂预先单独配成悬浮液并先行过滤(预涂),也可以混入待滤的滤浆中一起过滤。助滤剂应具有以下特性:化学性质稳定,既不与悬浮液发生化学反应,也不溶于液相;具有空隙率高、不可压缩等特点。

常用的助滤剂有:硅藻土、珍珠岩、炭粉、石棉粉等。

二、过滤的基本方程

由于过滤是非稳态操作,随着过滤操作时间的增加,滤饼越来越厚,过滤阻力也越来越大,得到滤液的速率会降低。所以过程速率基本方程引出较为复杂。有关过滤速率方程的详细推导请看本章补充学习材料。这里只是简单介绍一下过滤速率基本方程推导的大体思路。

过滤通道实际上弯弯曲曲的很复杂。流体流过床层的阻力损失(压降)与床层的有效通道体积和床层内颗粒的外表面积有关。人们为讨论问题方便,将实际床层简化为一根直管,此直管的内表面与床层内颗粒的外表面面积之和相当,而其体积与床层空隙体积相当(物理模型示意图见图 3 – 31)。这样即可通过第 2 章介绍的流体直管内阻力损失计算通式范宁(Fanning)公式来计算流体通过过滤床层的压降 Δp_c,即:

$$\Delta p_c = \lambda \frac{l}{d} \frac{\rho u^2}{2}$$

由于液体过滤床层中的流动多为层流,则

$$\lambda = \frac{64}{Re} = \frac{64\mu}{\rho du}$$

而

$$u = \frac{dV}{A dt}$$

所以

$$\Delta p_c \infty u \infty \frac{dV}{dt}$$

继而有

$$\frac{dV}{dt} = \frac{推动力}{阻力} \infty \frac{\Delta p_c}{V}$$

工程上的压降 Δp 常指床层压降 Δp_c 与阻力过滤压降 Δp_m 之和;而滤液 V 是床层阻力特征参数,因为一定浓度的悬浮液,滤液越多,饼层越厚,则阻力越大,而总阻力还包含过滤介质阻力,工程上将过滤介质阻力特征参数用当量体积 V_e 来表征。V_e 的含义是滤液所形成的滤饼阻力与过滤介质阻力相当。这样:

$$\frac{\mathrm{d}V}{A\mathrm{d}t} \propto \frac{\Delta p_c + \Delta p_m}{V + V_e} \qquad (3-25)$$

通过转换得到过滤速率基本方程为:

$$\frac{\mathrm{d}V}{\mathrm{d}t} = \frac{KA^2}{2(V + V_e)} \qquad (3-26)$$

或者

$$\frac{\mathrm{d}q}{\mathrm{d}t} = \frac{K}{2(q + q_e)} \qquad (3-27)$$

其中

$$K = \frac{2\Delta p^{1-s}}{r_0 v\mu} = 2k(\Delta p)^{1-s} \qquad (3-28)$$

式中:K——过滤常数,m^2/s;

　　r_0——比阻,反映分离物系形成床层阻力特征,$1/\mathrm{s}$;

　　v——体积浓度,即单位滤液所形成的滤饼体积,$\mathrm{m}^3/\mathrm{m}^3$;

　　s——物系的可压缩性指数,反映压降增大,可压缩性特征参数,对刚性球体 $s = 0$,无因次。

式(3-27)中,$q = V/A$;$q_e = V_e/A$

式(3-26)、式(3-27)就是过滤基本方程。

三、过滤过程计算

(一)恒压过滤

恒压过滤(Constant pressure filtration)是指整个过滤过程始终维持压力不变,随着过滤的进行,滤饼不断增厚,过滤阻力不断加大,故过滤速度不断下降。

对于指定滤浆的恒压过滤,Δp、K 为常数,对式(3-26)进行积分:

$$\int_0^V 2(V + V_e)\mathrm{d}V = KA^2 \int_0^t \mathrm{d}t$$

得

$$V^2 + 2V_e = KA^2 t \qquad (3-29)$$

或者对式(3-27)进行积分得:$q^2 + 2q_e q = Kt \qquad (3-30)$

当过滤介质的阻力忽略不计时:$V_e = 0$,则有:

$$V^2 = KA^2 t \qquad (3-31)$$

$$q^2 = Kt \qquad (3-32)$$

定义:当量时间

$$t_e = \frac{V_e^2}{KA^2} \text{或} t_e = \frac{q_e^2}{K} \qquad (3-33)$$

以上从式(3-29)至式(3-33)均为恒压过滤方程,表示恒压条件下,累计滤液量 V(或单位过滤面积所得累计滤液量 q 与过滤时间 t 的关系为一抛物线。

恒压过滤方程式中的 K 是由物料特性及过滤压强差所决定的常数,称为滤饼常数,单位为 m^2/s;

(二)恒速过滤

恒速过滤(Constant-rate filtration)是指以恒定的流率向过滤机供滤浆,以维持过滤速率不变。由过滤特点可知,要保持过滤速度恒定,必须持续地提高过滤压力,用于克服不断增加的过滤阻力。

对于恒速过滤,即:$\dfrac{dV}{dt} = \dfrac{V}{t} = $ 常数,则过滤方程式(3-26)可以变为:

$$\frac{dV}{dt} = \frac{KA^2}{2(V + V_e)} = \frac{V}{t} = \frac{q}{t} = u_R = 常数$$

故有
$$V^2 + VV_e = \frac{K}{2}A^2t \qquad\qquad (3-34)$$

或
$$q^2 + qq_e = \frac{K}{2}t \qquad\qquad (3-35)$$

亦有
$$V = u_R At \qquad\qquad (3-36)$$

$$q = u_R t \qquad\qquad (3-37)$$

式(3-34)至式(3-37)为恒速过滤方程。由式(3-36)、式(3-37)可以看出,恒速过滤时,V 或 q 与 t 成线性关系。

(三)先恒速,后恒压过滤

在实际生产中,若整个过滤过程都在恒压下进行,则在过滤刚开始时,过滤速度太快,滤布表面会因无滤饼层而使较细的颗粒堵塞介质的孔道而增大过滤阻力,而过滤快终了时,过滤速度又会太小。若整个过程均保持恒速,则过滤末期的压力势必很高,导致设备泄漏或动力负荷过大。为了解决这一问题,工业上常用的操作方式是,过滤开始时采用较小的压差作推动力,然后逐渐升压到指定压差下进行恒压操作。

采用先恒速后恒压过滤操作方式时,若过滤时间从 0 到 t_R,采用恒速过滤操作,得到滤液量 V_R 后,改为恒压过滤。这样,进行过滤计算时,过滤时间从 0 到 t_R,可用恒速过滤方程进行计算;而时间从 t_R 到 t 时,得到的滤液量由 V_R 变为 V,由式(3-39)得恒压过滤段的积分式为:

$$\int_{V_R}^{V} (V + V_e)\,dV = \frac{K}{2}A^2 \int_{t_R}^{t} dt$$

积分,得
$$(V^2 - V_R^2) + 2V_e(V - V_R) = KA^2(t - t_R) \tag{3-38}$$

或
$$(q^2 - q_R^2) + 2q_e(q - q_R) = K(t - t_R) \tag{3-39}$$

注意:式中 V 为过滤时间 0 到 t 所获得的累计总液量,而不是恒压阶段获得的滤液量。

(四)过滤常数的测定

恒压下 K、q_e、t_e 的测定

过滤计算要有过滤常数 K、q_e 或 V_e 作依据。由不同物料形成的悬浮液,其过滤常数差别很大。即使是同一种物料,由于操作条件不同、浓度不同,其过滤常数亦不尽相同。过滤常数一般要由实验来测定。

将恒压过滤方程式(3-30)两边求导,得:

$$2(q + q_e)\mathrm{d}q = K\mathrm{d}t$$

将上式进行变换,得:

$$\frac{\mathrm{d}t}{\mathrm{d}q} = \frac{2}{K}q + \frac{2q_e}{K} \tag{3-40}$$

上式表明 $\dfrac{\mathrm{d}t}{\mathrm{d}q}$ 与 q 成直线关系,直线的斜率为 $\dfrac{2}{K}$,截距为 $\dfrac{2}{K}q_e$。在微小时间段内,微分 $\dfrac{\mathrm{d}t}{\mathrm{d}q}$ 可用增量比 $\dfrac{\Delta t}{\Delta q}$ 代替。即:

$$\frac{\Delta t}{\Delta q} = \frac{2}{K}q + \frac{2q_e}{K} \tag{3-41}$$

上式为一直线方程,通过实验,在实验中记录不同过滤时间 t 内的单位面积滤液量 q,将 t/q 对 q 作图,得一直线,直线的斜率为 $2/K$,截距为 $2q_e/K$,由此可求出 K、q_e。由式(3-31)可以求出 t_e。

【例3-5】 过滤常数测定

玉米淀粉与水的悬浮液在恒定压差 1.17×10^5 Pa 及 25 ℃下进行过滤,试验结果列于表3-1,过滤面积为 400 cm²,求此压差下的过滤常数 K 和 q_e。

表3-1 恒压过滤试验中的 $V-t$ 数据

过滤时间 t/s	6.8	19.0	34.5	53.4	76.0	102.0
滤液体积 V/L	0.5	1.0	1.5	2.0	2.5	3.0

解: 根据式(3-35),以及 $q = V/A$,将表3-1数据整理成表3-2:

表 3 – 2　t/q – q 关系

t/s	6.8	19.0	34.5	53.4	76.0	102.0
$q/(\text{m}^3/\text{m}^2)$	0.012 5	0.025	0.037 5	0.05	0.062 5	0.075
$t/q(\text{s/m})$	544.0	760.0	920.0	1 068.0	1 216.0	1 360.0

将 t/q – q 关系绘于图 3 – 9，得一直线，从图上读得：

斜率：$\dfrac{2}{K} = 12\ 896\ \text{s/m}^2$

截距：$\dfrac{2}{K}q_e = 410\ \text{s/m}$

故：$K = 1.55 \times 10^{-4}\ \text{m}^2/\text{s}$

$q_e = \dfrac{K}{2} \times 410 = 0.032\ \text{m}^3/\text{m}^2$

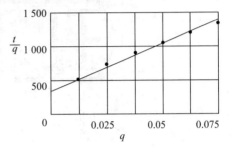

图 3 – 9　玉米淀粉悬浮液的 $t/q \sim q$ 线

四、过滤机械与计算

(一)过滤机械

食品工业生产中要处理的悬浮液的性质多种多样、差异很大，因此为了适应各种不同物料要求而发明了各种形式的过滤机。这些过滤机可按推动力不同而分成两大类：一类以压力差为推动力，如板框过滤机、叶滤机、转筒真空过滤机等，根据压力差的不同，又可分为重力过滤机、加压过滤机和真空过滤机；另一类以离心力为推动力，如各种过滤式离心机。也可按操作方式不同分为连续式过滤机(转筒真空过滤机)和间歇式过滤机(板框过滤机、叶滤机等)。

1. 板框过滤机

板框过滤机(Qlate and frame filter press)是一种具有较长历史但仍沿用至今的间歇式压滤机，其结构如图 3 – 10 所示。它是由许多交替排列在支架上的滤板(Filter plate)和滤框(Filter frame)所构成的，滤板和滤框可在架上滑动，可由压紧装置压紧或拉开，板和框的个数在机座长度上可进行调节。

滤板或滤框做成正方形，如图 3 – 11 所示，板、框的上角端均开有小孔，装合并压紧后，即构成了供滤浆或洗水流通的孔道，框的两侧覆以滤布，空框与滤布围成了容纳滤浆及滤饼的空间。滤板有两个作用：一是支撑滤布，二是提供滤液的通道。因此，板面上制成各种凹凸纹路，凸者起支撑滤布的作用，凹者形成滤液通道。滤板又可分为洗涤板和非洗涤板两种，其结构与作用各不相同，因此，在制板和框时铸有小钮,非洗涤板为一钮,框为两钮,洗涤板为三钮。装合时即按钮数以1—2—3—2—1—2 ……的顺序排列板与框。压紧装置的驱动可用手动、电动或液压传动等方式。

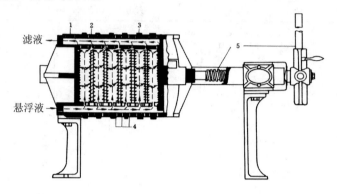

1—固定头　2—滤板　3—滤框　4—滤布　5—压紧装置
图3－10　板框压滤机

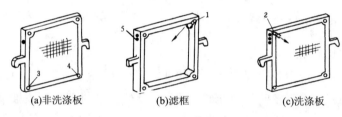

(a)非洗涤板　　　　　(b)滤框　　　　　(c)洗涤板

1—悬浮液通道　2—洗涤液入口通道　3—滤液通道　4—洗涤液出口通道　5—钮数
图3－11　滤板和滤框示意图

过滤时,滤浆在指定的压强下经滤浆通道由滤框角端的暗孔进入框内,滤液分别穿过两侧滤布,再经邻板板面流至滤液出口排走,固体则被截留于框内,如图3－12(a)所示,待滤饼充满滤框后,即停止过滤。滤液的排出方式有明流与暗流之分。若滤液经由每块滤板底部侧管直接排出,则称为明流。若滤液不宜暴露于空气中,则需将各板流出的滤液汇集于总管后送走,称为暗流。

若滤饼需要洗涤,可将洗水压入洗水通道,经洗涤板角端的暗孔进入板面与滤布之间。此时,应关闭洗涤板下部的滤液出口,洗水便在压强差推动下穿过一层滤布及整个厚度的滤饼,然后再横穿另一层滤布,最后由过滤板下部的滤液出口排出,如图3－12(b)所示。这种操作方式称为横穿洗涤法,其作用在于提高洗涤效果。所以洗涤时洗液穿过二层滤布和整层滤饼,其路径为过滤终了时滤液路径的2倍。此外,因过滤面积是洗涤面积的2倍,故当洗液黏度与滤液相近,且洗涤时所用压力与过滤终了时压力相同时,洗涤速率约为最终过滤速率的

1/4。

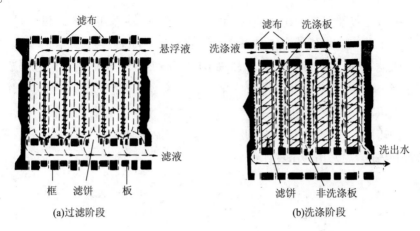

图 3 – 12　板框过滤机操作简图

洗涤结束后,旋开压紧装置并将板框拉开,卸出滤饼,清洗滤布,重新装合,进入下一个操作循环。板框过滤机的操作表压,一般在 $3 \times 10^5 \sim 8 \times 10^5$ Pa 的范围内,有时可高达 15×10^5 Pa。我国已有板框过滤机产品系列标准,代号及意义如下:

在板框过滤机产品系列标准中,框每边长为 320 ~ 1 000 mm,厚度为 25 ~ 50mm。滤板和滤框的数目,可根据生产任务自行调节,一般为 10 ~ 60 块,所提供的过滤面积为 2 ~ 80 m^2。当生产能力小,所需过滤面积较少时,可于板框间插入一块盲板,以切断过滤通道,盲板后部即失去作用。

板框过滤机结构简单、制造方便、占地面积较小而过滤面积较大,操作压强高,适应能力强,故应用颇为广泛。它的主要缺点是间歇操作,生产效率低,劳动强度大,滤布损耗也较快。近来,各种自动操作板框过滤机的出现,使上述缺点在一定程度上得到改善。板框过滤机的产品名如下:

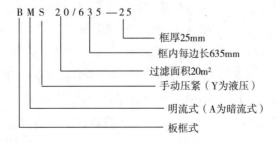

2. 转筒真空过滤机

转筒真空过滤机(Vacuum drum filter)是一种连续操作的过滤机械,广泛应用于各种工业中。设备的主体是一个能转动的水平圆筒,其表面有一层金属网,网上覆盖滤布,筒的下部浸入滤浆中,如图3-13所示。圆筒沿径向分隔成若干扇形格,每格都有单独的孔道通至分配头上。圆筒转动时,凭借分配头的作用使这些孔道依次与真空管及压缩空气管相通,因而在回转一周的过程中每个扇形格表面即可顺序进行过滤、洗涤、吸干、吹松、卸饼等项操作。对圆筒的每一块表面,转筒转动一周经历一个操作循环。

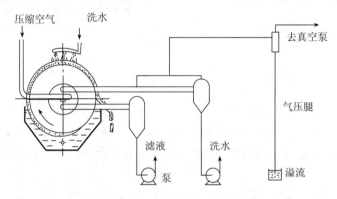

图3-13 转筒真空过滤机装置示意图

分配头由紧密贴合着的转动盘与固定盘构成,转动盘随着筒体一起旋转,固定盘内侧面各凹槽分别与各种不同作用的管道相通。如图3-14所示,当扇形格1开始浸入滤浆内时,转动盘上相应的小孔便与固定盘上的凹槽f相对,从而与真空管道连通,吸走滤液。图上扇形格1至7所处的位置称为过滤区。扇形格转出滤浆槽后,仍与凹槽f相通,继续吸干残留在滤饼中的滤液。扇形格8至10所处的位置称为吸干区。扇形格转至12、13的位置时,洗涤水喷洒于滤饼上,此时扇形格与固定盘上的凹槽g相通,经另一真空管道吸走洗水。扇形格12、13所处的位置称为洗涤区。扇形格11对应于固定盘上凹槽f与g之间,不与任何管道相连通,该位置称为不工作区。当扇形格由一区转入另一区时,因有不工作区的存在,方使操作区不致相互串通。扇形格14的位置为吸干区,15为不工作区。扇形格16、17与固定盘凹槽h相通,再与压缩空气管道相连,压缩空气从内向外穿过滤布而将滤饼吹松,随后用刮刀将滤饼卸除。扇形格16、17的位置称为吹松区及卸料区,18为不工作区。如此连续运转,整个转筒表面上便构成了连续的过滤操作。

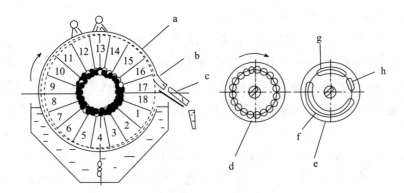

a—转筒　b—滤饼　c—割刀　d—转动盘　e—固定盘　f—吸走滤液的真空凹槽
g—吸走洗水的真空凹槽　h—通入压缩气的凹槽
图 3-14　转筒及分配头的结构

转筒的过滤面积一般为 5~40 m²，浸没部分占总面积的 30%~40%。转速可在一定范围内调整,通常为 0.1~3 r/min。滤饼厚度一般保持在 10~40 mm,转筒过滤机所得滤饼中液体含量很少,低于 10%,常达 30% 左右。

转筒真空过滤机能连续自动操作,节省人力,生产能力大,特别适用于处理量大而容易过滤的料浆,对难过滤的胶体物系或细微颗粒的悬浮物,若采用预涂助滤剂措施也比较方便。该过滤机附属设备较多,投资费用高,过滤面积不大。此外,由于它是真空操作,因而过滤推动力有限,尤其不能过滤温度较高(饱和蒸汽压高)的滤浆,滤饼的洗涤也不充分。

3. 叶滤机

如图 3-15 所示,叶滤机
(Leave filter) 主要由起过滤作用
的滤叶和起密闭作用的筒体构
成。滤叶有圆形和矩形等多种
形式,由金属丝网组成扁平框
架,外包滤布。使用时将滤叶装
在密闭的机壳内(加压式),为滤
浆所浸没。滤浆中液体在压力
差作用下穿过滤布进入滤叶内
部,成为滤液从其周边引出(也
有从中心引出),颗粒则沉积在
滤布上形成滤饼,滤饼的厚度通

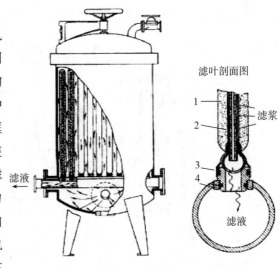

1—滤饼　2—滤布　3—拔出装置　4—橡胶圈
图 3-15　叶滤机

常为 5 ~ 35 mm,视滤浆性质及操作情况而定。

若洗涤,则在过滤完毕后通入洗涤液,使洗涤液循着与滤液相同的路径通过滤饼,进行置换洗涤。洗涤液的行程和流通面积与过滤终了时滤液的行程和流通面积相同,因此,在洗涤液与滤液的性质接近的情况下,洗涤速率近似等于过滤终了速率。洗涤后,滤饼可用振动器使其脱落,或用压缩空气或清水等反冲卸下。

叶滤机也是间歇操作设备,具有过滤推动力大、单位地面所容纳的过滤面积大、滤饼洗涤较充分等优点。其生产能力比板框压滤机大,而且机械化程度高,劳动力较省,密闭过滤,操作环境较好。其缺点是构造较复杂、造价较高。

4. 离心过滤机

离心过滤机(Centrifugal filter)是离心分离机的一种,在高速旋转的多孔转鼓内壁敷设滤布作为过滤介质。离心过滤的推动力由随转鼓高速旋转的液层自身的惯性离心力产生,迫使悬浮液中的液体穿过颗粒层和滤布流动至转鼓外部空间。

这类离心机主要用于砂糖等糖类结晶食品的精制,脱水蔬菜制造的预脱水过程,淀粉的脱水,也用于回收植物蛋白及冷冻浓缩的冰晶分离等。工业上应用最多的有如下几种。

(1)三足式离心机(Three column centrifuge)

图 3 – 16 为一种常用的人工卸料的间歇式离心机。其主要部件为一篮式转鼓,整个机座和外罩借 3 根拉杆弹簧悬挂于三足支柱上,以减轻运转时的振动。

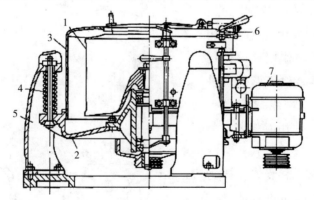

1—转鼓　2—机座　3—外壳　4—拉杆　5—支架　6—制动器　7—电机
图 3 – 16　三足式离心机简图

三足式离心机结构简单,制造方便,运转平稳,适应性强,所得滤液中固体含量少,滤饼中固体颗粒不易受损伤,适用于间歇生产中小批量物料,尤其适用于盐类晶体的过滤和脱水。其缺点是卸料时劳动强度大,生产能力低,转动部件位于机座下部,检修不方便。近年来已出现了自动卸料及连续生产的三足式离心机。

（2）式刮刀卸料离心机（Peeler centrifuges）

这种离心机的点是在转鼓连续全速运转下,能按序自动进行加料、分离、洗涤、甩干、卸料、洗网等工序的操作,各工序的操作时间可在一定范围内根据实际需要进行调整,且全部自动控制。

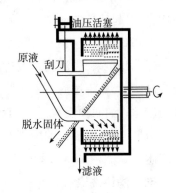

其操作原理见图 3 – 17,进料阀定时开启,悬浮液经加料管进入,均匀地分布在全速运转的转鼓内壁,滤液经滤网和转鼓上的小孔被甩到鼓外,固体颗粒则被截留在鼓内;当滤饼达到一定厚度时,停止加料,进行洗涤,甩干,然后刮

图 3 – 17　卧式刮刀卸料离心机示意图

刀在液压传动下上移,将滤饼刮入卸料斗卸出,最后清洗转鼓和滤网,完成一个操作周期。

卧式刮刀卸料离心机的特点是产量高,自动操作,适合大规模的生产,适用于粒度中等或粒度细小的悬浮液的脱水。但是,刮刀寿命短,设备振动较严重,晶体破损率较大,转鼓可能漏液到轴承箱,造成生产和设备的损失。

（3）活塞卸料离心机

这也是连续操作过滤式离心机,过滤强度大,劳动生产率高,在全速运转的情况下,加料、过滤、洗涤等操作可以同时连续进行,如图 3 – 18 所示。

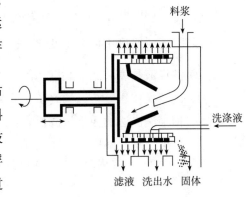

悬浮液连续从进料管进入锥形布料漏斗内,布料漏斗随轴旋转并将料液逐渐加速至转鼓速度,而后进入鼓壁的筛网上。在离心力作用下,悬浮液被均匀分布在筛网四周,滤液穿过滤网经滤液出口连续排出,滤渣被截留在过滤介质上,由往复运动的推送

图 3 – 18　活塞卸料离心机示意图

器沿转鼓内壁而推出。滤渣被推至出口的途中,可用冲洗管出来的水进行冲洗,洗水则由另一出口排出。

此种离心机主要用于浓度适中并能很快脱水和失去流动的悬浮液。优点是颗粒破碎程度小,控制系统较简单,功率消耗也较均匀。缺点是对悬浮液的浓度较敏感。料浆太稀时,滤饼来不及生成,便流出转鼓;太稠则流动性差,滤渣分布不均,易引起转鼓的振动。

活塞卸料离心机有单级、双级、四级等各种型式。

近十几年来,过滤技术及过滤材料发展很快,有很多新的技术已经在各行各业普遍使用,如膜过滤技术。膜过滤技术在食品行业的运用已十分广泛,一般有微滤、超滤、纳滤和反渗透。但膜过滤的原理与滤饼过滤不完全一样,滤饼过滤属于动量传递,而膜过滤中既有动量传递也含有质量传递,这将在后面章节中加以阐述。

(二)滤饼洗涤

在过滤结束后,通常需要回收滤饼中残留的滤液或除去滤饼中的可溶性杂质,其方法是用某种液体对滤饼进行洗涤。

由于洗水不含固相,故洗涤过程中滤饼厚度不变,在恒定压差下洗水的体积流量也不会改变。洗水的流量称为洗涤速率,以$\left(\dfrac{\mathrm{d}V}{\mathrm{d}t}\right)_w$表示,则洗涤时间为:

$$t_w = \frac{V_w}{\left(\dfrac{\mathrm{d}V}{\mathrm{d}t}\right)_w} \tag{3-42}$$

式中:V_w——洗水用量,m^3;

t_w——洗涤时间,s(下标w表示洗涤操作)。

洗涤时,滤饼厚度不再发生变化,洗涤速率与过滤终了速率$\left(\dfrac{\mathrm{d}V}{\mathrm{d}t}\right)_E$有联系。

若:①洗涤液黏度与滤液黏度相等;

②洗涤操作压差与过滤终了压差相等。

则:对横穿洗涤法的板框过滤机有:

$$\left(\frac{\mathrm{d}V}{\mathrm{d}t}\right)_w = \left(\frac{1}{4}\right)\left(\frac{\mathrm{d}V}{\mathrm{d}t}\right)_E = \left(\frac{1}{4}\right)\frac{KA^2}{2(V+V_e)} \tag{3-43}$$

对置换洗涤法的板框过滤机或叶滤机有:

$$\left(\frac{\mathrm{d}V}{\mathrm{d}t}\right)_w = \left(\frac{\mathrm{d}V}{\mathrm{d}t}\right)_E = \frac{KA^2}{2(V+V_e)} \tag{3-44}$$

$$t_w = \frac{V_w}{(\mathrm{d}V/\mathrm{d}t)w} \qquad (3-45)$$

注意:式(3-42)至式(3-45)中的 A 均为过滤面积。

(三)过滤机的生产能力

以板框过滤机、间歇过滤的为例。

(1)过滤面积及框内总容积

$$A = 2lbz \qquad (3-46)$$

式中:A——过滤面积,m^2;

　　l——滤框长度,m;

　　b——滤框宽度,m;

　　z——框数。

$$V_z = lbz\delta \qquad (3-47)$$

式中:V_z——板框总容积,m^3;

　　δ——板框厚度,m。

一般滤框为正方形,即 $l = b$。

(2)洗涤时间

由式(3-45)可知:

$$t_w = \frac{8V_w(V + V_e)}{KA^2}$$

(3)过滤机一个操作周期的总时间

$$\sum t = t + t_w + t_D \qquad (3-48)$$

式中:$\sum t$——一个操作周期的总时间,s;

　　t——过滤时间,s;

　　t_w——洗涤时间,s;

　　t_D——一个操作周期内的卸料、清理、装合等辅助操作时间,s。

(4)生产能力

$$Q = \frac{3\,600V}{\sum \tau} = \frac{3\,600V}{t + t_w + t_D} \qquad (3-49)$$

式中:V——一个操作循环内所获得的滤液的体积,m^3;

　　Q——生产能力,m^3/h。

【例3-6】 用一台 BMS48/810-25 板框过滤机在恒压下过滤含硅藻土的悬浮液,共有 37 个框,过滤常数 $K = 10^{-4}$ m^2/s,$q_e = 0.01$ $\mathrm{m}^3/\mathrm{m}^2$,$t_e = 1$ s。若已知

单位面积上通过的滤液量为 0.15 m³/m²,所用的洗涤水量为滤液量的 1/5,求:

①过滤面积和滤框内的总容量;

②过滤所需的时间;

③洗涤时间。

解:①过滤面积 $A = 0.81 \times 0.81 \times 37 \times 2 = 48.6$ m²

滤框总容积 $V_z = 0.81 \times 0.81 \times 37 \times 0.025 = 0.607$ m³

②过滤时间:根据 $(q + q_e)^2 = K(t + t_e)$

$(0.15 + 0.01)^2 = 10^{-4} \times (\tau + 1)$

解得:$t = 255$ s $= 4.25$ min

③洗涤时间:

$$t_w = \frac{8 q_w (q + q_e)}{K} = \frac{8 \times \left(0.15 \times \dfrac{1}{5}\right) \times (0.15 + 0.01)}{10^{-4}} = 384 \text{ s} = 6.4 \text{ min}$$

(四)连续式过滤机的计算

连续式过滤机的过滤、洗涤、卸饼等操作同时在过滤机的不同区域内进行,即它的全部操作时间为设备旋转一周所需要的时间,但其仅以部分面积进行过滤以获得滤液。所以,连续过滤机的操作周期是指旋转一周所需要的时间。

以转筒真空过滤机为例,设转鼓转速为每秒 n 转,则每个操作周期 $\sum t$ 为:

$$\sum t = \frac{1}{n} \qquad\qquad (3-50)$$

式中:n 的单位是 r/s。

转鼓表面浸入滤浆中的分数,即回转转鼓的浸没度为:

$$\varphi = \frac{浸没角度}{360°} \qquad\qquad (3-51)$$

转鼓任一部分表面在一个操作周期内,从开始浸入滤浆至离开所经历的时间,即为一个操作周期中的过滤时间 t:

$$t = \varphi \sum t = \frac{\varphi}{n} \qquad\qquad (3-52)$$

这样就只将连续式过滤机整个操作周期中部分面积进行过滤,转换为全部面积但在部分时间中过滤,整个转鼓单位面积滤液量仍可用间歇过滤机的公式计算。

连续过滤机都是恒压过滤机,故每转一周的滤液量可按恒压过滤方程计算。式(3-42)可以改写为如下形式:

$$V = \sqrt{KA^2\left(\frac{\varphi}{n} + t_e\right)} - V_e \tag{3-53}$$

$$Q = nV = n\left(\sqrt{KA^2\left(\frac{\varphi}{n} + t_e\right)} - V_e\right) \tag{3-54}$$

若忽略过滤介质阻力,则上式可简化为:

$$Q = A\sqrt{K\varphi n} \tag{3-55}$$

上式近似地表达了影响转鼓真空过滤机生产能力的因素。另外,连续过滤机的转速越高,生产能力越大,但转速太大,每周期过滤时间短,滤饼太薄,不易卸料。

【例3-7】　密度为 1 116 kg/m³ 的悬浮液,于 5.33×10^4 Pa 的真空度下用小型转筒真空过滤机作实验测得过滤常数 $K = 5.15 \times 10^{-6}$ m²/s,每送出 1 m³ 滤液所得的滤饼中含固相 594 kg,固相密度为 1 500 kg/m³,液相为水。

现用直径为 1.75 m,长 0.98 m 的转筒真空过滤机进行生产,转速为 1 r/min,浸没角为 125.5°,滤布阻力可忽略,滤饼为不可压缩。求:

①过滤机的生产能力 Q;

②转筒表面的滤饼厚度 l。

解:①生产能力 Q

转筒过滤面积:$A = \pi \times$ 转筒直径 $\times$ 转筒长度 $= \pi \times 1.75 \times 0.98 = 5.38$ m²

转筒的浸没角:$\varphi = \dfrac{125.5}{360} = 0.349$

转数 $n = 1/60$ r/s

过滤常数 $K = 5.15 \times 10^{-6}$ m²/s

$$Q = A\sqrt{K\varphi n} = 5.38 \times \sqrt{5.15 \times 10^{-6} \times 0.349 \times \frac{1}{60}} = 9.31 \times 10^{-4}\ \text{m}^3/\text{s} = 3.35\ \text{m}^3/\text{h}$$

②滤饼厚度 l

欲求滤饼厚度,应先通过物料衡算求得滤饼体积与滤液体积之比。以 1 m³ 悬浮液为基准,设其中固相质量分率为 x,则:

$$\frac{1\ 116x}{1\ 500} + \frac{1\ 116(1-x)}{1\ 000} = 1$$

解得　$x = 0.312$

故知:1 m³ 悬浮液中固相质量 $= 1\ 116 \times 0.312 = 348$ kg

1 m³ 悬浮液所得滤液体积 $= 348/594 = 0.586$ m³

1 m³ 悬浮液所得滤饼体积 = 1 - 0.586 = 0.414m³

于是:$v = \dfrac{0.414}{0.586} = 0.706$ m³/m³

转筒每转一周所得滤液量为:

$$V = Qt = Q\frac{1}{n} = 9.31 \times 10^{-4} \times 60 = 5.58 \times 10^{-2} \text{ m}^3$$

相应滤饼的体积为:$V_z = vV = 0.706 \times 5.58 \times 10^{-2} = 0.039\,4$ m³

故滤饼厚度为:$l = \dfrac{V_z}{A} = \dfrac{0.039\,4}{5.38} = 0.007\,3$ m = 7.3 mm

第三节   流态化和气力输送

如果流体通过固定床层向上流动时的流速增加而且超过某一限度时,床层就要浮起,此时床层将具有许多固定床所没有的特性,这就是流化床。这种将固体颗粒分散在气体或液体中,使整个体系成为类似于流体体系的操作称为流态化。流态化技术的设备结构简单、生产能力大、易于实现连续化和自动化操作。在食品工业中主要用于加热、速冻、干燥、造粒、混合、洗涤、浸出等场合,在干燥造粒中的应用尤为广泛。

流态化操作具有以下优点:①颗粒流动平衡,类似液体,故可实现连续自动控制;②固体颗粒迅速混合,流体和颗粒之间的传热和传质速率较其他接触方式高。所以流态化在食品工业中的应用十分广泛。但流态化也有一些缺点,床层内的物料的浓度趋于均一,降低了平均传质推动力;颗粒的相互撞击以及颗粒与器壁的撞击造成颗粒大量的磨损,会形成细小的粉尘。因此,流态化的应用也受到一定的限制。

而当流体速度大于颗粒的沉降速度以后,稳定的颗粒床层将不再存在,固体颗粒将被气流或液流带出,称为气力输送(Pneumatic transmission)或水力输送(Hydraulic transmission)。在食品工业中,气力输送和水力输送都有广泛的应用。特别是气力输送,比水力输送应用更为广泛。例如采用气力输送处理谷物、麦芽、糖、可可、茶叶、碎饼干、盐等颗粒体食品,以及面粉、奶粉、鱼粉、饲料、淀粉及其他粉体食品。气力输送的优点是:

①可以进行长距离的连续的集中输送和分散输送,输送布置灵活,可沿任何方向输送,而且结构简单、紧凑、占地面积小,使用、维修方便;

②输送对象物料范围较广,粉状、颗粒状、块状、片状物料均可;

③输送过程中可同时进行混合、粉碎、分级、干燥、加热、冷却和除尘等操作;

④输送中可避免物料受潮、污染或混入杂质,保持质量和卫生,且没有粉尘飞扬,保证操作环境良好。

另一方面,气力输送也存在动力消耗大,物料容易磨损,不能输送含油制品和潮湿易结块或黏结性物料等的缺点。

一、固体流态化的基本概念

(一)流体经过固体颗粒床层流动时的三种状态

当流体自下而上通过固体颗粒床层时,随着颗粒特性和液体速度的不同,存在着如下三种状态:固定床、流化床和气力输送,如图 3 – 19 所示。流体通过床层的压降 Δp 与空塔速度 u 有如图 3 – 20 所表示的关系。

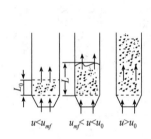

图 3 – 19　流体通过床层的三个变化阶段

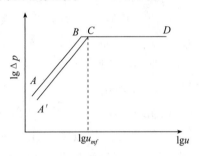

图 3 – 20　理想流化床 $\Delta p \sim u$ 关系曲线

1. 固定床阶段

当流体速度较小时,固体颗粒静止不动,流体从颗粒间的缝隙中穿过。此时与过滤床层相似,流体通过床层所发生的压降 Δp 与空塔速度 u (Empty tower velocity)在对数坐标上成线性关系,如图 3 – 20 所示曲线 AB 段。这种直线关系一直延续到 u 达到某一定值,此时 Δp 约等于单位横截面积上床层的质量减去其浮力,固体颗粒位置略有调整,床层略有膨胀、变松,空隙率稍有增大,但固体颗粒仍保持紧密接触,见图中线段 BC。从开始操作至 C 点的阶段称为固定床阶段。

2. 流化床阶段

固定床操作到 C 点后,床层开始发生改变,颗粒开始悬浮于流体中,成为流态化状态。在颗粒特性、床层几何尺寸和流体速度一定时,流态化系统具有确定的性质,如密度、导热系数、黏度等。这时床层高度和空隙率虽不断随流速的增大而增大,但经过床层的压降基本不随流速而变,如图中 CD 段所示,此阶段称为流化床阶段。当从 D 点开始降低流速做相反方向操作时,到达 C 点后即转入静止的固定床,而不回到 B 点的状态。这主要是由于原始固定床层经历一次流化过程之后,颗粒重新排列,成为空隙率稍微增大的固定床所致。因此流化床相反操作至 C 点后即转向沿 CA' 线的固定床操作。与 C 点相应的流速称为临界流化速度 u_{mf}(Critical fluid velocity),其相应的空隙率则称为临界空隙率 ε_{mf}。

3. 气力(或水力)输送阶段

如果流化操作至 D 点后继续增大流速,则固体颗粒随同流体一起从流化管中带出。这时,床层空隙率增大,压降降低,颗粒在流体中形成悬浮状态。这个阶段称为气力输送阶段(或水力输送阶段)。对流化操作来讲,超过 D 点,正常操作就遭到破坏。与 D 点相对应的流速称为最大流化速度(或称颗粒的带出速度或悬浮速度),以 u_0 表示。

(二)散式流态化和聚式流态化

散式流态化现象一般发生在液 - 固系统。此种床层从开始膨胀直到水力输送,床内颗粒的扰动程度是平缓地加大的,床层的上界面较为清晰,如图 3 - 21 所示。

聚式流态化现象一般发生于气 - 固系统,这也是目前工业上应用较多的流化床形式,如图 3 - 21所示。从起始流态化开始,床层的波动逐渐加剧,但其膨胀程度却不大。因为气体与固体的密度差别很大,气流要将固体颗粒推起比较困难,所以只有小部分气体在颗粒间通过,大部分

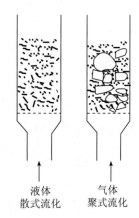

液体　　　气体
散式流化　聚式流化

图 3 - 21　散式流态化和聚式流态化

气体则汇成气泡穿过床层,而气泡穿过床层时造成床层波动,它们在上升过程中逐渐长大和互相合并,到达床层顶部则破裂而将该处的颗粒溅散,使得床层上界面起伏不定。床层内的颗粒则很少分散开来各自运动,而多是聚结成团地运动,成团地被气泡推起或挤开。

判别两种流态化形态可用弗鲁德准数 Fr_{mf}。

$$Fr_{mf} = \frac{u_{mf}^2}{dg}$$
(3 - 56)

式中:u_{mf}——临界流化速度,m/s;

d——固体颗粒直径,m。

若 $Fr_{mf} < 0.13$ 时,为散式流态化;$Fr_{mf} > 1.3$ 时,为聚式流态化。这种判别法

的缺点是当 $0.13 < Fr_{mf} < 1.3$ 时难以判别。J. B. Bomero 和 I. N. Johanson 提出用下面的判别式可以避免这一缺陷：

$$Np_{mf} = (Fr_{mf})(Re_{mf})\left(\frac{\rho_s - \rho}{\rho}\right)\left(\frac{h_{mf}}{D}\right)$$

$$Re_{mf} = \frac{du_{mf}\rho}{\mu}$$

式中：ρ_s、ρ——固体和流体的密度，kg/m^3；

　　　h_{mf}——临界流化条件下的床层高度，m；

　　　　D——流化管的直径，m；

　　　　μ——流体黏度，Pa·s。

当 $Np_{mf} < 100$ 时，为散式流态化；$Np_{mf} > 100$ 时，为聚式流态化。

（三）流化床的主要特征

1. 液体样特性

流化床在很多方面都呈现出类似液体的性质。例如，流化床有浮力；当容器倾斜时，床层上表面将保持水平；容器壁面开孔，颗粒将从孔口喷出；两床层相通，它们的床面将自行调整至同一水平面；床层中任意两点压力差可以用液柱压差计测量等，见图 3－22 所示。其中固体颗粒的流出是一个具有实际意义的重要特性，它使流化床在操作中能够实现固体的连续加料和卸料。

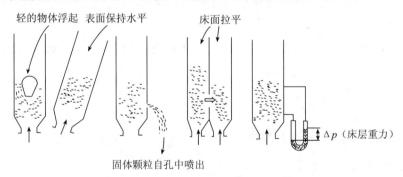

图 3－22　流化床的液体特性

2. 固体的混合

流化床内颗粒处于悬浮状态并不停地运动，从而造成床层内颗粒的混合。传热和传质均非常迅速，床层内的温度和浓度等物理量趋于均匀。

3. 气流的不均匀分布和气－固的不均匀接触

在聚式流态化中，大量的气体以鼓泡形式通过床层而与固体接触少，而乳化相中的气体流速很低,与固体颗粒的接触时间很长。这种不均匀的接触和气流的不均匀分布可能导致沟流和节涌现象。

沟流和节涌都发生在聚式流态化中,如图3－23所示,它们会影响流化质量。沟流是流体通过床层形成短路,使流体通过床层分布不均匀,有大量流体没有与固体颗粒很好接触就上升,而床层的其余部分仍处于固定床状态而未被流化(死床),以至不可能得到良好的流化。

造成沟流的原因:气体分布不均匀、气速过小、颗粒粒度过细、密度过大等,应尽量避免。

沟流的危害:会引起气固接触时间的不同,如在催化反应中不仅降低转化率和产率,而且还会因局部反应剧烈而破坏催化剂的性能;在流化干燥时也会引起局部未干而别处过干等问题。

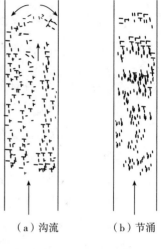

（a）沟流　　　（b）节涌

图3－23　沟流与节涌

节涌也称为腾涌,是另一种反常现象。气体鼓泡通过流化床层时,因气泡汇合成大气泡,将床层一节一节往上柱塞式地推动,然后在上层崩裂,部分颗粒分散下落。这种现象称为节涌现象。

节涌的危害:除了降低转化率和使床层湿度不匀外,还会加速固体颗粒与设备的磨损,引起设备振动。

导致节涌的原因:床径较小而床高对床径之比较大,以及气流分布不匀等。此外,大颗粒比小颗粒易产生节涌。如床层过高时,可以增加档板,破坏气泡长大,以避免节涌现象发生。

二、流化床的流体力学

（一）流化床的压降

床层一旦流化,全部颗粒处于悬浮状态,这时作用在颗粒床上有向下的重力、向上的浮力和流体阻力,应用动量守恒定律,不难求出流化床的床层压降为:

$$\Delta p = \frac{m}{A\rho_s}(\rho_s - \rho)g \tag{3-57}$$

式中:A——空床截面积,m^2;

$\quad\quad m$——床层颗粒的总质量,kg;

$\quad\quad \rho_s$、ρ——分别为颗粒与流体的密度,kg/m^3。

由上式可知,流化床的压降等于单位截面积床内固体的表观重量(即重量 — 浮力),它与气速无关而始终保持定值。

流体通过床层的压降(压力降)Δp 与流动速度(即空塔速度)u 的关系,示于图 3 – 20。当流速提高到临界流化速度 u_{mf},床层膨胀并开始流化,Δp 基本不变。恒定的压降是流化床的重要优点,它使流化床中可以采用细小颗粒而无需担心过大的压降。

另外,根据这一特点,在流化床操作时可以通过测量床层压降以判断床层流化的优劣。如果床内出现节涌,压降有大幅度的起伏波动。若床内发生沟流,存在局部未流化的死床,此时床层压降必较式(3 – 57)的计算值低。图 3 – 24 和图 3 – 25 表示了这两种不正常情况下所测出的压降。

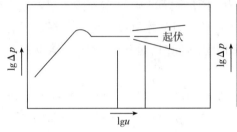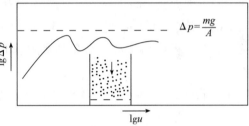

图 3 – 24　床层发生节涌后 $\Delta p \sim u$ 关系　　　图 3 – 25　床层发生沟流后 $\Delta p \sim u$ 关系

(二)临界流化速度

临界流化速度 u_{mf} 又称为最小流化速度,它对流化床的研究、设计和操作都是一个重要参数。影响临界流化速度的因素很多,到目前为止,已提出不少半经验的计算公式。下面介绍较常用的一种。

如果床层由均匀颗粒组成,则开始流化时床层的空塔速度,即临界流化速度为:

$$u_{mf} = \varepsilon u_t \qquad (3 – 58)$$

但实际流化床多由非均匀颗粒组成,上式不能适用。

对于非均匀颗粒组成的床层,设流化床的床层高度为 h,床层空隙率为 ε,则由式(3 – 57)可得:

$$\Delta p = \frac{m}{A\rho_s}(\rho_s - \rho)g = h(1 - \varepsilon)(\rho_s - \rho)g \qquad (3 – 59)$$

此式即为图 3 – 20 中的 BD 线段。流体以层流流经固定床时的压降公式由欧根方程给出:

$$\frac{\Delta p}{h} = 150 \frac{(1 - \varepsilon)^2}{\varepsilon^3 d^2}\mu u + 1.75 \frac{(1 - \varepsilon)}{\varepsilon^3 d}\mu u^2 \qquad (3 – 60)$$

113

在颗粒很小($Re < 20$)时右边第二项可以忽略不计,粒子为非球形时用 $\varphi_s d_e$ 代替 d。将此式用于临界流化点时,式(3-60)与式(3-59)相等,有:

$$u_{mf} = \frac{\varphi_s^2 \varepsilon_{mf}^3 d_e^2 (\rho_s - \rho) g}{150\mu(1 - \varepsilon_{mf})} \tag{3-61}$$

由于球形度 φ_s 和临界流化床空隙率 ε_{mf} 一般很难得到,这就限制了公式的使用。实验发现对工业上的常见情形,$(1 - \varepsilon_{mf})/\varphi_s^2 \varepsilon_{mf}^3 \approx 11$,因而有:

$$u_{mf} = \frac{d_e^2 (\rho_s - \rho) g}{1\,650\mu} \tag{3-62}$$

式(3-62)只能给出临界流化速度的估算值。当床层由大小相差悬殊(6倍以上)的粒子组成时,不能用此式估算流化速度,因为此时小颗粒可能已经流化而大粒子则尚处于静止状态。由式(3-61)计算所得的 u_{mf} 其偏差为 $\pm 34\%$。当需要确知某系统的临界流化速度时,应通过实验测定才可靠。但此式提供了有关变量对 u_{mf} 的影响,当实验条件和操作情况不同时,可用来对实验结果进行修正。

【例3-8】 某气-固流化床干燥器在 623K、压强 1.52×10^5 Pa 条件下操作。此时气体的黏度 $\mu = 3.13 \times 10^{-5}$ Pa·s,密度 $\rho = 0.85$ kg/m³,菊花晶颗粒直径为 0.45 mm,密度为 1 200 kg/m³。为确定其临界流化速度,现用该菊花晶颗粒及 30 ℃空气进行流化实验,测得临界流化速度为 0.049 m/s,求操作状态下的临界流化速度。

解:查得 30 ℃空气的黏度为密度分别为:

$\mu' = 1.86 \times 10^{-5}$ Pa·s,$\rho' = 1.17$ kg/m³

实验条件下的雷诺数为:

$$Re = \frac{du'_{mf}\rho'}{\mu'} = \frac{0.45 \times 10^{-3} \times 0.049 \times 1.17}{1.86 \times 10^{-5}} = 1.39$$

$Re < 20$,公式(3-74)可以适用,故操作时的临界流化速度为:

$$u_{mf} = u'_{mf} \times \frac{(\rho_s - \rho)/\mu}{(\rho_s - \rho')/\mu'} = 0.049 \times \frac{1.86 \times 10^{-5}}{3.13 \times 10^{-5}} = 0.029 \text{ m/s}$$

(三)最大流化速度和流化操作速度

最大流化速度是流化床操作中流体速度的上限,它在数值上等于颗粒的沉降速度。对沉降速度为 u_t 的粒子,当流体速度 $u = u_t$ 时,粒子的绝对速度为零,粒子即悬浮于流体中。也有人把此时的流体速度称为颗粒的悬浮速度,在数值上即等于颗粒的沉降速度。表3-3为一般食品的悬浮速度。

表 3 – 3　若干食品物料的颗粒特性和悬浮速度

物料名称	密度/ kg/m³	松密度/ kg/m³	粒度/ mm	悬浮速度/ m/s	物料名称	密度/ kg/m³	松密度/ kg/m³	粒度/ mm	悬浮速度/ m/s
面粉	1400	560 ~ 670	0.2	1 ~ 2	小麦	1260	789	4.9 ~ 6.5	8.4 ~ 9.7
麦芽	—	—	—	8.1	大麦	1090	581	7.7 ~ 11.1	8.1 ~ 8.6
玉米淀粉	—	—	—	1.3 ~ 2.0	大豆	1200	721	6.8 ~ 8.8	12.4 ~ 13.8
砂糖	1560	—	—	8.7 ~ 12	粗盐	—	—	—	14.8 ~ 15.5
豌豆	1260	738	4.7 ~ 7.5	12.5 ~ 13.8	麸皮	—	—	—	2.75 ~ 3.25
茶叶	1360	—	—	6.9	扁豆	1250	788 ~ 810	3.4 ~ 13	9.2 ~ 15.3
烟叶	—	—	—	6.9	向日葵籽	640	343	10.5 ~ 15.2	6.2 ~ 7.4
玉米	1220	708	5 ~ 10.9	11 ~ 12	棉籽	520	252	7.4 ~ 10.3	6.2 ~ 7.2
菜籽	1040	638	1.3 ~ 2.2	1.6 ~ 8.4	花生仁	1070	631	10.8 ~ 16.7	13.8 ~ 14
粟谷	1060	631	1.7 ~ 2	7.2 ~ 8.3	稻谷	1080	672	6.4 ~ 9.3	7.8 ~ 8.6
黄豆粉	—	—	—	1.5 ~ 1.8	细盐	—	—	—	12.8 ~ 14

　　就流化床的操作而言,上述速度显然是理论的最大流化限度。只要流体速度 u 大于沉降速度 u_t 一个极微小的数值,粒子就会被气流带走。可见,流化床的最大流化速度实质上就是颗粒的沉降速度。如果流化床的颗粒为球形,且沉降是在层流区进行时,即当:

$$Re = \frac{du_0\rho}{\mu} < 0.4 \qquad (3-63)$$

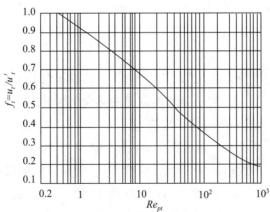

图 3 – 26　不符合斯托克斯定律时的修正系数(球形粒子)

时,可直接应用斯托克斯定律来计算 u_t。如果 $Re > 0.4$,则可按图 3 – 26 所示的校正系数对 u_t 进行修正。对于非球形颗粒还要乘以如下的校正系数 C:

$$C = 0.843 \lg \frac{\varphi_s}{0.065} \tag{3-64}$$

为了避免从床层中带出固体颗粒,流化床操作速度必须保持在 u_{mf} 和 u_t 之间。在计算 u_{mf} 时,需用床层中实际颗粒粒度分布的平均直径,而计算 u_t 时,则需用具有相当数量的最小颗粒的粒度。

u_t/u_{mf} 比值的大小,可作为流化操作是否机动灵活的一项指标。其上、下限值可直接采用下式来计算:如:

对细颗粒,$Re < 0.4$: $\qquad u_t/u_{mf} = 91.6 \qquad$ (3-65)

对大颗粒,$Re > 1000$: $\qquad u_t/u_{mf} = 8.2 \qquad$ (3-66)

可见,大颗粒的 u_t/u_{mf} 比值较小,说明其操作灵活性较小;细颗粒流化床较粗颗粒可以在更宽的流速范围内操作。一般 u_t/u_{mf} 之比值常在 10:1 和 90:1 之间。

在确定具体操作速度时,必须将工艺上许多有关因素综合地加以分析比较,然后选取合适的操作速度。工业上常用的操作速度为 $0.2 \sim 1.0 \mathrm{m/s}$。

操作速度与临界流化速度之比称为流化数(Fluidization number),即:

$$K = u/u_{mf} \tag{3-67}$$

可是为了提高设备的流化能力,就要提高操作速度,这就要从设备上加以改进,如增加床层高度,床层中设档板、挡网以及改进粉尘回收系统等。

三、流化床中的传热

在食品工业中,流态化主要用于加热、冷却、冷冻、干燥等物理过程,在这些过程中包含着热量的传递,传热问题是流化床应用中的主要问题,流化床中的传热特点是:

流化床内部温度分布均匀,这是由于:①固体粒子的热容远较气体大,热惯性大;②粒子的剧烈运动,粒子与气体之间的热交换快;③剧烈的沸腾运动所产生的对流混合,消灭了局部过冷和过热。

粒子的急剧骚动提高了对流换热系数。1950 年拜尔格用铝粒子在流化床内做管内流体对管壁的放热试验,其结果与固定床同样试验的结果以及空管的数据比较,流化床的对流换热系数约为固定床的 10 倍,为空管的 $75 \sim 100$ 倍。

在流化床中,同时存在着如下三种形式的传热。

①流化床床层与床壁或物体表面之间的传热:床层间壁面或物体表面的传热过程,包含着热传导、热对流和热辐射。

②固体颗粒与流体间的传热:热量借对流放热的方式自颗粒表面向流体或

自流体至颗粒表面传递。奶粉的流态化干燥和流态化冷却,就是这种传热。

③固体颗粒相互间的传热:温度不同的粒子之间因相互频繁地碰撞,以热传导的方式进行传热,因固体导热系数高,故这种传热速率高。

四、流化床中的结构型式

由于流化床在工业上的应用日趋广泛,研究流化床结构的工作很重要。流化床可分为单层流化床和多层流化床两种类型。

单层流化床流化系统比较简单,如图 3 - 27 所示,固体物料不断加入,又不断引出,如此可以保持床内固体的高度。气体通过分布板均匀分布并上升,使固体流态化。带出的微粒可经旋风分离器加以回收。由于流化床内气体和固体颗粒存在着返混的现象,会降低传质推动力,尤以并流时为甚。

多层流体床结构如图 3 - 28 所示,固体颗粒自最上层加入,逐层向下流动,达到多级逆流操作。多层使上升的气流通过各层分布板进行再分配,避免部分气体以气泡形式很快通过床层而不能充分发挥作用,也可回收气体的热量以预热上部固体物料。固体物料下降所经的溢流装置,既要保证固体能顺利溢流,又使气体不致通过溢流管上升。

由此可知,流化床的结构主要包括:壳体、床内分布板、挡板及挡网、内换热器、粉状固体回收系统(多为旋风分离器)等装置。

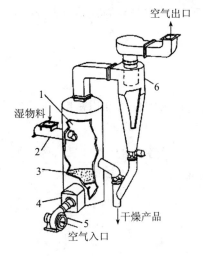

1—流化室　2—进料器　3—分布板
4—加热器　5—风机　6—旋风分离器
图 3 - 27　单层圆筒流化床

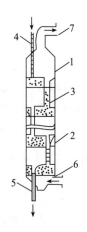

1—壳体　2—分布板　3—溢流管　4—加料口
5—出料口　6—气体进口　7—气体出口
图 3 - 28　多层圆筒流化床

五、气力输送

(一) 概述

当流体速度增大至等于或大于固体颗粒的带出速度时,则颗粒在流体中形成悬浮状态的稀相,并随流体一起带出,称为气力输送或水力输送。

在食品工业中,气力输送和水力输送都有广泛的应用,特别是气力输送,如啤酒厂输送大麦、麦芽以及用于输送糖、茶叶、盐等颗粒食品与面粉、奶粉、淀粉等粉状食品。

气力输送和水力输送原理大致相似,所以本书主要讨论气力输送。

气力输送的优点:①可进行长距离、任意方向的连续输送,劳动生产率高,结构简单、紧凑,占地小,使用、维修方便;②输送对象物料范围广,粉状、颗粒状、块状、片状等均可,且温度可高达 500 ℃;③在输送过程中可同时进行混合、粉碎、分级、干燥、加热、冷却等;④在输送中,可防止物料受潮、污染或混入杂质,保证质量和卫生。

气力输送的缺点:①动力消耗大;②易磨损物料;③易使含油物料分离;④潮湿易结块和黏结性物料不适用。

根据颗粒在输送管路内的密集程度不同,可将气力输送分为稀相输送和密相输送两大类。衡量管内的颗粒密集程度的常用参数是单位管道容积含有的颗粒质量,即颗粒的松密度 ρ($\mathrm{kg/m^3}$ 管道容积),它与颗粒的真密度 ρ_s 的关系为:

$$\rho' = \rho_s(1 - \varepsilon) \tag{3-68}$$

式中:ε——空隙率。

颗粒在静置堆放时(如固定床)的松密度常称为颗粒的堆积密度,工业常遇的粉体物料的堆积密度可在手册中查获。

气力输送中,单位时间被输送物料的质量与输送空气的质量之比,称为混合比,也称为固气比,以 R 表示,它是气力输送装置常用的一个经济指标。

$$R = \frac{q_{m,s}}{q_{m,a}} \tag{3-69}$$

式中:$q_{m,s}$——被输送物料的质量流量,$\mathrm{kg/s}$;

$q_{m,a}$——输送空气的质量流量,$\mathrm{kg/s}$。

混合比的大小同样反映了颗粒在管内的密集程度。

通常区分稀相输送和密相输送的界限大致是:

稀相输送　　　松密度　　　$\rho < 100 \ kg/m^3$

　　　　　　　混合比　　　$R = 0.1 \sim 25$（一般为 $R = 0.1 \sim 5$）

密相输送　　　松密度　　　$\rho > 100 \ kg/m^3$

　　　　　　　混合比　　　$R = 25$ 至数百

(二)气力输送系统

气力输送系统一般由供料装置、输料管路、卸料装置、闭风器、除尘装置和气力输送机械等组成。

气力输送机械用在食品上必须保证空气洁净、无毒、无油分、含尘少等卫生标准,同时为防止粉尘爆炸,要采取安全措施。一般用离心式通风机和鼓风机及往复式和水环式真空泵。

气力输送的除尘装置,常用旋风分离器。

气力输送是通过管路来输送物料,是气 - 固系统的双相流动。双相流动有如下特点:①气体的湍动程度以及系统的总压力降都会因固体的存在而增加;②颗粒之间的摩擦和碰撞,将产生颗粒的破坏;③颗粒聚集并堵塞管路;④颗粒与管壁的摩擦可能产生静电效应。

食品工业中多采用稀相输送。稀相输送是借管内的高速气体($18 \sim 30 \ m/s$)将粉末状物料彼此分散、悬浮在气流中进行输送。根据气源的安装位置和压强的大小,稀相输送装置主要有吸引式(真空式)和压送式两种:

吸引式　　　　低真空吸引　　　气源真空度 $< 0.013 \ MPa$

　　　　　　　高真空吸引　　　气源真空度 $< 0.06 \ MPa$

低压压送式　　气源表压　　　　$0.05 \sim 0.2 \ MPa$

高压压送式　　气源表压　　　　$0.2 \sim 0.7 \ MPa$

吸引式输送系统如图 3 - 29 所示,物料与大气在混合一起被吸入系统进行输送,系统内保持一定的真空度,物料到指定场所经分离器使气体和物料分离,气体经除尘器净化后由风机排出。

压送式输送系统如图 3 - 30 所示,依靠压缩机产生高于大气压的气流,将物料与气流混合而进行输送。

气力输送可在水平、垂直或倾斜管道中进行,所采用的气速和混合比都可在较大范围内变化,从而使管内气固两相流动的特性有较大的差异,再加上固体颗粒在形状、粒度分布等方面的多样性,使得气力输送装置的计算目前尚处于经验阶段。

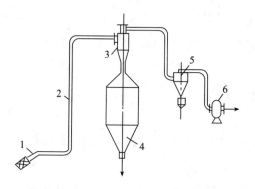

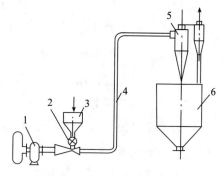

1—吸嘴;2—输送管;3——次旋风分离器
4—料仓;5—二次旋风分离器;6—风机
图 3 - 29　吸引式气力输送系统示意图

1—罗茨鼓风机;2—回转加料机;3—加料斗;
4—输送管;5—旋风分离器;6—料仓
图 3 - 30　压送式气力输送系统示意图

第四节　补充学习材料:流体通过固定床层压降

一、基本概念

固定床层中颗粒间的空隙形成可供流体通过的细小、曲折、互相交联的复杂通道。流体通过如此复杂通道的流动阻力很难进行推算。本节将对床层通道进行合理简化,采用数学模型法,依照第一章流体流动阻力损失计算的理论,研究固定床层压降问题,也借此来阐述工程问题的常用研究方法。

①床层的空隙率由颗粒群堆积成的床层疏密程度可用空隙率 ε 来表示,其定义如下:

$$\varepsilon = \frac{床层体积 - 颗粒所占体积}{床层体积} \qquad (3-70)$$

影响空隙率 ε 值的因素非常复杂,诸如颗粒的大小、形状、粒度分布与充填方式等。实验表明,单分散性球形颗粒作最松排列时的空隙率为 0.48,作最紧密排列时为 0.2,乱堆的非球形颗粒床层空隙率往往大于球形的,形状系数 ψ 值愈小,空隙率 ε 值超过球形 ε 的可能性愈大;多分散性颗粒所形成的床层空隙率则较小;若充填时设备受到振动,则空隙率必定小,采用湿法充填(即设备内先充以液体),则空隙率必定大。

一般乱堆床层的空隙率大致在 0.47 ~ 0.70 之间。

②床层的各向同性:工业上的小颗粒床层通常是乱堆的。若颗粒是非球形,

各颗粒的定向是随机的,因而可以认为床层是各向同性的。

各向同性的一个重要特点:床层横截面上可供流体通过的空隙面积(称自由截面)与床层截面之比在数值上等于空隙率 ε。

实际上,壁面附近的空隙率,总是大于床层内部,因阻力较小,流体在近壁处的流速必大于床层内部,这种现象称为壁效应。对于直径 D 较大的床层,近壁面区所占的比例较小。壁效应的影响可忽略。如圆筒形床层的直径为颗粒直径的 $10 \sim 20$ 倍,壁效应可以忽略;而当床层直径与颗粒直径之比 D/d_p 较小时,壁效应的影响则必须考虑。

③床层的比表面:单位床层体积(不是颗粒体积)具有的颗粒表面积称为床层的比表面 A'_s,m^2/m^3。如果忽略因颗粒相互接触而使裸露的颗粒表面减少,则 A_s 与颗粒的比表面 a 之间有如下关系:

$$A'_s = A_s(1 - \varepsilon) \tag{3-71}$$

二、床层的简化物理模型

细小而密集的固体颗粒床层具有很大的比表面积,流体通过这样床层的流动多为滞流,流动阻力基本上为黏性摩擦阻力。床层流体阻力除了受流体物性及流动情况的影响外,也与床层自身特征相关,床层固体颗粒的表面积(阻力与表面积称正比)及床层间隙大小是主要因素,为解决流体通过床层的压降计算问题,在保证单位床层体积表面积及空隙率相等的前提下,将颗粒床层内实际流动过程加以简化,以便可以用数学方程式加以描述。

如图 3 – 31 所示,将床层能够不规则通道通过简化一根均匀直管,简化后的直管应满足以下两个基本规定:

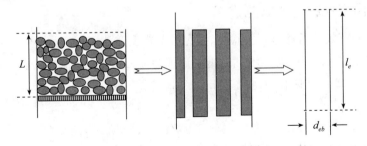

图 3 – 31　过滤过程物理模型

①直管的内表面积等于床层颗粒的全部表面;
②直管的全部流动空间等于颗粒床层的空隙容积。

$$d_{eb} = \frac{4 \times 流道截面积}{润湿周边} = \frac{4 \times 床层的流动空间}{细管的全部内表面} = \frac{4\varepsilon}{a(1-\varepsilon)} \qquad (3-72)$$

简化物理模型的结果是流体通过固定床的压降相当于流体通过一根当量直径为 d_{eb}，长度为 l_e 的直管的压降。

三、流体通过固定床层压降的数学模型

根据物理模型结果，结合第一章直管流体阻力损失 Δp_f 理论，流体流经颗粒床层阻力损失压降 Δp_c 为

$$\Delta p_c = \Delta p_f = \lambda \frac{l_e}{d_{eb}} \frac{\rho u_1^2}{2} \qquad (3-73)$$

式中：u_1——流体在床层内的实际流速，m/s。

u_1 与按整个床层截面计算的空床流速 u 的关系为

$$u_1 = \frac{u}{\varepsilon} \qquad (3-74)$$

将式(3-72)与式(3-74)代入式(3-73)，得到：

$$\frac{\Delta p_c}{h} = \frac{\lambda l_e}{h} \frac{a(1-\varepsilon)}{\varepsilon^3} \rho u^2$$

$$\frac{\Delta p_c}{h} = \lambda' \frac{a(1-\varepsilon)}{\varepsilon^3} \rho u^2 \qquad (3-75)$$

式中：h——床层真实高度，m；

λ'——流体通过床层流道的摩擦系数，称为模型参数，其值由实验测定。

式(3-75)即为流体通过固定床压降的数学模型。

四、模型参数的实验测定

模型的有效性需通过实验检验，模型参数需实验测定。

①康采尼(Kozeny)实验结果：康采尼通过实验发现，在流速较低，床层雷诺数 $Re_b < 2$ 的层流情况下，模型参数可较好地符合下式。

$$\lambda' = \frac{K'}{Re_b} \qquad (3-76)$$

式中 K' 为康采尼常数，其值可取作 5.0。Re_b 的定义为：

$$Re_b = \frac{\rho u d_{eb}}{4\mu} = \frac{\rho u}{a(1-\varepsilon)\mu} \qquad (3-77)$$

Kozeny 方程：当 $Re_b < 5$ 时

将式(3-76)与式(3-77)代入式(3-75),即为康采尼方程式,即

$$\frac{\Delta p_c}{h} = 5 \frac{a^2(1-\varepsilon)^2}{\varepsilon^3}\mu u \qquad (3-78)$$

②欧根(Ergun)实验结果:欧根在较宽的 Re_b 范围内进行实验,获得如下关联式

$$\lambda' = \frac{4.17}{Re_b} + 0.29 \qquad (3-79)$$

将式(3-77)、式(3-79)、代入式(3-75),得到

$$\frac{\Delta p_c}{h} = 4.17 \frac{(1-\varepsilon)^2 a^2}{\varepsilon^3}\mu u + 0.29 \frac{(1-\varepsilon)a}{\varepsilon^3}\rho u^2 \qquad (3-80)$$

将 $a = 6/(\psi d_e)$ 代入上式,得到

$$\frac{\Delta p_c}{h} = 150 \frac{(1-\varepsilon)^2}{\varepsilon^3(\psi d_e)^2}\mu u + 1.75 \frac{(1-\varepsilon)}{\varepsilon^3}\frac{\rho u^2}{\psi d_e} \qquad (3-81)$$

式中: d_e ——非球形颗粒当量直径,m;

ψ ——球形度。

Re_b 在 0.17 ~ 330 的范围内用。当 $Re_b < 20$,流动基本为层流,式(3-93)中等号右边第二项可忽略;当 $Re_b > 1\,000$ 时,流动为湍流,式(3-81)中等号右边第一项可忽略。

式(3-81)称为欧根方程,适用于非球形颗粒。

Ergun 方程是固定床、流化床、气力输送领域的重要理论基础。

五、数学模型法和因次分析法的比较

1. 数学模型法

数学模型法紧紧抓住过程的特征和研究的目的,对具体问题作合理简化,建立一个不失真的物理模型而又可用数学方程式表示,通过实验测定模型参数,具体步骤是:

①将复杂的真实过程简化成易于用数学方程式描述的物理模型;

②对所得到的物理模型进行数学描述,即建立数学模型:

③通过实验对数学模型的合理性进行检验,并测定模型参数。

数学模型法的关键是建立物理模型。

2. 因次分析法

因次分析法首先找出对过程产生重要影响的全部因素,通过无因次化减少变

量数目,减少实验次数,再通过实验求取无因次化变量的函数关系,具体步骤是:

①列出影响过程的主要因素;

②通过无因次化减少变量数目;

③通过实验求取无因次化变量的函数关系。

因次分析法关键是确定过程的影响因素。

上述两种方法是工程问题常用的处理方法,两者适用的场合不同,具体使用哪种方法应根据上述特征来选择。

习 题

1. 用落球法测定某液体的黏度(落球黏度计),将待测液体置于玻璃容器中测得直径为 6.35 mm 的钢球在此液体内沉降 200 mm 所需的时间为 7.32 s,已知钢球的密度为 7 900 kg/m³,液体的密度为 1 300 kg/m³。试计算液体的黏度。

2. 密度为 1 850 kg/m³ 的固体颗粒,在 50 ℃ 和 20 ℃ 水中,按斯托克斯定律作自由沉降时,求:

①它们沉降速度的比值是多少?

②若微粒直径增加一倍在同温度水中作自由沉降时,此时沉降速度的比值又为多少。

3. 拟采用底面积为 14 m² 的降沉室回收常压炉气中所含的球形固体颗粒。操作条件下气体的密度为 0.75 kg/m³,黏度为 2.6×10^{-5} Pa·s;固体的密度为 3 000 kg/m³;要求生产能力为 2.0 m³/s,求理论上能完全捕集下来的最小颗粒直径 d_{min}。

4. 用一多层降尘室以收集去玉米淀粉干燥尾气中的细玉米淀粉(简称细粉)。细粉最小粒径为 8 μm,密度为 1 500 kg/m³。降尘室内长 4.1 m,宽 1.8 m,高 4.2 m,气体温度为 150 ℃,黏度为 3.4×10^{-5} Pa·s,密度为 0.5 kg/m³,若每小时的尾气量为 2 160 m³。试求降尘室内的隔板间距及层数。

5. 采用标准型旋风分离器除去炉气中的球形颗粒。要求旋风分离器的生产能力为 2.0 m³,直径 D 为 0.4 m,适宜的进口气速为 20 m/s。干燥尾气的密度为 0.75 kg/m³,黏度为 2.6×10^{-5} Pa·s(操作条件下的),固相密度为 3 000 kg/m³,求:

①需要几个旋风分离器并联操作。

②临界粒径 d_c。

③分割直径 d_{50}。

④压强降 ΔP。

6. 某淀粉厂的气流干燥器每小时送出 10 000 m^3 带有淀粉的热空气,拟采用扩散式旋风分离器收取其中的淀粉,要求压强降不超过 1 250 Pa,已知气体密度为 1.0 kg/m^3,试选择合适的型号。

7. 在恒定压差下用尺寸为 635 mm × 635 mm × 25 mm 的一个滤框(过滤面积为 0.806 m^2)对某悬浮液进行过滤。已测出过滤常数 $K = 4 \times 10^{-6}$ m^2/s,滤饼体积与滤液体积之比为 0.1,设介质阻力可忽略,求:

①当滤框充满滤饼时可得多少滤液。

②所需过滤时间 t。

8. 用板框压滤机在 9.81×10^4 Pa 恒压差下过滤某种水悬浮液。要求每小时处理料浆 8 m^3。已测得 1 m^3 滤液可得滤饼 0.1 m^3,过滤方程式为:$V^2 + V = 5 \times 10^{-4} A^2 t$($t$ 单位为 s)求:

①过滤面积 A。

②恒压过滤常数 K、q_e、t_e。

9. 某板框式压滤机,在表压为 202.66×10^3 Pa 下以恒压操作方式过滤某悬浮液,2 小时后得滤液 10 m^3;过滤介质阻力可忽略,求:

①若操作时间缩短为 1 h,其他情况不变,可得多少滤液。

②若表压加倍,滤饼不可压缩,2 h 可得多少滤液。

10. 某板框式压滤机的过滤面积为 0.2 m^2,在压差 $\Delta p = 151.99$ kPa 下以恒压操作过滤一种悬浮液,2 h 后得滤液 4 m^3,介质阻力可略,滤饼不可压缩,求:

①若过滤面积加倍,其他情况不变,可得多少滤液。

②若在原压差下过滤 2 h 后用 0.5 m^3 的水洗涤滤饼,需多长洗涤时间。

11. 用板框式压滤机在 2.95×10^5 Pa 的压强差下,过滤某种悬浮液。过滤机的型号为 BMS20/635 – 25,共 26 个框。现已测得操作条件下的过滤常数 $K = 1.13 \times 10^{-4}$ m^2/s,$q_e = 0.023$ m^3/m^2,且 1 m^3 滤液可得滤饼 0.020 m^3 求:

①滤饼充满滤框所需的过滤时间。

②若洗涤时间为 0.793 h,每批操作的辅助时间为 15 min,则过滤机的生产能力为多少。

12. 现用一台 GP5 – 1.75 型转筒真空过滤机(转鼓直径为 1.75 m,长度 0.98 m,过滤面积 5 m^2,浸没角 120°)在 66.7 kPa 真空度下过滤某种悬浮液。已知过滤常数 $K = 5.15 \times 10^{-6}$ m^2/s,每获得 1 m^3 滤液可得 0.66 m^3 滤饼,过滤介质阻力忽略,滤饼不可压缩,转鼓转速为 1 r/min 求过滤机的生产能力及转筒表面的滤饼的厚度。

13. 拟在 9.81×10^3 Pa 的恒定压强差下过滤悬浮液。滤饼为不可压缩,其比

阻 r 为 1.33×10^{10} $1/m^2$,滤饼体积与滤液体积之比 v 为 0.333 m^3/m^3,滤液的黏度 μ 为 1.0×10^{-3} $Pa \cdot s$;且过滤介质阻力可略,求:

①每平方米过滤面积上获得 1.5 m^3 滤液所需的过滤时间 t。

②若将此过滤时间延长一倍可以再获得多少滤液。

14. 拟用标准型旋风分离器除去炉气中的球形颗粒。已选定分离器直径 $D = 0.4$ m,固相密度为 $3\,000$ kg/m^3,气相密度为 0.674 kg/m^3,黏度为 3.8×10^{-5} $Pa \cdot s$;操作条件下的气体量为 $1\,200$ m^3/h,对于标准型旋风分离器 $h = D/2$,$b = D/4$,N_e 取 5,$\xi = 8$,且简化假设取 $\mu_T = \mu_i$。求:

①离心分离因数 K_c。

②临界粒径 d_c。

③分割粒径 d_{50}。

④压强降 Δp。

15. 已知某板框压滤机过滤某种滤浆的恒压过滤方程式为:$q^2 + 0.04q = 5 \times 10^{-4} t (t$ 单位为 $s)$ 求:

①过滤常数 K,q_e 及 t_e。

②若要在 30 min 内得到 5 m^3 滤液(滤饼正好充满滤框),则需框内每边长为 810 mm 的滤框多少个。

16. 用转筒真空过滤机过滤某种悬浮液,料浆处理量为 25 m^3/h,已知滤饼体积与滤液体积之比为 0.08,转筒浸没度为 $1/3$,过滤面积为 2.11 m^2,现测得过滤常数 K 为 8×10^{-4} m^2/s,过滤介质阻力 A 忽略。求此过滤机的转速 n。

17. 一砂滤器在粗砂砾层上,铺有厚 750 mm 的砂粒层,以过滤工业用水,砂砾的密度 $2\,550$ kg/m^3,半径 0.75 mm,球形度 0.86,床层松密度为 $1\,400$ kg/m^3。今于过滤完毕后用 14 ℃ 的水以 0.02 m/s 的空床流速进行砂层返洗。问砂粒层在返洗时是否处于流化状态。

18. 鲜豌豆近似球形,其直径 6 mm,密度 $1\,080$ kg/m^3,拟于 -20 ℃ 冷气流中进行流化冷冻。豆床在流化前的床层高度 0.3 m,空隙率 0.4,冷冻时空气速度(空床)等于临界速度的 1.6 倍。试估计:

①流化床的临界速度和操作速度。

②通过床层的压力降。

19. 小麦粒度 5 mm,密度 $1\,260$ kg/m^3;面粉粒度 0.1 mm,密度 $1\,400$ kg/m^3。当此散粒物料和粉料同样以 20 ℃ 空气来流化时,试分别求其流化速度的上、下限值,并作大颗粒和小颗粒流化操作的比较(比较 u_t/u_{mf})。

第四章 传　　热

本章学习要求：了解和掌握传热的基本原理和规律，并学会应用这些原理和规律进行传热过程的分析和计算；熟悉典型换热器的结构和操作特性，初步掌握其工程设计计算方法。

第一节　传热概述

一、传热的定义

传热过程是指因温度差而引起的热量传递过程，又被称为热量传递（Heat transfer）。由热力学第二定律可知，只要存在温度差，热量就会自动地由高温物体（高温区）传递到低温物体（低温区），所以传热是自然界、工业生产及工程技术领域中普遍存在的物理现象。

二、传热在食品工业中的应用

食品工业中的生产过程亦与传热有着密切的联系，食品生产中的许多操作都涉及传热过程，存在着热量的引入或导出，即加热或冷却。例如，原料乳的高温灭菌，各类食品的冷藏、冷冻保鲜，奶粉或固体饮料制作过程中的喷雾干燥，食品原料的蒸发浓缩或冷冻干燥，面包、饼干、糖果等的焙烤，酒精的蒸馏等等。因此，传热是食品工业中重要的单元操作之一。由于食品工业中传热过程的普遍性，换热器在食品工厂设备投资中也占有较高的比例。

食品生产过程中遇到的传热过程有两种情况：一种是强化传热，如在换热器中加热或冷却物料，要求传热速率要高，以缩短换热时间或减少设备投资；另一种是削弱传热，如高、低温设备（冷库等）及管道（蒸汽管道等）的绝热层的敷设等，要求传热速率尽可能的低，以减少热量或冷量的损失。

传热过程分为定态传热过程和非定态传热过程，既可以连续操作，也可以间歇进行。连续操作多为定态传热，传热系统中各点的温度仅随位置的变化而变化，不随时间的改变而改变。间歇操作多为非定态传热，其特点是传热系统中各点的温度不仅随位置的变化而变化，也随时间的改变而改变。在大规模工业化的食品生产中,流体间的传热常用连续稳态操作。本章中除非另有说明,讨论的都是稳态传热。

三、传热的基本方式

依据热量传递机理的不同,传热共有三种基本方式:传导、对流(对流传热)和辐射。实际生产中,以上三种传热方式既可能单独存在也可能几种方式同时并存。例如烘烤食品时,热传导、热对流、热辐射三种方式同时存在,但由于烘烤温度很高,传热以热辐射为主。

(一)热传导

热传导(Heat conduction)又称导热,是指发生在两个不同温度、彼此相互接触的物体间或同一物体内部不同温度的各部分间的热量传递。热传导的条件是系统两部分之间存在温度差,此时热量将从高温物体传向与它接触的低温物体,或从物体的高温部分传向低温部分,直至整个物体的各部分温度相等为止。

发生热传导时,物体之间或物体内各部分之间不发生相对位移,仅借分子、原子和自由电子等微观粒子的热运动完成热量的传递过程。热传导在固体、液体和气体中均可进行,但其微观传热机理因物态而异。在金属固体中,热传导是通过自由电子的运动;在非金属固体中,热传导是通过晶格结构的振动,即通过原子、分子在其平衡位置附近的振动来实现;在液体和气体中,热传导则是由于分子不规则热运动而引起的。对于纯热传导的过程,它仅是静止物质间(内)的一种传热方式,也就是说没有物质的宏观位移。

(二)热对流

热对流(Thermal convection)是指流体各部分之间发生相对位移所引起的热量传递过程。在流体中产生对流的情形有二:一是流体中各处的温度不同而引起密度的差别,使轻者上浮、重者下沉,流体质点产生相对位移,这种对流称为自然对流;二是因泵、风机或搅拌等外力所致的质点强制运动,这种对流称为强制对流。在同一种流体中,有可能同时发生自然对流和强制对流。

热对流的特点是只能在流体(气体或液体)中进行,并且存在物质的宏观位移。虽然热对流是一种基本的传热方式,但是由于热对流总伴随着热传导,要将两者分开处理是困难的,因此一般并不讨论单纯的热对流,而是着重讨论具有实际意义的对流传热——热量由流体传到固体表面(或反之)的过程。

(三)热辐射

热辐射(Thermal radiation)又称为辐射传热,是指物质因热的原因而产生的电磁波在空间的传递过程。热辐射的特点:不仅有能量的传递,而且还有能量形式的转换。即在高温物体处,热能转变为辐射能,以电磁波的形式向空间传递;当遇到低温物体时,电磁波即被其部分或全部吸收而转变为热能。辐射传热不需要任何介质做媒介,也就是说它可以在真空中传播,在这一点上,热辐射明显有别于热传导及热对流。

应予指出,任何物体只要在热力学温度零度(0 K)以上,都能发射辐射能,但是只有在物体温度较高时,热辐射才能成为主要的传热方式。

四、常用的载热体及其选择

载热体通常是指能够提供或取走热量的流体。其中起加热作用的载热体称为加热剂(或加热介质);起冷却(凝)作用的载热体称为冷却剂(或冷却介质)。

食品工业生产中所用的载热体(加热剂或冷却剂)多为流体,常用的加热剂主要有水蒸气、烟道气、热水等,常用的冷却剂主要有空气、冷水、冷盐水、氨、液氮等。一些常用加热剂和冷却剂及其适用温度范围分别如表4－1和表4－2所示。

表4－1　常用加热剂及其适用范围

加热剂	热水	饱和蒸汽	矿物油	烟道气
适用温度/℃	40～100	100～180	180～250	～1000

表4－2　常用冷却剂及其适用范围

冷却剂	水(河水、自来水、井水)	空气	盐水	氨蒸气
适用温度/℃	0～80	>30	0～－15	<－15～－30

第二节　热传导

一、傅立叶定律

(一)温度场和温度梯度

物体或系统内的各点间存在温度差,是热传导的必要条件,因此导热过程与温度分布密切相关。某一瞬间系统或物体内部各点的温度分布总和,称为温度场(Temperature field)。一般情况下,物体内任一点的温度为该点的位置(x,y,z)及时间(θ)的函数,故温度场的数学表达式为$t=f(x,y,z,\theta)$。若温度场内各点的温度随时间而变,此温度场为非稳态(定态)温度场;若温度场内各点的温度不随时间而变,即为稳态(定态)温度场。此时 $t = f(x, y, z)$。在特殊的情况下,若物体内的温度仅沿一个坐标方向发生变化,此温度场为稳态(定态)的一维温度场,即 $t = f(x)$。

在温度场中,同一时刻温度相同的各点所组成的面称为等温面。由于某瞬间空间任一点上不可能同时有两个及以上不同的温度,故温度不同的等温面彼此不可能相交。

由于等温面上温度处处相等,故沿等温面无热量传递,而沿和等温面相交的任何方向,因温度发生变化则有热量的传递。温度随距离的变化程度以沿与等温面垂直的方向为最大。通常,将两相邻等温面之间的温度差 Δt,与两等温面间的垂直距离 Δn 之比的极限称为温度梯度(Temperature gradient),记为 $grad\ t$。温度梯度的数学定义式为:

$$grad\ t = \lim_{\Delta n \to 0} \frac{\Delta t}{\Delta n} \frac{\partial t}{\partial n} \qquad (4-1)$$

温度梯度 $grad\ t$ 为向量,它的正方向是指向温度增加的方向,如图 4 – 1 所示。

于稳态的一维温度场,温度梯度可表示为:

$$grad\ t = \frac{\mathrm{d}t}{\mathrm{d}x} \qquad (4-2)$$

(二)傅立叶定律

傅立叶定律(Fourier's law)为热传导的基本定律,它指出,在单位时间内通过微元等温面 $\mathrm{d}S$ 传导的热量 $\mathrm{d}Q$ 与温度梯度成正比,热流方向与温度梯度方向相反,其表达式为:

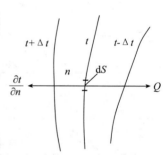

图 4 – 1　等温面和温度梯度

$$\mathrm{d}Q = -\lambda \mathrm{d}S \frac{\partial t}{\partial n} \qquad (4-3)$$

式中:Q——导热速率(Thermal conductive rate),即单位时间内传导的热量,W;

$\quad S$——等温表面的面积,m^2;

$\quad \lambda$——比例系数,称为导热系数,W/(m·℃);

"$-$"——表示热流方向与温度梯度的方向相反。

对于稳态的一维温度场,有:

$$Q = -\lambda S \frac{\mathrm{d}t}{\mathrm{d}n} \qquad (4-4)$$

二、导热系数

导热系数(Thermal conductivity)又称热导率,是表示物质导热能力大小的物

性参数。将式4-3改写即可得到导热系数的定义式,即

$$\lambda = \frac{\mathrm{d}Q}{\mathrm{d}S \dfrac{\partial t}{\partial n}}$$

(4-5)

由式(4-5)可知,导热系数在数值上等于单位温度梯度下,通过单位传热面积的导热速率,其单位是 W/(m·℃)。导热系数是物质的物理性质之一,其数值大小与物质的组成、结构、密度、温度及压强有关。各种物质的导热系数通常用实验方法测定。一般而言,金属固体的导热系数最大,非金属固体次之,液体较小,气体最小。工程计算中常见物质的导热系数可从有关手册中查得。表4-3,表4-4及图4-2分别列出了部分常见固态和液态食品以及一些常见气体的导热系数。

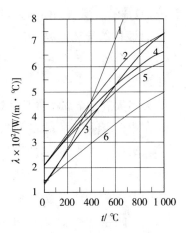

1—水蒸气;2—氧气;3—二氧化碳
4—空气;5—氮气;6—氢气
图4-2　某些气体的导热系数

表4-3　某些固体食品的导热系数

品名	温度/℃	导热系数/[W/(m·℃)]	品名	温度/℃	导热系数/[W/(m·℃)]
谷类	21.1	0.140	奶粉	38.9	0.418
鲜鱼	0	0.431	猪肉	-14.3	0.430
冰冻梨	-12.2	0.500	香肠	24.4	0.411
土豆	-12.8	1.090	橘子	30.3	0.431
小麦	30	0.163			

表4-4　某些液体食品的导热系数

品名	温度/℃	导热系数/[W/(m·℃)]	品名	温度/℃	导热系数/[W/(m·℃)]
苹果沙司	22.5	0.692	香蕉浆	16.6	0.692
奶油	4.4	0.197	蜂蜜	2.2	0.5
苹果汁	20	0.559	浓缩奶	26.7	0.54
炼乳(含脂2.5%)	20	0.505	脱脂奶	1.5	0.538
花生油	3.9	0.163	乳清	20	0.58

(一)固体的导热系数

①在所有的固体中,纯金属的导热系数最大。

②纯金属的导热系数一般随温度升高而降低。

③金属的导热系数大多随其纯度的增高而增大,因此,合金的导热系数一般比纯金属要低。

④非金属的建筑材料或绝热材料的导热系数与温度、组成及结构的紧密程度有关,通常随密度增加而增大,随温度升高而增大。

(二)液体的导热系数

①液态金属的导热系数比一般液体的要高。在液态金属中,纯钠具有较高的导热系数。

②大多数液态金属的导热系数随温度升高而降低。

③在非金属液体中,水的导热系数最大。

④除水和甘油外,液体的导热系数随温度升高而减小。

⑤一般说来,纯液体的导热系数比其溶液的要大。

(三)气体的导热系数

①气体的导热系数随温度升高而增大。

②在相当大的压强范围内,气体的导热系数随压强的变化极小,可以忽略不计。只有在过高或过低的压强(高于 200 MPa 或低于 3 000 Pa)下,才考虑压强的影响,此时随压强增高导热系数增大。

③气体的导热系数很小,对导热不利,但有利于保温、绝热。工业上所用的保温材料,例如石棉、锯木屑等,就是因为其空隙中有气体,所以其导热系数低,适用于保温隔热。

值得注意的是,在热传导过程中,物质内部不同位置的温度可能不同,因而导热系数也会不同,在工程计算中一般取为两温度下导热系数的平均值。

三、通过平壁的稳态热传导

(一)通过单层平壁的稳态导热

通过单层平壁的稳态热传导,如图 4 – 3 所示。假设平壁材质均匀,厚度为 b,面积为 S,导热系数 λ 不随温度变化(或取平均导热系数),为常数;平壁内的温度仅沿垂直于壁面的 x 轴方向变化,即等温面是垂直于 x 轴的一系列平行平面;平壁面积与厚度相比是

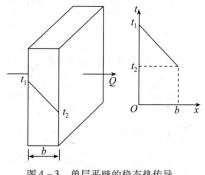

图 4 – 3   单层平壁的稳态热传导

很大的,故从壁的边缘处损失的热量可以忽略不计;平壁两侧的温度 t_1 及 t_2 恒定。对此种稳态的一维热传导,导热速率 Q 和传热面积 S 都为常量,故式 4 – 3

可简化为：

$$Q = \lambda S \frac{\mathrm{d}t}{\mathrm{d}x}$$

分离变量积分后可得：

$$Q = \lambda S \frac{t_1 - t_2}{b} = \frac{t_1 - t_2}{\dfrac{b}{\lambda S}} = \frac{\Delta t}{R} \qquad (4-6)$$

$$q = \frac{Q}{S} = \lambda \frac{t_1 - t_2}{b} = \frac{t_1 - t_2}{\dfrac{b}{\lambda}} = \frac{\Delta t}{R'} \qquad (4-7)$$

式中：Q——导热速率（或热流量），W；

$\quad\quad q$——热流密度（热通量）（Thermal flux），W/m^2；

$\quad\quad \Delta t$——导热的推动力 $\Delta t = t_1 - t_2$；

$\quad\quad R$——导热的热阻，$R = b/\lambda S$；

$R' = b/\lambda$——单位传热面积的导热热阻。

式(4-6)表明导热速率与导热推动力成正比，与导热热阻成反比。此外，平壁厚度愈大，传热面积和导热系数愈小，则导热热阻愈大。若将该式与电学的欧姆定律相比较，两者形式完全类似，可归纳得到自然界中传递过程的普遍关系为：过程传递速率 = 过程的推动力/过程的阻力。

应予指出，式(4-6)、(4-7)适用于 λ 为常数的稳态热传导过程。实际上，物体内部不同位置上的温度不同，因而导热系数也随之不同。但是在工程计算中，对于各处温度不同的固体，其导热系数可以取固体两侧面温度下 λ 值的算术平均值，或取两侧面温度之算术平均值下的 λ 值。可以证明，当导热系数随温度呈线性关系时，用物体的平均导热系数进行热传导的计算，将不会引起太大的误差。在以后的热传导计算中，一般都采用平均导热系数。

【例4-1】 有一厚度为 240 mm 的砖墙，已知砖墙内壁的温度为 600 ℃，外壁温度为100 ℃，假设砖墙在此温度范围内的平均热导率 λ 为0.69 $W/(m^2 \cdot K)$，试求每平方米的砖墙通过的热量。

解： 由题意可知 $b = 240$ mm $= 0.24$ m；$\lambda = 0.69$ $W/(m^2 \cdot K)$

$\because Q = \dfrac{(t_1 - t_2)}{\dfrac{b}{\lambda S}}$

$\therefore \dfrac{Q}{S} = \dfrac{(t_1 - t_2)}{\dfrac{b}{\lambda}} = \dfrac{600 - 100}{\dfrac{0.24}{0.69}} = 1437.5 \ W/m^2$

(二)通过多层平壁的稳态导热

多层平壁是指由几层不同材质平板组成的平壁，例如冰箱、烤箱、冷库壁面等都是多层平壁。以三层平壁为例，如图 4-4 所示。各层的壁厚分别为 b_1、b_2 和 b_3，导热系数分别为 λ_1、λ_2 和 λ_3。假设层与层之间接触良好，即相接触的两表面温度相同。各表面温度为 t_1、t_2、t_3 和 t_4，且 $t_1 > t_2 > t_3 > t_4$。

在稳态导热时，通过各层的导热速率必相等，即 $Q = Q_1 = Q_2 = Q_3$。则：

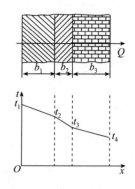

图 4-4　多层平壁的稳态热传导

$$Q = \frac{t_1 - t_2}{\dfrac{b_1}{\lambda_1 S}} = \frac{t_2 - t_3}{\dfrac{b_2}{\lambda_2 S}} = \frac{t_3 - t_4}{\dfrac{b_3}{\lambda_3 S}}$$

则由合比定律可得：

$$Q = \frac{t_1 - t_2 + t_2 - t_3 + t_3 - t_4}{\dfrac{b_1}{\lambda_1 S} + \dfrac{b_2}{\lambda_2 S} + \dfrac{b_3}{\lambda_3 S}} = \frac{t_1 - t_4}{\dfrac{b_1}{\lambda_1 S} + \dfrac{b_2}{\lambda_2 S} + \dfrac{b_3}{\lambda_3 S}} \tag{4-8}$$

即

$$Q = \frac{\Delta t_1 + \Delta t_2 + \Delta t_3}{R_1 + R_2 + R_3} = \frac{t_1 - t_4}{\sum\limits_{i=1}^{3} R_i} \tag{4-9}$$

同理，对于 n 层平壁，导热速率方程式为：

$$Q = \frac{t_1 - t_{n+1}}{\sum\limits_{i=1}^{n} \dfrac{b_i}{\lambda_i S}} = \frac{t_1 - t_{n+1}}{\sum\limits_{i=1}^{n} R_i} \tag{4-10}$$

式(4-8)、式(4-9)、式(4-10)中分子表示的是总的温差，即导热的总推动力，分母则为总的导热阻力，总热阻为串联的各层平壁热阻之和。

实际上，不同材料构成的界面之间可能出现明显的温度降低的情况。这是由于表面粗糙不平而产生接触热阻。接触热阻的大小与接触面材料、表面粗糙度及接触面上的压强等因素有关，目前还没有可靠的理论或经验计算公式，主要依靠实验测定。接触热阻的影响如图 4-5 所示。

【例 4-2】　某冷库壁面由 0.076 m 厚的混凝土外层，0.100 m 厚的软木中间层及 0.013 m 厚的松木内层所组成。其相应的热导率为：混凝土 0.762 W/(m·K)；软木 0.043 3 W/(m·K)；松木 0.151 W/(m·K)。冷库内壁

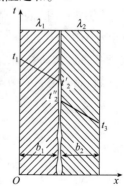

图 4-5　接触热阻的影响

面温度为 -18℃，外壁面温度为 24℃。求进入冷库的热流密度以及松木与软木交界面的温度。

解：由题意为通过三层平壁的稳态导热，设：$t_1 = -18\text{℃}$，$t_4 = 24\text{℃}$，$b_1 = 0.013\text{ m}$，$b_2 = 0.100\text{ m}$，$b_3 = 0.076\text{ m}$，$\lambda_1 = 0.151\text{ W/(m·K)}$，$\lambda_2 = 0.043\ 3\text{ W/(m·K)}$，$\lambda_3 = 0.762\text{ W/(m·K)}$

（1）计算热流密度 q

$$q = \frac{t_4 - t_1}{\dfrac{b_1}{\lambda_1} + \dfrac{b_2}{\lambda_2} + \dfrac{b_3}{\lambda_3}} = \frac{24 - (-18)}{\dfrac{0.076}{0.762} + \dfrac{0.100}{0.043\ 3} + \dfrac{0.013}{0.151}} = 16.8\ (\text{W/m}^2)$$

（2）计算松木与软木交界面的温度 t_2

$$q = q_1 = \frac{t_2 - t_1}{\dfrac{b_1}{\lambda_1}} = \frac{t_2 - (-18)}{\dfrac{0.013}{0.151}} = 16.8$$

∴ 解得 $t_2 = -16.6(\text{℃})$

四、通过圆筒壁的稳态热传导计算

在食品工业生产中常遇到圆筒壁的热传导，通常各种高温管道、精馏塔以及高压灭菌锅外壳都属于圆筒形。圆筒壁的热传导与平壁热传导的不同之处在于圆筒壁的传热面积不是常量，而是沿着半径的方向逐渐变化；同时温度也随半径而变。

（一）通过单层圆筒壁的稳态热传导

通过单层圆筒壁的热传导如图 4-6 所示。若圆筒壁很长，沿轴向散热可忽略，则通过圆筒壁的热传导可视为一维稳态热传导。设圆筒的内半径为 r_1，外半径为 r_2，长度为 L。圆筒内、外壁面温度分别为 t_1 和 t_2，且 $t_1 > t_2$。若在圆筒半径 r 处沿半径方向取微分厚度 dr 的薄壁圆筒，其传热面积可视为常量，等于 $2\pi rL$；同时通过该薄层的温度变化为 dt。仿照平壁热传导公式，通过该薄圆筒壁的导热速率可以表示为：

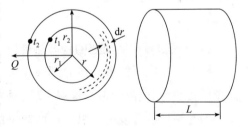

图 4-6　单层圆筒壁的稳态热传导

$$Q = -\lambda S \frac{dt}{dr} = -\lambda 2\pi rL \frac{dt}{dr}$$

当 $r = r_1$ 时，$t = t_1$；$r = r_2$ 时，$t = t_2$，若 λ 为常量，将上式分离变量积分并整理得：

$$Q = 2\pi L\lambda \frac{t_1 - t_2}{\ln \dfrac{r_2}{r_1}} \tag{4-11}$$

式（4-11）即为单层圆筒壁的热传导速率方程式。该式也可写成与平壁热传导速率方程相类似的形式，即：

$$Q = \frac{2\pi L(r_2 - r_1)\lambda(t_1 - t_2)}{(r_2 - r_1)\ln \dfrac{2\pi r_2 L}{2\pi r_1 L}}$$

式中：$2\pi r_2 L$——圆筒壁外表面的面积，记为 S_2；

$2\pi r_1 L$——圆筒壁内表面的面积，记为 S_1；

$r_2 - r_1$——圆筒壁的厚度，记为 b。则

$$Q = \frac{(S_2 - S_1)\lambda(t_1 - t_2)}{(r_2 - r_1)\ln \dfrac{S_2}{S_1}} = \lambda S_m \frac{t_1 - t_2}{b} = \frac{t_1 - t_2}{\dfrac{b}{\lambda S_m}} \tag{4-12}$$

式中：S_m——圆筒壁的内、外表面的对数平均面积，m^2。其计算方法如下：

$$S_m = \frac{(S_2 - S_1)}{\ln \dfrac{S_2}{S_1}} = 2\pi r_m L = 2\pi L \frac{(r_2 - r_1)}{\ln \dfrac{r_2}{r_1}} \tag{4-13}$$

式中：r_m——圆筒壁的对数平均半径，m。

工程计算中，经常采用两个量的对数平均值。当这两个物理量的比值小于等于 2 时，算术平均值与对数平均值相比，计算误差仅为 4%，这在工程计算中是允许的。因此，当两个变量的比值小于或等于 2 时，经常用算术平均值代替对数平均值，使计算较为简便。如：当 $S_2/S_1 \leqslant 2$，或 $r_2/r_1 \leqslant 2$ 时，$S_m = (S_2 + S_1)/2$，$r_m = (r_2 + r_1)/2$。

（二）通过多层圆筒壁的稳态热传导

工业上多数圆筒壁热传导都属于多层圆筒壁的传热，如蒸汽管道的保温、高温杀菌锅外表面绝热层的敷设等。以三层圆筒壁的导热为例的多层圆筒壁热传导如图 4-7 所示。

假设各层间接触良好，各层的导热系数分别为 λ_1、λ_2、λ_3，厚度分别为 $b_1 = (r_2 - r_1)$、$b_2 = (r_3 - r_2)$、$b_3 = (r_4 - r_3)$。则仿照多层平壁稳态热传导的计算处理方法，可知三层圆

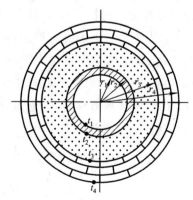

图 4-7　多层圆筒壁的稳态热传导

筒壁的导热速率方程式为:

$$Q = \frac{\Delta t_1 + \Delta t_2 + \Delta t_3}{\dfrac{b_1}{\lambda_1 S_{m1}} + \dfrac{b_2}{\lambda_2 S_{m2}} + \dfrac{b_3}{\lambda_3 S_{m3}}} = \frac{t_1 - t_4}{R_1 + R_2 + R_3} \qquad (4-14)$$

同理,可知对 n 层圆筒壁,其热传导速率方程式可表示为:

$$Q = \frac{t_1 - t_{n+1}}{\sum\limits_{i=1}^{n} \dfrac{b_i}{\lambda_i S_{mi}}} \qquad (4-15)$$

值得注意的是,对通过圆筒壁的稳态热传导,通过各层的热传导速率都是相同的,但是热通量却都不相等。

【例4-3】 内径为 25.4 mm,外径为 50.8 mm 的不锈钢管,其热导率为 21.63 W/(m·K)。外包厚度为 25.4 mm 的石棉保温层,其热导率为 0.242 3 W/(m·K)。管的内壁面温度为 538 ℃,保温层的外表面温度为 37.8 ℃,计算钢管单位长度的热损失及管壁与保温层分界面的温度。

解: 由题意可知此为两层圆筒壁的导热,设 $t_1 = 538$ ℃,$t_3 = 37.8$ ℃,$r_1 = 0.025\,4/2 = 0.012\,7$ m,$r_2 = 0.050\,8/2 = 0.025\,4$ m,$r_3 = r_2 + b = 0.025\,4 + 0.025\,4 = 0.050\,8$ m,$\lambda_1 = 21.63$ W/(m·K),$\lambda_2 = 0.242\,3$ W/(m·K)。

①单位管长的热损失 Q/L

$$\because Q = \frac{(t_1 - t_3)}{\dfrac{b_1}{\lambda_1 S_{m1}} + \dfrac{b_2}{\lambda_2 S_{m2}}} = \frac{(t_1 - t_3)}{\dfrac{r_2 - r_1}{2\pi\lambda_1 L \dfrac{r_2 - r_1}{\ln\dfrac{r_2}{r_1}}} + \dfrac{r_3 - r_2}{2\pi\lambda_2 L \dfrac{r_3 - r_2}{\ln\dfrac{r_3}{r_2}}}}$$

$$\therefore Q = \frac{2\pi L(t_1 - t_3)}{\dfrac{1}{\lambda_1}\ln\dfrac{r_2}{r_1} + \dfrac{1}{\lambda_2}\ln\dfrac{r_3}{r_2}}$$

$$\therefore \frac{Q}{L} = \frac{2\pi(t_1 - t_3)}{\dfrac{1}{\lambda_1}\ln\dfrac{r_2}{r_1} + \dfrac{1}{\lambda_2}\ln\dfrac{r_3}{r_2}} = \frac{2 \times 3.14 \times (538 - 37.8)}{\dfrac{1}{21.63}\ln\dfrac{0.025\,4}{0.012\,7} + \dfrac{1}{0.242\,3}\ln\dfrac{0.050\,8}{0.025\,4}} = 1\,086 \text{ W/m}$$

②管壁与保温层分界面的温度 t_2

$$\because \frac{Q}{L} = \frac{2\pi(t_1 - t_2)}{\dfrac{1}{\lambda_1}\ln\dfrac{r_2}{r_1}} = \frac{2\pi\lambda_1(t_1 - t_2)}{\ln\dfrac{r_2}{r_1}}$$

$$\therefore \frac{2 \times 3.14 \times 21.63 \times (538 - t_2)}{\ln\dfrac{0.025\,4}{0.012\,7}} = 1\,086$$

解得 $t_2 = 532.5(℃)$

(三)保温层的临界直径(d_c)

在工厂中常常需要对工程管道进行保温,以减少热量(或冷量)损失。保温的方法通常是在管道外包一层或多层保温绝热材料。通常,热损失随保温层厚度的增加而减少。但是在小直径圆管外包扎性能不良的保温材料,随保温层厚度增加,可能反而使热损失增大。如图4-8所示,当保温层的外半径 r_o 达到临界半径 r_c 时,热损失 Q 达到最大 Q_{max};只有当保温层的外半径 r_o 大于临界半径 r_c 后,才能使热损失 Q 逐渐减小。即若管道外保温层的外径 d_o 小于临界直径 d_c,则增加保温层的厚度反而使热损失增大;只有在 $d_o > d_c$ 下,增加保温层的厚度才使热损失减少。由此可知,对管径较小的管路包扎保温材料时,需要核算保温层的外径 d_o 是否小于临界直径 d_c。

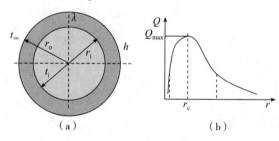

图4-8 保温层的临界直径

第三节 对流传热

流体流过固体壁面时的传热过程称为对流传热(Convective heat transfer),在传热过程中占有重要的地位。根据流体在传热过程中的状态,对流传热可分为两大类。一类是流体无相变的对流传热——流体在传热过程中不发生相变化;另一类是流体有相变的对流传热——流体在传热过程中发生相变化。上述两大类传热过程,其对流传热机理不尽相同,影响对流传热速率的因素也有区别。

一、牛顿冷却定律

实验表明,对流传热速率与传热面积成正比,与壁面温度和流体各点平均温度之差成正比,此即牛顿冷却定律(Newton's law of cooling)。其数学表达式为:

$$Q = \alpha S \Delta T \tag{4-16}$$

当流体被加热时：$\Delta T = t_w - t$

当流体被冷却时：$\Delta T = T - T_w$

式中：Q——对流传热速率，W；

　　　S——总对流传热面积，m^2；

　　　α——对流传热系数，$W/(m^2 \cdot K)$；

　　　ΔT——流体与壁面之间（或反之）温度差的平均值，K 或℃；

　　T_w、t_w——壁面温度，K 或℃；

　　　T、t——流体(平均)温度，K 或℃。

牛顿冷却定律并非理论推导的结果，而是一种推论，是一个实验定律。它并不能揭示对流传热过程的本质，而只是将影响对流传热过程的诸多复杂因素都集中到了对流传热系数 α 中。因此，研究各种对流传热情况下 α 的大小、影响因素及 α 的计算方法，成为研究对流传热的核心。

二、对流传热系数

牛顿冷却定律也是对流传热系数(Convective heat transfer coefficient)的定义式，即对流传热系数 α 在数值上等于单位温度差下，单位传热面积上对流传热的传热速率，单位为 $W/(m^2 \cdot K)$。α 反映了对流传热的快慢，α 越大，表示对流传热速率越大，传热越快。

对流传热系数 α 与导热系数 λ 不同。它不是流体的物理性质，而是受诸多因素影响的一个系数，反映对流传热热阻的大小。表 4 - 5 列出了几种对流传热情况下 α 的数值范围，以便对 α 的大小有一数量级的概念，也可作为实际工程计算中 α 取值的参考。

表 4 - 5　几种对流传热方式的 α 值范围

对流传热方式	$\alpha/[W/(m^2 \cdot K)]$	对流传热方式	$\alpha/[W/(m^2 \cdot K)]$
空气自然对流	5 ~ 25	水沸腾蒸发	2 500 ~ 25 000
空气强制对流	20 ~ 100	水蒸汽冷凝	5 000 ~ 15 000
水自然对流	200 ~ 1 000	有机蒸气冷凝	500 ~ 2 000
水强制对流	1 000 ~ 15 000	牛奶在水平冷却器内流过	1 100 ~ 3 700

三、对流传热机理简介

前面已经指出，牛顿冷却定律并未揭示对流传热的本质，各种不同的对流传热情况的传热机理各不相同。下面仅以流体无相变时的强制对流传热为例,对对流传热的机理进行简单的分析。

对流传热是借流体质点的移动和混合而完成的,因此对流传热与流体流动状况密切相关。当流体流过固体壁面时,由于流体黏性的作用,壁面附近的流体减速而形成流动边界层。当边界层内的流动处于滞流状况时,称为滞流边界层;当边界层内的流动发展为湍流时,称为湍流边界层。但是,即使是湍流边界层,靠近壁面处仍有滞流内层存在,在此层内流体呈滞流流动。滞流内层和湍流主体之间称为缓冲层。在滞流内层中流体分层运动,相邻层间没有流体的宏观运动,因此在垂直于流动方向上的热量传递主要以热传导的方式进

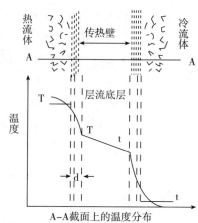

图 4 – 9　对流传热的温度分布

行,由于大部分流体的导热系数较低,使滞流内层的导热热阻很大,因此该层温度梯度较大。在湍流主体中,由于流体质点的剧烈运动和充分混合,其温度梯度极小,各处的温度基本上相同。在缓冲层区,热对流和热传导的作用大致相当,在该层温度发生较缓慢的变化。图 4 – 9 表示冷、热流体在壁面两侧的流动情况和与流体流动方向相垂直的某一截面上的流体温度分布情况。

由上分析可知,对流传热是集热对流和热传导于一体的综合现象。对流传热的热阻主要集中在滞流内层,因此,减薄滞流内层的厚度是强化对流传热的主要途径。

四、对流传热系数关联式

(一)影响对流传热系数大小的因素

前已述及,由于对流传热本身是一个非常复杂的物理过程,所以对流传热系数大小的确定成为了一个复杂问题。影响其大小的因素非常多,主要有:流体的物性及种类,流体流动的原因,流体流动的形态,传热面的形状、位置与大小等。

1. 流体的物性

当流体种类确定后,对 α 值影响较大的流体物性有:密度 ρ,黏度 μ,导热系数 λ 和比热容 c_p。一般 λ 增大,则 α 增大;ρ 增大则 Re 增大,故 α 也增大;c_p 增大,单位体积流体的热容量(ρc_p)增大,则 α 增大;μ 增大则 Re 减小,故 α 减小。

2. 流体流动的原因

一般而言,强制对流传热的 α 值要大于自然对流传热的 α 值,即 $\alpha_{强制} > \alpha_{自然}$。

3. 流体流动的形态

层流时主要依靠热传导的方式传热,因流体的导热系数比金属的导热系数小得多,故传热热阻大,α 较小;湍流时质点充分混合且层流底层变薄,所以传热热阻小,α 较大。故一般而言,湍流时对流传热的 α 值要大于层流时对流传热的 α 值,即 $\alpha_{湍流} > \alpha_{层流}$。

4. 传热面的形状、位置与大小

传热面的形状有圆管、管束、平板、螺旋板等;传热面位置指管束的排列方式(如管束排列有直列和错列等)、管或板是垂直放置还是水平放置等;传热面大小尺寸则包括管径(内径和外径)、管长和平板的宽或长等,这些都会影响对流传热的效果。

5. 传热过程中是否发生相变化

流体是液态还是气态,在对流传热过程中有无相变,对传热有明显的影响。一般情况下,有相变化时对流传热系数较无相变化时大得多,即 $\alpha_{相变} > \alpha_{无相变}$。

(二)对流传热系数关联式的建立方法

求取对流传热系数关联式的方法主要有理论方法和实验方法两种。由于对流传热过程的复杂性,目前只能对一些较为简单的对流传热现象用理论方法——数学方法求解 α 关联式,其他大多数情况下的对流传热则只能通过实验方法——即应用量纲分析法,结合实验,建立 α 的经验关联式。

根据理论分析及有关实验研究,无相变对流传热过程的准数关系式为:

$$Nu = CRe^a Pr^k Gr^g \qquad (4-17)$$

式 $(4-17)$ 中,C,a,k,g 均为常数,其值由实验确定;各准数的名称、符号及意义列于表 $4-6$ 中。

表 $4-6$　准数的名称、符号及意义

准数名称	符号	准数式	意义
努塞尔准数(Nusselt number)	Nu	$\dfrac{\alpha L}{\lambda}$	表示对流传热系数的准数
雷诺准数(Reynolds number)	Re	$\dfrac{Lu\rho}{\mu}$	表示流体流动状态的准数
普兰特准数(Prandtl number)	Pr	$\dfrac{C_p\mu}{\lambda}$	表示流体物性影响的准数
格拉斯霍夫准数(Grashof number)	Gr	$\dfrac{\beta g\Delta TL^3\rho^2}{\mu}$	表示自然对流影响的准数

应用准数关联式应注意的事项。

①准数式中各个物理量的单位必须是国际单位制(SI)中的单位。

②公式的适用范围:由于所有具体的关联式都是在一定的实验条件下确定的,因此使用准数关联式时要在应用条件规定的准数(如 Re、Pr)数值范围内。

③定性温度:由于沿流动方向流体温度是不断变化的,在确定物性参数的数值时就要取一个有代表性的温度,这个确定物性参数数值的温度即被称为定性温度(Qualitative temperature)。各关联式中定性温度不尽相同,可选取为壁面温度、流体进出口温度的算术平均值或流体和壁面的平均温度(膜温)等,在计算 α 时必须遵照关联式的规定。

④特征尺寸:特征尺寸(Feature size)L 是代表换热面几何特征的物理量,通常选取对对流传热有主要影响的某一几何尺寸。不同情况下,特征尺寸 L 可选取壁长、管内径或外径等。

五、对流传热系数的经验关联式

不同的对流传热情况下研究所得的对流传热系数经验关联式是不同的,图 4-10 对不同的对流传热情况进行了简单分类。限于篇幅,下面主要对圆形直管内强制对流作详细讨论,其他各种情况作简要介绍,更为全面的介绍请参阅相关专业手册、资料。

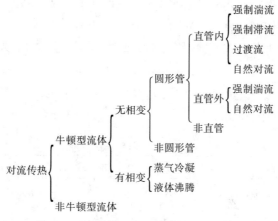

图 4-10　不同情况下的对流传热分类示意图

(一)流体无相变时的对流传热系数

1. 流体在圆管内的强制对流传热

(1)流体在圆形直管内作强制湍流

①对于气体或低粘度($\mu < 2$ 倍常温水的粘度)液体：

$$Nu = 0.023 Re^{0.8} Pr^n \qquad (4-18)$$

或

$$\alpha = 0.023 \frac{\lambda}{d_i} \left(\frac{d_i u \rho}{\mu} \right)^{0.8} \left(\frac{c_p \mu}{\lambda} \right)^n \qquad (4-19)$$

应用范围：$Re > 10^4$，$0.7 < Pr < 120$，$L/d_i > 60$。当 $L/d_i < 60$ 时，用由式（4-17）计算出的 α 乘以 $\left[1 + \left(\frac{d}{L} \right)^{0.7} \right]$ 进行校正。

定性温度：取流体进、出口温度的算术平均值 t_m；

特征尺寸：管内径 d_i；

n 取值：视热流方向而定。流体被加热时，$n = 0.4$；流体被冷却时，$n = 0.3$。

②对于高黏度($\mu > 2$ 倍常温水的黏度)液体：

$$\alpha = 0.027 \frac{\lambda}{d_i} \left(\frac{d_i u \rho}{\mu} \right)^{0.8} \left(\frac{c_p \mu}{\lambda} \right)^{1/3} \left(\frac{\mu}{\mu_w} \right)^{0.14} \qquad (4-20)$$

应用范围：$Re > 10^4$，$0.7 < Pr < 16\,700$，$L/d_i > 60$。

定性温度：除 μ_w 取壁温外，其余均取流体进、出口温度的算术平均值 t_m；

特征尺寸：管内径 d_i。

当壁面温度未知时，黏度修正项 $(\mu/\mu_w)^{0.14}$ 可取下列数值：液体被加热时，取 $(\mu/\mu_w)^{0.14} = 1.05$；液体被冷却时，取 $(\mu/\mu_w)^{0.14} = 0.95$；气体被加热或冷却时，取 $(\mu/\mu_w)^{0.14} = 1.00$。

（2）流体在圆形直管内作强制滞流

流体在圆管内强制滞流换热情况比较复杂，关联式的误差比湍流的要大。因为物性特别是黏度受管内温度不均匀性的影响，导致速度分布受热流方向影响，且滞流的对流传热系数受自然对流影响严重。

①$Gr < 25\,000$ 时，自然对流影响较小，可忽略不计

$$Nu = 1.86 \left(Re\, Pr\, \frac{d_i}{L} \right)^{1/3} \left(\frac{\mu}{\mu_w} \right)^{0.14} \qquad (4-21)$$

应用范围：$Re < 2\,300$，$0.6 < Pr < 6\,700$，$(RePrd_i/L) > 100$。

定性温度、特征尺寸以及黏度修正项 $(\mu/\mu_w)^{0.14}$ 取法与前相同。

②$Gr > 25\,000$ 时，自然对流的影响不能忽略，此时式（4-21）应乘以校正因子 f：

$$f = 0.8(1 + 0.015 Gr^{1/3}) \qquad (4-22)$$

在换热器设计和操作中,应尽量避免在强制滞流条件下进行传热,因为此时对流传热系数小,从而使传热速率下降。

(3)流体在圆形直管内作强制过渡流

当 $2\,300 < Re < 10\,000$ 时,流体算作过渡流,一般只有高黏度液体(如牛奶、浓缩果汁、糖浆等)才会出现这种流动状况。此时 α 通常先按湍流计算公式计算,然后乘以校正系数 ϕ:

$$\phi = 1.0 - \frac{6 \times 10^5}{Re^{0.8}} \qquad (4-23)$$

式中:ϕ——过渡流 α 值校正因素,其值恒小于 1。

(4)流体在圆形弯管内作强制对流

先按直管计算,然后乘以校正系数 f,

$$f = \left(1 + 1.77\frac{d_i}{R}\right) \qquad (4-24)$$

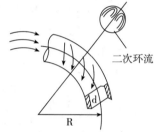

二次环流

图 4 - 11 弯管内流体的流动

式中:R——弯管中心线的曲率半径。

如图 4 - 11 所示,由于弯管处受离心力的作用,存在二次环流,湍动加剧,α 增大。

(5)流体在非圆形管内作强制对流

仍可以采用圆形管内相应的公式计算,但特征尺寸由管内径改为当量直径即可,计算结果有较大的误差。因此对一些常用的非圆形管道,宜采用直接根据实验得到的关联式。例如,套管环隙内流体的对流传热系数关联式为:

$$\alpha = 0.02\left(\frac{\lambda}{d_e}\right)Re^{0.8}Pr^{1/3}\left(\frac{d_2}{d_1}\right)^{0.53} \qquad (4-25)$$

式中:d_1——套管的内管外径,m;

d_2——套管的外管内径,m;

d_e——环隙的当量直径,m。

应用范围:$Re = 12\,000 \sim 220\,000$,$d_2/d_1 = 1.65 \sim 17.0$;

定性温度:流体进、出口温度的算术平均值 t_m;

特征尺寸:环隙的当量直径 d_e。

【例 4 - 4】 脱脂奶以 68 L/min 的流量流过 $\Phi32$ mm $\times 3.5$ mm 的不锈钢管,以管外蒸汽加热。牛奶的平均温度为 37.8 ℃,密度为 1 040 kg/m³,固形物含量为 9%,黏度为 1.02×10^{-3} Pa·S,热导率为 0.432 W/(m·℃),固形物的比热容可以取水比热容的 40%,且奶的比热容计算适用加成原则。试计算管内壁对脱脂奶的对流传热系数。

解: 由题意,查附录知水的比热容为 4 174 J/(kg·K),则脱脂奶的比热容为:

$$c_P = 4\ 174 \times 0.91 + 4\ 174 \times 0.4 \times 0.09 = 3\ 948.6\ \text{J/(kg·K)}$$

计算雷诺数判断流体的流动类型:

$$u = \frac{V_S}{A} = \frac{V_S}{\frac{\pi}{4}d^2} = \frac{68 \times 10^{-3}}{60 \times 0.785 \times (32 - 3.5 \times 2)^2 \times 10^{-6}} = 2.31\ \text{m/s}$$

$$Re = \frac{du\rho}{\mu} = \frac{(32 - 2 \times 3.5) \times 10^{-3} \times 2.31 \times 1\ 040}{1.02 \times 10^{-3}} = 5.89 \times 10^4$$

$$Pr = \frac{c_p\mu}{\lambda} = \frac{3\ 948.6 \times 1.02 \times 10^{-3}}{0.432} = 9.32$$

$\because Re \geqslant 10^4, 0.7 \leqslant Pr \leqslant 120, \mu \leqslant 2 \times 10^{-3}\ \text{Pa·s}$,故用式 4 - 17,

又 $\because$ 脱脂奶被加热,n 取 0.4,则:

$$Nu = 0.023 Re^{0.8} Pr^{0.4} = 0.023 \times (5.89 \times 10^4)^{0.8} \times 9.32^{0.4} = 367.78$$

$$\therefore \alpha = \frac{Nu\lambda}{L} = \frac{367.78 \times 0.432}{(32 - 2 \times 3.5) \times 10^{-3}} = 6\ 355.24\ \text{W/(m}^2\cdot\text{℃)}$$

2. 流体在管外的强制对流传热

在工业换热器中,流体在管外的传热大多数为垂直流过圆管束的对流传热。常见的管束排列方式有两种,即直列和错列,分别如图 4 - 12(a) 及 4 - 12(b) 所示。错列传热效果比直列好。

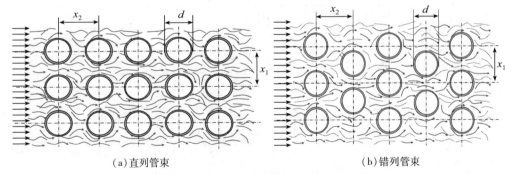

(a)直列管束　　　　　　　　　　(b)错列管束

图 4 - 12　管束中管子的排列和流体的流动特性示意图

流体在管束外垂直流过时对流传热系数 α 可按下式计算:

$$Nu = C_\varepsilon Re^n Pr^{0.4} \tag{4-26}$$

式(4 - 26)中,C、ε、n 等常数均由实验测定。其经验数值可从表 4 - 7 中查得。

其应用范围为：$Re = 5\,000 \sim 70\,000$，$x_1/d = 1.2 \sim 5$，$x_2/d = 1.2 \sim 5$；

定性温度：流体进出、口温度的平均值；

特征尺寸：圆管的外径，流体流速取流道最窄处的速度。

表 4 – 7　流体垂直流过管束时的 C、ε、n 值

序列	直列		错列		C
	n	ε	n	ε	
1	0.6	0.171	0.6	0.171	$x_1/d = 1.2 \sim 1.3$ 时，
2	0.65	0.151	0.6	0.228	$C = 1 + 0.1\,x_1/d$；
3	0.65	0.151	0.6	0.29	$x_1/d > 3$ 时，
4	0.65	0.151	0.6	0.29	$C = 1.3$

3. 大空间的自然对流传热

所谓大空间自然对流传热是指传热面放置在大空间内，并且四周没有其他阻碍自然对流的物体存在，如换热设备或管道的热表面向周围大气的散热等。其对流传热系数依下式计算：

$$Nu = C(Gr \cdot Pr)^n \tag{4 – 27}$$

式 4 – 28 中，C，n 由实验测定，其值列于表 4 – 8 中。

定性温度：取膜温，即壁温 t_w 与流体平均温度 t_m 的算数平均值；Gr 中 $\Delta t = t_w - t$；

特征尺寸：对水平圆管取外径 d_o，垂直管或垂直板取管长或板高 L。

表 4 – 8　式 4 – 28 中的 C、n 值

加热面形状及位置	定性尺寸	$(Gr \cdot Pr)$ 范围	C	n
竖直平面（高度 $L < 1\text{m}$）	壁高 L	$< 10^4$	1.36	1/5
		$10^4 \sim 10^9$	0.59	1/4
		$> 10^9$	0.13	1/3
水平圆管（直径 $L < 0.2\text{m}$）	外径 d_o	$1 \sim 10^4$	1.09	1/5
		$10^4 \sim 10^8$	0.53	1/4
		$> 10^8$	0.13	1/3
水平平壁	壁长 L	$2 \times 10^7 \sim 3 \times 10^{10}$（面向上）	0.14	1/3
		$3 \times 10^7 \sim 3 \times 10^{10}$（面向下）	0.27	1/4

(二)流体有相变时对流传热系数的经验关联式

蒸汽遇冷冷凝，液体受热沸腾，都是有相变化的传热过程。食品工业生产中

的制冷及蒸发浓缩等过程即分别是冷凝传热和沸腾传热过程。

1. 蒸汽冷凝传热的对流传热系数

蒸汽的冷凝方式有二,分别是膜状冷凝(Film condensation)和滴状冷凝(Dropwise condensation),如图4－13所示。

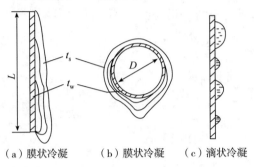

（a）膜状冷凝　　　（b）膜状冷凝　　　（c）滴状冷凝

图4－13　膜状冷凝和滴状冷凝示意图

膜状冷凝指冷凝液能浸润壁面,形成一层完整的液膜布满传热面并连续向下流动。滴状冷凝指冷凝液不能很好地浸润壁面,仅在其上凝结成小液滴,此后液滴逐渐合并生成较大的液滴而脱落。冷凝液润湿壁面的能力取决于其表面张力和对壁面的附着力大小,若附着力大于表面张力则会形成膜状冷凝,反之,则形成滴状冷凝。通常滴状冷凝时传热面有一部分暴露在蒸汽中,蒸汽可直接在其上冷凝而不必通过液膜传热,故其对流传热系数比膜状冷凝的对流传热系数大5～10倍。但滴状冷凝难于控制和维持,所以工业上冷凝器的设计均按照膜状冷凝处理。

（1）膜状冷凝传热系数关联式

①蒸汽在水平管束外冷凝:

$$\alpha = 0.725\left(\frac{r\rho^2 g\lambda^3}{n^{2/3}\mu d_o \Delta t}\right)^{1/4} \tag{4-28}$$

式中:n——水平管束在垂直列上的管子数,若单根水平管,则 $n=1$;

　　r——蒸汽汽化潜热(饱和温度 t_s 下),J/kg;

　　ρ——冷凝液的密度,kg/m³;

　　λ——冷凝液的导热系数,W/(m·K);

　　μ——冷凝液的粘度,Pa·s;

　　Δt——蒸汽饱和温度与壁面温度之差,即 $\Delta t = t_s - t_w$。

定性温度:取膜温,即蒸汽饱和温度与壁面温度的算术平均值,$t = (t_s +$

$t_w)/2$；

特征尺寸：管外径 d_o。

②蒸汽在竖直管外(或竖直板上)冷凝(见图 4-14)：当蒸汽在竖直管或板上冷凝时，冷凝液沿壁面向下流动，其 α 与液膜的流动状况有关。Re 的计算公式仍为：

$$Re = \frac{d_e u \rho}{\mu} \qquad 又 \because d_e = \frac{4S}{b}$$

$$\therefore \quad Re = \frac{d_e u \rho}{\mu} = \frac{\left(\frac{4S}{b}\right) u \rho}{\mu} = \frac{\left(\frac{4S}{b}\right)\left(\frac{W_S}{S}\right)}{\mu} = \frac{4M}{\mu} \qquad (4-29)$$

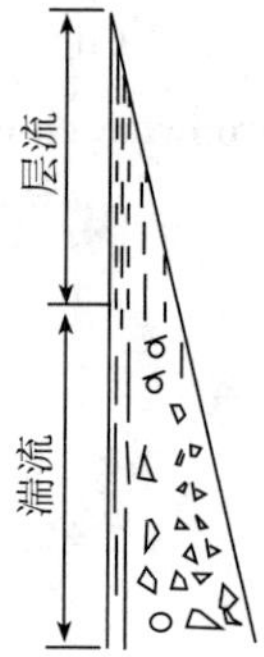

图 4-14 竖直壁面液膜流动示意图

式中：S——冷凝液流过的截面积，m^2；

　　b——冷凝液润湿周边，m；

　　W_S——冷凝液的质量流量，kg/s；

　　M——冷凝负荷，即单位长度润湿周边上冷凝液的质量流量，$g/(s \cdot m)$。

当 $Re < 1\,800$ 时，冷凝液膜的流动为滞流，其 α：

$$\alpha = 1.13 \left(\frac{r \rho^2 g \lambda^3}{\mu L \Delta t} \right)^{1/4} \qquad (4-30)$$

当 $Re > 1\,800$ 时，冷凝液膜的流动为湍流，其 α：

$$\alpha = 0.007\,7 \left(\frac{\rho^2 g \lambda^3}{\mu^2} \right) Re^{0.4} \qquad (4-31)$$

式(4-30)和式(4-31)中，$\Delta t = t_s - t_w$。

定性温度：除 r(取 t_s 下 r)外，其余均取膜温，物性为冷凝液在膜温下的物性；

特征尺寸：垂直管长或板高 L。

(2)影响冷凝传热 α 的因素

单一组分饱和蒸汽冷凝时，热阻主要集中在冷凝液膜内，液膜的厚度及其流动状况是影响冷凝传热的关键。所以，影响液膜状况的所有因素都将影响到冷凝传热。

①流体物性的影响：冷凝液密度越大，黏度越小，则液膜厚度越小，α 值越大；冷凝液导热系数越大，α 值越大；蒸汽的冷凝潜热越大，同样的热负荷下冷凝液量越小，则液膜厚度越小，α 值越大。

②温度差影响：当液膜作层流流动时，温度差越大，则蒸汽冷凝速率越大，液膜增厚，α 值减小。

③不凝气体的影响：若蒸汽中含有微量的不凝性气体(如空气)，则当蒸汽冷

凝时,不凝气体会在液膜表面富集形成气膜。这相当于额外附加了一热阻,将使 α 值大大下降。实验表明,当蒸汽中空气含量达 1% 时,α 值将下降 60% 左右。因此,在冷凝器的设计中,需在高处安装气体排放口。操作时,要定期排放不凝气体,减少不凝气体对 α 的影响。

④蒸汽流速与流向的影响:蒸汽的流速对 α 有较大的影响。当蒸汽流速 $u < 10$ m/s 时,可不考虑其对 α 的影响;当蒸汽流速 $u > 10$ m/s 时,则需要考虑蒸汽与液膜之间的摩擦力。

蒸汽与液膜流向相同时,会加速液膜流动,使液膜变薄,α 增大;蒸汽与液膜流向相反时,会阻碍液膜流动,使液膜变厚,α 减小,但若蒸汽流速很大时,则会吹散液膜使得 α 增大。一般冷凝器设计时,蒸汽入口在其上部,此时蒸汽与液膜流向相同,有利于 α 的提高。

⑤蒸汽过热的影响:蒸汽温度高于操作压强下的饱和温度时称为过热蒸汽。过热蒸汽与比其饱和温度高的壁面接触($t_w > t_s$),壁面无冷凝现象,此时为无相变的对流传热过程;过热蒸汽与比其饱和温度低的壁面接触($t_w < t_s$),传热过程则由冷却和冷凝两个过程串联组成,整个过程是过热蒸汽首先在气相下冷却到饱和温度,然后再在液膜表面继续冷凝,冷凝的推动力仍为 $\Delta t = t_s - t_w$。蒸汽过热对 α 的影响很小,可以忽略不计。一般过热蒸汽的冷凝过程仍可按饱和蒸汽冷凝来处理,所以前面的 α 计算公式仍适用。

(3)强化冷凝传热的措施

一切能使液膜变薄的措施都将强化冷凝传热过程。减小液膜厚度最直接的方法是从冷凝壁面的高度和布置方式入手,如在垂直壁面上开纵向凹槽、在壁面上沿纵向安装金属丝或翅片、水平放置的列管式冷凝器减少垂直方向上的管子数、采用高速蒸汽喷射壁面、将冷凝液吹成雾状等均可使壁面上的液膜减薄,使冷凝传热系数 α 得到提高。

2. 液体沸腾传热的对流传热系数

在液体的对流传热过程中,伴有由液相变为气相,即在液相内部产生汽泡或气膜的过程,称为液体沸腾(又称沸腾传热)。工业上液体沸腾的方法有二,一是大容器内沸腾(又称池内沸腾)(Pool boiling),另一是管内沸腾(Tube boiling)。

大容器内沸腾指加热壁面浸入液体,液体被加热而引起的无强制对流的沸腾现象;管内沸腾指在一定压差下,流体在流动过程中受热沸腾(强制对流)。管内沸腾的传热机理比大容器内沸腾更为复杂,本节仅讨论大容器内的沸腾传热过程。

（1）沸腾曲线

大容器内沸腾过程的 Δt（t_s 与 t_w 之差）与沸腾对流传热系数 α 的关系，称为沸腾曲线（Boiling curves），如图 4 - 15 所示。

沸腾曲线可以分为如下几个区域：

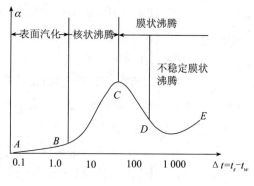

图 4 - 15 液体的沸腾曲线

①自然对流区（AB 段）：Δt 很小时，仅在接近加热表面位置有少量汽化核心产生，气泡少且长大速度慢，所以热量传递以自然对流为主。此阶段 α 较小，且随 Δt 的升高增加得缓慢。

②核状沸腾区（BC 段）：又称泡核沸腾区，随 Δt 的升高，汽化核心数目增大，气泡长大速度急速增快，对液体扰动作用增强，对流传热系数 α 显著增加。

③膜状沸腾区（CDE 段）：Δt 进一步增大到一定数值，加热面上的汽化核心大大增加，以至气泡产生的速度远远大于脱离壁面的速度，气泡相连形成气膜，将加热面与液体隔开，由于气体的导热系数 λ 较小，使 α 不升反降。

其中 CD 段称为不稳定膜状沸腾段；至 DE 段气膜稳定，由于加热面 t_w 很高，热辐射影响增大，对流传热系数 α 复又增大，此段为稳定膜状沸腾段。

从核状沸腾到膜状沸腾的转折点 C 称为临界点。工业上，沸腾装置一般均维持在核状沸腾状态下工作。

（2）沸腾传热系数 α 经验关联式

由于沸腾传热过程的复杂性，许多人对其机理提出了不同的理论解释。虽然提出的经验关联式很多，但都不够完善，误差较大，至今还未总结出普遍适用的公式。

（3）沸腾传热的影响因素

①流体的物性：流体的黏度、导热系数、表面张力、密度等对 α 均有影响。流体的导热系数或密度增大，则 α 增大；黏度或表面张力增大，则 α 减小。

②温度差 Δt：从沸腾曲线可知，温差 Δt 是影响和控制沸腾传热过程的重要因素，应尽量控制在核状沸腾阶段进行操作。

③操作压力：提高操作压力 p，相当于提高液体的饱和温度 t_s，使液体的黏度和表面张力减小，有利于气泡形成和脱离壁面，强化了沸腾传热，在同温差下，α

增大。

④加热面的状况：新的、洁净的、粗糙的加热面，α 大；当壁面被油脂沾污后，会使 α 下降。此外，加热面的布置对沸腾传热也有明显的影响。例如在水平管束外沸腾时，其上升气泡会覆盖上方管的一部分加热面，导致平均 α 下降。

第四节　总传热速率方程

在实际生产中，经常需要采用间壁式的换热器以实现冷热两种流体的热交换。此时，冷热两种流体分别处在间壁两侧，两种流体间的热交换过程包括了通过固体壁面的热传导和流体与固体壁面间的对流传热。不论是应用热传导速率方程还是对流传热速率方程，计算传热速率时都必须知道壁面温度，而一般壁面温度往往是未知的。为避开壁温，直接使用已知的冷、热流体温度进行计算，故引出以两流体温度差为传热推动力的传热速率方程——总传热速率方程。

一、总传热速率微分方程和总传热系数

(一) 总传热速率微分方程

通过换热器中任一微元面积 dS 的冷、热流体的传热速率方程，可仿照对流传热速率方程写出，即

$$dQ = K(T - t)dS = K\Delta t dS \qquad (4-32)$$

式中：dQ——通过微元传热面积 dS 的传热速率，W；

　　K——总传热系数，$W/(m^2 \cdot K)$；

　　T、t——换热器任一截面上热流体和冷流体的平均温度，K 或 ℃。

需要指出的是，总传热系数 K 必须和所选择的传热面积相对应，选择的传热面积不同，总传热系数的数值也不同。因此式 4-32 可表示为：

$$dQ = K_o(T - t)dS_o = K_i(T - t)dS_i = K_m(T - t)dS_m \qquad (4-33)$$

式中：K_o、K_i、K_m——基于管外表面积、内表面积和内外表面平均面积的总传热系数，$W/(m^2 \cdot K)$；

　　S_o、S_i、S_m——换热器管外表面积、内表面积和内外表面平均面积，m^2。

由式(4-33)可知，在传热计算中，选择何种面积作为计算标准，其所得 Q 值完全相同，但工程上大多以外表面积作为基准，因此在后面的讨论中，若无另外说明，K 都是指基于外表面积的总传热系数。

由于 dQ 及 $(T-t)$ 与选择的基准面积无关，故可得：

$$\frac{K_o}{K_i} = \frac{\mathrm{d}S_i}{\mathrm{d}S_o} = \frac{d_i}{d_o} \qquad (4-34)$$

$$\frac{K_o}{K_m} = \frac{\mathrm{d}S_m}{\mathrm{d}S_o} = \frac{d_m}{d_o} \qquad (4-35)$$

式中：d_i、d_o、d_m——管内径、管外径和管内外径的平均直径，m。

（二）总传热系数 K

式（4-32）为总传热速率微分方程式，也是总传热系数 K 的定义式。总传热系数在数值上等于等于单位温度差下的总传热通量。总传热系数 K 是评价换热器性能的一个重要参数，也是换热器的传热计算所需的基本数据。其大小主要取决于流体的物性、传热过程的操作条件和换热器的类型等。通常 K 值的来源：一是生产实际中的经验数据；二是实验测定；三是直接计算。

1. 列管式换热器中 K 的一些经验值范围（见表4-9）

表4-9　列管式换热器中总传热系数 K 的经验值

冷流体	热流体	总传热系数 $K/[\mathrm{W}/(\mathrm{m}^2 \cdot \mathrm{K})]$
水	水	850 ~ 1 700
水	气体	17 ~ 280
水	有机溶剂	280 ~ 850
水	轻油	340 ~ 910
水	重油	60 ~ 280
有机溶剂	有机溶剂	115 ~ 340
水	水蒸气冷凝	1 420 ~ 4 250
气体	水蒸气冷凝	30 ~ 300
水	低沸点烃类冷凝	450 ~ 1 140
水沸腾	水蒸气冷凝	2 000 ~ 4 250
轻油沸腾	水蒸气冷凝	450 ~ 1 020

2. 总传热系数 K 的计算

前已述及，冷、热两流体的热交换过程如图 4-16 所示，由三个串联的传热过程组成，即管壁内侧的对流传热、通过管壁的导热和管壁外侧的对流传热。因为在稳态传热过程中，故通过各分步的传热速率相等，即：

$$\mathrm{d}Q = \mathrm{d}Q_1 = \mathrm{d}Q_2 = \mathrm{d}Q_3$$

管外侧对流传热：

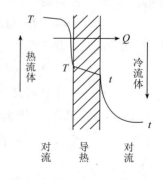

图4-16　间壁两侧冷热流体的热交换

$$dQ_1 = \alpha_o dS_0 (T - T_w)$$

管壁热传导： $$dQ_2 = \frac{\lambda}{b} dS_m (T_w - t_w)$$

管内侧对流传热： $$dQ_3 = \alpha_i dS_i (t_w - t)$$

所以 $dQ = \dfrac{T - T_w}{\dfrac{1}{\alpha_o dS_o}} = \dfrac{T_w - t_w}{\dfrac{b}{\lambda dS_m}} = \dfrac{t_w - t}{\dfrac{1}{\alpha_i dS_i}} = \dfrac{T - t}{\dfrac{1}{\alpha_o dS_o} + \dfrac{b}{\lambda dS_m} + \dfrac{1}{\alpha_i dS_i}}$

上式两边同除以 dS_o 可得

$$\frac{dQ}{dS_o} = \frac{T - t}{\dfrac{1}{\alpha_o} + \dfrac{b dS_o}{\lambda dS_m} + \dfrac{dS_o}{\alpha_i dS_i}}$$

因为 $$\frac{dS_o}{dS_i} = \frac{d_o}{d_i} ; \frac{dS_o}{dS_m} = \frac{d_o}{d_m}$$

所以 $$\frac{dQ}{dS_o} = \frac{T - t}{\dfrac{1}{\alpha_o} + \dfrac{b d_o}{\lambda d_m} + \dfrac{d_o}{\alpha_i d_i}} \qquad (4-36)$$

比较式(4-33)与式(4-36),可得

$$K_o = \frac{1}{\dfrac{1}{\alpha_o} + \dfrac{b d_o}{\lambda d_m} + \dfrac{d_o}{\alpha_i d_i}} \qquad (4-37)$$

同理可得 $$K_i = \frac{1}{\dfrac{1}{\alpha_i} + \dfrac{b d_i}{\lambda d_m} + \dfrac{d_i}{\alpha_o d_o}} \qquad (4-38)$$

$$K_m = \frac{1}{\dfrac{d_m}{\alpha_o d_o} + \dfrac{b}{\lambda} + \dfrac{d_m}{\alpha_i d_i}} \qquad (4-39)$$

式(4-37)、式(4-38)及式(4-39)即为总传热系数 K 的计算式。对于平壁,则式(4-37)、式(4-38)及式(4-39)可以简化为：

$$K = \frac{1}{\dfrac{1}{\alpha_o} + \dfrac{b}{\lambda} + \dfrac{1}{\alpha_i}} \qquad (4-40)$$

当传热面为圆管,且 $d_{外}/d_{内} < 2$ 时,可取 $S = S_i = S_o = S_m$,即薄壁圆筒可视为平壁计算。

(三)污垢热阻

换热器使用一段时间后,传热速率会下降,这往往是由于传热表面有污垢积存的缘故,污垢的积存产生了附加热阻。在计算 K 值时污垢热阻一般不可忽略,

由于污垢层的厚度及其导热系数难以准确测定,故通常可根据经验直接估算污垢热阻值,再将其考虑在 K 中,即

$$\frac{1}{K_o} = \frac{1}{\alpha_o} + R_{so} + \frac{b}{\lambda}\frac{d_o}{d_m} + R_{si}\frac{d_o}{d_i} + \frac{1}{\alpha_i}\frac{d_o}{d_i} \qquad (4-41)$$

式中: R_{so}、R_{si}——传热面外侧、内侧的污垢热阻,$(m^2 \cdot K)/W$。

在换热器的操作中,随着污垢厚度的增加,它对传热的影响会越来越大。因此,为消除污垢热阻的影响,应定期清洗和维修换热器。

食品工业生产中一些常见流体的污垢热阻经验值列于表4-10中。

表4-10　一些常见流体的污垢热阻经验值范围

流体种类	$R \times 10^4/[(m^2 \cdot K)/W]$	流体种类	$R \times 10^4/[(m^2 \cdot K)/W]$
水($u < 1m/s, t < 50\ ℃$)		蒸汽	
海水	1.0	有机蒸汽	2.0
河水	6.0	水蒸气(无油)	1.0
井水	5.8	水蒸气废气(含油)	2.0
蒸馏水	1.0	制冷剂蒸汽(含油)	4.0
锅炉给水	2.6	气体	
未处理凉水塔用水	5.8	空气	3.0
经处理凉水塔用水	2.6	天然气	20.0
多泥沙水	6.0	压缩气体	4.0
盐水	4.0	焦炉气	2.0

【例4-5】　用内径25 mm管道用来输送80 ℃的液体食品物料,管内对流传热系数为1 000 W/($m^2 \cdot ℃$),管壁厚5 mm,热导率43 W/($m \cdot ℃$),管外暴露于大气中,大气温度为20 ℃,管外对流传热系数为100 W/($m^2 \cdot ℃$),管长1 m,分别计算以管内、管外面积为基准的传热系数,并计算管道的热损失。

解:根据题意,先求管道的对数平均直径 d_m

$$d_m = \frac{d_2 - d_1}{\ln\dfrac{d_2}{d_1}} = \frac{5 \times 2}{\ln\dfrac{25 + 5 \times 2}{25}} = 29.7\ \text{mm}$$

则分别据式(4-37)和式(4-38)可得:

$$K_o = \frac{1}{\dfrac{1}{\alpha_o} + \dfrac{bd_o}{\lambda d_m} + \dfrac{d_o}{\alpha_i d_i}} = \frac{1}{\dfrac{1}{100} + \dfrac{0.005 \times 0.035}{43 \times 0.029\ 7} + \dfrac{0.035}{1\ 000 \times 0.025}} = 86.96\ \text{W/}(m^2 \cdot ℃)$$

$$K_i = \cfrac{1}{\cfrac{1}{\alpha_i} + \cfrac{bd_i}{\lambda d_m} + \cfrac{d_i}{\alpha_o d_0}} = \cfrac{1}{\cfrac{1}{1\,000} + \cfrac{0.005 \times 0.025}{43 \times 0.029\,7} + \cfrac{0.025}{100 \times 0.035}} = 121.95 \text{ W}/(\text{m}^2 \cdot \text{℃})$$

则 $Q_o = K_o S_o \Delta t = 86.96 \times 3.14 \times 0.035 \times 1 \times (80 - 20) = 573.4 \text{ W}$

$Q_i = K_i S_i \Delta t = 121.95 \times 3.14 \times 0.025 \times 1 \times (80 - 20) = 571.4 \text{ W}$

热损失的计算结果表明,采用 K_i 和 K_o 是等效的

【例 4 − 6】　在套管式换热器中,用水冷却某种气体,从 180 ℃ 冷却到 60 ℃,气体走外管,对流传热系数为 40 W/($\text{m}^2 \cdot$ ℃),冷却水走内管,对流传热系数为 3 000 W/($\text{m}^2 \cdot$ ℃),内管由 $\Phi 25 \text{ mm} \times 2.5 \text{ mm}$ 的碳素钢管组成,气体侧污垢热阻为 0.000 4 ($\text{m}^2 \cdot$ ℃)/W,冷却水侧污垢热阻为 0.000 58 ($\text{m}^2 \cdot$ ℃)/W,试求换热器的总传热系数 K。

解: 根据题意,查附录得碳素钢的热导率为 45 W/($\text{m} \cdot$ K)。

$\because \cfrac{d_{外}}{d_{内}} = \cfrac{25}{20} = 1.25 \leqslant 2$

$\therefore$ 可视作平壁进行计算,故根据式(4 − 40)及式(4 − 41)可得

$$K = \cfrac{1}{\cfrac{1}{\alpha_0} + R_{so} + \cfrac{b}{\lambda} + R_{si} + \cfrac{1}{\alpha_i}} = \cfrac{1}{\cfrac{1}{40} + 0.000\,4 + \cfrac{0.002\,5}{45} + 0.000\,58 + \cfrac{1}{3\,000}}$$

解得 $K = 37.92$ W/($\text{m}^2 \cdot$ ℃)

二、总传热速率方程和平均温度差

(一)总传热速率方程

由于换热器中沿程流体的温度、物性是变化的,故传热温差 Δt 和总传热系数 K 一般也是变化的,具有局部性质。工程计算上,在沿程局部总传热系数变化不大的情况下,K 可取整个换热器的平均值,Δt 也取为整个换热器上的平均值 Δt_m,则对整个换热器,总传热速率方程即可表示为

$$Q = KS\Delta t_m \qquad\qquad (4 - 42)$$

式中:K——换热器的平均局部总传热系数,简称为总传热系数,W/($\text{m}^2 \cdot$ K);

Δt_m——换热器间壁两侧流体的平均温差,K 或 ℃;

S——换热器的总传热面积,m^2。

(二)传热平均温度差 Δt_m

间壁两侧流体传热的平均温度差 Δt_m 的大小和计算方法与换热器中两种流体的温度变化情况以及相互间的流动方向有关。就参与热交换的冷热流体沿程

各点温度变化情况,传热可分为恒温差传热和变温差传热;就冷、热流体的相互流动方向而言,可以有并流、逆流、错流及折流等不同的流动形式。

1. 恒温差传热时的平均温度差

换热器两侧流体均发生相变化,且两流体温度均保持不变,则冷、热流体温差处处相等,不随换热器的沿程位置而变,这种传热称为恒温差传热。例如在蒸发器中,间壁的一侧,液体保持恒定的温度 t 下蒸发;而间壁的另一侧,饱和蒸汽在恒定的温度 T 下冷凝的过程,此时传热面两侧的温度差 Δt_m 保持恒定不变,即

$$\Delta t_m = T - t \tag{4-43}$$

2. 变温差传热时的平均温度差

变温差传热是指传热温度差随换热器沿程位置而变的情况。变温差传热时,其传热平均温度差 Δt_m 的计算方法与两流体间的相互流向有关。

(1)逆流和并流时的传热平均温度差 Δt_m 的计算

在换热器中,参与换热的两种流体沿传热面平行而同向的流动,称为并流;参与换热的两种流体沿传热面平行而反向的流动,称为逆流,如图 4-17 所示。由图 4-17 可见,温度差是沿管长而变化的,故需求出传热的平均温度差。下面以逆流为例,推导出计算 Δt_m 的通式。

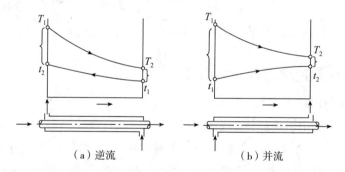

（a）逆流　　　　　　　　（b）并流

图 4-17　逆流及并流传热时的温度差变化情况

设热流体的质量流量为 G_1,比热容 c_{p_1},进出口温度分别为 T_1、T_2;冷流体的质量流量为 G_2,比热容 c_{p_2},进出口温度分别为 t_1、t_2。

现取换热器中一微元段为研究对象,其传热面积为 $\mathrm{d}S$,在 $\mathrm{d}S$ 内热流体因放出热量温度下降 $\mathrm{d}T$,冷流体因吸收热量温度升高 $\mathrm{d}t$,传热量为 $\mathrm{d}Q$。则

$\mathrm{d}S$ 段热量衡算式:$\mathrm{d}Q = G_1 c_{p_1} \mathrm{d}T = G_2 c_{p_2} \mathrm{d}t$

$\mathrm{d}S$ 段传热速率微分方程式:$\mathrm{d}Q = K(T - t)\mathrm{d}S$

$$Q = KS \frac{\Delta t_1 - \Delta t_2}{\ln \frac{\Delta t_1}{\Delta t_2}} = KS\Delta t_m$$

$$\Delta t_m = \frac{\Delta t_1 - \Delta t_2}{\ln \frac{\Delta t_1}{\Delta t_2}} \qquad (4-44)$$

式中：Δt_m——对数平均温度差,其值等于换热器两端温度差的对数平均值。

在工程计算中,习惯上将较大温差记为 Δt_1,较小温差记为 Δt_2,且当 $\Delta t_1 / \Delta t_2$ ≤2 时,可用算术平均温度差代替对数平均温度差,其误差不大(<4%),工程计算上可忽略不计。

此外,式(4-44)虽然是从两流体逆流推导得出,但也适用于两流体并流,因此该式是计算逆流和并流时平均温度差 Δt_m 的通式。

(2)错流和折流时的传热平均温度差 Δt_m 的计算

在大多数列管式换热器中,两流体并非只作简单的逆流和并流,而是作比较复杂的多程流动。如图4-18(a)所示,两流体的流向相互垂直交叉,称为错流;图4-18(b)中,一种流体只沿一个方向流动,而另一种流体反复折流,称为简单折流;若两流体均作折流,或既有折流又有错流,则称为复杂折流。

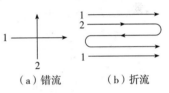

图4-18 错流和折流示意图

对于错流和折流时的平均温度差,通常可采用安德伍德(Underwood)和鲍曼(Bowman)提出的图算法。该方法是先按逆流计算对数平均温度差 $\Delta t_{m逆}$,再乘以考虑流动方向的校正因子。即

$$\Delta t_m = \varphi_{\Delta t} \Delta t_{m逆} \qquad (4-45)$$

式中：$\varphi_{\Delta t}$——温度差校正系数,量纲为1；

$\Delta t_{m逆}$——按逆流计算的对数平均温度差,℃。

温度差校正系数 $\varphi_{\Delta t}$ 与冷、热流体的温度变化有关,是 P 和 R 两因数的函数,即：

$\varphi_{\Delta t} = f(P,R)$,其中：

$$P = \frac{t_2 - t_1}{T_1 - t_1} = \frac{冷流体的温升}{两流体的最初温度差}$$

$$R = \frac{T_1 - T_2}{t_2 - t_1} = \frac{热流体的温降}{冷流体的温升}$$

温度差校正系数 $\varphi_{\Delta t}$ 值可根据 P 和 R 两因数从手册或其他传热方面书籍的相应图中查得。通常在换热器的设计中规定 $\varphi_{\Delta t}$ 值一般不得小于0.8,否则需要另选其他流动形式。

两流体变温差传热时,在冷、热流体初、终温度相同的条件下,逆流时的平均温度差最大,并流时的平均温度差最小,其他流动形式的平均温度差介于逆流和并流之间。因此,就传热过程的推动力大小而言,逆流优于并流及其他流动形式,其所需的传热面积较小。采用折流或其他流动形式的目的是为了提高总传热系数,但其平均温度差较逆流时为低,故在选择两流体的流向时应综合考虑。

【例4-7】 在一单壳程单管程无折流挡板的列管式换热器中,用冷却水将山梨醇溶液由100 ℃冷却至40 ℃,冷却水进口温度15 ℃,出口温度30 ℃,试求在这种温度条件下,逆流和并流的平均温度差。

解: ①逆流时:

热流体:100→40

冷流体:30←15

$\quad \Delta t$: 70　25

$$\therefore \Delta t_{m,逆} = \frac{\Delta t_1 - \Delta t_2}{\ln \dfrac{\Delta t_1}{\Delta t_2}} = \frac{70 - 25}{\ln \dfrac{70}{25}} = 43.7 \text{ ℃}$$

②并流时:

热流体:100→40

冷流体:15→30

$\quad \Delta t$: 85　10

$$\therefore \Delta t_{m,并} = \frac{\Delta t_1 - \Delta t_2}{\ln \dfrac{\Delta t_1}{\Delta t_2}} = \frac{85 - 10}{\ln \dfrac{85}{10}} = 35 \text{ ℃}$$

第五节　稳态传热过程计算

在食品工业中的加热、冷却、蒸发浓缩和干燥等单元操作中,经常会见到食品物料与加热或冷却介质间的热交换。工业生产中绝大多数换热过程都是大规模连续进行的,属于稳态传热过程。

食品工程原理中所涉及的传热过程计算主要有两类——设计计算和校核计

算,而这两者都是以热量衡算和总传热速率方程为计算基础的。

一、热量衡算与热负荷

如图 4-19 所示的换热过程,冷、热流体的进、出口温度分别为 t_1、t_2、T_1、T_2;冷、热流体的质量流量分别为 G_2、G_1;冷、热流体的焓分别为 h_1、h_2、H_1、H_2。设换热器绝热良好,热损失可以忽略,则根据能量守恒定律,两流体流经换热器时,单位时间内热流体放出的热量等于冷流体吸收的热量。

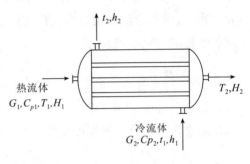

图 4-19 冷热流体换热示意图

1. 流体无相变化

$$Q = G_1(H_1 - H_2) = G_2(h_2 - h_1) \tag{4-46}$$

或

$$Q = G_1 c_{p_1}(T_1 - T_2) = G_2 c_{p_2}(t_2 - t_1) \tag{4-47}$$

2. 流体有相变化

若热流体有相变化,如饱和蒸汽冷凝,而冷流体无相变化,则有:

$$Q = G_1[r + c_{p_1}(T_s - T_2)] = G_2 c_{p_2}(t_1 - t_2) \tag{4-48}$$

式中:Q——换热器的热负荷,W;

r——饱和蒸汽的冷凝潜热,J/kg;

T_s——冷凝液的饱和温度,℃;

c_{p_1}——热流体(或冷凝液)的平均恒压比热容,J/(kg·℃);

c_{p_2}——冷流体的平均恒压比热容,J/(kg·℃)。

热负荷(Heat load)是由实际生产中的工艺条件决定的,是对换热器换热能力的要求;而传热速率是换热器本身在一定操作条件下的换热能力,是换热器本身的特性,二者是不相同的。

对于一个能满足工艺要求的换热器,其传热速率值必须等于或略大于热负荷值。而在实际设计换热器时,通常将传热速率和热负荷数值上认为相等,通过热负荷可确定换热器应具有的传热速率,再依据传热速率来计算换热器所需的传热面积。

二、传热面积的计算

传热面积的计算和确定是换热器设计计算的基本内容,其计算的基础是总传热速率方程和热量衡算式。

1. 总传热系数 K 为常量

在工程计算中,对某些物系,若流体的物性随温度变化不大,则总传热系数 K 变化也很小,可视为常量或取为换热器进、出口处总传热系数的算术平均值,则此时换热器的传热面积 S 为

$$S = \frac{Q}{K\Delta t_2} \qquad (4-49)$$

2. 总传热系数 K 为变量

①若总传热系数 K 随温度呈线性变化,则此时换热器的传热面积 S 为

$$S = Q\,\frac{\ln\dfrac{K_1\Delta t_2}{K_2\Delta t_1}}{K_1\Delta t_2 - K_2\Delta t_1} \qquad (4-50)$$

式中:K_1、K_2——换热器两端处的局部总传热系数,$W/m^2\cdot℃$;

Δt_1、Δt_2——换热器两端处的冷、热流体的温度差,$℃$。

②若总传热系数 K 随温度不呈线性变化,则换热器需要分段进行计算,将每段的 K 视为常量,则此时换热器的传热面积 S 为

$$S = \sum_{j=1}^{n}\frac{\Delta Q_j}{K_j(\Delta t_m)_j} \qquad (4-51)$$

式中:n——分段数;

j——任一段的序号。

三、传热过程的强化途径

传热过程的强化就是指提高热量从热流体传递给冷流体的传热速率。由总传热速率方程可知,增大总传热系数 K、传热面积 S 及传热平均温度差 Δt_m 均可提高传热速率。

1. 增大传热面积

但需要注意的是增大传热面积一方面可以通过增大换热设备的尺寸,而更重要的方面则是通过改变换热设备的结构,提高换热器单位体积的传热面积,如采用小直径管、螺旋管、波纹管代替光滑管,翅片式换热器等等。

2. 增大平均温度差

平均温度差的大小主要取决于两流体的温度条件及两流体在换热器中的流动形式。物料的温度由生产工艺所决定,一般不能随意变动,而加热介质或冷却

介质温度由于所选介质不同,可以有很大差异。选取介质的温度时必须考虑到技术上的可能和经济上的合理。当换热器中两流体均无相变时,应尽可能从结构上采用逆流或接近逆流的流向以得到较大的传热温差。

3. 增大总传热系数

要增大总传热系数,就要设法减少总热阻,而间壁两侧流体之间传热的总热阻等于两侧流体的对流传热热阻、污垢热阻及管壁导热热阻之和,因此必须逐项分析每项热阻所起的作用。

①在换热设备中,金属壁面比较薄且导热系数高,故管壁导热热阻一般不会成为主要热阻。

②总传热热阻是由热阻大的那一侧的对流传热所控制,即当两个对流传热系数相差很大时,欲提高 K 值,关键在于提高对流传热系数较小一侧的 α 值,而提高 α 值的主要途径是减小层流边界层或层流底层的厚度。

③污垢热阻是一个可变因素,在换热器刚投入使用时,污垢热阻很小,但随着使用时间增长,便可能成为阻碍传热的主要因素。因此,应通过增大流速等手段设法减弱污垢层的形成和发展,并注意及时清除污垢。

考虑强化传热的途径时要综合考虑能耗的变化情况。如通过提高流速,增加流体扰动以强化传热时,一般都伴随着流动阻力的增加,能耗的增长。因此,在采取强化传热措施的时候,要对设备结构、制造费用、操作费用、设备维修等方面全面考虑,以得到最经济合理的方案。

四、稳态传热过程计算与分析实例

如前所述,传热过程计算分为设计型计算和操作型计算两类。下面主要结合具体实例来介绍不同情况下换热器的具体计算。

(一)换热器的设计型计算

换热器的设计型计算,是根据已知工艺要求的物料进、出口温度和可供使用的加热剂或冷却剂的进、出口温度,确定经济上合理的传热面积及换热器的尺寸。其设计计算的大致步骤为:

①首先由传热任务计算换热器的热流量(或称热负荷)。
$$Q = G_h c_{ph}(T_1 - T_2) \qquad \text{或} \qquad Q = G_c c_{pc}(t_2 - t_1)$$

②适当选择流体的流向和加热剂或冷却剂的进、出口温度,计算平均温差 Δt_m。

③确定冷、热流体各走管内还是管外,并选择适当的流速,计算两侧流体与

壁面的对流传热系数 α 和总传热系数 K。

④由总传热速率方程 $Q = KS\Delta t_m$ 计算传热面积,选择换热器型号。

⑤确定换热器的其他尺寸。

设计型计算,更多的是要根据实际工程情况,确定与设计相关物性参数、操作参数等,因而需要具备工程设计的经验。但从原理上说,设计型计算因 t_1、T_1、t_2、T_2 都是给定或在计算前要确定的,因此,Δt_m 计算中的对数项不含未知数,这类问题的求解是较为方便的。

【例4-8】 有一碳钢制造的套管换热器,内管直径为 $\phi89$ mm×3.5 mm,流量为 2 000 kg/h 的苯在内管中从 80 ℃ 冷却到 50 ℃。冷却水在环隙从 15 ℃ 升到 35 ℃。苯的对流传热系数 $\alpha_h = 230$ W/(m^2·K),水的对流传热系数 $\alpha_c = 290$ W/(m^2·K)。忽略污垢热阻。试求:

①冷却水消耗量。

②并流和逆流操作时所需传热面积。

③如果逆流操作时所采用的传热面积与并流时的相同,计算冷却水出口温度与消耗量,假设总传热系数随温度的变化忽略不计。

解:①∵ 苯的平均温度为:$T = \dfrac{80 + 50}{2} = 65$ ℃

∴ 查附录可得其比热容为:$c_{ph} = 1.86 \times 10^3$ J/(kg·K)

同理∵ 水的平均温度为:$t = \dfrac{15 + 35}{2} = 25$ ℃

查得其比热容为:$c_{pc} = 4.178 \times 10^3$ J/(kg·K)

根据热量衡算(忽略热损失)则:

$$Q = G_h c_{ph}(T_2 - T_1) = G_c c_{pc}(t_2 - t_1)$$

$$= \frac{2\ 000}{3\ 600} \times 1.86 \times 10^3 \times (80 - 50) = 3.1 \times 10^4 \text{ W}$$

∴ 冷却水的水泵量为:

$$G_c = \frac{Q}{c_{pc}(t_2 - t_1)} = \frac{3.1 \times 10^4}{4.178 \times 10^3 \times (35 - 15)} = 0.371 \text{ kg/s} = 1336 \text{ kg/h}$$

②设以内表面积 S_i 为基准的总传热系数为 K_i,查附录得碳钢的导热系数 $\lambda = 45$ W/(m·K),则

$$\therefore \frac{d_o}{d_i} = \frac{89}{89 - 3.5 \times 2} = \frac{89}{82} = 1.085 \leqslant 2$$

$$\therefore d_m = \frac{d_o + d_i}{2} = \frac{89 + 82}{2} = 85.5 \text{ mm} = 8.55 \times 10^{-2} \text{ m}$$

$$\therefore \frac{1}{K_i} = \frac{1}{\alpha_h} + \frac{bd_i}{\lambda d_m} + \frac{d_i}{\alpha_c d_o} = \frac{1}{230} + \frac{0.0035 \times 0.082}{45 \times 0.0855} + \frac{0.082}{290 \times 0.089}$$

$$= 4.35 \times 10^{-3} + 7.46 \times 10^{-5} + 3.18 \times 10^{-3}$$

$$= 7.54 \times 10^{-3}$$

$$\therefore K_i = 133 \text{ W/(m}^2 \cdot \text{K)}$$

$\because$ 本题管壁热阻较小,故可以忽略不计。

a. 并流操作时:

热流体:80→50

冷流体:15→35

―――――――――

　　Δt:65　15

$$\therefore \Delta t_{m,\text{并}} = \frac{\Delta t_1 - \Delta t_2}{\ln \dfrac{\Delta t_1}{\Delta t_2}} = \frac{65 - 15}{\ln \dfrac{65}{15}} = 34.2 \text{ ℃}$$

$$\therefore \text{传热面积 } S_{i,\text{并}} = \frac{Q}{K_i \Delta t_{m,\text{并}}} = \frac{3.1 \times 10^4}{133 \times 34.2} = 6.81 \text{ m}^2$$

b. 递流操作时:

热流体:80→50

冷流体:35←15

―――――――――

　　Δt:45　35

$$\therefore \Delta t_{m,\text{递}} = \frac{\Delta t_1 + \Delta t_2}{2} = \frac{45 + 35}{2} = 40 \text{ ℃}$$

$$\therefore \text{传热面积 } S_{i,\text{递}} = \frac{Q}{K_i \Delta t_{m,\text{递}}} = \frac{3.1 \times 10^4}{133 \times 6.81} = 5.83 \text{ m}^2$$

③若递流操作时,$S_i = 6.81 \text{ m}^2$,则 $\Delta t_{m,\text{递}} = \dfrac{Q}{K_i S_i} = \dfrac{3.1 \times 10^4}{133 \times 6.81} = 34.2 \text{ ℃}$

设冷却水出口的温度为 $t_2{}'$,则

热流体:80　→　50

冷流体:$t_2{}'$　←　15

―――――――――――

　　Δt:$(80 - t_2{}')$　35

$$\therefore \Delta t_{m,\text{递}} = \frac{\Delta t_1 + \Delta t_2}{2} = \frac{(80 - t_2{}') + 35}{2} = 34.2 \text{ ℃}$$

$$\therefore t_2' = 46.6 \ ℃$$

$\because$ 冷却水的平均温度为 $t' = \dfrac{46.6 + 15}{2} = 30.8 \ ℃$，查得其比热容为：$c'_{pc} = 4.174 \times 10^3 \ J/(kg \cdot K)$

$\therefore$ 冷却水的消耗量为：

$$G_c' = \frac{Q}{c_{pc}'(t_2' - t_1)} = \frac{3.1 \times 10^4}{4.174 \times 10^3 \times (46.6 - 15)} \times 3\,600 = 846 \ kg/h$$

(二)换热器的操作型计算

在实际工作中，换热器的操作型计算问题是经常碰到的。例如，判断一个现有换热器对指定的生产任务是否适用，或者预测某些参数的变化对换热器传热能力的影响等都属于操作型问题。操作型问题的主要计算方法：①线性传热方程，消元求解参数；②非线性传热方程，试差法逐次逼近求解。

【例4-9】 重油和原油在单程套管换热器中呈并流流动，两种油的初温分别为243 ℃和128 ℃；终温分别为167 ℃和157 ℃。若维持两种油的流量和初温不变，而将两流体改为逆流，试求此时流体的平均温度差及它们的终温。假设在两种流动情况下，流体的物性和总传热系数均不变化，换热器的热损失可以忽略。

解：由题意知：$T_1 = 243 \ ℃$，$t_1 = 128 \ ℃$，$T_2 = 167 \ ℃$，$t_2 = 157 \ ℃$，若 G_h，G_c，T_1，t_1 不变，冷、热流体由并流改为逆流，求 $\Delta t_{m逆}$，T'_2，t'_2。

冷热流体并流：

$$\Delta t_m = \frac{(T_1 - t_1) - (T_2 - t_2)}{\ln \dfrac{T_1 - t_2}{T_2 - t_1}} = \frac{(243 - 128) - (167 - 157)}{\ln \dfrac{115}{10}} = 43 \ ℃$$

$$Q = G_c c_{pc}(t_2 - t_1) = G_h c_{ph}(T_1 - T_2) = KS\Delta t_m$$

即
$$Q = 29 G_c c_{pc} = 76 G_h c_{ph} = 43 KS \qquad (4-52)$$

改为逆流后：

$$Q' = G_c c_{pc}(t'_2 - t_1) = G_h c_{ph}(T_1 - T'_2) = KS\Delta t'_m \qquad (4-53)$$

式(4-53)除以式(4-52)得：$\dfrac{(t'_2 - 128)}{29} = \dfrac{243 - T'_2}{76}$

即：
$$t_2' = 220.72 - 0.381\,2 T_2' \qquad (4-54)$$

又：
$$\frac{t'_2 - t_1}{29} = \frac{T_1 - T'_2}{76} = \frac{(T_1 - t'_2) - (T'_2 - t_1)}{43\ln \dfrac{T_1 - t'_2}{T'_2 - t_1}}$$

利用分比定律得：

$$\frac{(T_1 - T'_2) - (t'_2 - t_1)}{76 - 29} = \frac{(T_1 - t'_2) - (T'_2 - t_1)}{43\ln\dfrac{T_1 - t'_2}{T'_2 - t_1}}$$

得：

$$\ln\frac{243 - t'_2}{T'_2 - 128} = \frac{47}{43}$$

即：

$$243 - t'_2 = 2.983\,2(T'_2 - 128) \tag{4-55}$$

式(4-54)、式(4-55)联立解得：$T_2' = 155.32\ ℃$，$t_2' = 161.51\ ℃$

$$\Delta t'_m = \frac{(T_1 - t'_2) - (T'_2 - t_1)}{\ln\dfrac{T_1 - t'_2}{T'_2 - t_1}} = \frac{(243 - 161.51) - (155.15 - 128)}{\ln\dfrac{81.49}{27.15}} = 49.44\ ℃$$

【例4-10】 某气体冷却器总传热面积为 $20\ m^2$，用以将流量为 $2.0\ kg/s$ 的某种气体从 $95\ ℃$ 冷却到 $35\ ℃$。使用的冷却水初温为 $25\ ℃$，与气体作逆流流动。换热器的传热系数约为 $230\ W/(m^2 \cdot ℃)$，气体的平均比热容为 $1.0\ kJ/(kg \cdot ℃)$。试求冷却水用量及出口水温。

解：换热器在定态操作时，必同时满足热量衡算式及传热基本方程式，故：

$$G_h c_{ph}(T_1 - T_2) = G_c c_{pc}(t_2 - t_1)$$

$$G_h c_{ph}(T_1 - T_2) = KS\frac{(T_1 - t_2) - (T_2 - t_1)}{\ln[(T_1 - t_2)/(T_2 - t_1)]}$$

将已知数据代入以上两式得：

$$G_c = \frac{28.71}{t_2 - 25}$$

$$26.09\ln\frac{95 - t_2}{10} = 85 - t_2 \tag{4-56}$$

由于式(4-56)是非线性方程，故用试差法求解。先假设 $t_2 = 50\ ℃(25 \sim 95\ ℃)$，代入式(4-56)，左边等于39.24，右边等于35，不等，所以应重新假设 t_2 值。观察得出随着 t_2 降低右边比左边增加更快，故应降低 t_2，重新试差假设 $t_2 = 45\ ℃$，则左边等于41.99，右边等于40，仍为左大右小，但差值缩小，说明 t_2 仍需降低，并明确了降低的幅度，如此反复试算，很快即可试差求得：

$$t_2 = 41.05\ ℃,\ G_c = 1.79\ kg/s$$

上述例题计算中使用的试差计算法在工程计算中经常采用。

第六节　辐射传热

一、基本概念

（一）热辐射

物体由于热的原因,而以电磁波的形式向外发射能量的过程,称为热辐射（Thermal radiation）。

热辐射过程具有以下特点：

①热辐射是物体的固有属性。只要温度高于绝对零度(0 K),物体就会发射辐射能,温度越高,辐射强度越大。

②热辐射可以在真空中以光速传播,而不需要任何物质作媒介。

③热辐射过程中伴随着能量形式的转化。当物体发射辐射时,热能转化为辐射能;当物体吸收辐射时,辐射能又重新转化为热能。

（二）辐射能的吸收、反射和透过

当热辐射投射到物体表面时,将发生吸收、反射和透过现象。如图 4-20 所示,假设外界投射到物体表面上的热辐射总量为 Q,则其中一部分能量 Q_A 进入表面后被物体吸收,一部分能量 Q_R 被物体反射,其余能量 Q_D 穿透物体,根据能量守恒定律可得：

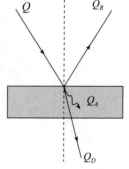

$$Q = Q_A + Q_R + Q_D \qquad (4-57)$$

或

$$\frac{Q_A}{Q} + \frac{Q_R}{Q} + \frac{Q_D}{Q} = 1 \qquad (4-58)$$

图 4-20　辐射能的
吸收、反射和透过

式中：A——物体的吸收率,$A = \dfrac{Q_A}{Q}$；

R——物体的反射率,$R = \dfrac{Q_R}{Q}$；

D——物体的透过率,$D = \dfrac{Q_D}{Q}$。

则：

$$A + R + D = 1 \qquad (4-59)$$

（三）黑体、镜体、透热体与灰体

1. 黑体

能全部吸收辐射能的物体,称为绝对黑体,简称黑体(Black body)。即黑体的 $A=1,R=0,D=0$。黑体是一种理想化的物体,实际物体只能或多或少地接近黑体,如没有光泽的黑煤、铂黑表面,其吸收率为 $0.96\sim0.98$。但没有绝对的黑体。

2. 镜体

能全部反射辐射能的物体,称为镜体(Lens body)或绝对白体。即镜体的 $A=0,R=1,D=0$。镜体也是不存在的,实际物体也只能或多或少地接近镜体,如表面磨光的铜,其反射率为 0.97。

3. 透热体

能透过全部辐射能的物体,称为透热体(Diathermanous body)。即透热体的 $A=0,R=0,D=1$。一般来说,单原子气体和对称双原子构成的气体,如惰性气体、O_2、N_2 和 H_2 等,可视为透热体。

4. 灰体

灰体(Gray body)是指能够以相同的吸收率且部分吸收 $0\sim\infty$ 的所有波长范围的辐射能的物体。灰体是不透热体,即灰体的 $A+R=1,D=0$。灰体也是理想物体,一般工业上遇到的多数物体,如常见的工程材料、建筑材料等均能部分吸收所有波长的辐射能,且吸收率相差不多,故可近似视作灰体。

二、辐射传热的基本定律

（一）物体的辐射能力

物体在一定温度下,单位表面积、单位时间内所发射的全部辐射能(波长为 $0\sim\infty$),称为该物体在该温度下的辐射能力(Radiating capacity),以 E 表示,单位 W/m^2。辐射能力表征了物体发射辐射能力的强弱。

（二）斯蒂芬 - 波尔茨曼定律

1. 黑体的辐射能力

理论研究表明,黑体的辐射能力 E_b 与其表面的绝对温度 T 的四次方成正比,此即斯蒂芬 - 波尔茨曼定律(Stefan-boltzmann's law),又称为四次方定律。

$$E_b = \sigma_o T^4 = C_o \left(\frac{T}{100}\right)^4 \tag{4-60}$$

式中:E_b——黑体的辐射能力,W/m^2;

σ_o——黑体的辐射常数,其值为 $5.67\times10^{-8}\ W/(m^2\cdot K^4)$;

C_o——黑体的辐射系数,其值为 5.67 W/$(m^2 \cdot K^4)$;

T——黑体表面的绝对温度,K。

斯蒂芬 - 波尔茨曼定律表明辐射传热对温度异常敏感,低温时热辐射往往可以忽略,而高温时热辐射则成为主要的传热方式。

2. 物体的黑度

通常将灰体的辐射能力与同温度下黑体的辐射能力之比定义为物体的黑度(Blackness),记作 ε。即:

$$\varepsilon = \frac{E}{E_b} = \frac{C}{C_o} \qquad (4-61)$$

式中:E——灰体的辐射能力,W/m^2;

C——灰体的辐射系数,W/$(m^2 \cdot K^4)$。

由于灰体的辐射能力小于同温度下黑体的辐射能力,故 ε 恒小于1。

影响物体黑度大小的因素包括:物体的种类和性质、表面温度和表面状况(如粗糙度、表面氧化程度)等,黑度值可用实验方法测定,通常在 0~1 范围内变化。表4-11列出了某些工业材料的黑度值,从表中可看出,不同的材料的黑度值差异较大。

表4-11 某些常见工业材料的黑度值

材料类别与表面状况	温度范围/℃	黑度值
红砖	20	0.93
耐火砖	500~1 000	0.8~0.9
钢板(氧化的)	200~600	0.8
钢板(磨光的)	940~1 100	0.55~0.61
铝(氧化的)	200~600	0.11~0.19
铝(磨光的)	225~575	0.039~0.057
铜(氧化的)	200~600	0.57~0.87
铜(磨光的)	—	0.03
铸铁(氧化的)	200~600	0.64~0.78
铸铁(磨光的)	330~910	0.6~0.7
玻璃(磨光)	38	0.9
玻璃(平滑)	38	0.94
石棉(光亮)	0~400	0.55
瓷器(光滑)	22	0.924
珐琅(光滑)	22	0.937

3. 灰体的辐射能力

斯蒂芬－波尔茨曼定律也可推广到灰体,此时,式(4-60)可表示为:

$$E = C_g \left(\frac{T}{100} \right)^4 = \varepsilon C_2 \left(\frac{T}{100} \right)^4 \qquad (4-62)$$

多数工程材料,对波长 $0.76 \sim 20 \mu m$ 范围内的辐射能的吸收,其吸收率随波长变化不大,可把这些物体视为灰体,故对多数工程材料其辐射能力可用式(4-62)进行计算。

(三)克希霍夫定律

克希霍夫定律(Kirchhoff's law)阐述了物体的辐射能力 E 和吸收率 A 之间的关系。

如图4-21所示,设有两块很大,且相距很近的平行平板,板1为灰体,板2为黑体,两板间为透热体。板1所发射的能量 E_1 投射到板2上被全部吸收;板2所发射的能量 E_b 投射到板1上, $A_1 E_b$ 的能量被吸收,其余部分 $E_b(1-A_1)$ 被反射回板2后被板2吸收。因此,两平板间热交换的结果,以板1为例,发射的能量为 E_1 ,吸收的能量为 $A_1 E_b$,两者的差为:

$$Q = E_1 - A_1 E_b$$

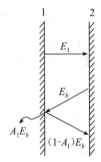

图4-21 克希霍夫定律的推导示意图

当两板间的热交换达到平衡时,两板的温度相等,且板1所发射和吸收的辐射能必然相等,即

$$E_1 = A_1 E_b \quad 或 \quad E_b = \frac{E_1}{A_1}$$

把上面这一结论推广到任一平板,可得:

$$\frac{E_1}{A_1} = \frac{E_2}{A_2} = \frac{E_3}{A_3} = \cdots \frac{E}{A} = E_b \qquad (4-63)$$

式4-58即克希霍夫定律的数学表达式,该式表明:

①任何物体的辐射能力 E 与其吸收率 A 的比值为常数,且恒等于同温度下黑体的辐射能力 E_b ;

②对比式(4-58)与(4-56)可知,在同一温度下,物体的吸收率 A 与其黑度 ε 在数值上相等(两者的物理意义则完全不同)。因此,在工程上,实际物体难以测定的吸收率可用其黑度的数值来表示;

③在同一温度下,黑体的辐射能力最强。

三、两固体间的辐射传热

工业生产上常遇到的固体之间的相互辐射传热情况如下：

①两平行壁面之间的辐射传热，如图 4 – 22（a）所示。一般又可分为无限大的两平行壁面的辐射传热和面积有限的两相等平行壁面间的辐射传热两种情况。

②一物体被另一物体包围时的辐射传热，如图 4 – 22（b）所示。一般可分为很大物体 2 包住物体 1 和物体 2 恰好包住物体 1 两种情况。

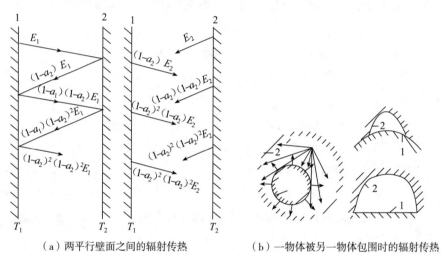

（a）两平行壁面之间的辐射传热   （b）一物体被另一物体包围时的辐射传热

图 4 – 22　两固体之间的辐射传热

两固体之间的辐射传热计算通式可用下式表示：

$$Q_{1-2} = C_{1-2}\varphi_{1-2}S\left[\left(\frac{T_1}{100}\right)^4 - \left(\frac{T_2}{100}\right)^4\right] \qquad (4-64)$$

式中：Q_{1-2}——净的辐射传热速率，W；

C_{1-2}——总辐射系数，$W/(m^2 \cdot K^4)$；

φ_{1-2}——几何因子或角系数；

S——辐射面积，m^2；

T_1——物体 1 表面的热力学温度，K；

T_2——物体 2 表面的热力学温度，K。

其中，总辐射系数 C_{1-2} 计算式和角系数 φ_{1-2} 的数值与物体黑度、形状、大小、两物体间的距离及相互位置等有关，在某些具体情况下其计算式和数值见表 4 – 12。

表 4 – 12　总辐射系数 C_{1-2} 计算式与角系数 φ_{1-2} 值

序号	辐射情况	面积 S	角系数 φ_{1-2}	总辐射系数 C_{1-2}
1	无限大的两平行面	S_1 或 S_2	1	$\dfrac{C_0}{\left(\dfrac{1}{\varepsilon_1}+\dfrac{1}{\varepsilon_2}-1\right)}$
2	面积有限的两相等的平行面	S_1	<1①	$\varepsilon_1\varepsilon_2 C_0$
3	很大的物体 2 包住物体 1	S_1	1	$\varepsilon_1 C_0$
4	物体 2 恰好包住物体 1, $S_1\approx S_2$	S_1	1	$\dfrac{C_0}{\left(\dfrac{1}{\varepsilon_1}+\dfrac{1}{\varepsilon_2}-1\right)}$
5	在 3、4 两种情况之间	S_1	1	$\dfrac{C_0}{\left[\dfrac{1}{\varepsilon_1}+\dfrac{S_1}{S_2}\left(\dfrac{1}{\varepsilon_2}-1\right)\right]}$

①此种情况下的 φ_{1-2} 具体数值可查图 4 – 23 获得。

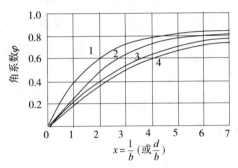

$$\frac{l}{b}\left(\text{或}\frac{d}{b}\right)=\frac{\text{边长(长方形用短边)或直径}}{\text{辐射面间的距离}}$$

1—长方形(狭长)　2—长方形(边长之比为 2:1)　3—正方形　4—圆盘形

图 4 – 23　平行壁面间辐射传热的角系数 φ_{1-2}

【例 4 – 11】　车间内有一高和宽均为 3 米的铸铁炉门,其温度为 227 ℃,室内温度为 27 ℃,为减少热量损失,在炉门前 50 mm 处放置一块尺寸和炉门相同而黑度为 0.11 的铝板,试求放置铝板前、后因热辐射而损失的热量。

解:①放置铝板前因热辐射而损失的热量:

$$Q_{1-2}=C_{1-2}\phi S\left[\left(\frac{T_1}{100}\right)^4-\left(\frac{T_2}{100}\right)^2\right]$$

本题属于很大的物体 2 包住物体 1 的情况,

取铸铁的黑度 $\varepsilon=0.78$,则:

$S=S_1=3\times3=9m^2, \phi=1; C_{1-2}=\varepsilon_1 C=0.78\times5.67=4.423\ \text{W}/(\text{m}^2\cdot\text{K}^4)$

$\therefore Q_{1-2}=4.423\times1\times9\times\left[\left(\dfrac{227+273}{100}\right)^4-\left(\dfrac{27+273}{100}\right)^4\right]=2.166\times10^4\ \text{W}$

②放置铝板后因热辐射而损失的热量:

以下标 1,2 和 i 分别表示炉门、房间和铝板。设铝板的温度为 T_i,则铝板向房间辐射的热量为:

$$Q_{i-2} = C_{i-2}\phi S\left[\left(\frac{T_i}{100}\right)^4 - \left(\frac{T_2}{100}\right)^4\right]$$

式中:$S = S_i = 3 \times 3 = 9 \text{ m}^2$;$\phi = 1$;$C_{i-2} = \varepsilon_i C_0 = 0.11 \times 5.67 = 0.624 \text{ W/(m}^2 \cdot \text{K}^4)$

$\therefore Q_{i-2} = 0.624 \times 1 \times 9 \times \left[\left(\frac{T_i}{100}\right)^4 - 81\right]$

$\because$ 炉门对铝板的辐射传热可视为两无限大平板间的传热,故放置铝板后因辐射损失的热量为:

$$Q_{1-i} = C_{1-i}\phi S\left[\left(\frac{T_1}{100}\right)^4 - \left(\frac{T_i}{100}\right)^4\right]$$

上式中:$S = S_1 = 9 \text{ m}^2$;$\phi = 1$;$C_{1-i} = \dfrac{C_0}{\dfrac{1}{\varepsilon} + \dfrac{1}{\varepsilon_i} - 1} = \dfrac{5.67}{\dfrac{1}{0.78} + \dfrac{1}{0.11} - 1} = 0.605 \text{ W/(m}^2 \cdot \text{K}^{-4})$

$\therefore Q_{1-i} = 0.605 \times 1 \times 9 \times \left[625 - \left(\frac{T_i}{100}\right)^4\right]$ \hfill (4-65)

$\because$ 过程为稳态传热过程

$\therefore Q_{1-i} = Q_{i-2}$

即:$0.605 \times 1 \times 9 \times \left[625 - \left(\frac{T_i}{100}\right)^4\right] = 0.624 \times 1 \times 9 \times \left[\left(\frac{T_i}{100}\right)^4 - 81\right]$

解得:$T_i = 432 \text{ K}$

将 T_i 代入式(4-65)得:

$Q_{1-i} = 0.605 \times 1 \times 9 \times \left[625 - \left(\frac{432}{100}\right)^4\right] = 1\,510 \text{ W}$

放置铝板后因辐射的热损失减少百分率为:

$$\frac{Q_{1-2} - Q_{1-i}}{Q_{1-2}} \times 100\% = \frac{21\,660 - 1\,510}{21\,660} \times 100\% = 93\%$$

四、对流和辐射的联合传热

由于在食品生产过程中,许多设备或管道的外壁温度常高于(或低于)周围环境的温度,所以其外壁一般会以对流和辐射两种形式向外散热(或吸热),其热损失可以根据对流传热速率方程和辐射传热速率方程来进行计算,即

以对流方式损失的热量:$Q_C = \alpha_C S_w(t_w - t)$

以辐射方式损失的热量：$Q_R = C_{1-2}\varphi_{1-2}S_w\left[\left(\dfrac{T_w}{100}\right)^4 - \left(\dfrac{T}{100}\right)^4\right]$

令 $\varphi_{1-2}=1$，将 Q_R 计算式写为对流传热的形式，即

$$Q_R = C_{1-2}S_w\left[\left(\frac{T_w}{100}\right)^4 - \left(\frac{T}{100}\right)^4\right]\frac{t_w-t}{t_w-t} = \alpha_R S_w(t_w-t) \qquad (4-66)$$

其中：
$$\alpha_R = \frac{C_{1-2}\left[\left(\dfrac{T_w}{100}\right)^4 - \left(\dfrac{T}{100}\right)^4\right]}{t_w-t}$$

式中：α_C——空气的对流传热系数，$W/(m^2 \cdot K)$；

α_R——辐射传热系数，$W/(m^2 \cdot K)$；

T_w——设备或管道外壁温度，K；

t_w——设备或管道外壁温度，K；

T——周围环境温度，K；

t——周围环境温度，K；

C_{1-2}——总辐射系数，$W/(m^2 \cdot K^4)$；

S_w——设备或管道的外壁面积或散热的表面积，m^2。

则设备或管道总的热损失为

$$Q = Q_C + Q_R = (\alpha_C + \alpha_R)S_w(t_w-t) = \alpha_T S_w(t_w-t) \qquad (4-67)$$

其中，$\alpha_T = \alpha_C + \alpha_R$，称为对流—辐射联合传热系数，其单位为 $W/(m^2 \cdot K)$。

对于有保温层的设备、管道外壁对周围环境的联合传热系数 α_T，可用下列公式进行估算：

（1）空气自然对流，且 $t_w < 150\ ℃$

①平壁保温层外：

$$\alpha_T = 9.8 + 0.07(t_w-t) \qquad (4-68)$$

②管道及圆筒壁保温层外：

$$\alpha_T = 9.4 + 0.052(t_w-t) \qquad (4-69)$$

（2）空气沿粗糙壁面强制对流

①空气流速 $u \leqslant 5\ m/s$ 时：

$$\alpha_T = 6.2 + 4.2u \qquad (4-70)$$

②空气流速 $u > 5\ m/s$ 时：

$$\alpha_T = 7.8u^{0.78} \qquad (4-71)$$

第七节　换热器

换热器是化工、轻工、食品及其他许多工业领域的常用设备,其类型也是多种多样,根据其用途可分为加热器、冷却器、冷凝器、蒸发器和再沸器;根据其所用材料可分为金属材料换热器和非金属材料换热器;根据冷、热流体热量交换的原理和方式可分为混合式(直接接触式)换热器、蓄热式换热器和间壁式换热器,间壁式换热器又可再细分为管式换热器、板式换热器、翅片式换热器和热管换热器等等。

一、管式换热器

(一)沉浸式蛇管换热器

这种换热器是将金属管加工制成各种与容器相适应的形状,并浸没在容器内的液体中,蛇管内、外的两种流体进行热量交换。常见的蛇管形式如图 4 - 24 所示。沉浸式蛇管换热器的优点是结构简单,耐高压,便于防腐,价格低廉;其缺点是传热面积较小,容器内液体湍动程度低,管外对流传热系数小。

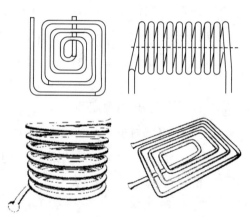

图 4 - 24　常见的蛇管形状示意图

(二)喷淋式换热器

喷淋式换热器多用作冷却器。如图 4 - 25 所示。这种换热器是将蛇管成行地固定在钢架上,热流体在管内流动,自最下管进入,由最上管流出。冷却水由最上面的喷淋管均匀喷洒而下,逐排流经下面的管子表面,冷却水在各排管表面上流过时,与管内流体进行热交换。其优点是传热效果好,便于检修和清洗;缺点是喷淋不易均匀,只能安装于室外。

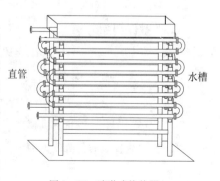

直管　　　　　　　　　　水槽

图 4 - 25　喷淋式换热器

（三）套管式换热器

套管式换热器如图4-26所示,是由直径大小不同的金属直管制成的同心套管,并由U型回弯头连接而成。每一段套管称为一程,每程有效长度为4~6 m。在套管式换热器中,一种流体走管内,另一种流体走环隙。其优点是结构较简单,耐高压,传热面积可根据需要增减;其缺点是管间接头多,易泄露,单位传热面积消耗的金

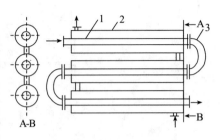

1—内管 2—外管 3—回弯头
图4-26 套管式换热器

属量大。因此它较适合用于流量不大,所需传热面积不多而要求压强较高的场合。

（四）列管式换热器

列管式换热器又称为管壳式换热器,是最典型也是目前应用最广泛的间壁式换热器。主要由壳体、管束、管板、折流挡板和封头等组成。一种流体在管内流动,其行程称为管程;另一种流体在管外流动,其行程称为壳程。为提高壳程流体流速,往往在壳体内安装一定数量与管束相互垂直的折流挡板。折流挡板还可使流体按规定路径多次错流通过管束,使湍动程度大为增加。如图4-27所示,常见的折流挡板形式有圆缺形、环

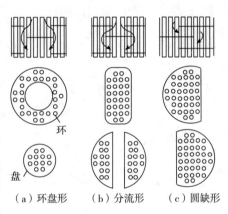

环
盘

（a）环盘形 （b）分流形 （c）圆缺形

图4-27 常见的折流挡板类型

盘形、分流形(弓形)等,其中圆缺形最为常用。列管式换热器的主要优点是单位体积所具有的传热面积大,传热效果好,适用性较强,操作弹性较大,尤其在高温、高压和大型装置中多采用列管式换热器。

根据热补偿方法的不同,列管式换热器分为以下几种主要形式。

（1）具有补偿圈的固定管板式换热器

具有补偿圈的固定管板式换热器如图4-28所示,即在换热器外壳的适当部位焊上一个补偿圈,补偿圈发生弹性变形,以适应管壳和管束不同的热膨胀程度。但不宜用于两流体温差过大(< 70 ℃)和壳程流体压强过高的场合。其优点是结构简单,造价低廉;缺点是壳程清洗和检修困难,壳程必须是清洁、不易结垢和无腐蚀性的介质。

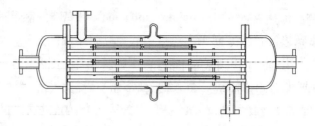

图 4 - 28　带补偿圈的固定管板式换热器

（2）U 形管式换热器

U 形管式换热器如图 4 - 29 所示，即换热器中每根管子都弯成 U 形，进出口分别安装在同一管板的两侧，封头用隔板分成两室。这样，每根管子可以自由伸缩，而与其他管子和壳体均无关。其优点是结构简单，重量轻，适用于高温、高压的场合；缺点是管板的利用率较低，管程不易清洗，常为洁净流体，适用于高压气体的换热。

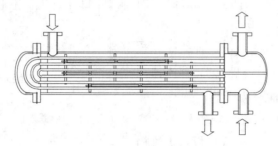

图 4 - 29　U 形管式换热器

（3）浮头式换热器

浮头式换热器如图 4 - 30 所示。有一端管板不与外壳连为一体，可以沿轴向自由浮动，该端称为浮头。这种结构不但完全消除了热应力的影响，且由于固定端的管板以法兰与壳体连接，整个管束可以从壳体中抽出，便于清洗和检修，故其应用较为普遍；但其缺点是结构比较复杂，造价较高。

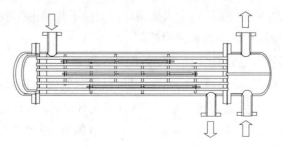

图 4 - 30　浮头式换热器

二、板式换热器

（一）夹套式换热器

夹套式换热器是最简单的板式换热器（见图4 -31）。它是在容器外壁安装夹套，夹套与容器之间形成的密闭空间为加热或冷却介质的通道。在用蒸汽进行加热时，蒸汽由上部接管进入夹套，冷凝水由下部接管流出。作为冷却器时，冷却介质（如冷却水）由夹套下部接管进入，由上部接管流出。其优点是结构简单；缺点是传热面积因受容器壁面的限制而较小，且传热系数也较小。

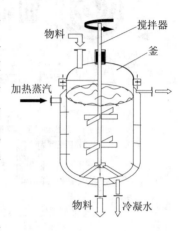

图4 -31　夹套式换热器

（二）螺旋板式换热器

螺旋板式换热器（见图4 -32 和图4 -33）是由两张间隔一定的平行薄金属板卷制而成，在其中央设有隔板，将螺旋型通道隔开，两板之间焊有一定距柱以维持通道间距。在螺旋板两侧焊有盖板。冷热流体分别通过两条通道，在器内逆流流动，通过薄板进行换热。其优点是结构紧凑比表面积大，总传热系数高，不易结垢和堵塞，能利用温度较低的热源；缺点是操作压强和温度不宜太高，不易检修，流体阻力较大。

图4 -32　螺旋板式换热器实物图

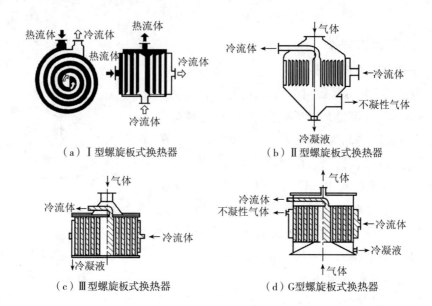

（a）Ⅰ型螺旋板式换热器　　　　　　　（b）Ⅱ型螺旋板式换热器

（c）Ⅲ型螺旋板式换热器　　　　　（d）G型螺旋板式换热器

图 4 – 33　螺旋板式换热器

（三）平板式换热器

平板式换热器（见图 4 – 34）简称板式换热器,是由一组长方形的薄金属板平行排列,夹紧组装于支架上而构成。两相邻板片的边缘衬有垫片,压紧后板间形成密封的流体通道,通过改变垫片的厚度可调节通道的大小。冷热流体交错地在板片两侧流过,通过板片进行换热。其优点是传热系数高,结构紧凑,具有可拆结构;其缺点是处理量小、操作压强及操作温度低。

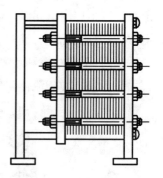

三、翅片式换热器

（一）翅片管式换热器

图 4 – 34　平板式换热器

翅片管式换热器（见图 4 – 35）是在管的表面加装径向或轴向翅片制成。需要注意的是翅片与管表面的连接应紧密无间,否则连接处的接触热阻很大,影响传热效果。当两种流体的对流传热系数相差较大时,在传热系数较小的一侧加装翅片可以强化传热。常见的翅片形式如图 4 – 36 所示,有横向和纵向两种。

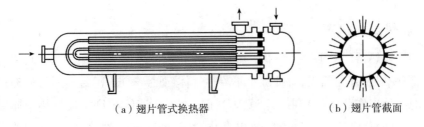

（a）翅片管式换热器　　　　　　　（b）翅片管截面

图 4 – 35　翅片管式换热器

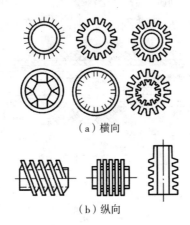

（a）横向

（b）纵向

图 4 – 36　常见的翅片形式

（二）板翅式换热器

板翅式换热器（见图 4 – 37）是一种更为高效、紧凑、轻巧的换热器。其基本结构元件为在两块平行的薄金属板之间,加入波纹状或其他形状的金属翅片,将两侧面封死。将各基本元件进行不同的叠积和

图 4 – 37　板翅式换热器

适当的排列,并用钎焊固定,即可构成并流、逆流或错流的板束,再将带有流体进出口的集流箱焊到板束上,即成为板翅式换热器。其优点是总传热系数高,传热效果好,结构紧凑,轻巧牢固,适应性强,操作范围广;其缺点是制造工艺复杂,设备流道小、易堵塞,压强降较高,清洗检修困难,要求介质对铝不发生腐蚀等。

四、热管换热器

热管换热器(见图4－38)是一种新型的高效换热器。热管是一种新型传热元件,由一根装有毛细吸芯,抽除了不凝性气体(如空气)的密封金属管内充以一定量的某种工作液体(氟利昂,液氨等)而成。工作液体在热端吸收热量而沸腾汽化,产生的蒸汽流至冷端冷凝放出潜热,冷凝液回至热端,再次沸腾汽化。如此反复循环,热量不断从热端传至冷端。其特点是相变对流传热系数大,结构简单,工作可靠,使用寿命长,应用范围广,特别适合于低温差传热。

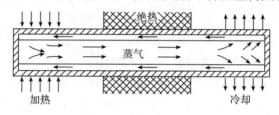

图4－38 热管换热示意图

习 题

1. 某食品加工厂冷库的墙壁由两层材料组成,内层为200 mm厚的软木,软木的导热系数为0.04 W/(m·℃)。外层为250 mm厚的红砖。红砖的导热系数为0.7 W/(m·℃)。已知冷库内壁的温度为－20 ℃,红砖墙外壁的温度为25 ℃,试求通过冷库壁的热通量以及冷库墙壁两层材料接触面上的温度。

2. 一面包炉的炉墙由一层耐火黏土砖,一层红砖及中间的硅藻土填料层组成。硅藻土层的厚度为50 mm,导热系数为0.14 W/(m·℃),红砖层的厚度为250 mm,导热系数为0.7 W/(m·℃)。若不采用硅藻土层,红砖层的厚度必须增加多少才能达到同样的保温效果。

3. 在一预热器中,采用热水为加热介质预热果汁,热水进口温度为98 ℃,出口温度降至75 ℃,而果汁的进口温度为5 ℃,出口温度升至65 ℃。试分别计算两种流体在预热器内呈并流和逆流的平均温度差。

4. 采用套管式换热器冷却苹果酱,苹果酱的质量流量为100 kg/h,比热容为3 817 J/(kg·℃),进口温度为80 ℃,出口温度为20 ℃。套管环隙逆流通冷却水,进口温度为10 ℃,出口温度为17 ℃。总传热系数K为568 W/(m²·℃)。求:

①所需的冷却水流量。

②传热平均温度差及所需传热面积。

③若采用并流,两流体的进、出口温度不变,则传热平均温度差及所需传热面积为多少。

5. 在烤炉内烤制一块面包。已知炉壁的温度为 180 ℃,面包的表面温度为 100 ℃,面包表面的黑度为 0.85,表面积为 0.064 5m²,炉壁表面积远远大于面包表面积,试估算烤炉向这块面包辐射传递的热量。

6. 水蒸气管道外径为 108 mm,其表面包一层超细玻璃棉毡保温,超细玻璃棉毡热导率随温度 t 的变化关系是: $\lambda = 0.033 + 0.000\ 23t$ W/(m·K)。水蒸气管道外表面的温度为 150 ℃,要求保温层外表面的温度不超过 50 ℃,且每米管道的热量损失不超过 160 W/m,求所需保温层厚度。

7. 一冷藏瓶由真空玻璃夹层构成,夹层中双壁表面上镀银,镀银壁面黑度为 0.02,外壁内表面温度为 35 ℃,内壁外表面温度为 0 ℃。试计算每单位面积容器壁由于辐射传热的散热量。

8. 果汁在 Φ32 mm×3.5 mm 的不锈钢管中流过,外面用蒸汽加热。不锈钢的导热系数为 17.5 W/(m·℃),管内牛奶侧的对流传热系数为 500 W/(m²·℃),管外蒸汽侧的对流传热系数为 8 000 W/(m²·℃)。求总传热系数 K。若管内有 1 mm 厚的污垢层,垢层的导热系数为 1.5 W/(m·℃),求热阻增加的百分数。

9. 香蕉浆在列管式换热器内与热水并流流动,热水在管外流动。香蕉浆的流量为 500 kg/h,比热容为 3.66 kJ/(kg·℃),进口温度为 16 ℃,出口温度为 75 ℃。热水的流量为 2 000 kg/h,进口温度为 95 ℃,换热器的总传热系数为 60 W/(m²·℃),求换热器的传热面积。

10. 有一加热器,为了减少热损失,在加热器的平壁外表面包一层导热系数为0.16 W/(m·℃),厚度为 300 mm 的绝热材料。已测得绝热层外表面的温度 30 ℃,另测得距加热器平壁外表面 250 mm 处的温度为 75 ℃,求加热器平壁外表面的温度为多少。

11. 在一单壳程、四管程的列管式换热器中,冷水在管程流动,其进、出口温度分别为 15 ℃和 32 ℃;热油在壳程流动,其进、出口的温度分别为 120 ℃和 40 ℃。热油的流量为 2.1 kg/s,其平均比热容为 1.9 kJ/(kg·℃)。若换热器的总传热系数 K_o 为 450 W/(m²·℃),换热器的热损失可忽略不计,试计算换热器的传热面积。

12. 有一列管式换热器由 Φ25 mm×2.5 mm、长为 3 m 的 60 根钢管组成。热水走管内,其进、出口温度分别为 70 ℃和 30 ℃;冷水走管间,其进、出口温度分别为 20 ℃和 40 ℃,冷水流量为 1.2 kg/s。热水和冷水在换热器内做逆流流动。试求换热器的总传热系数。假设热水和冷水的平均比热容可取为 4.2 kJ/(kg·℃),换热器的热损失可忽略不计。

13. 某乳品厂每小时应将 3 吨鲜奶从 10 ℃加热到 85 ℃。采用表压 100 kPa 的饱和水蒸气加热。牛奶的比热容可取为 3.9 kJ/(kg·℃),密度为 1 030 kg/m³。今有一列管式换热器,内有 36 根 Φ25mm×2mm 的不锈钢管,分 4 程,长 2 m。由实验知其传热系数约为 1 000 W/(m²·℃),试问采用该换热器能否完成换热任务?

第五章 蒸 发

本章学习要求：掌握蒸发的基本原理、特点及一般流程，熟练掌握温差损失的原因及单效计算，掌握多效蒸发的基本流程和特点；了解蒸发过程节能措施，了解两大类蒸发器的特点及其选择注意事项。

第一节 概述

使含有不挥发溶质的溶液沸腾汽化并移出蒸汽，从而使溶液中溶质浓度提高的单元操作称为蒸发（Evaporation），所采用的设备称为蒸发器（Evaporator）。蒸发操作广泛应用于化工、食品、制药、原子能等工业中。

在蒸发操作中被蒸发的溶液可以是水溶液，也可以是其他溶剂的溶液。而食品工业中以蒸发水溶液为主，故在本章只限于讨论水溶液的蒸发。为区别于新鲜加热蒸汽（又称生蒸汽，Fresh steam 或 Raw steam），蒸出的蒸汽称为二次蒸汽（Secondary steam 或 Vapor）。在操作中一般用冷凝（Condensation）方法将二次蒸汽不断地移出并使之冷凝，否则蒸汽与沸腾溶液逐渐趋于平衡，使蒸发过程无法进行。

按二次蒸汽利用的情况分类，可分为单效（Single-effect）和多效蒸发（Multi-effect）。若二次蒸汽不再利用，而直接送至冷凝器冷凝后排出的蒸发流程称为单效蒸发。如把二次蒸汽引入另一压力较低的蒸发器中，作为加热蒸汽，以利用其冷凝热，这样将多个蒸发器串联，使二次蒸汽在蒸发过程中得到多次利用的操作，称为多效蒸发。

按蒸发操作的操作压力分类，可将蒸发分为常压蒸发（Atmospheric evaporation）、加压蒸发（Pressurized evaporation）或减压（即真空）蒸发（Vacuum evaporation）。常压操作时，一般采用敞口设备，二次蒸汽直接排到大气中，所用的设备和工艺条件都较为简单。采用加压蒸发主要是为了提高二次蒸汽的温度，以提高传热的利用率。同时，可使溶液黏度降低，改善传热效果。食品工业上应用较多的是真空蒸发，在冷凝器后连有真空泵，在负压下将被冷凝的水排出。

真空蒸发的特点如下：

①操作压力降低使溶液的沸点下降,有利于处理热敏性物料,且可利用低压强的蒸汽或废蒸汽作为热源;

②对相同压强的加热蒸汽而言,溶液的沸点随所处的压强减小而降低,可以提高传热总温度差;但与此同时,溶液的浓度加大,使总传热系数下降;

③真空蒸发系统要求有造成减压的装置,使系统的投资费和操作费提高。

图 5 – 1 为单效真空蒸发操作的典型流程图,生蒸汽加入加热室的管间,冷凝放出的热量通过管壁传给管内溶液,溶液被加热至沸腾,部分溶剂汽化为二次蒸汽,由顶部送至冷凝器中冷凝并由下部排出冷凝液。随蒸汽带入蒸发器的不凝性气体用真空泵抽出排到大气中,以维持蒸发系统的真空度。浓缩后的完成液由蒸发器底部排出。

一般情况下,产品为经浓缩后的液体,二次蒸汽则被冷凝为液体排出;但在海水淡化操作中,二次蒸汽的冷凝液为所要求的产

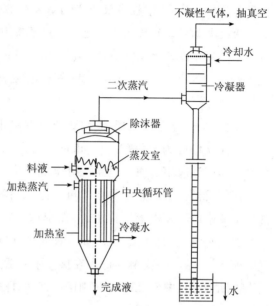

图 5 – 1 单效蒸发装置示意图

品,即淡水,浓缩后的残液则被废弃。由此看出,蒸发操作总是从溶液中分离出部分溶剂,而过程的实质是传热间壁一侧的蒸汽冷凝与另一侧的溶液沸腾间的传热过程,溶剂的汽化速率受传热速率控制,故蒸发属于热量传递过程,但又有别于一般传热过程,蒸发过程具有下述特点。

①传热性质:传热壁面一侧为加热蒸汽冷凝,另一侧为溶液沸腾,故属于壁面两侧流体均有相变的恒温传热过程。

②溶液性质:有些溶液在蒸发过程中有晶体析出、易结垢或产生泡沫、高温下易分解或聚合;溶液的浓度在蒸发过程中逐渐增大、腐蚀性逐渐增强。二次蒸汽易挟带泡沫,冷凝前需除去,以免损失物料和污染冷却设备。

③溶液沸点的改变:含有不挥发溶质的溶液,在相同的温度下,其蒸汽压较相同温度下溶剂(即纯水)的值低一些;换而言之,在相同的操作压强下,溶液的沸点要比纯溶剂的沸点高,且一般随浓度的增大而升高,从而造成蒸发操作的传

热温度差要小于蒸发纯水的温度差。溶液浓度越高这种现象越显著。

④能源的利用:蒸发操作中要消耗大量的加热蒸汽,同时又生成大量的二次蒸汽与冷凝水,减少加热蒸汽的使用量及再利用二次蒸汽的冷凝热、冷凝水的显热是蒸发操作过程中应考虑的节能问题。它涉及整个系统的经济衡算。

鉴于以上种种原因,蒸发器与蒸发操作有别于前章介绍的换热器和换热操作。

第二节 单效蒸发

一、溶液的沸点升高与温度差损失

蒸发是间壁两侧均有相变的恒温传热过程,其传热的平均温度差 Δt,为加热蒸汽的温度 T 与溶液的沸点 t 之间的差值,即

$$\Delta t = T - t \tag{5-1}$$

Δt 称为有效温度差。溶液的沸点温度 t 往往高于二次蒸汽的温度 T',将溶液的沸点温度 t 与二次蒸汽的温度 T' 之间的差值 Δ,称为溶液沸点升高(Boiling-point elevation),即

$$\Delta = t - T' \quad \text{或} \quad t = \Delta + T'$$

如:在 70 kPa 压强下,纯水与某种溶液的沸点分别为 90 ℃ 和 95 ℃,沸点升高值为 5 ℃。若用 125 ℃ 的饱和水蒸气分别加热,则两者的传热温度差为

对纯水:125 - 90 = 35 ℃

对溶液:125 - 95 = 30 ℃

两种情况下传热温差相差 5 ℃,所以沸点升高的后果是使传热温度差有所损失;损失的数量正好等于沸点升高值,故沸点升高值又称为温度差损失(Loss of heat transfer temperature difference)。

如果温度差损失 Δ 已知,二次蒸汽的温度 T' 可根据蒸发压力从饱和水蒸气表中查出,便可求出溶液在蒸发压力下的沸点。一般稀溶液或有机溶液的沸点升高值较小,而无机盐溶液的沸点升高值较大,有时可达 60~70 ℃ 或更高。

蒸发操作时,造成温度差损失的原因有:因蒸汽压下降引起的温度差损失 Δ'、因蒸发器中液柱静压强而引起的温度差损失 Δ'' 和因管路流体阻力引起的温度差损失 Δ'''。温度差损失的存在,将使传热推动力降低。扣除了溶液沸点升高值 Δ 后的传热温差,叫做有效传热温度差。

(一)因溶液蒸汽压下降而引起的温度差损失

因溶液中溶有不挥发性溶质,使溶液的蒸汽压比同条件下纯水的要低,因此溶液的沸点比同条件下纯水的高,两者之差称为因溶液蒸汽压下降而引起的沸点升高或温度差损失,以 Δ' 表示,其值与溶液类别、浓度及操作压强有关,一般由实验测定。

有时蒸发操作在加压或减压下进行,因此必须求出各种浓度的溶液在不同压强下的沸点。当缺乏实验数据时,可以用下式估算:

$$\Delta' = \frac{0.162\ (T' + 273)^2}{r'}\Delta'_a \qquad (5-2)$$

式中:Δ'——操作压强下溶液蒸汽压下降引起的温度差损失,℃;

$\quad \Delta'_a$——常压下溶液蒸汽压下降引起的温度差损失,℃;

$\quad T'$——操作压强下二次蒸汽温度,℃;

$\quad r'$——二次蒸汽化潜热,kJ/kg。

(二)因加热管内液柱静压强而引起的温度差损失

在蒸发器的加热管内积有一定厚度的液层,液层内部各水平截面上的压强大于液层上表面压强,由于压强的升高液层内部溶液的沸点高于液面的沸点,液层内部沸点与表面沸点之差即为因液柱静压强而引起的温度差损失 Δ''。为了简便,计算时往往以液层中部的平均压强 p_m 及相应的沸点 T_m 为准,中部的压强为

$$p_m = p' + \frac{\rho g l}{2} \qquad (5-3)$$

式中:p_m——在蒸发管中的平均压强,Pa;

$\quad p'$——液柱上方二次蒸汽压强,Pa;

$\quad \rho$——液体密度,kg/m³;

$\quad l$——液层厚度,m。

由 p_m 查水的相应沸点 t_m,则沸点升高:

$$\Delta'' = t_m - T' \qquad (5-4)$$

式中:T'——二次蒸汽的温度。

由于溶液沸腾时液层内混有气泡,故液层的实际密度较计算密度要小,因此由式求出的 Δ'' 值仅为估计值,算出的 Δ'' 值偏大。但是,当溶液在加热管内的循环速度较大时,就会因流动阻力使平均压强增高,可以抵消一部分误差。

在膜式蒸发器的加热管内,液体沿管壁成膜状流动、管内没有液层,故这类蒸发器中因液柱压强而引起的温度差损失可以忽略不计。

(三)因管路中流动阻力而引起的温度差损失

单效蒸发中二次蒸汽由分离器至冷凝器,以及多效蒸发中二次蒸汽由前效送至下效时,因流动阻力使蒸发器内二次蒸汽压强略有升高,则蒸汽温度也相应升高,致使有效温度差损失增大,这种损失称为因流动阻力而引起的温度差损失,以 Δ''' 表示。其计算相当烦琐,其值与蒸汽的流速、物性及管路特性有关,一般根据实践经验取经验值 $1 \sim 1.5\ ℃$。

由上分析可得,总的温度差损失为:

$$\Delta = \Delta' + \Delta'' + \Delta''' \tag{5-5}$$

溶液的沸点为:

$$t = T' + \Delta' + \Delta'' + \Delta''' = T' + \Delta \tag{5-6}$$

有效温度差为:

$$\Delta t = T - t = T - (T' + \Delta' + \Delta'' + \Delta''') = T - T' - \Delta \tag{5-7}$$

二、单效蒸发计算

单效蒸发中要计算的内容主要有:

①生产能力 W,即单位时间内由溶液中蒸出的二次蒸汽质量;

②单位时间内消耗的加热蒸汽量 D;

③所需的蒸发器传热面积 A。

计算的依据是物料衡算、热量衡算及传热速率三种基本关系。

1. 生产能力

蒸发器的生产能力(Evaporator capacity)是指单位时间内从溶液中蒸发出的水分质量,即蒸发量 W。有时也用热负荷来表示。

对图 5-2 蒸发器中作物料衡算,得

$$Fx_0 = (F - W)x_1 \tag{5-8}$$

或

$$W = F\left(1 - \frac{x_0}{x_1}\right) \tag{5-9}$$

式中:F——进料量,kg/h;

W——蒸发水量,kg/h;

x_0——原料液中溶质质量分率,%;

x_1——完成液中溶质质量分率,%。

2. 加热蒸汽消耗量

在蒸发操作中,加热蒸汽冷凝所放出的热

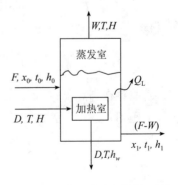

图 5-2 单效蒸发物衡与热衡示意图

量消耗等于将溶液加热至沸点、将水分蒸发成蒸汽及向周围的散失的热量之和。蒸汽的消耗量可通过热量衡算来确定。

设:加热蒸汽的冷凝液在饱和温度下排出,对图 5 - 2 中各流股作热量衡算:

$$DH + Fh_0 = WH' + (F - W)h_1 + Dh_w + Q_L \tag{5-10}$$

或

$$D = \frac{WH' + (F - W)h_1 - Fh_0 + Q_L}{H - h_w} \tag{5-11}$$

式中 H、h——蒸汽及料液的焓;

Q_L——热损失。

当溶液的浓缩热可以忽略时,溶液的焓可用比热及温度来表示,若以 0 ℃ 为计算基准,则冷凝水的焓 $h_w = c_w T$,原料液的焓 $h_0 = c_0 t_0$,完成液的焓 $h_1 = c_1 t_1$,整理得:

$$D(H - c_w T) = WH' + (F - W)c_1 t_1 - Fc_0 t_0 + Q_L \tag{5-12}$$

溶液的比热可按下式求得,即:

$$c = c_w(1 - x) + c_B x \tag{5-13}$$

式中:c_B——溶质的定压比热,kJ/(kg·K)。

于是有:

$$c_0 = c_w(1 - x_0) + c_B x_0 = c_w - (c_w - c_B)x_0$$

$$c_1 = c_w(1 - x_1) + c_B x_1 = c_w - (c_w - c_B)x_1$$

整理得:

$$(F - W)c_1 = Fc_0 - Wc_w$$

代入前式得:

$$D(H - c_w T) = WH' + (Fc_0 - Wc_w)t_1 - Fc_0 t_0 + Q_L \tag{5-14}$$

由于 $H - c_w T = r$ 及 $H' - c_w t_1 = r'$,其中 r、r' 分别为加热蒸汽和二次蒸汽的汽化潜热。故上式整理可得:

$$D = \frac{Fc_0(t_1 - t_0) + Wr' + Q_L}{r} \tag{5-15}$$

若原料在沸点下进入蒸发器,即 $t_0 = t_1$,并且蒸发器的热损失可以忽略,即 $Q_L = 0$,则得:

$$D = \frac{Wr'}{r} \tag{5-16}$$

或

$$e = \frac{D}{W} = \frac{r'}{r} \tag{5-17}$$

式中:e——单位蒸汽消耗量。

由于蒸汽的潜热随压力变化不大,即 r' 和 r 的值相差很小,故有 $e \approx 1$,即单效蒸发时每蒸发 1 kg 水,约消耗 1 kg 的加热蒸汽。但实际上因为有热损失及浓缩热等因素存在,e 约为 1.1 或更多。e 值是衡量蒸发装置经济程度的指标。

3. 传热表面积 A

蒸发器的传热量或热负荷 Q:

$$Q = D(H - h_w) = Dr \qquad (5-18)$$

蒸发器的传热表面积 A 由传热速率方程式计算,即

$$A = \frac{Q}{K\Delta t_m} = \frac{Dr}{K(T - t_1)} \qquad (5-19)$$

式中:K——总传热系数;

Δt_m——传热平均温度差。

传热量由生产任务决定,可通过热量衡算求得,传热温度差取决于加热蒸汽的压强、各种温度差损失和冷凝器的压强。

提高加热蒸汽的压强或降低冷凝器的压力(如真空操作)可以加大温度差,但因溶液的沸点降低,使溶液黏度增高,导致沸腾传热系数下降。另外,对于循环型蒸发器,为了控制沸腾操作局限于泡核沸腾区,不宜采用过高的传热温度差。同时受经济指标和操作条件的限制,传热温度差的提高是有一定限度的。

增大传热系数是减小传热面积的主要途径,总传热系数 K 值取决于对流传热系数和污垢热阻。一般蒸汽冷凝的传热系数总是大于溶液沸腾的传热系数,所以应设法提高溶液沸腾传热系数和减小污垢热阻。溶液沸腾传热系数受较多因素的影响,如溶质的性质、蒸发器的类型、沸腾传热的形式以及操作条件等。提高沸腾管内沸腾的对流传热系数的方法主要有:增加管内流体的湍流程度和减小垢层热阻等。

【例 5-1】 在中央循环管蒸发器内,每小时将 4 000 kg 的某水溶液从 25% 浓缩到 50%,原料液的温度为 40 ℃。加热蒸汽绝对压强为 170 kPa,冷凝器内绝对压强为 15 kPa,蒸发器传热系数为 1 300 W/(m² · ℃)。已测得因溶液蒸汽压下降而引起的温度差损失为 31 ℃,因液柱静压强而引起的温度差损失为 10 ℃,冷凝水在饱和温度下排走。溶液的浓缩热及系统热损失可忽略,溶液的平均比热取为 3.77 kJ/(kg · ℃)。试求:

①加热蒸汽消耗量及单位蒸汽耗量。

②蒸发器的传热面积。

解: 由手册查出蒸汽压强为 170 kPa 时,相应的温度为 114.8 ℃;汽化潜热 r

为 2 219.3 kJ/kg;冷凝器压强为 15 kPa 时,相应的温度 T' 为 53.5 ℃。

设:由蒸发器至冷凝器的温度差损失 Δ''' 为 1 ℃,则分离器内二次蒸汽温度应为

$$T' + \Delta''' = 53.5 + 1 = 54.5 \ ℃$$

从手册查出 54.5 ℃时水蒸气的汽化潜热 r' 为 2 367.6 kJ/kg,

溶液沸点为:$t = T' + \Delta' + \Delta'' + \Delta''' = 53.5 + 31 + 10 + 1 = 95.5 \ ℃$

①加热蒸汽消耗量 D 及单位蒸汽耗 e:

$$蒸发量 \ W = F\left(1 - \frac{x_0}{x_1}\right) = 4\ 000 \times \left(1 - \frac{0.25}{0.5}\right) = 2\ 000 \ kg/h$$

因溶液的浓缩热及系统热损失可忽略,且冷凝水在饱和温度下排走,故加热蒸汽消耗量:

$$D = \frac{Fc_0(t_1 - t_0) + Wr'}{r}$$

$$= \frac{4\ 000 \times 3.77 \times (95.5 - 40) + 2\ 000 \times 2\ 367.6}{2\ 219.3}$$

$$= 2\ 510.76 \ kg/h$$

$$单位蒸汽耗 \ e = \frac{D}{W} = \frac{2\ 510.76}{2\ 000} = 1.26 \ kg/kg$$

②蒸发器的传热面积:

$$A = \frac{Q}{K\Delta t_m} = \frac{Dr}{K(T - t_1)} = \frac{251.76 \times 2\ 219.3}{\dfrac{1\ 300 \times 3\ 600}{1\ 000} \times (114.8 - 95.5)} = 6.187 \ m^2$$

三、蒸发强度与加热蒸汽的经济性

蒸发强度与加热蒸汽的经济性是衡量蒸发装置性能的两个重要技术经济指标。

(一)蒸发器的生产强度

蒸发器的生产能力通常指单位时间内蒸发的水量,其单位为 kg/h。蒸发器的生产能力只能笼统地表示一个蒸发器生产量的大小,并未涉及蒸发器本身的传热面积。为了定量地反映一个蒸发器的优劣,可采用蒸发强度(Production intensity)的概念。

蒸发器的生产强度简称蒸发强度,是指单位时间、单位传热表面上蒸发出水分的质量,以 U 表示,即:

$$U = \frac{W}{A} \tag{5-20}$$

式中：U——蒸发强度，$kg/(m^2 \cdot h)$；

　　　W——水蒸发量，即生产能力，kg/h；

　　　A——蒸发器的传热面积，m^2。

蒸发强度是评价蒸发器优劣的重要指标。对于给定的蒸发量而言，蒸发强度越大，则所需的传热面积越小，因而蒸发设备的投资越小。假定沸点进料，并忽略蒸发器的热损失，则：

$$U = \frac{Q}{Ar'} = \frac{K\Delta t}{r'} \tag{5-21}$$

由上式可知，提高蒸发强度的基本途径是提高总传热系数 K 和传热温度差 Δt。

（1）提高总传热系数 K

总传热系数 K 取决于两侧对流传热系数和污垢热阻。蒸汽冷凝的传热系数通常总比溶液沸腾传热系数大，即在总传热热阻中，蒸汽冷凝侧的热阻较小。但在蒸发器操作中，需要及时排除蒸汽中的不凝气体，否则其热阻将大大增加，使总传热系数下降。

管内溶液侧的沸腾传热系数是影响总传热系数的主要因素。而影响沸腾传热系数的因素很多，如溶液的性质、蒸发器的类型及操作条件等。从沸腾传热系数的关联式可以了解若干影响因素，以便根据实际的任务，选择适宜的蒸发器类型及其操作条件。

管内溶液侧的污垢热阻往往是影响总传热系数的重要因素。特别当蒸发易结垢和有结晶析出的溶液时，极易在传热面上形成污垢层，使 K 值急剧下降。为了减小污垢层热阻，通常的办法是定期清洗。此外，亦可采用其他措施，如：选用适宜的蒸发器类型（如强制循环蒸发器）；在溶液中加入晶种或微量阻垢剂等。

（2）提高传热温度差 Δt

传热温度差 Δt 的大小取决于加热蒸汽的压力和冷凝器操作压力。但加热蒸汽压力的提高，常常受工厂供气条件的限制，一般为 $0.3 \sim 0.5$ MPa，有时可高到 0.8 MPa。而冷凝器中真空度的提高，要考虑到造成真空的动力消耗。并且随着真空度的提高，溶液的沸点降低，黏度增加，使得总传热系数 K 下降。因此，冷凝器的操作真空度一般不应低于 $10 \sim 20$ kPa。

由此可知，传热温度差的提高是有限的。

（二）加热蒸汽的经济性

蒸发过程是一个能耗较大的单元操作,因此能耗是蒸发过程优劣的另一个重要评价指标,通常以加热蒸汽的经济性来表示。加热蒸汽的经济性 E 系指 1kg 生蒸汽可蒸发的水分量,即:

$$E = \frac{W}{D} = \frac{1}{e} \tag{5-22}$$

前已述及,单效蒸发时,单位加热蒸汽消耗量大于 1,即每蒸发 1 kg 水需消耗不少于 1 kg 的加热蒸汽。因此,对于大规模的工业蒸发过程,如果采用单效蒸发操作必然消耗大量的加热蒸汽,这在经济上是不合理的。为了提高加热蒸汽的经济性,工业上多采用多效蒸发操作。

第三节　多效蒸发

如前所述,在单效蒸发器中每蒸发 1 kg 的水要消耗比 1 kg 多一些的加热蒸汽。为了节约加热蒸汽,可采用多效蒸发操作。即引入前效的二次蒸汽作为后效的加热热源,后效的加热室作为前效二次蒸汽的冷凝器。显然二次蒸汽的温度总是要比生蒸汽温度低,所以多效蒸发时后效的操作压强和溶液的沸点均较前效低,且仅第一效需要消耗生蒸汽。由于各效(末效除外)的二次蒸汽都作为下一效蒸发器的加热蒸汽,故提高了生蒸汽的利用率即经济性。

假若单效蒸发或多效蒸发装置中所蒸发的水量相等,则前者需要的生蒸汽量远大于后者。若原料液在沸点下进入蒸发器,并忽略热损失、各种温度差损失以及不同压强下汽化热的差别时,则理论上单效的 $e = 1$,双效的 $e = 1/2$,三效的 $e = 1/3, \cdots, n$ 效的 $e = 1/n$。若考虑实际上存在的温度差损失和蒸发器的热损失等因素,则多效蒸发时便达不到上述的经济性,如下表所示。

多效蒸发各效单位蒸汽消耗量

效数	单效	双效	三效	四效	五效
理论值	1	0.5	0.33	0.25	0.2
实际值	1.1	0.57	0.4	0.3	0.27

一、多效蒸发流程

按加料方式不同,常见的多效蒸发操作流程有以下几种。

(一)并流加料法的蒸发流程

并流(顺流)加料法是最常见的蒸发操作流程,图5-3,为并流加料法三效蒸发流程图。溶液和蒸汽的流向相同,即都由第一效顺序流至末效。生蒸汽送入第一效加热室,蒸发出的二次蒸汽进入第二效的加热室作为加热蒸汽,第二效的二次蒸汽又进入第三效的加热室作为加热蒸汽,第三效(末效)的二次蒸汽则送至冷凝器全部冷凝排出。

原料液进入第一效,浓缩后由底部取出,依次送往后面各效时即被连续不断地浓缩,完成液由末效底部排出。

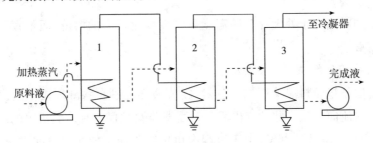

图5-3 并流加料三效蒸发装置流程图

并流法的优点是溶液从压力和温度较高的蒸发器流向压力和温度较低的蒸发器,故溶液在效间的输送可以利用效间的压差,而不需要额外消耗动力。同时,当前一效浓缩液流入温度和压力较低的后一效时,会产生自蒸发(闪蒸)现象,因而可以多产生一部分二次蒸汽。此法的操作简便,工艺条件稳定。

并流加料法的缺点是随着溶液从前一效逐效流向后面各效,其浓度逐渐增高,而操作温度反而降低,致使溶液的黏度增加,蒸发器的传热系数下降。这种情况在后面几效中尤为严重。因此,对于随浓度的增加其黏度变化很大的料液不宜采用并流法。

(二)逆流加料法蒸发流程

图5-4为逆流加料法的三效蒸发流程图。原料液由末效加入,用泵依次输送至前效;完成液由第一效底部取出。加热蒸汽的流向仍由第一效流至末效。因蒸汽和溶液的流动方向相反,故称为逆流加料法。

逆流加料法蒸发流程的主要优点是溶液的浓度沿着流动方向不断提高,同时温度也逐渐上升,因此各效溶液的黏度较为接近,使各效的传热系数也大致相同。其缺点是料液压强沿着流动方向不断提高,效间的溶液需用泵输送,能量消耗较大,且因各效的进料温度均低于饱和温度,与并流加料法相比较,产生的二次蒸汽量也较少。

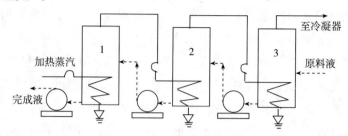

图 5－4　逆流加料三效蒸发装置流程图

逆流加料法宜于处理黏度随温度和浓度变化较大的溶液,而不宜于处理热敏性的溶液。

(三)平流加料法的蒸发流程

平流法是指原料液平行加入各效,完成液亦分别自各效取出。蒸汽的流向仍由第一效流向末效。此种流程适合于处理蒸发过程中有结晶析出的溶液。例如,某些无机盐溶液的蒸发,由于过程中析出结晶而不便于在效间输送,则宜采用此法。图 5－5 为平流加料法的三效蒸发流程图。

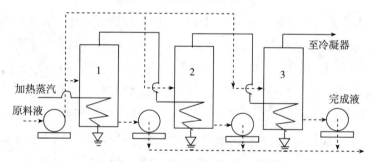

图 5－5　平流加料三效蒸发装置流程图

多效蒸发装置除以上几种流程外,生产中还可根据具体情况采用上述基本流程的变形。例如,将并流和逆流相结合的流程,称错流法。

此外,在多效蒸发中,有时并不将每一效所产生的二次蒸汽全部引入后一效作为加热蒸汽用,而是将其中一部分引出用于预热原料液或用于其他和蒸发操作无关的传热过程。引出的蒸汽称为额外蒸汽。但末效的二次蒸汽因其压强较低,一般不再引出作为他用,而是全部送入冷凝器。

二、多效蒸发与单效蒸发的比较

(一)多效蒸发操作的温度差损失

若多效和单效蒸发的操作条件相同,即第一效(或单效)的加热蒸汽压强和冷凝器的操作压强各自相同,则多效蒸发的温度差因经过多次的损失,使总温度差损失较单效蒸发时大。

单效、双效和三效蒸发装置中温度差损失如图5-6所示,三种情况均具有相同的操作条件。图形总高度代表加热蒸汽(生蒸汽)温度和冷凝器中蒸汽温度间的总温度差(130-50=80 ℃),空白部分代表有效温度差,即传热推动力,阴影部分代表由于各种原因所引起的温度差损失。由图5-6可见,多效蒸发较单效蒸发的温度差损失要大。效

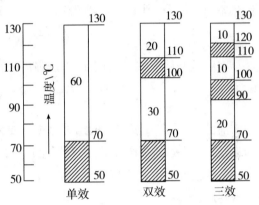

图5-6 单效、双效、三效蒸发中的温度差损失

数越多,温度差损失也越大,所以从操作角度考虑多效蒸发的效数是有一定限制的。

通常,工业多效蒸发操作的效数取决于被蒸发溶液的性质和温度差损失的大小等各种因素。每效蒸发器的有效温度差最小为5℃。对于电解质溶液,溶液的沸点升高越大,采用的效数越少,例如:NaOH等水溶液由于其温度差损失较大,故取2~3效。对于糖水等非电解质溶液,温度差损失小,所用效数可取4~6效。

(二)多效蒸发加热蒸汽的经济性

前已述及,多效蒸发旨在通过二次蒸汽的再利用,提高加热蒸汽的利用程度,从而降低能耗。设单效蒸发与 n 效蒸发所蒸发的水量相同,则在理想情况下,单效蒸发时单位蒸汽用量为1,而 n 效蒸发时为 $1/n$。可见,效数越多,单位蒸汽的消耗量越小,相应的操作费用越低。

若考虑实际上存在的温度差损失和蒸发器的热损失,以及不同压力下汽化潜热的差别等因素,则多效蒸发便达不到上述的经济性。

(三)蒸发器的生产能力和生产强度

就生产能力而言,为完成同样的蒸发任务,单效与多效都是蒸出一样多的水

分,即为

$$W = F\left(1 - \frac{x_0}{x_n}\right) \tag{5-23}$$

所以单效蒸发与多效蒸发的生产能力相等。

假定:单效蒸发与多效蒸发的操作条件相同,即加热蒸汽压力相同、冷凝器操作压力相同以及原料与完成液浓度均相同,各效蒸发器的传热面积相等、各效传热系数亦相等,则多效蒸发的总传热速率为:

$$Q = KA\left[\Delta t - \sum_{i=1}^{n}(\Delta_i' + \Delta_i'' + \Delta_i''')\right] \tag{5-24}$$

在假定条件下,多效蒸发的生产强度为:

$$U = \frac{Q}{nAr'} = \frac{K}{nr'}\left[\Delta t - \sum_{i=1}^{n}(\Delta_i' + \Delta_i'' + \Delta_i''')\right] \tag{5-25}$$

前已述及,多效蒸发总的温度差损失要大于单效蒸发。从计算式(5-25)可知,随着蒸发效数的增加,其蒸发器生产强度明显减小。效数越多,蒸发强度越小。多效蒸发的生产强度较单效蒸发时小。也就是说,蒸发每 kg 水需要的设备投资在增大。

(四)多效蒸发中的效数限制及最佳效数

随着多效蒸发效数的增加,温度差损失随之加大。某些溶液的蒸发还可能出现总温度差损失大于或等于总温度差的极端情况,此时蒸发操作则无法进行。因此多效蒸发的效数是有一定限制的。

一方面,随着效数的增加,单位蒸汽的耗量减小,操作费用降低;而另一方面,效数越多,设备投资费也越大。而且由表 5-1 可以看出,尽管 e 随效数的增加而降低,但降低的幅度越来越小。例如,由单效改为双效,可节省的生蒸汽约为 50%,而由四效改为五效,可节省的生蒸汽量仅约为 10%。因此,蒸发的最佳效数应根据设备费与操作费之和为最小的原则权衡确定。

(五)提高加热蒸汽经济性的其他措施

为了提高加热蒸汽的经济性,除采用多效蒸发操作之外,工业上还常常采用其他措施,现简要介绍如下。

1. 抽出额外蒸汽

所谓额外蒸汽是指将蒸发器蒸出的部分二次蒸汽用于其他加热过程的热源。由于用饱和水蒸汽作为加热介质时,主要是利用蒸汽的冷凝潜热,因此就整个生产过程而言,将二次蒸汽引出作为他用,蒸发器只是将高温加热蒸汽转化为低温的二次蒸汽,其冷凝潜热仍可完全利用。这样不仅能大大降低能耗,而且使冷凝器的负荷降低。

2. 冷凝水显热的利用

蒸发器的加热室在工作过程中会排出大量处于饱和状态下的冷凝水,如果这些具有较高温度的冷凝水直接排走,则会造成大量的热能和水资源的浪费。可将这部分冷凝水用作预热料液或加热其他物料的热源;也可以用减压闪蒸的方法使之产生部分蒸汽与二次蒸汽一起作为下一效蒸发器的加热蒸汽;或根据生产需要,作为其他工艺用水。

3. 二次蒸汽的再压缩(热泵蒸发)

将蒸发器蒸出的的二次蒸汽用压缩机压缩,以提高其压力,使其饱和温度超过溶液的沸点,然后送回蒸发的加热室作为加热蒸汽,此种方法称为热泵蒸发(Vapor recompression)。图 5 - 7 所示为蒸汽热泵蒸发的流程。由工作原理可知,采用热泵蒸发时

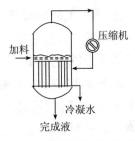

图 5 - 7　二次蒸汽再压缩蒸发流程

只需在蒸发器开始阶段供应生蒸汽,当操作达到稳定后,即不再需要加热蒸汽,只需提供使二次蒸汽升压所需的功,因而节省了大量的生蒸汽。通常,在单效蒸发和多效蒸发的末效中,二次蒸汽的潜热全部由冷凝水带走,而在热泵蒸发中,不但没有此项热损失,而且不消耗冷却水,这是热泵蒸发节能的原因所在。

但对于溶液的沸点升高较大的溶液蒸发时,蒸发器的传热推动力变小,因而二次蒸汽所需的压缩比将变大,这在经济上将变得不合理。所以热泵蒸发不适合于沸点上升较大的溶液的蒸发。此外,压缩机的初期投资较大,要经常维护保养,这些缺点会在一定程度上限制热泵蒸发的应用范围。

第四节　蒸发器简介

一、蒸发器的类型

蒸发器有用直接热源加热的,也有用间接热源加热的,工业上大多采用间接蒸汽加热的蒸发器。

按照溶液在加热室中运动的情况,可将蒸发器分为循环型(非膜式)和单程型(膜式)两大类。

1. 循环型(非膜式)蒸发器

循环型(非膜式)蒸发器由加热室和蒸发分离室组成,其特点是溶液在蒸发器中循环流动,因而可以提高传热效果。由于引起溶液循环运动的原因不同,又分为自然循环和强制循环两种类型。前者是由于溶液受热程度不同,产生了密度差从而引起循环运动的;后者是由于外加机械(泵)迫使溶液沿一定方向流动。

这类蒸发器在选择时要考虑的主要问题有:

①加热室有效传热面积大小;

②溶液的黏度及在蒸发器中循环效果;

③溶液是否易结晶;

④蒸发器总体高度在建筑物空间内的容许性等。

2. 单程型(膜式)蒸发器

单程型(膜式)蒸发器溶液只需通过加热室一次即可达到需要的浓度,料液的停留时间仅为几秒或十几秒。在操作过程中料液沿加热管壁面呈传热效果最佳的膜状流动。图 5 - 8 是升膜式蒸发器的结构示意图,加热室由垂直管束组成,加热管长径之比为 100 ~ 150 mm,管径为 25 ~ 50 mm。原料液经预热达到沸点或接近沸点后,由加热室底部引入,在管内被高速上升的二次蒸汽带动,沿壁面边呈膜状上升,液膜边流动、边蒸发,在加热室顶部可达到所需的浓度,完成液由分离室底部取出。

显然单程型蒸发器与循环式蒸发器比较其优点是物料在浓缩过程中加热管内滞料量物料少,在高温下停留时间短,更适宜处理热敏性物料。

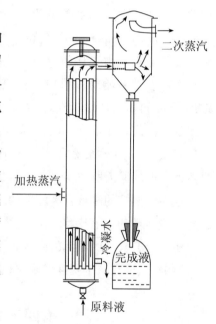

图 5 - 8 升膜式蒸发器示意图

各种蒸发器类型很多,限于篇幅本处不作详细介绍,需要做详细了解请读者自行参考相关专业文献及相关工程手册。

二、蒸发器的选型

蒸发器的结构型式很多,不同类型的蒸发器,各有其特点,对不同物料的适应性也各不相同。在选择蒸发器的类型或设计蒸发器时,除要满足生产任务要求、保证产品质量外,还要倾向结构简单、易于制造,操作和维修方便,传热效果好的蒸发器。此外,还应考虑蒸发物料的工艺特性,包括物料的黏性、热敏性、腐蚀性以及是否结晶或结垢等因素。

①溶液的黏度:蒸发过程中溶液黏度变化的范围,是选型首要考虑的因素。

②溶液的热稳定性:对长时间受热易分解、易聚合以及易结垢的溶液蒸发时,应采用滞料量少、停留时间短的蒸发器。

③有晶体析出的溶液:对蒸发时有晶体析出的溶液应采用外热式蒸发器或强制循环式蒸发器。

④易发泡的溶液:易发泡的溶液在蒸发时会生成大量层层重叠不易破碎的泡沫,充满了整个分离室后即随二次蒸汽排出,不但损失物料,而且污染冷凝器。蒸发这种溶液宜采用外热式蒸发器、强制循环式蒸发器或升膜式蒸发器。若将中央循环管式蒸发器和悬筐式蒸发器的分离室设计大一些,也可用于这种溶液的蒸发。

⑤有腐蚀性的溶液:蒸发腐蚀性溶液时,加热管应采用特殊材质制成,或内壁衬以耐腐蚀材料。

⑥易结垢的溶液:无论蒸发何种溶液,蒸发器长久使用后,传热表面上总会有污垢生成。垢层的导热系数小,因而对于易结垢的溶液,应考虑选择便于清洗和溶液循环速度大的蒸发器。

⑦溶液的处理量:溶液的处理量也是选型应考虑的因素。要求传热表面大于 10 m^2 时,即不宜选用刮板搅拌薄膜式蒸发器,要求传热表面在 20 m^2 以上时,则采用多效蒸发操作。

总之,根据具体情况,选择时应首先保证产品质量和生产任务,然后考虑上述诸因素选用适宜的蒸发器。

三、蒸发器改进与发展

近年来,国内外对于蒸发器的研究十分活跃,归结起来主要有以下几个方面。

1. 开发新型蒸发器

在这方面主要是通过改进加热管的表面形状来提高传热效果。例如新近发展起来的板式蒸发器,是将板式加热器和冷凝器结合在一起的蒸发装置。加热室的结构以及两流体在板间的流动情况与板式换热器类似,不同之处是两板间的垫圈较厚、角孔直径较大,可使流动通道加大,以增大生产能力、减小流动阻力。夹紧一组板片即组装成蒸发器的加热室,增加板片数量即可调节传热表面积。与其他蒸发器相比,其优点是:生产能力大、流动阻力小、易于调节传热表面积、滞料量小、传热效率高;缺点是:密封周边长,易泄漏。

在石油化工、天然气液化中使用的表面多孔加热管,可使沸腾溶液侧的传热系数提高 10 ~ 20 倍。海水淡化中使用的双面纵槽加热管,也可显著提高传热效果。

2. 改善蒸发器内液体的流动状况

在蒸发器内装入多种形式的扰流构件,可提高沸腾液体侧的传热系数。例如,将铜质填料装填入自然循环型蒸发器后,可使沸腾液体侧的传热系数提高 50%。这是由于构件或填料能造成液体的湍动,同时其本身亦为热导体,可将热量由加热管传向溶液内部,增加了蒸发器的传热速率。

3. 改进溶液的性质

近年来亦有通过改进溶液性质来改善传热效果的研究报道。例如有研究表明,加入适当的表面活性剂,可使总传热系数提高 1 倍以上。加入适当阻垢剂减少蒸发过程中的结垢亦为提高传热效率的途径之一。

习　题

1. 什么样的溶液适合进行蒸发?

2. 什么叫蒸发? 为什么蒸发通常在沸点下进行?

3. 什么叫真空蒸发? 有何特点?

4. 与传热过程相比,蒸发过程有哪些特点?

5. 单效蒸发中,蒸发水量、生蒸气用量如何计算?

6. 何谓温度差损失? 温度差损失有几种?

7. 何谓蒸发器的生产能力? 何谓蒸发器的生产强度? 怎样提高蒸发器的生产强度?

8. 蒸发时,溶液的沸点比二次蒸气的饱和温度高的原因是什么?

9. 多效蒸发中,"最后一效的操作压强是由后面的冷凝能力确定的。"这种说法是否正确? 冷凝器后使用真空泵的目的是什么?

10. 为什么要采用多效蒸发? 效数是否愈多愈好?

11. 用一单效蒸发器将 2 000 kg/h 的 NaCl 水溶液由 11% 浓缩至 25%(均为

质量分数),试计算所需蒸发水分量。

12. 在一蒸发器中,将 2 500 kg/h 的 NaOH 水溶液由 8% 浓缩至 27%(均为质量分数)。已知加热蒸汽压力为 450 kPa,蒸发室压力为 100 kPa(均为绝压)。溶液沸点为 115 ℃,比热为 3.9 kJ/(kg·K),热损失为 70 kW。试计算以下两种情况的加热蒸汽消耗量和单位蒸汽消耗量。

①25 ℃进料。

②沸点进料。

13. 用一单效蒸发器将 1 500 kg/h 的水溶液由 5% 浓缩至 25%(均为质量分数)。加热蒸汽压力为 190 kPa,蒸发压力为 30 kPa(均为绝压)。蒸发器内溶液沸点为 78 ℃,蒸发器的总传热系数为 1 450 W/(m² · ℃)。沸点进料,热损失不计。试计算:

①完成液量。

②加热蒸汽消耗量。

③传热面积。

14. 某食品厂准备用一单效膜式蒸发器将番茄汁从 12% 浓缩至浓度为 28%(均为质量分数)。蒸发器的传热面积为 5 m²,传热系数 $K = 1\ 500$ W/(m² · K),加热蒸汽的温度采用 115 ℃(其汽化潜热为 2 221 kJ/kg,冷凝水在饱和温度下排出),蒸发室内蒸汽的温度为 57.3 ℃,二次蒸汽的汽化潜热为 2 359 kJ/kg,采用沸点进料,经计算知:$\Delta' = 0.7$ ℃,$\Delta'' = 0$;热损失相当于蒸发器传热量的 5%。求:

①此蒸发器每小时可处理多少 kg 番茄汁?

②加热蒸汽耗量为多少 kg/h?

15. 现采用某单效真空蒸发器来浓缩某水溶液。已知进料量为 10 t/h,料液从 15% 浓缩至浓度为 60%(均为质量分数),沸点进料;加热蒸汽压力为 300 kN/m²(绝压);冷凝水在饱和温度下排出;冷凝器内的真空度为 610 mmHg,各项温度差损失分别为 $\Delta' = 2.5$ ℃,$\Delta'' = 3.5$ ℃,$\Delta''' = 1$ ℃;热损失为加热蒸汽放出热量的 5%,传热系数 $K = 2\ 500$ W/(m² · K),试求:

①估算单位蒸汽耗量为多少?

②估算蒸发器的传热面积为多少 m²?

③若产品浓度达不到要求,你认为可采取什么措施?

16. 在单效真空蒸发器中,将流量为 10 000 kg/h 的某水溶液从 10% 连续浓缩至 50%。原料液温度为 31 ℃。估计溶液沸点升高为 7 ℃,蒸发室的绝对压强为 0.2 kgf/cm²。加热蒸汽压强为 2 kgf/cm²(绝压),其冷凝水出口温度为 79 ℃。假设总传热系数为 1 000 W/(m²·K),热损失可忽略。试求加热蒸汽消耗量和蒸发器的传热面积。当地大气压为 1 kgf/cm²。已知 0.2 kgf/cm² 时蒸汽饱和温度为 59.7 ℃,汽化潜热为 2 356 kJ/kg 及焓 2 605.45 kJ/kg;2 kgf/cm² 时蒸汽饱和温度为 119.6 ℃,汽化潜热为 2 206 kJ/kg 及焓为 2 708 kJ/kg。

17. 欲用一标准式蒸发器将 10% 的 NaOH 水溶液浓缩至 25%。加料量为 12 t/h。原料液的比热为 3.76 kJ/K,进料温度为 50 ℃,加热室内溶液的密度为 1 200 kg·m³。料液平均高度为 1.4 m,蒸发室内真空度为 51.3 kPa,加热蒸汽压力为 300 kPa。热损失可取 35 kW,总传热系数为 1 800 W/(m²·℃),当地大气压为 101.33 kPa。试计算:

①蒸发水分量。

②加热蒸汽用量。

③蒸发器的传热面积。

第六章 食品冷藏

本章学习要求:了解食品加工中制冷的原理、食品冷藏的分类及特点,掌握冷藏的基本设计方法和计算方法,达到熟练应用食品冷藏方法并能够进行基本的冷量计算和设计。

食品工程中广泛涉及产品的冷冻加工过程。如食品冷却(Cooling)、食品冷藏(Refrigeration)、食品冻藏(Freezing preservation)、食品速冻(Quick-freezing)及冷食制品加工等都必需经过冷冻操作。冷冻过程是通过一定的方法制造冷源,使产品温度降低或使之冻结的单元操作,通常包括制冷和食品冷冻两个部分。

第一节 制冷的基本原理与方法

制冷(Refrigeration)是利用一些物质在相变时产生的冷效应而获得低温源的操作过程。实现制冷所必需的装置称制冷机(Refrigerating machine)。现代食品工业已普遍采用了人工制冷的方法,这种技术是建立在热力学基础上的,是现代食品工程中重要的基础技术之一。

一、制冷的基本原理

(一)卡诺循环(Carnot cycle)

1824 年法国青年工程师卡诺(S. Cannot)在研究热机效率时设想了由两个可逆定温过程和两个绝热过程构成的循环过程,即等温膨胀过程、等熵膨胀过程、等温压缩过程和等熵压缩过程,见图 6 − 1。这个理想的可逆循环,称卡诺循环。卡诺循环在热力学中具有重要的理论意义,为提高热机效率研究指明了方向。

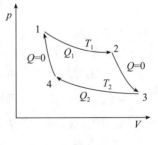

图 6 − 1 卡诺循环

由卡诺循环可得出如下结论:①卡诺热机是工作于 T_1 和 T_2 两热源之间的可逆机,其效率最高,且与在其中循环的工作物质无关;②卡诺循环是可逆循环,当所有过程均逆向进行时,功与热只改变符号,而绝对值不变。因此,若是环境对热机做功,则可使低温区的热量流向高温区。

(二)逆卡诺循环(Reverse Carnot cycle)

逆卡诺循环,亦称制冷循环,是制冷技术的物理基础。它与卡诺循环一样也是由两个可逆等温过程和两个绝热过程所组成,即等温膨胀过程、等熵膨胀过程、等温压缩过程、等熵压缩过程,但这个循环在压容图或温熵图上的方向与卡诺循环相反。如图6-2所示:①工作介质首先沿等熵线1-2作绝热压缩,此时压力由P_1升至P_2,温度从T_2升至T_1;②绝热压缩后的工作介质,再沿等温线2-3作等温压缩,此时熵值减少,压力再次从P_2升至P_3;③等温压缩后的工作介质再沿等熵线3-4作绝热膨胀,此时压力下降至P_4,温度降至绝热压缩前的温度T_2;④最后沿等温线4-1作等温膨胀,此时,其熵值增加,压力下降至P_1,恢复原状,从而构成完整的逆卡诺循环。这些过程均为可逆,是一个理想的循环,在实际生产过程中是不可能实现的。因为在实际的制冷循环中,压缩和膨胀不可能是完全绝热过程,而且在两个等温过程中,放热侧工作介质温度必高于热源(冷却介质)的温度,吸热侧的工作介质温度必低于冷源(被冷却的物体)的温度(即无法实现没有温差的等温传热过程)。但理想循环可作为实际制冷循环完善程度的比较标准。

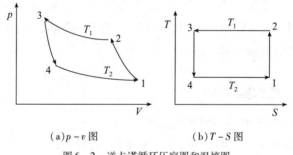

(a)$p-v$图　　　　　　(b)$T-S$图

图6-2　逆卡诺循环压容图和温熵图

(三)制冷过程

热量从高温物体传向低温物体的传递是一个自发的过程,但制冷过程可使热量从低温物体传向高温物体,此过程必然需要消耗外功。制冷的任务是将目标物中的热量移向周围介质,使目标物体温度降低,并能保持一定的温度。工作介质即制冷剂(Refrigerant)在制冷机中循环,周期性地从目标物体中取得热量,并传递给周围介质;同时制冷剂也完成了状态的循环,实现这个循环必须消耗能量。

如图6-3所示蒸汽压缩式制冷机的制冷循环,其过程分为压缩、冷凝、膨胀、蒸发4个阶段,用管道将它们连接成一个密闭体系。制冷剂液体在蒸发器内以低温与被冷却对象发生热交换,吸收被冷却对象的热量并汽化,产生的低压蒸汽被压缩机吸入,经压缩后高压排出。压缩机排出的高压气态制冷剂进入冷凝器,被冷却,凝结成高压液体。高压液体经膨胀阀节流,变为低温低压的汽液混合物,进入蒸发器,其中的液态制冷剂在蒸发器中蒸发制冷,产生的低压蒸汽再次被压缩机吸入。如此不断循环。构成了制冷机的制冷循环,使蒸发器周围介质的温度降

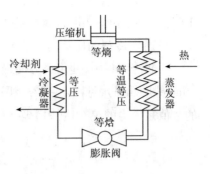

图6-3　制冷循环原理

低,这就是制冷过程。制冷机主要由蒸发器、压缩机、冷凝器和膨胀阀等构成。压缩机是制冷系统的核心单元。

(四)制冷量与制冷系数

1. 制冷量(Cooling capacity)

制冷量是制冷系统产生的冷效应,也称制冷能力,即在一定的操作条件(一定的制冷剂蒸发温度、冷凝温度、过冷温度)下,单位时间制冷剂从被冷冻目标物中取出的热量,以 Q 表示之,单位为 W,在生产中常用 kW 为单位来表示。在国外,制冷量经常有用冷冻吨(简称冷吨)来表示,但应注意不同国家对冷冻吨的定义不同,其数值也有差异。如:1 美国冷吨 = 3.517 kW(相当于 24h 内,将 907.2 kg,0 ℃的水,冷冻成同温度冰所放出的热量);1 日本冷吨 = 3.861 kW(相当于 24 h 内,将 1000 kg,0 ℃的水,冷冻成同温度冰所放出的热量)。

2. 制冷系数

制冷系数(Refrigeration coefficient)是指单位功耗所能获得的冷量,也称制冷性能系数,是评价制冷系统(制冷机)的一项重要技术经济指标。它表示制冷循环中的制冷量 Q 与该循环所需消耗的功率 P 之比,即加入单位功时能从被冷冻物料取出的热量数。制冷性能系数大,表示制冷系统(制冷机)能源利用效率高。它是与制冷剂种类及运行工作条件有关的一个系数。从理论上可推导出逆卡诺循环的制冷系数为 $\varepsilon = T_2/(T_1 - T_2)$,说明制冷系数只取决于高温热源 T_1 和低温热源 T_2 的温度,与工作介质的性质无关,并随热、冷源的温差的减小而提高。由于这一参数是用相同单位的输入和输出的比值表示,因此无量纲。

因为理想制冷循环具有最高效率,所以在同样冷热源温度范围内工作的任何制冷机,其制冷系数必小于逆卡诺循环的制冷系数。提高制冷系数的途径有:

①降低冷凝温度;②提高蒸发温度;③将制冷剂过冷。

(五)制冷剂的压焓图

在制冷工程中,使用最方便最常用的热力图就是制冷剂的压焓图(Pressure-volume diagram),见图 6-4。该图纵坐标是绝对压力的对数值 $\lg p$(图中所表示的数值是压力的绝对值),横坐标是比焓值 h。

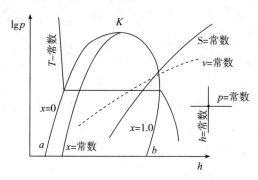

图 6-4　制冷剂的压焓图

1. 临界点和饱和曲线

临界点 K 为两根粗实线的交点。在该点,制冷剂的液态和气态差别消失。

K 点左边的粗实线 Ka 为饱和液体($x=0$)线,在 Ka 线上任意一点的状态,均是相应压力的饱和液体;K 点的右边粗实线 Kb 为饱和蒸汽($x=1.0$)线,在 Kb 线上任意一点的状态均为饱和蒸汽状态,或称干蒸汽。

2. 三个状态区

Ka 左侧——过冷液体(Subcooled liquid)区,该区域内的制冷剂温度低于同压力下的饱和温度;

Kb 右侧——过热蒸汽(Super-heated vapor)区,该区域内的蒸汽温度高于同压力下的饱和温度;

Ka 和 Kb 之间——湿蒸汽区,即汽液共存区。该区内制冷剂处于饱和状态,压力和温度为一一对应关系。

在制冷循环中,蒸发与冷凝过程主要在湿蒸汽区进行,压缩过程则是在过热蒸汽区内进行,膨胀过程主要在过冷液体区内进行。

3. 六组等参数线

①等压线(Isobar):图上与横坐标轴相平行的水平细实线均是等压线,同一水平线的压力均相等。

②等焓线(Isenthalpic):图上与横坐标轴垂直的细实线为等焓线,凡处在同

一条等焓线上的工作介质,不论其状态如何焓值均相同。

③等温线(Isotherm):等温线在不同的区域变化形状不同,在过冷液体区几乎与横坐标轴垂直;在湿蒸汽区却是与横坐标轴平行的水平线;在过热蒸汽区为向右下方急剧弯曲的倾斜线。

④等熵线(Isentropic):图上自左向右上方弯曲的细实线为等熵线。制冷剂的压缩过程沿等熵线进行,因此过热蒸汽区的等熵线用得较多,在压焓图上等熵线以饱和蒸汽线作为起点。

⑤等容线(Isometric):图上自左向右稍向上弯曲的虚线为等比容线。与等熵线比较,等比容线要平坦些。制冷机中常用等比容线查取制冷压缩机吸气点的比容值。

⑥等干度线(Isobume):从临界点 K 出发,把湿蒸汽区各相同的干度点连接而成的线为等干度线。它只存在于湿蒸气区。

上述六个状态参数中,只要知道其中任意两个状态参数值,就可确定制冷剂的热力状态。在压焓图上确定其状态点,可查取该点的其余四个状态参数。各种制冷剂都可绘制出一类似的压焓图。

二、一般制冷方法

现代食品工业普遍采用人工制冷方法,在人工制冷法中以机械压缩循环制冷法最为常用。此外,低温液化气制冷等非机械压缩制冷法在食品冷冻中也有一定的地位。

(一)空气压缩制冷

这种制冷方法是利用空气作制冷剂。如图6 -5所示。空气首先在压缩机中绝热压缩至0.5~0.6 MPa,然后在等压下用冷却水冷却。冷却后的空气在膨胀阀中绝热膨胀,使空气温度继续降低;低温空气再通过蒸发器,在等压下吸取热量,使之回升至原来的温度,再返回到压缩机中,进行下一循环。其特点:制冷循环是以两等压过程代替逆卡诺循环中的两等温过程,故制冷系数较小,经济性较差;由于在

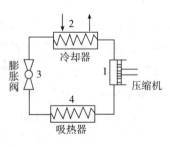

图6-5　空气压缩制冷

制冷过程中物质无相变,无潜热可利用,故单位制冷量也较小;为了获取足够的制冷量,则需要比较庞大的设备,动力消耗大、成本高。同时当冷却温度降至0 ℃时,由于冰霜生成,致使操作困难。故在现代工业生产中基本上很少使用。

（二）蒸气压缩式制冷（Vapor compression refrigeration）

食品工业广泛应用的一种制冷方法是蒸汽压缩式制冷，其原理如图 6 - 6 所示。这种方法是用常温及普通低温下可以液化的物质作为工作介质（例如氨、二氧化碳、氟利昂等），通过过程中液态变气态、气态经压缩再变成液态的相变产生制冷效应。其循环过程为：在蒸发器中产生的低压制冷蒸汽（状态点 1），在压缩机中被压缩，温度和压力不断上升；压缩后的蒸汽在过饱和状态下（状态点 2）进入冷凝器中，进入冷凝器后因受到冷却介质（水或空气）的冷却而凝结成饱和液体（状态点 3），其冷凝过程为一等温等压相变放热过程；由冷凝器出来的制冷剂液体，经膨胀机进行绝热膨胀，温度降到与之相对应的饱和温度（状态点 4），此时已成为低温低压两相状态气液混合物，然后进入蒸发器进行等温等压的蒸发过程，吸收热量，以恢复到起始状态，完成一个循环。

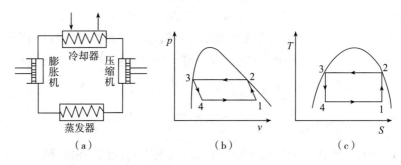

图 6 - 6　蒸汽压缩式制冷循环

由此可见，理想的蒸汽压缩式制冷循环是一个与逆卡诺循环相同的矩形封闭体。蒸汽压缩式制冷循环的蒸发和冷凝过程都是在等温情况下进行的，利用了等温相变过程，不可逆性小。制冷循环的温熵图是与逆卡诺循环相同的封闭矩形，与标准逆卡诺循环的差异小，故其循环的制冷系数大，效率高。它是利用液体的蒸发过程来制冷，相变潜热大，故单位制冷量大；同时在蒸发器和冷凝器中都是有相变的传热过程，其传热系数较大，因而设备较紧凑。

（三）吸收式制冷（Absorption refrigeration）

吸收式制冷循环是由消耗热蒸汽、热水等的热能来工作的。目前吸收式制冷机多用两组分溶液，利用溶液在一定条件下能析出低沸点组分的蒸汽，在另一种条件下又能吸收低沸点组分这一特性完成制冷循环的。习惯上称低沸点组分为制冷剂，高沸点组分为吸收剂。要求吸收剂的沸点远高于制冷剂的沸点才能使溶液在加热时产生的气相中具有高浓度的制冷剂。它与压缩式制冷的区别是以热能代替机械能进行工作。工作原理如图6-7所示。含高浓度制冷剂的溶液送入发生器1内,在其中与热蒸汽、热水或其他加热源进行热交换,在高温高压下发生器中大部分低沸点组分的制冷剂吸收热量后蒸发。发生器中出来的制冷剂蒸汽进入冷凝器2由冷却水带走热量,使蒸汽冷凝。经冷凝后的制冷剂经过节流阀3成为低温低压液体进入蒸发器4,在蒸发器中蒸发,并从被冷却物质吸取热量,使物料降温。制冷剂

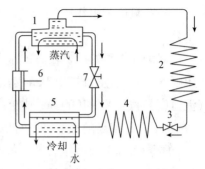

1—发生器　2—冷凝器　3—节流阀
4—蒸发器　5—吸收器　6—泵　7—节流阀
图6-7　吸收式制冷机工作原理

的蒸汽从蒸发器出来后,进入吸收器5。在发生器中经过发生过程后残余液中,制冷剂的含量已大为降低,称之为吸收液。吸收液经节流阀7降到蒸发压力进入吸收器中与从蒸发器来的低压制冷剂蒸汽混合,并吸收这些蒸汽,于是又形成含高浓度制冷剂的溶液,经过溶液泵6送入发生器,继续循环使用,这样便完成了吸收式制冷机的基本循环。

这类制冷机可供考虑使用的制冷剂—吸收剂的溶液较多,按溶液中含有的制冷剂种类区分,可分为水类、氨类、乙醇类和氟里昂类等。常用的制冷剂是氨,吸收剂是水,近年来广泛采用的是溴化锂—水的组合,其中溴化锂是吸收剂,水是制冷剂。

(四)蒸气喷射式制冷(Steam jet refrigeration)

蒸气喷射式制冷机与吸收式制冷机一样,以消耗热能来完成制冷机的补偿过程。喷射泵由喷嘴、混合室、扩压器组成,起着压缩机的作用。

制冷机中的制冷剂是水,水的汽化潜热大,在0℃时约为氨的2倍。但要得到低温蒸汽,必须维持非常低的压力,而且在低温下,水蒸气的比容很大;若要获取5℃的蒸发温度时,蒸气压力就要维持在约0.9 kPa,而这时饱和蒸气的比容达到147.2 m³/kg,显然要用压缩机来完成这个任务是不可能的。所以喷射

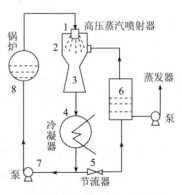

1—喷嘴　2—主喷射器　3—扩压管
4—冷凝器　5—节流阀　6—蒸发器
7—泵　8—锅炉
图6-8　蒸汽喷射式制冷机工作原理

制冷机一般只适用作空气调节工程。蒸汽喷射式制冷机工作原理如图 6 - 8 所示。

由锅炉 8 供给的压力较高的水蒸汽(称为工作蒸汽)进入主喷射器 2(由拉瓦尔喷嘴、混合锅室及扩压管组成)中,在拉瓦尔喷嘴 1 中绝热膨胀,获得很大的气流速度(可达800～1000 m/s或更高);利用这一高速汽流不断从蒸发器 6 中抽汽,在其中保持较高的真空,即较低的蒸发压力。从制冷装置(例如空气调节设备)来的冷水,经节流减压后进入蒸发器 6,其中一部分蒸发并吸收其余水的热量而使之温度降低。降温后的冷水由泵输出,供给冷量之后反复使用。在喷射器中的工作蒸汽连同从蒸发器中抽吸的蒸汽,一起流经扩压管 3 使压力升高到冷凝压力,进入冷凝器 4 中与冷却水直接接触并凝结于冷却水中,并向环境介质放出热量。由冷凝器引出的凝结水分为两路:一路经节流阀 5 节流降压到蒸发压力后进入蒸发器 6 中制取冷量,而另一路则经水泵 7 送入锅炉中 8,完成工作循环重复使用。

(五)低温制冷方法

从上述制冷方法可知,在制冷系统的工作过程中,制冷剂蒸汽的液化是在冷凝器中通过冷却剂(周围环境的空气或冷却水)来进行的。由于冷却剂的温度有限度,且冷凝温度和蒸发温度之差受制冷效率所限,所以一般制冷方法不可能获得很低的温度。例如:氨压缩制冷的极限工作条件是:冷凝温度不高于40 ℃,单级蒸发温度应在 - 30～5 ℃范围内。

为了获取更低的温度,可采用下列几种方法以实现低温制冷。

1. 多级制冷循环

在很低的温度下蒸发压力必然也很低。如果依靠单级压缩机进行压缩,则因压缩比过大,而造成功耗高很不经济。如果将其分成多级压缩,则每级压力差必然减小,减弱蒸汽与气缸壁之间的热交换,从而使压缩机的工作条件得到改善;同时,采用多级压缩,可降低压缩蒸汽的过热程度,改善压缩机的润滑效果。

多级制冷循环是依靠一种制冷剂实施多级压缩的制冷方法。在制冷系统中,当冷凝器温度较高而蒸发器温度较低时(即压缩比高时),则采用两级或多级压缩,同时在两级之间可增设中间冷凝器,使压缩终了温度不致太高。这样既避免了由于过高蒸气温度可能引起的制冷剂本身的热分解,又能改善压缩机的工作条件。

图 6 - 9 表示一种两级制冷循环。从低压蒸发器内生成的低压蒸气被低压气缸吸入,并压缩至中间压力。被压缩后的蒸汽先经冷却水冷却,之后进入中间

冷却器被部分制冷剂的蒸发吸热而冷却。此后,中间冷却器中的蒸气被高压气缸吸入并压缩,压缩后的过热蒸气在冷凝器中冷却冷凝,变为液态制冷剂。此液态制冷剂分两部分,一部分通过中间冷却器进行过冷后进入低压系统,一部分则经节流阀进行减压。减压后的制冷剂又分两部分,一部分与通过中间冷却器的过冷液汇合进入低压系统,一部分则进入中间冷却器内蒸发。若采用氨和 R12 做制冷剂,用两级压缩机进行制冷循环时,可获得 $-70 \sim -25\ ℃$ 的低温。

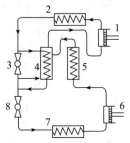

1—高压压缩机　2—冷凝器　3—高压膨胀阀　4—中间冷却器　5—水冷却器
6—低压压缩机　7—蒸发器　8—低压膨胀阀
图 6 – 9　两级制冷循环

2. 串级制冷循环

上述多级制冷循环是依靠一种制冷剂实施多级压缩的制冷方法。但根据制冷剂的性质,各种制冷剂均有其适宜的工作范围。沸点高的制冷剂,其蒸发压力势必很低;反之,沸点低的制冷剂,其冷凝压力又势必过高。为了获得更低的温度,可在制冷循环中应用两种或多种制冷剂串联操作,以一高温制冷剂所产生的冷效应去液化沸点较低的制冷剂,而此液化后的制冷剂,在汽化时又去液化另一沸点更低的制冷剂,如此逐级液化以达到所要求的低温。这种方法称为串级制冷循环或复叠式制冷循环。图 6 – 10 表示两种制冷剂的串级制冷循环。其中的中间热交换器对于高温系统是蒸发器,对于低温系统是冷凝器。在这种系统中,高温部分制冷循环的作用是为

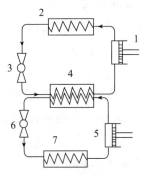

1—高温压缩机　2—高温冷凝器　3—高温膨胀阀
4—中间热交换器　5—低温压缩机
6—低温膨胀阀　7—低温蒸发器
图 6 – 10　串级制冷循环

低温部分提供低温冷却剂,从而降低了低温部分制冷循环的冷凝温度,使其蒸发温度降得更低。

串级制冷循环所用的制冷剂组合最常用的是以 R22 为高温制冷剂, R13 为低温制冷剂。也有采用以 R12 为高温制冷剂, 以 R22 为低温制冷剂。串级制冷循环用于 -70 ℃以下的制冷, 可获得 $-120 \sim -80$ ℃的低温。

串级循环的缺点是消耗能量较大。这是因为中间热交换器内两种制冷剂必须有一定的温度差, 低温的冷凝温度必须高于高温的蒸发温度的缘故。

3. 节流膨胀和绝热膨胀法

通过多种制冷剂的串级循环虽可获得很低的温度, 但操作设备复杂, 且能量消耗较大, 经济上不合算。而且, 这种逐级液化所能达到的温度还受气体性质的限制。为此, 工业上广泛采用节流膨胀和绝热膨胀两种方法实现深度制冷。

此两种方法都是针对气体而言, 以热力学定律为基础而获得深度冷冻的方法是工业上最广泛采用的深度制冷方法。若这两种方法配合使用, 先进行作外功的绝热膨胀, 而后进行节流膨胀, 可以获得接近于绝对 1K 的低温。

①节流膨胀法: 节流膨胀法是使天然气、空气、氧气、氮气、氢气、氦气及其他稀有气体和某些混合气体等在低温下节流, 让连续流动的流体在极高的压力下流经节流阀而发生急剧膨胀, 同时迅速降低压力。因膨胀过程极快, 时间极短, 所以膨胀过程是绝热的、不可逆的。在一定范围内, 其节流效应可使温度急剧下降而转变为液态, 以获得液化气体(或称低温液体)的方法。这种方法的制冷过程是采用气体的一次或二次节流循环。如对空气, 则是采用低温逆流式换热器经一次节流而使之液化的。

②可逆绝热膨胀(等熵膨胀): 在节流循环中, 采用不作外功的绝热膨胀过程, 其设备较简单, 但能量损失大, 经济性差。为改善循环的热力性能, 可采用作外功的等熵绝热膨胀过程, 以获得更大的温降, 同时回收膨胀功。

可逆绝热膨胀法是连续流动的气体在膨胀机中对外做功的情况下所发生的绝热膨胀。它与节流的绝热膨胀过程不同, 在膨胀过程中, 除了分子位能的变化可引起冷效应之外, 还有外功输出, 造成内能消耗的增大, 故能产生更大的冷效应。

4. 固体升华制冷

二氧化碳在其三相点(压强 0.527 MPa, 温度 -56.56 ℃)时, 将处于固体、液体与气体三相共存状态。如果转置于大气中, 则固体二氧化碳将直接升华为气体, 此时温度可达 -78.9 ℃, 升华潜热为 573.6 kJ/kg, 升华后的低温二氧化碳与高温物料相接触, 进行冷冻。

5. 液化气体制冷

液化气体制冷本质上属于蒸发制冷。它利用低沸点液化气体物质直接与食品接触,吸取食品热量使其冻结,而自身汽化成气体。这种制冷方式可快速获得低达 −73 ℃以下的低温,因而适用于要求速冻的场合。另外,由于此法使用后液化气体不再回收,因此选用时,应注意成本。

液氮是最常用的液体直接制冷剂。在大气压下,液氮的蒸发温度为 −196 ℃,可吸收蒸发潜热 199.3 kJ/kg,其潜热虽然不大,但其蒸发温度与 0 ℃ 的温差很大,因此蒸发后气体升温还可吸收相当分量的显热。如取其气体的比热容为 1.005 kJ/(kg·K),则气态氮再升温到 0 ℃ 还可带走约 196.8 kJ/kg 的热量。因此,每千克液氮蒸发后温度升到 0 ℃,共可吸收 396.1 kJ/kg 的热量,此热量约可使食品中的 1 kg 水分冻结。

除液氮以外,其他可用来制冷的液化气体有:液化石油气、氟利昂 −12、液态一氧化二氮等。但是,包括液氮在内,到目前为止,所有液化气体制冷方法均不及机械制冷来得经济。

第二节 制冷剂与载冷剂

制冷剂是制冷系统中的工作介质,也称为制冷工质。制冷剂在制冷系统中循环流动,其状态参数在循环的各个过程中不断发生变化,在蒸发器内吸取被冷却物体或空间的热量而蒸发,在冷凝器内将热量传递给周围介质而被冷凝成液体,制冷系统借助于制冷剂状态的变化,从而实现制冷的目的。

制冷循环中,如果制冷剂吸热的蒸发器直接与被冷却物体或被冷却物体的周围环境进行换热,这种制冷方式称为直接制冷。

食品工业中,需要进行冷冻加工的场所往往较大或进行冷冻作业的机器台数较多,若将制冷剂直接送往各处,则制冷剂使用量将会大大增加,经济上不合算。因此常采用间接制冷过程以解决此类问题。所谓间接制冷是用价廉物质作媒介载体实现制冷装置与被冷却物体或空间的热交换,这种媒介载体工质称载冷剂(Cooling medium),

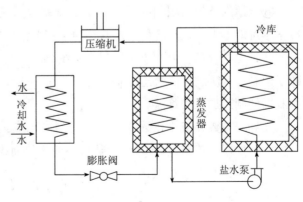

图 6−11 间接蒸发制冷原理

也称冷媒。如图 6-11 所示,载冷剂在蒸发器中被制冷剂冷却后,送到冷却设备中,吸收被冷却物体或空间的热量,再返回蒸发器重新被冷却,如此循环不止,以达到传递制冷量的目的。

一、对制冷剂的要求

制冷剂的性质会直接影响到制冷机的种类、构造、尺寸和运转特性,同时也影响到制冷循环的形式,设备结构及经济技术性能。因此,必须慎重选用适合于操作条件的制冷剂。通常对制冷剂的性能要求从热力学、物理化学、安全性和经济性方面加以考虑。

(一)热力学上的要求

①在大气压力下,沸点要低以获得较低的蒸发温度。对于活塞式制冷机,制冷剂的正常沸点(在 0.1 MPa)一般不应超过 -10 ℃。

②临界温度要高、凝固温度要低,以保证制冷机在较广的温度范围内都能安全工作。临界温度高的制冷剂在常温条件下能够液化,即可用普通冷却介质使制冷剂冷凝,同时能使制冷剂在远离临界点下节流而减少损失,提高循环的性能。凝固点低,可使制冷系统安全地制取较低的蒸发温度,使制冷剂在工作温度范围内不发生凝固现象。

③制冷剂具有适宜的工作压力,蒸发压力接近或略高于大气压力,避免空气窜入制冷机系统中,降低传热系数以及增加压缩机的功率消耗。冷凝器的压力不能过高。尽可能使冷凝压力与蒸发压力的压力比(P_k/P_o)小。

④制冷剂的蒸发潜热要大。在一定的饱和压力下,制冷剂的蒸发潜热大,可得到较大的单位制冷量。这样可以减少循环的制冷剂量,减少压缩机的尺寸。

⑤合适的单位容积制冷量。对于大型制冷系统,要求制冷剂的单位容积制冷量尽可能地大。在产冷量一定时,可减少制冷剂的循环量,从而缩小制冷机的尺寸和管道的直径。但对于小型制冷系统,要求单位容积制冷量小些,这样可不致于使制冷剂所通过的流道截面太窄而增加制冷剂的流动阻力、降低制冷机效率和增加制造加工的难度。

⑥导热系数和散热系数要高。这是制冷剂应具备的良好性质,可以提高冷凝器和蒸发器的传热系数,减少换热设备的换热面积。

(二)物理化学上的要求

①要求制冷剂的相对密度和黏度尽可能小,黏度小可以减少制冷剂循环流动阻力损失。

②制冷剂的热化学稳定性要好,不燃烧、不爆炸,高温下稳定不易分解,与润滑油不起化学作用。制冷剂与油、水相混合时对金属材料不应有明显的腐蚀作用。对制冷机的密封材料的膨润作用要求尽可能小。

③在半封闭和全封闭式制冷机中,电机线圈与制冷剂、润滑油直接接触,因此要求制冷剂应具有良好的电绝缘性。

④制冷剂溶解于油的不同性质表现出不同的特点。制冷剂在润滑油中的溶解性可分为完全溶解、微溶解和完全不溶解。一般可认为 R717、R13、R14 等是不溶于油的制冷剂;R22、R114 等是微溶于油的;R11、R12、R21、R113 等是完全溶于油的。

制冷剂能溶解于油这一性能,有优点但也有缺点。优点是为压缩机的润滑创造有利条件;在蒸发器和冷凝器的外表面,不可能形成阻碍热传导的油层;缺点是从压缩机带出的油量多,且使得蒸发温度升高。

制冷剂微溶于油的优点是,从压缩机气缸中带出的油少,且蒸发器中的蒸发温度稳定。缺点是清除蒸发器和冷凝器内的润滑油较为困难,因而降低设备的传热系数。

(三) 安全性及生理学上的要求

①要求制冷剂在工作温度范围内不燃烧、不爆炸。

②要求所选择的制冷剂无毒或低毒,无刺激性气味,对人的生命和健康不应有危害,不应有毒性和窒息性以及刺激作用。

制冷剂的毒性、燃烧性和爆炸性都是评价制冷剂安全程度的重要指标,各国都规定了最低安全程度标准。

③要求制冷剂万一泄漏与食品接触时,应确保食品不会变色、变味,不会被污染及损伤组织。

④要求所选择的制冷剂应具有易检漏的特点,以确保运行安全。

(四) 经济上的要求

要求制冷剂的生产工艺简单,以降低制冷剂的生产成本。总之,要求制冷剂"价廉、易得"。

目前各种制冷剂都有一些缺点,完全满足上述要求的制冷剂是没有的,选择时应根据制冷剂的特性及工作条件等因素决定。

二、制冷剂的种类

可作为制冷剂的物质较多,按来源可分为。

①无机化合物,如水、氨、二氧化碳等。

②饱和碳氢化合物的氟、氯、溴衍生物,俗称氟利昂,主要是甲烷和乙烷的衍生物,如 R12、R22、R134a 等。

③饱和碳氢化合物,如丙烷、异丁烷等。

④不饱和碳氢化合物,如乙烯、丙烯等。

⑤共沸混合制冷剂,如 R502 等。

⑥非共沸混合制冷剂,如 R407C 等。

按照制冷剂的标准蒸发温度,可将其分为三类,即高温、中温和低温制冷剂。所谓标准蒸发温度,是指在标准大气压力下的蒸发温度,也就是通常所说的沸点。

①高温(低压)制冷剂:标准蒸发温度 $t_s > 0$ ℃,冷凝压力 $P_c \leqslant 0.2 \sim 0.3$ MPa。

②中温(中压)制冷剂:0 ℃$> t_s > -60$ ℃,0.3 MPa $< P_c < 2.0$ MPa。

③低温(高压)制冷剂:$t_s \leqslant -60$ ℃。

三、制冷剂的编号表示方法

为了书写和称谓方便,国际上统一规定用字母"R"和它后面的一组数字及字母作为制冷剂的编号。具体的表示方法在 GB 7778—2008 中已有明确规定。现简述如下。

①卤代烃:卤代烃是三种卤素(氟、氯、溴)之中的一种或多种原子取代烷烃(饱和碳氢化合物)中的氢原子所得的化合物,其中氢原子可以有,也可以没有。卤代烃的化学通式为:

CmHnFxClyBrz

根据化学式中关于饱和碳氢化合物的结构,化学式中的 m、n、x、y、z 有下列关系:

$$n + x + y + z = 2m + 2 \tag{6-1}$$

化学式对应的编号为:RabcBd

其中,R 为 Refrigerant(制冷剂)的第一个字母;B 代表化合物中的溴原子;a、b、c、d 为整数,分别为:a 等于碳原子数减 1,即 $a = m - 1$,当 $a = 0$ 时,编号中省略;b 等于氢原子数加 1,即 $b = n + 1$;c 等于氟原子数,即 $c = x$;d 等于溴原子数,即 $d = z$,当 $d = 0$ 时,编号中 B、d 都省略。

氯原子数在编号中不表示,它可根据(6-1)式推算出来。

例如 CCl_2F_2 中碳原子数 $m=1$,则 $a=1-1=0$;氢原子数 $n=0,b=0+1=1$;氟原子数 $x=2$,则 $c=2$;无溴原子;因此,其编号为 R12。$C_2HF_3Cl_2$ 编号中各个数分别为 $a=2-1=1,b=1+1=2,c=3$。因此,其编号为 R123。

由于乙烷的卤化物有同分异构体,如 CHF_2CHF_2 和 CH_2FCF_3 都是四氟乙烷,分子量相同,但结构不同,它们的编号根据碳原子团的原子量不对称性进行区分。前者两个碳原子团的原子量对称,则用 R134 表示;后者不对称较大,则用 R134a 表示。

卤代烃除了上述的表示方法,目前还直接用其所含的氢、氯、氟、碳来表示,即分别以英文 H、Cl、F、C 来表示,编号法则不变。例如 R12 可写成 CFC12,该化合物中含有氯、氟、碳原子,原子数可以根据编号推算;又如 R22 可写成 HCFC22;R134a 可写成 HFC134a。

②饱和碳氢化合物(烷烃):甲烷、乙烷、丙烷同卤代烃;其他按 600 序号依次编号。

③不饱和碳氢化合物和卤代烯:烯烃及卤代烯的编号用四位数,第一位数是 1,其余三位数同卤代烃的编号法则。例如,C_2H_4 的编号为 R1150,$C_2H_2Cl_2$ 的编号为 R1130。

饱和碳氢化合物、烯烃、卤代烯在空调制冷及一般制冷中并不采用,它们只用在石油化工工业中的制冷系统中。

④环状有机化合物:分子结构呈环状的有机化合物,如八氟环丁烷(C_4F_8),二氯六氟环丁烷($C_4Cl_2F_6$)等。这些化合物的编号法则是:在 R 后加 C,其余同卤化烃编号法则,如 C_4F_8 的编号为 RC318。

⑤共沸混合制冷剂:由两种或多种制冷剂按一定的比例混合在一起的制冷剂,在一定压力下平衡的液相和气相的组分相同,且保持恒定的沸点,这样的混合物称为共沸混合制冷剂。共沸混合制冷剂可以由组分制冷剂的编号和质量百分比来表示。如 R22/R12(75/25) 或 R22/12(75/25) 是由 75%(质量)的 R22 与 25%(质量)的 R12 混合的共沸混合制冷剂。

对于已经成熟的商品化的共沸混合制冷剂,则给予新的编号,从 500 序号开始。目前已有 R500、R501、R502、…、R509。

⑥非共沸混合制冷剂:由两种或多种制冷剂按一定比例混合在一起的制冷剂,在一定压力下平衡的液相和气相的组分不同(低沸点组分在气相中的成分总高于液相中的成分),且沸点并不恒定。非共沸混合制冷剂与共沸混合制冷剂一样,用组成的制冷剂编号和质量百分比来表示。例如 R22/152 a/124(53/13/34)

是由 R22、R152a、R124 三种制冷剂按质量百分比 53%、13%、34% 混合而成。对于已经商品化的非共沸混合制冷剂给予 3 位数的编号,首位是 4。例如 R22/152/124(53/13/34)制冷剂的编号为 R401A,又如 R407C 为 R32/125/134a(23/25/52)非共沸混合制冷剂。

⑦无机化合物:无机化合物的制冷剂有氨(NH_3)、二氧化碳(CO_2)、水(H_2O)等,其中氨是常用的一种制冷剂。无机化合物的编号法则是 700 加化合物分子量(取整数)。如氨的编号为 R717,二氧化碳的编号为 R744。

四、常用制冷剂

在蒸汽压缩式制冷系统中,制冷剂的种类很多,但目前在冷藏、空调、低温试验箱等的制冷系统中采用的制冷剂也就是 R11、R12、R22、R13、R134a、R123、R142、R502、R717 等十几种。现将它们的主要性质介绍如下。

(1)水(R718)

水属于无机物类制冷剂,是所有制冷剂中来源最广,最为安全而便宜的工质。水的标准蒸发温度为 100 ℃,冰点 0 ℃。适用于制取 0 ℃ 以上的温度。水无毒、无味、不燃、不爆,但水蒸气的比容大,蒸发压力低,使系统处于高真空状态(例如,饱和水蒸气在 35 ℃ 时,比容为 25 m^3/kg,压力为 5 650 Pa;5 ℃ 时,比容为 147 m^3/kg,压力为 873 Pa)。由于这两个特点,水不宜在压缩式制冷机中使用,只适合在空调用的吸收式和蒸汽喷射式制冷机中作制冷剂。

(2)氨(R717)

氨是应用较广的中温制冷剂。氨的标准蒸发温度为 -33.4 ℃,凝固温度为 -77.7 ℃,有较好的热力学性质和热物理性质,价格低廉;压力适中,单位容积制冷量大;黏性小,流动阻力小,热导率大,对大气臭氧层无破坏作用,故目前仍被广泛采用。氨的主要缺点是毒性较大、可燃、可爆、有强烈的刺激性臭味、等熵指数较大。若系统中含有较多空气时,遇火会引起爆炸,因此氨制冷系统中应设有空气分离器,及时排除系统内的空气及其他不凝性气体。

氨与水可以以任意比例互溶,在低温时水不会从溶液中析出而造成冰堵,所以氨系统中不必设置干燥器。但水分的存在会加剧对金属的腐蚀,所以氨中的含水量仍限制在 ≤0.2% 的范围内。

氨在润滑油中的溶解度很小,油进入系统后,会在换热器的传热表面上形成油膜,影响传热效果,因此在氨制冷系统中往往需要设置油分离器。氨液的密度比润滑油小,运行中油会逐渐积存在贮液器、蒸发器等容器的底部,可以较方便地从容器底部定期放出。

氨对钢铁不起腐蚀作用,但对锌、铜及其铜合金(磷青铜除外)有腐蚀作用,因此在氨制冷系统中,不允许使用铜及其铜合金材料,只有连杆衬套、密封环等零件允许使用高锡磷青铜。目前氨用于蒸发温度在 −65 ℃以上的大型或中型单级、双级活塞式制冷机中,也有应用于大容量离心式制冷机中。

(3)氟利昂

氟利昂是应用较广的一类制冷剂,目前主要用于中、小型活塞式、螺杆式制冷压缩机、空调用离心式制冷压缩机、低温制冷装置及其有特殊要求的制冷装置中。大部分氟利昂具有无毒或低毒,无刺激性气味,在制冷循环工作温度范围内不燃烧、不爆炸,热稳定性好,凝固点低,对金属的润滑性好等显著的优点。

①R12:是一种对人体生理危害最小的制冷剂。无色、无臭、不燃烧、无爆炸性。但当温度达到 400 ℃以上、遇明火时,会分解出具有剧毒性的光气。R12 的标准蒸发温度为 −29.8 ℃,凝固点为 −155 ℃,可用来制取 −70 ℃以上的低温。水在 R12 中的溶解度很小,低温状态下水易析出而形成冰堵,因此 R12 系统内必须严格限制含水量,并规定 R12 产品的含水量不得超过 0.002 5%,且系统中的设备和管道在充灌 R12 前,必须经过干燥处理,在充液管路中及节流阀前的管路中加设干燥器。R12 由于压力适中、压缩终温低、热力性能优良、化学性能稳定、无毒、不燃、不爆等优点,广泛用于冷藏、空调和低温设备。利用 R12 作为制冷剂的制冷系统可降温至 −40 ℃,故常用于各种不同制冷量的中等压力的活塞式压缩机。从家用冰箱到大型离心式制冷机中都有采用。R12 对大气臭氧层有严重破坏作用,并产生温室效应,危及人类赖以生存的环境,因此它已受到限用与禁用。

②R22:也是广泛使用的中温制冷剂,标准蒸发温度为 −40.8 ℃,凝固点为 −160 ℃,单位容积制冷量稍低于氨,但比 R12 大得多。压缩终温介于氨和 R12 之间,能制取 −80 ℃以上的低温。R22 对大气臭氧层有轻微破坏作用,并产生温室效应。它是第二批被列入限用与禁用的制冷剂之一。R22 广泛用于冷藏、空调、低温设备中。在活塞式、离心式、压缩机系统中均有采用。由于它对大气臭氧层仅有微弱的破坏作用,故可作为 R12 的近期、过渡性替代制冷剂。常用于中、小型、自动化程度较高的制冷系统和大型(万吨)冷库中。

③R123:标准蒸发温度为 27.9 ℃,凝固温度为 −107 ℃,属高温制冷剂。相对分子质量大(152.9),适用于离心式制冷压缩机。R123 比 R11 具有更大的侵蚀性,故橡胶材料(如密封垫片)必须更换成与 R123 相容的材料。与矿物油能互

溶。具有一定毒性,其允许暴露值为 30×10^{-6}。传热系数较小。由于它具有优良的大气环境特性(消耗臭氧潜能值 ODP = 0.02,全球变暖潜能值 GWP = 0.02),是目前替代已被禁用的 R11 的理想制冷剂之一。

④R600a:的标准蒸发温度为 − 11.7 ℃,凝固点为 − 160 ℃,属中温制冷剂。它对大气臭氧层无破坏作用,无温室效应。无毒,但可燃、可爆,在空气中爆炸的体积分数为 1.8% ~ 8.4%,故在有 R600a 存在的制冷管路,不允许采用气焊或电焊。它能与矿物油互溶。汽化潜热大,故系统充灌量少。热导率高,压缩比小,对提高压缩机的输气系数及压缩机效率有重要作用。等熵指数小,排温低。单位容积制冷量仅为 R12 的 50% 左右。工作压力低,低温下蒸发压力低于大气压力,因而增加了吸入空气的可能性。价格便宜。由于具有极好的环境特性,对大气完全没有污染,故目前广泛被采用,作为 R12 的替代工质之一。

⑤R134a:标准蒸发温度为 − 26.5 ℃,凝固点为 − 101 ℃,属中温制冷剂。它的特性与 R12 相近,无色、无味、无毒、不燃烧、不爆炸。汽化潜热比 R12 大,与矿物性润滑油不相溶,必须采用聚脂类合成油(如聚烯烃乙二醇)。与丁腈橡胶不相容,须改用聚丁腈橡胶作密封元件。吸水性较强,且易与水反应生成酸,腐蚀制冷机管路及压缩机,故对系统的干燥度提出了更高的要求,系统中的干燥剂应换成 XH – 7 或 XH – 9 型分子筛,压缩机线圈及绝缘材料须加强绝缘等级。击穿电压、介电常数比 R12 低。热导率比 R12 约高 30%。对金属、非金属材料的腐蚀性及渗漏性与 R12 相同。R134a 对大气臭氧层无破坏作用,但仍有一定的温室效应(GWP 值约为 0.27),目前是 R12 的替代工质之一。

(4)碳氢化合物

碳氢化合物中,丙烷(R290)应用较多,其标准蒸发温度为 − 42.2 ℃,凝固温度为 − 187.1 ℃,属中温制冷剂。它广泛存在于石油、天然气中,成本低、易于获得。它与广泛使用的矿物油、金属材料相容。对干燥剂、密封材料无特殊要求。汽化潜热大,热导率高,故可减少系统充灌量。流动阻力小,压缩机排气温度低。但它易燃易爆,空气中可燃极限为体积分数 2% ~ 10%,故对电子元件和电气部件均应采用防爆措施。如果在 R290 中混入少量阻燃剂(例如 R22),则可有效地提高空气中的可燃极限。R290 化学性质很不活泼,难溶于水,大气环境特性优良(ODP = 0,GWP = 0.03),是目前被研究的替代工质之一。

除丙烷外,通常用作制冷剂的碳氢化合物还有乙烷(R170)、丙烯(R1270)、乙烯(R1150)。这些制冷剂的优点是易于获得、价格低廉、凝固点低、对金属不腐蚀、对大气臭氧层无破坏作用。但它们的最大缺点是易燃、易爆,因此使用这类制冷剂时,系统内应保持正压,以防空气漏入系统而引起爆炸。它们均能与润滑油溶解,使润滑油黏度降低,因此需选用黏度较大的润滑油。

丙烯、乙烯是不饱和碳氢化合物,化学性质活泼,在水中溶解度极小,易溶于酒精和其他有机溶剂。

乙烷、乙烯属低温制冷剂,临界温度都很低,常温下无法使它们液化,故限用于复叠式制冷系统的低温部分。

表6-1列出了一些制冷剂的热力性质。

表6-1 制冷剂的热力性质及用途

制冷剂	化学式	符号	分子量	标准蒸发温度/℃	凝固温度/℃	临界温度/℃	临界压力/MPa	用途
水	H_2O	R718	18.02	100.0	0.0	374.12	22.12	空调
氨	NH_3	R717	17.03	-33.35	-77.7	132.4	11.29	制冰、冷藏
二氧化碳	CO_2	R744	44.01	-78.52	-56.6	31.0	7.38	制冰、冷藏
一氟三氯甲烷	$CFCl_3$	R11	137.39	23.7	-111.0	198.0	4.37	空调
二氟二氯甲烷	CF_2Cl_2	R12	120.92	-29.8	-155.0	112.04	4.12	空调、冷藏
三氟一氯甲烷	CF_3Cl	R13	104.47	-81.5	-180.0	28.27	3.86	低温工业
二氟一氯甲烷	CHF_2Cl	R22	86.48	-40.8	-160.0	96.0	4.986	低温冷藏
三氟三氯甲烷	$C_2F_3Cl_3$	R113	187.39	47.68	-36.6	214.1	3.415	空调
四氟二氯乙烷	$C_2F_4Cl_2$	R114	170.91	3.5	-94.0	145.5	3.275	制冰、冷藏
五氟一氯乙烷	C_2F_5Cl	R115	154.48	-38.0	-106.0	80.0	3.24	小型制冷
三氟二氯乙烷	$C_2HF_3Cl_2$	R123	152.9	27.9	-107	183.9	3.673	小型制冷
四氟乙烷	$C_2H_2F_4$	R134a	102.0	-26.5	-101.0	100.6	3.944	小型制冷
二氟一氯乙烷	$C_2H_3F_2Cl$	R142b	100.48	-9.25	-130.8	136.45	4.15	小型制冷
二氟乙烷	$C_2H_4F_2$	R152a	66.05	-25.0	-117.0	113.5	4.49	小型制冷
丙烷	C_3H_8	R290	44.10	-42.17	-187.1	96.8	4.256	低温工业
异丁烷	C_4H_{10}	R600a	58.13	-11.73	-160	135.0	3.645	低温工业
乙烯	C_2H_4	R1150	28.05	-103.7	-169.5	9.5	5.06	低温工业

五、制冷剂的发展趋势

目前使用的系列制冷剂对环境产生巨大的破坏作用,为了保护环境,人们积极的寻求新型替代制冷剂。新型的替代制冷剂主要包括人工合成型和天然型两大类,有单一工质和混合工质两个方面,混合工质又可分为共沸混和物、近共沸混和物和非共沸混和物三种。常用的替代物有 R134a,R407c,R410a,氨,CO_2,R600a 等碳氢化合物。由于人工合成制冷剂对环境的影响,人们开始重新将目光转向对地球生态系统无害的水、氨、二氧化碳、空气、碳烃化合物等自然工质,其中 CO_2 尤其受到重视。CO_2 制冷剂是一种安全无毒、不可燃的自然工质,不破坏臭氧层,温室效应系数(GWP = 1),价格低廉,不需回收,可降低设备报废处理成本。CO_2 的热力性质很好,单位容积制冷量为人工制冷剂的 3 ~ 10 倍。经过汽车空调的实验,CO_2 系统的效率虽然比 R12 系统的效率低一些,但是 CO_2 系统具有很大的提高潜力,未来可望达到与 R12 相当的效率水平。

制冷剂的发展趋势有以下两个方面:一是环保。未来的制冷剂不论是天然的还是合成的,首先都应是环保的,这样才不会被淘汰。但是最好还是采用天然的制冷剂,对环境没有危害也节省能源。二是节能。因此,我们除了改进制冷技术外,还可以从制冷剂出发研究新型节能制冷剂,从而降低能耗。

六、载冷剂

采用载冷剂的优点是可使制冷系统集中在较小的场所,因而可以减小制冷机系统的容积及制冷剂的充灌量;且因载冷剂的热容量大,被冷却对象的温度易于保持恒定。其缺点是系统比较复杂,且增大了被冷却物和制冷剂间的温差。

载冷剂的种类很多,在传送热量过程中一般不发生相变。常用的有水、盐水、乙二醇或丙二醇溶液。选择载冷剂时,应考虑选冰点低、比热容大、黏度小、无金属腐蚀性、化学稳定性好、价格低廉、便于获得等因素;作为食品工业用的载冷剂,往往还需具备无味、无臭、无色和无毒的条件。

①水:水是一种很理想的载冷剂。它具有来源充足,价格低,比热大,比重小,不燃烧,不爆炸,无毒,化学稳定,腐蚀性小等优点。水广泛使用于空调系统中,但是水的凝固点高,因此做为载冷剂受到很大限制。适用于制冷温度在 0 ℃以上的场合,如空气调节设备等。

②盐水:即氯化钙或氯化钠的水溶液,可用于盐水制冰机和间接冷却的冷藏装置,或冷却袋装食品。盐水的凝固温度随浓度而变,当溶液浓度为 29.9% 时,氯化钙盐水的最低凝固温度为 – 55 ℃;当溶液浓度为 23.1% 时,氯化钠盐水的最低凝固温度为 – 21.2 ℃。使用时按溶液的凝固温度比制冷机的蒸发温度低 5 ℃左右为准来选定盐水的浓度。氯化钙和氯化钠价格较低,对设备腐蚀性很大。

③丙二醇和乙二醇:性质稳定,与水混溶,其溶液的凝固温度随浓度而变,通

常用它们的水溶液作为载冷剂,适用的温度范围为 0 ~ 20 ℃。虽然乙二醇或丙二醇溶液的凝固点低,可达 - 50 ℃,但是低温下溶液的黏度上升非常迅速,因此,一般具有工业应用价值的温度为 - 20 ℃以上。其水溶液也有腐蚀性。

选择载冷剂需考虑以下各点:①冻结温度低,必须低于制冷的操作温度;②传热分系数大,即热导率和热容要大,而黏度要小;③性质稳定,腐蚀性小;④安全无毒、价格低廉。部分载冷剂的冰点温度见表 6 - 2。

表 6 - 2　部分载冷剂的冰点温度

载冷剂	水溶液质量分数/%	温度/℃
氯化钠溶液	22.4	-21.2
氯化钙溶液	29.9	-55
甲醇	78.26	-139.6
乙醇	93.5	118.3
乙二醇	60	-46
甘油	66.7	-44.4
蔗糖	62.4	-13.9
转化糖	58	-16.6

第三节　单级蒸汽压缩式制冷的热力计算

单级蒸汽压缩制冷循环是指将制冷剂从蒸发压力经一次压缩到冷凝压力的制冷循环。为便于分析几个基本参数对循环性能的影响,首先分析一种简单的理想循环。

理想循环的假设条件是:压缩机吸入的气体是饱和蒸汽,在节流阀前是饱和液体;蒸发和冷凝过程中温度稳定;制冷压缩机在工作时气缸没有摩擦、节流等损耗;气缸、阀与外界没有热交换,也没有余隙容积;管道中没有任何阻力损失,压力降低过程只发生在膨胀阀中。

一、单级压缩制冷循环的理论计算

目前,在工程中对制冷循环进行热力计算时,应用最广的是压焓图($\lg p - h$图)。对于等压过程中(图 6 - 12 中 2 - 3 线和 4 - 1 线)的放热量和吸热量以及绝热压缩过程中(图 6 - 12 中 1 - 2 线和 3 - 4 线)所做的功,均可通过该过程起点与终点的焓值差来进行计算。

计算的方法是根据制冷机的制冷量、蒸发温度,冷凝温度及过冷温度,在压焓图上定出各状态点 1,2,3,4,并查出各点的状态参数,然后进行下列计算。

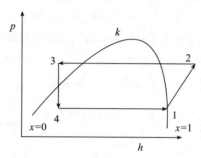

图 6 – 12   单级蒸气压缩制冷循环的压焓图

①单位制冷量:是指单位质量或单位容积的制冷剂在蒸发器中吸收的热量。工程上常以单位质量制冷剂吸收的热量来表示,称单位质量制冷量 q。单位质量制冷量 q 等于图 6 – 12 中点 1 与点 4 的焓差,即:

$$q = h_1 - h_4$$

②制冷剂循环量:指单位时间内在制冷机中循环的制冷剂的流量。循环量也分以质量表示和容积表示两种。以质量表示的循环量 G 为:

$$G = \frac{Q}{q} = \frac{Q}{h_1 - h_4} \qquad (6-2)$$

③制冷剂的放热量:包括冷却、冷凝、过冷三个阶段的热量,总放热量应为:

$$Q = G(h_2 - h_3) \qquad (6-3)$$

④压缩机消耗功率:对于单位制冷剂的蒸汽,压缩机的理论压缩功 W 等于点 2 与点 1 的焓差:

$$W = h_2 - h_1 \qquad (6-4)$$

故对循环量为 G 的制冷循环,压缩机的理论压缩功率 P 为:

$$P = GW = G(h_2 - h_1) \qquad (6-5)$$

⑤制冷系数的理论值为:

$$\varepsilon = \frac{q}{W} = \frac{h_1 - h_4}{h_2 - h_1} \qquad (6-6)$$

而实际的制冷系数应为制冷机的制冷量与压缩机实际消耗的功率之比。

二、单级压缩制冷的实际循环

在制冷系统中,由于各种实际发生的损耗,致使实际循环的制冷量比理论循环的要少,而功率消耗要增加。这是因为除制冷压缩机存在容积效率和电动机存在总效率等问题之外,主要还有如下一些差别:如热交换器中存在的温差;流动过程中的压力损失;制冷剂与环境介质间不可避免的存在热交换等,从而导致冷量损失。但倘若按实际情况进行计算,则很难用常规方法进行简捷的热力计算。因此,在工程设计中常需对实际循环进行一些简化处理。如忽略冷凝器与蒸发器中微小的压力变化,节流过程的理论分析可认为是等焓过程等。经过这样的简化处理后,即可直接应用 $\lg p - h$ 图对制冷循环的性能指标进行计算,而其结果与实际状况产生的误差并不会很大。

第四节　食品的冷冻

多种因素可导致食品变质,采用冷加工的方法可使食品中的生化反应速度大大减缓,使微生物的生长代谢受到抑制,从而能够使食品在较长时间内贮藏而不变质。食品冷冻是通过制冷系统产生的冷量使食品温度降低的单元操作。它分为两种形式,一种是将食品降温但维持在冻结点(冰点)以上,食品中的水分不形成冰晶,通常称为食品冷却,主要是为了短期贮藏,即所谓的"冷藏"。另一种是降低食品温度至食品冻结点以下,食品中的大部分水分被冻结成冰晶,通常称为食品冻结,可使食品长期贮藏,即所谓的"冻藏"。食品中水的冻结与纯水的冻结有别,食品冷冻速度的快慢会影响到食品组织结构及其产品品质。研究表明,快速冻结有利于保持食品原有品质。表示食品冻结速率可有不同的方法,其他条件一定时,可用冻结时间来衡量冻结速率的大小,即所需时间越短,冻结速率越大。冻结时间既是冻结设备设计的依据之一,也是冷冻作业的重要参数。

一、冻结曲线

(一)水的冻结曲线

食品冻结过程是食品中自由水凝结形成晶体的物理过程。食品中的水分以自由水和结合水两种形式存在。自由水是可以冻结成冰的水分。结合水与固形物结合在一起,冷冻时不能完全冻结成冰。

水冻结成冰的一般过程是先降温过冷,而后在冰点温度下形成冰晶体的过程,如图 6 - 13

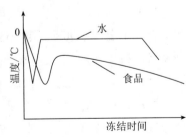

图 6 - 13　水和食品的冻结曲线

中的曲线所示。水在常压下的冰点为 0 ℃。但实际上往往不是一到 0 ℃就形成冰晶体，而是要先经过一个过冷过程。即水温要降到低于冰点温度才会出现从液态到固态的相转变。过冷温度下开始出现冰晶因不同条件而异。例如，振动可以使过冷水在较靠近冰点温度时即出现冰晶，而较纯的水其过冷温度可低达 −40 ℃。但是，不管过冷度如何，一旦出现相变，水的温度便会迅速回到冰点温度，且在全部水冻结成冰以前，体系的温度将保持在冰点不变。即水的冻结曲线在 0 ℃会出现的所谓"冻结平台"。

（二）食品的冻结曲线

食品往往含有大量水分，其冻结过程大致与水冻结成冰的过程相似。各类食品都有一个初始的冻结温度，称为食品的初始冻结点，习惯上称食品的"冰点"。当温度不断下降至冻结点后，食品中的水分将发生冻结，这一过程与水冻结成冰的过程大致相似（见图 6 – 13），但又有着自身的特点。食品可以看成是由固体成分与水分构成的溶液体系，食品中的水分是溶液中的溶剂，根据溶液的依数特性，食品的初始冻结点总是比纯水的冰点要低。食品中的水分含量和存在状态与食品的冻结点有密切的关系。一般而言，同一种食品的冻结点与其含水量呈正相关。部分食品的冰点见表 6 – 3。

表 6 – 3　部分食品的冰点

食品种类	含水率/%	冰点/ ℃	食品种类	含水率/%	冰点/ ℃
南瓜	90.5	−1	猪肉	35 ~ 42	−2.2 ~ −1.7
菠菜	92.7	−0.9	羊肉	60 ~ 70	−1.7
萝卜	93.6	−2.2	鲜禽	74	−1.7
菠萝	85.3	−1.2	鲜鱼	73	−2 ~ −1
西红柿	94	−1.6	啤酒	89 ~ 91	−2
鲜蛋	70	−2.2	牛奶	87	−2.8

食品在冻结时的温度—时间关系是一条温度不断降低的曲线，即其冻结过程不在一个温度下进行。出现这一现象的主要原因是由于随着结成冰的水分不断从溶液析出，溶液浓度不断升高，从而导致残留溶液冰点的不断下降。即使在温度远低于冰点情况下，仍有部分自由水没有冻结。含有少量水的未冻结的高浓度溶液，只有当温度降低到低共熔点时，才会全部凝结成固体。一般冻藏食品的温度仅为 −18 ℃左右。其中的水分实际上并未完全冻结。

在食品的冻结过程中也有过冷现象，过冷的程度与食品的种类有关。与水的冻结一样,过冷点也不是一个定值,在某些场合,根本觉察不到过冷现象,因此过冷不是食品冻结时要考虑的主要问题。

(三)水分结冰率与最大冰晶生成区

食品冻结过程中水分转化为冰晶体的程度常用水分结冰率 ψ 表示。水分结冰率也称冻结率或结冰率,它指的是食品冻结到一定温度时形成的冰晶体质量 (m_i) 与食品总水分[包括结冰水分和液态水 $(m_i + m_w)$]质量之比,即

$$\psi = m_i / (m_i + m_w) \qquad (6-7)$$

水分结冰率与温度有关,在食品冻结前它的数值为零。冻结过程中,它随着温度降低而增加,当温度降低到低共熔点或更低些时,其值达到最大值,即为100%。食品水分结冰率与食品温度可有以下近似关系:

$$\psi = 1 - \theta_r / \theta \qquad (6-8)$$

式中:θ_r——食品的冰点,℃;

　　θ——冻结终了时食品温度,℃。

根据上式和食品的冰点,就可以得出其冻结时温度与水分结冰率的关系曲线。如图6-14所示为某食品的结冰率与温度的关系曲线。

根据研究表明各种食品冻结时,大部分水分是在靠近冰点的温度区域内形成冰晶体的,而到了后期,结冰率随温度而变化的程度不大。通常把水分结冰率

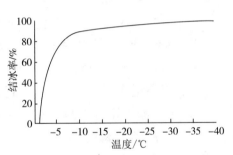

图6-14　冻结过程中结冰率与温度的关系曲线

变化最大的温度区域称为最大冰晶生成区,此温度区域对应的温度在 $-5 \sim -1$ ℃之间。

二、冻结对食品的影响

食品冻结的目的或是为了保藏或是为了制品加工方面需要。不论出于哪种需要,伴随冷冻食品本身会发生一系列物理性质、质构和化学方面的变化。这里主要讨论物理性质和质构方面的变化。

(一)物理性质变化

(1)密度

水的密度在4.4℃时最大为1 g/cm³。在0℃时水重0.999 9 g/cm³,冰重0.916 8 g/cm³,0℃时冰比水的体积增大约9%。冰的温度每下降1℃其体积收

缩 0.005% ~ 0.01%。二者相比膨胀比收缩大得多,所以含水分多的食品冻结时体积会膨胀。冻结过程中草莓的密度变化见图 6 - 15 所示。

食品在冻结时表面水分首先成冰,然后冰层逐渐向内部延伸。当内部的水分因冻结而膨胀时会受到外部冻结层的阻碍,于是产生内压,即所谓冻结膨胀压。纯理论计算这个压力数值可达 8.59 MPa。当外层受不了这样的内压时就破裂,遂使内压消失。一般来说,食品

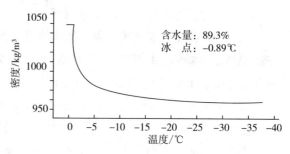

图 6 - 15　草莓密度随温度的变化

在冷冻时有较厚的外壳存在下通常会出现表面龟裂,就是因产生内压而造成的。

（2）比热容

由于冰的比热是水的 1/2,食品的比热容与其含水量存在一定的关系,并且由于食品冻结时水是逐渐变成冰的,因此食品冻结时的比热容并非定值。在定量描述时,需考虑食品中水分含量多少的影响。总的来说,对于含水量较高的食品,比热容基本上可由含水量所确定;而对于含水量较低的食品物料则受到其他成分的影响较

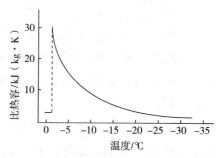

图 6 - 16　食品冻结前后比热容的变化

为强烈,其数据的离散度较大。食品物料冻结前后比热容随温度的变化如图 6 - 16 所示的曲线。

（3）热导率

热导率是表征物料导热性能的一个参数,也是物料的一种物性。0 ℃时水的热导率为 0.561 W/(m·K),冰的热导率为 2.24 W/(m·K),冰的热导率是水的 4 倍,所以冻结时冰层向内推进使食品的热导率提高,冷冻速度要比在非冻结状态下快,因此,冻

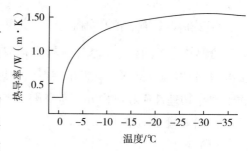

6 - 17　食品冻结前后热导率的变化

结过程中,食品的热导率不是定值,它将随温度而变化,见图 6-17。

(二)质构(Texture)的变化

(1)汁液流失

冻结过程中温度降低到食品冰点时,处于细胞间隙内的那些与亲水胶体结合较弱或以低浓度溶液状态存在的水分,首先形成冰晶体,并出现胞内水分向细胞间已形成的冰晶迁移聚集的趋势。这种趋势将一直持续到温度降到足以使细胞内汁液就地转化为冰晶为止。

食品经冻结—解冻后,内部结晶冰就融解成水。它不能被吸收重新回到原来状态时,这部分水就分离出来成为流失液。

食品内物理变化越大则流失液越多。所以流失液的产生率是评定冻品质量的指标之一,流失液不仅是水,而且还包括溶于水的成分,如蛋白质、盐类、维生素等,所以流失液不仅使重量减少而且风味营养成分亦损失,使得食品在量和质两方面都受到损失。

冻结过程进行得越慢,上述的水分重新分布越显著。冻结过程如果以较快速度完成,则上述的水分重新分布,造成组织破坏的程度将得到缓和。因为快速冻结时,可使细胞内的水分大多在原地冻结。这样,就整个食品组织而言,可以形成既小又多的冰晶体,分布也较均匀,可使冷冻食品解冻时最大程度保持食品未冻前的组织状态。

一般以冻藏为目的的冻结场合宜采用快速冻结手段,而其他目的的冷冻作业则要求将冻结速度控制在一般水平。如冷冻浓缩、冷冻粉碎等。

(2)干耗量

冻结过程不仅是个传热过程,而且亦是个传质过程,会有一些水分从食品表面蒸发出来,造成食品质量减少或品质下降,俗称"干耗"。

由于冻结室内空气未达到饱和状态,而多数食品由于含有大量水分,在贴近表面的空气层中的水蒸气分压则常接近于饱和蒸汽压,其与冻结室内空气中的水蒸气形成蒸汽压差,在蒸汽压差的作用下食品表面的水分向空气中扩散,表面层水分蒸发后内层的水分在扩散作用下向表面层移动,形成持续的食品水分蒸发动力。除蒸汽压差外,食品冻结过程中,食品表面积、冻结时间、冻结室中的空气温度、空气流动速度等因素也对食品干耗有一定影响。

(三)冻结过程的传热与温度分布

根据对冷冻介质与食品接触基本方式的分析,食品冷冻过程耦联了两个不稳定传热过程:即不稳定的外部传热过程与内部传热过程。在非稳态传热过程中,食品冷冻时各部位的温度、密度和传热速率等可能不同,而且还随着时间而变化。在经过充分长的时间后,食品各部位的温度趋于一致,且与冷冻介质的温度接近,此时的温度分布又呈现新的平衡状态。

外部不稳定传热过程是冷冻介质与食品之间在食品表面发生的传热过程,因采用的冻结方式不同,又可分直接接触传热和间接接触传热两种情形。冷冻介质(如冷空气)与食品直接接触时为对流传热;对流和间壁传导相结合的传热过程为间接接触传热。内部不稳定传热过程是食品内部的不稳定热传导。

外部对流传热的推动力是食品表面与冷冻介质的温差,其传热系数的大小由冷冻介质的性质、流速和食品的表面状态所决定,是关系到冻结效果最重要的因素之一。内部传热的推动力是食品表层与内部的温差,影响因素有食品的密度、比热容、热导率、物料的尺寸以及温度梯度等。

食品冻结过程中的温度分布见图6-18。外部温差与内部温差在整个冻结过程中不断发生着变化,总趋势是温差逐渐缩小。传热推动力也随之逐渐减小,但温度差消失的过程是极为缓慢的,直到冻结操作结束也不会缩小到可以忽略。

内部传热的推动力是食品表层与内部的温度差。冷冻开始时,食品中各部分

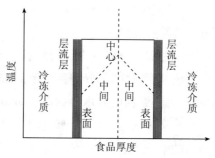

图6-18 冻结食品的温度分布

的温度可视为均匀一致,当食品表面开始降温后,食品内部与表面即形成温度梯度,内部的热量逐渐向表面转移,使内部温度不断降低。一般冻结计算中采用的冻结终了温度是取冻结结束时食品表面温度与中心温度的算术平均值。所谓中心温度是冻结时温度下降得最慢的点的温度。

(四)冻结速率

冻结速率可用食品热中心温度下降的速率(℃/min)或冰锋前进的速率(cm/h)表示。食品热中心即指降温过程中食品内部温度最高的点,对于成分均匀且几何形状规则的食品,热中心就是其几何中心。

20世纪70年代国际制冷学会提出食品冻结速率应为

$$V_f = \frac{l}{t} \tag{6-9}$$

式中:l——食品表面与热中心的最短距离,cm;

　　t——食品表面达0℃至热中心达初始冻结温度以下5K或10K所需的时

间,h。

目前冻结食品生产中使用装置的冻结速度大致分为:慢速冻结 $V_f = 0.2$ cm/h;快速冻结 $V_f = 0.5 \sim 3$ cm/h;速冻或一单体冻结 $V_f = 5 \sim 10$ cm/h;超速冻结 $V_f = 10 \sim 100$ cm/h。

冻结时间有公称冻结时间和有效冻结时间之分。温度均匀的食品,其中心温度从 0 ℃下降到比它低 10 ℃所需的时间称为公称冻结时间。温度均匀的食品,从实际某温度下降到某一平均温度所需的时间称为有效冻结时间,也称实际冻结时间。因此对应于公称和有效冻结时间,也可有公称冻结速度和有效冻结速度之分。

(五)冻结时间估算

食品冻结装置有多种类型,在设计冻结装置或进行冻结生产时都会遇到的一个问题,就是该装置对某种产品的冻结时间。在食品冻结与食品冷却过程中食品物性上有很大不同,其中变化比较明显的是比热容、热导率、质构等方面。对食品冻结过程上的变化很难用解析式定量求解。目前常用的求解方法多数是先在一定假设条件下列出基本表达式,经修正后得到结果。冻结速度与冻结时间成反比,与食品的各传热物性密切相关,故冻结时间的计算均应包含食品的传热物性。下面推导的冻结时间预测表达式是常用的普朗克(Plank)方程,是国际制冷学会推荐的冻结时间计算式。

将厚度为 l,表面温度达 0 ℃的大平板状食品(图6-19)置于冻结介质温度为 T_J 的环境中,食品温度降至冻结点 T_f 时开始冻结,冻结层一侧的表面积为 A,经一段时间 t 以后,冻结层向中心推进 x,设经 $\mathrm{d}t$ 时间冻结距离变化增量为 $\mathrm{d}x$。

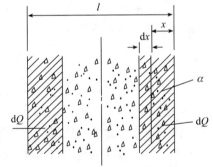

图6-19　平板状食品的冻结图

假定:①食品冻结前初始温度均匀一致并等于其初始冻结点的温度;②冻结过程中食品的初始冻结温度保持不变;③热导率等于冻结时的热导率;④只考虑水的相变潜热量,忽略冻结前后放出的显热量;⑤冻结介质与食品表面的对流换热系数 α 不变。

则:冻结放出的热量 $\mathrm{d}Q$ 为:

$$\mathrm{d}Q = A\rho r_i \mathrm{d}x \qquad (6-10)$$

式中: ρ ——食品密度,kg/m³;

r_i——单位质量食品冻结时放出的热量，kJ/kg。

此热在温差作用下，经厚度为 x 的冻层在 dt 时间内传到冷却介质，其传出的热量为：

$$dQ' = KA\Delta T dt$$

其中，$\Delta T = T_f - T_J$；$K = \dfrac{1}{\dfrac{1}{a} + \dfrac{x}{\lambda}}$。

冻结放出的热量等于同一时间从内部传出的热量，因此，

$$dQ' = dQ$$

$$A\rho r_i dx = KA\Delta T dt$$

$$dt = \frac{\rho r_i}{\Delta T}\left(\frac{1}{a} + \frac{x}{\lambda}\right)dx$$

确定边界条件进行定积分得：

$$t = \frac{\rho r_i}{2\Delta T}\left(\frac{l}{a} + \frac{l^2}{4\lambda}\right) \tag{6-11}$$

此式为平板状食品的冻结时间计算式，对于直径为 D 圆柱状食品及球状食品其计算式分别为：

圆柱状食品 $\qquad t = \dfrac{\rho r_i}{4\Delta T}\left(\dfrac{D}{a} + \dfrac{D^2}{4\lambda}\right) \tag{6-12}$

球状食品 $\qquad t = \dfrac{\rho r_i}{6\Delta T}\left(\dfrac{D}{a} + \dfrac{D^2}{4\lambda}\right) \tag{6-13}$

对比以上三式可推知，对于相同材质的食品，如将三个公式分别引入与食品几何形状相关的冻结食品形状系数 P、R，可得到适用各种形状食品的通用表达式：

$$t = \frac{\rho r_i}{\Delta T}\left(\frac{Px}{a} + \frac{Rx^2}{\lambda}\right) \tag{6-14}$$

式中：x——冻结食品的特征尺寸，单位为 m，可分别对应表示大平板状食品的厚度，圆柱形食品和球形食品的直径；

P、R——形状系数，其值与被冻结食品的几何形状有关。

板状食品：如猪、牛、羊等的半胴体：

$P = 1/2, R = 1/8$

圆柱状食品，如金枪鱼、圆柱型罐头：

$P = 1/4, R = 1/16$

球状食品，如苹果、草莓等：

$P = 1/6, R = 1/24$

对于方形或长方形的食品,在使用上述公式时,设三个边长分别为 a,b,c,且 $a>b>c$,则定义特征尺寸 $x=c$,另定义两个比例值 $\gamma_1=b/c$,和 $\gamma_2=a/c$。

根据 γ_1 和 γ_2 值,从图 6-20 查得形状系数 P、R 的值,即可用公式求出方块形食品的冻结时间。

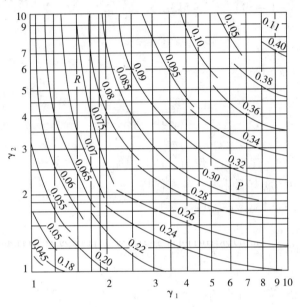

图 6-20　块状食品的 P 和 R 值

此计算式是在一定假定条件下推出的,只考虑了冻结形成冰时放出潜热所需的时间,而未考虑物品预冻时间。其次,计算式推导中冻结区内热导率 λ 值为常数,实际上随着冻结的进行冻层内热导率是变化的。再者外部传热温差在变。故而导致理论计算结果与实际状况势必存在一定差异。为此出现了许多引进其他因素的改进计算式,但是计算却繁杂,且实用难度增加。从工程应用的角度出发,尽管此计算式有局限性,但仍能满足实用估算要求。

【例】　在 $-30\ ℃$ 的风冷冻结装置内,冻结外形为 $0.4\ m\times0.3\ m\times0.15\ m$ 的猪肉块。试计算该肉块从预冻结至终温 $-15\ ℃$ 时所需的时间。

解:先确定猪肉的有关数据。从有关手册上查到

$r_i=305.65\ kJ/kg;\rho=1\ 050\ kg/m^3;T_J=-30\ ℃;T_f=-2.8\ ℃;$

$\lambda=1.02\ W/(m\cdot K);\alpha=13.76\ W/(m^2\cdot K)$

根据外形:

$\gamma_1=0.3/0.15=2\quad\gamma_2=0.4/0.15=2.66$

查图得:$P=0.27\quad R=0.075$

将各值代入计算式计算:

$$t = \frac{\rho r_i}{\Delta T}\left(\frac{Px}{a} + \frac{Rx^2}{\lambda}\right)$$

$$= \frac{305.65 \times 10^3 \times 1050}{-2.8 - (-30)} \times \left(\frac{0.27 \times 0.15}{13.76} + \frac{0.075 \times 0.15^2}{1.02}\right)$$

$$= 54248 \text{ s}$$

$$= 15.1 \text{ h}$$

该肉块冻结时间为 15.1 小时。

习 题

1. 什么叫逆向卡诺循环? 作为一种理想循环,其在制冷技术中有何意义?

2. 常用的制冷剂有哪几种? 各有何特点?

3. 选择制冷剂时应考虑哪些因素?

4. 制冷剂的压焓图中有哪些参数?

5. 在制冷循环中要增大制冷量应采取什么措施?

6. 何谓复叠式制冷循环? 何谓双级压缩制冷循环?

7. 什么叫载冷剂? 什么叫制冷剂? 对制冷剂有什么要求?

8. 食品在冷却过程中会发生哪些变化?

9. 什么叫食品的冷冻曲线? 新鲜食品冻结曲线的一般模式如何表示?

10. 一台单级蒸汽压缩制冷机工作在高温热源为 30 ℃,低温热源为 -15 ℃下,试求分别用 R12 和氨工作时理论循环的性能指标:

①单位制冷量。

②单位容积制冷量。

③制冷系数。

11. 尺寸为 1 m×0.25 m×0.6 m 的瘦牛肉放在 -30 ℃的对流冻结器中冻结,食品的初温为 8 ℃,冻结终温为 -18 ℃,对流传热系数值为 $\alpha = 30 \text{ W}/(\text{m}^2 \cdot \text{k})$,试计算冻结时间。

12. 将初温 10 ℃的少脂肪鱼装入鱼盆中,放到 -30 ℃的静止空气冻结室中冻结。鱼盆内尺寸为 0.65 m×0.1 m×0.5 m。试求该鱼块冻至 -18 ℃所需的时间? 冻结室内加装鼓风机,风速为 4 m/s,问冻结时间为多少? (提示:冻结室内换热系数的计算公式 $a = 6.16 + 41.9v$,v 为风速)

第七章　传质基础

本章学习要求:掌握传质的基本方式与概念,掌握稳定分子扩散的计算与应用,了解扩散系数的影响因素、双膜传质过程模型的基本要点、传质系数无因次数群及三种传递之间的可类比性;掌握总传质速率方程、总传质系数及传质阻力的概念与分析应用,了解以板式塔和填料塔为代表的气液传质设备的结构特点及应用。

在食品工程原理中,各单元操作都是以动量传递、热量传递和质量传递(简称"三传")理论为基础的。在本章之前所介绍的单元操作大多遵循动量传递和热量传递的基本原理,如流体流动、流体输送机械、沉降、过滤等属于动量传递理论的应用,传热、浓缩、蒸发等属于典型的热量传递理论的应用。而另一大类操作,如从烟道尾气中吸收有害气体如 H_2S、SO_2,将低浓度酒精精馏提纯为高浓度乙醇等则隶属于质量传递理论的应用范围。除了吸收、蒸馏外,萃取、吸附、膜分离、干燥等都是涉及以传质为特征的单元操作。

本章主要介绍传质学的基础知识,通过三传的对比分析,突出质量传递与动量传递、热量传递在研究方法上的可类比性,为相关传质单元操作建立理论基础。

因浓度不均匀而引起的质量的传递称质量传递,简称传质(Mass transfer)。

传质的方式分为分子扩散和湍流扩散。传质过程中因物系浓度不均,而依靠微观分子运动产生传质的现象称为分子扩散(Molecular diffusion);而在流动着的流体中,不同浓度的质点依靠宏观运动相对碰撞混合导致浓度趋向于均匀的传质过程称为湍流扩散或涡流扩散(Eddy diffusion)。湍流扩散时分子扩散依然存在,只是此时湍流扩散传质数量更为显著。如在静止的、温度均匀的清水烧杯中,滴加几滴红墨水,一段时间后,整个烧杯中会变为色泽均匀红墨水稀溶液,这种传质称为分子扩散;若在加入红墨水后,用玻璃棒不断搅拌,传质均匀的时间则大为缩短,则此时的传质属于湍流扩散。

第一节 分子扩散

一、费克定律

费克定律(Fick's law)是实验定律,描述了分子扩散传质速率规律,即在恒定的温度和压力下,均相混合物中,扩散通量 J(在单位时间内通过单位面积传递的物质的量)与浓度梯度成正比。设均相二元物系,由 A、B 两组分组成。对 A 组分:

$$J_A = -D_{AB}\frac{dc_A}{dz} \tag{7-1}$$

式中:J_A——A 组分在 z 方向上的扩散通量,kmol/$(m^2 \cdot s)$;

c_A——A 组分的摩尔浓度,kmol/m^3;

D_{AB}——A 组分在 A、B 的混合物中扩散时的扩散系数,m^2/s;

" $-$ "——扩散沿着浓度降低方向进行。

同理,对 B 组分: $\qquad J_B = -D_{BA}\frac{dc_B}{dz}$

式中:D_{BA}——B 组分在 A、B 两组分混合物中的扩散系数。当扩散为气相或是两组分性质相似的液相时,$D_{AB} = D_{BA}$,故以后用 D 表示双组分物系的扩散系数。

对气体常用分压梯度表示,z 方向上等温扩散时,因 $c_A = \dfrac{n_A}{V} = \dfrac{p_A}{RT}$

$$J_A = -\frac{D}{RT}\frac{dp_A}{dz} \tag{7-2}$$

式中:p_A——A 组分分压,Pa;

T——气体的温度,K;

R——气体常数,等于 8 314 J/$(kmol \cdot K)$。

仿照分子扩散,将涡流扩散通量写为:

$$J_A = -D_e\frac{dc_A}{dz} \tag{7-3}$$

式中:D_e——涡流扩散系数,m^2/s。D_e 不是物性常数,它是由流体的动力状况决定的,比 D 要复杂地多。因 D_e 很难求得,因此式(7-3),的应用受到很大限制。

二、扩散系数

物质的扩散系数(Diffusion coefficient)是物质的物性常数之一,表示物质在介质中的扩散能力。扩散系数随介质的种类、温度、浓度及压强的不同而不同。组分在气体中的扩散,浓度的影响可以忽略。在液体中的扩散,浓度的影响不可忽略,而压强的影响不显著。扩散系数一般由实验确定,在无实验数据的条件下,可借助某些经验或半经验的公式进行估算。某些组分在空气中和在水中的扩散系数参见表7-1与表7-2。在双组分液体中,由于液体中分子密度要比气体大得多,扩散物质 A 与邻近组分 B 的分子碰撞频繁,使得液体中扩散组分的分子扩散速度比气体中的小得多。气体扩散系数一般在 0.1 ~ 1.0 cm^2/s 之间。在数量级上要比液体中的扩散系数大 10^5 倍左右。但由于液体的摩尔浓度比气体大得多,所以使得二者扩散通量的差别并不如此悬殊,一般气体的扩散通量比液体高出 100 倍数量级。

表7-1　一些组分在空气中的扩散系数值(25 ℃,0.1 MPa)

气体	$D/m^2 \cdot s^{-1}$	气体	$D/m^2 \cdot s^{-1}$	气体	$D/m^2 \cdot s^{-1}$	气体	$D/m^2 \cdot s^{-1}$
甲醇	1.59×10^{-5}	己醇	5.9×10^{-6}	CS_2	1.07×10^{-5}	氢	4.1×10^{-5}
乙醇	1.19×10^{-5}	醋酸	1.33×10^{-5}	CO_2	1.64×10^{-5}	二甲苯	7.1×10^{-6}
丙醇	1.0×10^{-5}	甲苯	8.4×10^{-6}	水	2.56×10^{-5}	正辛烷	8.0×10^{-6}
丁醇	9.0×10^{-6}	苯	8.8×10^{-6}	氧	2.06×10^{-5}		
戊醇	7.0×10^{-6}	乙醚	9.3×10^{-6}	氨	2.36×10^{-5}		

表7-2　一些组分在水中的扩散系数值(20 ℃)

物质	$D/m^2 \cdot s^{-1}$	物质	$D/m^2 \cdot s^{-1}$	物质	$D/m^2 \cdot s^{-1}$
乳糖	4.3×10^{-10}	甘露醇	5.8×10^{-10}	二氧化碳	1.77×10^{-9}
麦芽糖	4.3×10^{-10}	甘油	7.2×10^{-10}	氯	1.22×10^{-9}
葡萄糖	6.0×10^{-10}	氨基甲酸酯	9.2×10^{-10}	氧	1.80×10^{-9}
棉子糖	3.7×10^{-10}	醋酸	1.92×10^{-9}	氨	1.76×10^{-9}
蔗糖	4.5×10^{-10}	氯化钠	1.35×10^{-9}	氮	1.64×10^{-9}

气体的扩散系数与温度、压强均有关,即:

$$D = D_0 \left(\frac{p_0}{p}\right) \cdot \left(\frac{T}{T_0}\right)^{1.5} \tag{7-4}$$

根据此式可由已知温度 T_0,压强 p_0 下的扩散系数 D_0 推算出温度为 T,压强为 p 时的扩散系数 D。

液体的扩散系数与温度、黏度有关,即:

$$D = D_0 \frac{T}{T_0} \cdot \frac{\mu_0}{\mu} \qquad (7-5)$$

根据此式可由已知温度 T_0，黏度 μ_0 下的扩散系数 D_0，推算出温度为 T，黏度 μ 时的扩散系数 D。

三、分子扩散速率

以上所述分子扩散通量只是定义式，要在实际应用中计算分子扩散速率还必须根据具体情况进行分析，下面着重讨论经常碰到的等摩尔扩散和单向扩散。

（一）等摩尔扩散

设想用一段粗细均匀的直管将两个很大的容器联通，如图 7-1(a) 所示。两容器内有浓度不同的 A、B 两种气体的混合物，其中 $p_{A1} > p_{A2}$，$p_{B1} < p_{B2}$，但两容器内混合气体的温度和总压强都相同，且两容器内均装有搅拌器，使各自的浓度保持均匀。扩散时，因为两容器内总压强相同，所以联通管内任一截面上单位时间、单位面积上向右传递的 A 分子的数量与向左传递的 B 分子的数量必定相等，这便是等摩尔逆向扩散 (Equimolal counter diffusion)，即 $p_A + p_B = p$ = 常数，

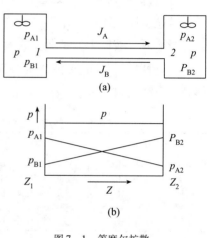

图 7-1　等摩尔扩散

有 $\dfrac{\mathrm{d}p_A}{\mathrm{d}z} = -\dfrac{\mathrm{d}p_B}{\mathrm{d}z}$，

$J_A = -J_B$

在任一固定的空间位置垂直于扩散方向的截面上，单位时间内通过单位截面积的 A 的净物质量，称为 A 的传递速率，以 N_A 表示。在等摩尔逆向扩散中，物质 A 的传递速率应等于它的扩散通量，即：

$$N_A = J_A = -D \frac{\mathrm{d}c_A}{\mathrm{d}z} = -\frac{D}{RT} \frac{\mathrm{d}p_A}{\mathrm{d}z} \qquad (7-6)$$

在上述条件下，扩散为稳定过程，N_A 应为常数。因而 $\mathrm{d}p_A/\mathrm{d}z$ 也是常数，故 p_A ~z 呈线性关系，如图 7-1(b) 所示。

将式(7-6)分离变量，在截面 1 和 2 之间积分，得到：

$$N_A \int_0^z \mathrm{d}z = -\frac{D}{RT} \int_{p_{A1}}^{p_{A2}} \mathrm{d}p_A$$

从而传递速率为：

$$N_A = \frac{D}{RTz}(p_{A1} - p_{A2}) \tag{7-7}$$

对液体：

$$N_A = \frac{D}{z}(c_{A1} - c_{A2}) \tag{7-8}$$

(二)单向扩散

如图 7-2(a)所示，在密闭容器中放上一定的碱液，上方为含酸的空气，气体压力一定(盖子可上下自由滑动)，则在气液相界面上 A 组分(酸)会不断向液相中扩散，而与等摩尔扩散不同，此时液相中没有 B 组分(空气)向相界面扩散，这种情况的分子扩散称为单向扩散(Unidirectional diffusion)，又称组分 A 通过静止组分 B 的扩散。

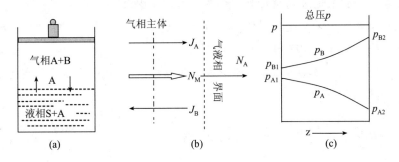

图 7-2 单向扩散

此时，在气液界面附近的气相中，有组分 A 向液相溶解，其浓度降低，分压力减小。因此，在气相主体与气相界面之间产生分压力梯度，则组分 A 从气相主体向界面扩散。同时，界面附近的气相总压力比气相主体的总压力稍微低一点，将有 A、B 混合气体从主体向界面移动，称为整体移动，如图 7-2(b)和图 7-2(c)所示。由于在传质方向上存在主体流动，使得单分子扩散较等摩尔扩散，在相同浓度梯度下传质效果有所提高，经分析推导可得单向扩散通量公式为：

$$N_A = \frac{D}{RTZp_{Bm}}p(p_{A1} - p_{A2}) \tag{7-9}$$

式中：$p_{Bm} = \dfrac{p_{B2} - p_{B1}}{\ln(p_{B2}/p_{B1})}$——组分 B 分压力的对数平均值。

对液体则：

$$N_A = \frac{D}{Z c_{Bm}}c(c_{A1} - c_{A2}) \tag{7-10}$$

式中：$c_{Bm} = \dfrac{c_{B2} - c_{B1}}{\ln(c_{B2}/c_{B1})}$——组分 B 浓度的对数平均值。

式(7-9)即为所推导的单方向扩散时的传质速率方程式，式中 p/p_{Bm} 总是大于 1，所以与式(7-7)比较可知，单方向扩散的传质速率 N_A 比等摩尔逆向扩散时的传质速率 J_A 大。这是因为在单方向扩散时除了有分子扩散，还有混合物的整体移动所致。p/p_{Bm} 值越大，表明整体移动在传质中所占分量就越大。当气相中组分 A 的浓度很小时，各处 p_B 都接近于 p 即 p/p_{Bm} 接近于 1，此时整体移动便可忽略不计，可看作等摩尔逆向扩散。p/p_{Bm} 称为"漂流因子"或"移动因子"。

【例 7-1】 有一 10 cm 高的烧杯内装满乙醇，问在 101.3 kPa 及 25 ℃ 的室温下，问：

①近似按扩散距离为 5 cm，用等摩尔扩散通量计算将烧杯内乙醇全部蒸干约需多少天？

②按单向扩散通量精确计算全部蒸干约需多少天？

假设烧杯口上方空气中乙醇蒸气分压为 0，已知 25 ℃ 下乙醇的饱和蒸气压为 7.997 kPa，$p_{A1} = 7.997$ kPa

解：①按题意，根据等摩尔扩散计算传质速率 N_A，25 ℃ 下乙醇在空气中 $D = 1.19 \times 10^{-5}$（m²/s），

$$N_A = \frac{D}{RTZ}(p_{A1} - p_{A2}) = \frac{1.19 \times 10^{-5}}{8.314 \times 298 \times 5 \times 10^{-2}} \times (7.997 - 0) = 7.68 \times 10^{-7}$$

kmol/(m² · s)

由质量恒算得 $N_A \cdot A \cdot t = \dfrac{A \cdot Z \cdot \rho}{M}$

$$\Rightarrow t = \frac{Z \cdot \rho}{M \cdot N_A} = \frac{0.1 \times 780}{46 \times 7.68 \times 10^{-7}} = 2.21 \times 10^6 \text{ s} = 25.5 \text{ d}$$

②如图所示，设 t 时刻液面下降高度为 Z

$p_{B1} = 101.3$ kPa，$p_{A1} = p - p_{B1} = 0$

$p_{B2} = 101.3 - 7.997 = 93.3$ kPa，$p_{A2} = 7.997$ kPa

$$p_{Bm} = \frac{p_{B2} - p_{B1}}{\ln(p_{B2}/p_{B1})} = \frac{101.3 - 93.3}{\ln(101.3/93.3)} = 97.25 \text{ kPa}$$

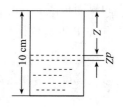

图 7-3 烧杯示意图

25 ℃ 乙醇在空气中的 $D = 1.19 \times 10^{-5}$ m²/s，$R = 8.314$ kJ/(kmol · K)

$$N_A = \frac{D}{RTZ}\frac{p}{p_{Bm}}(p_{A1} - p_{A2}) = \frac{1.19 \times 10^{-5}}{8.314 \times 298 \times Z}\left(\frac{101.3}{97.25}\right)(7.997 - 0) = \frac{4.00 \times 10^{-8}}{Z}$$

$$N_A = 4.00 \times 10^{-8}/Z \tag{7-11}$$

dt 时间内,液面高度降低 dZ,在此微元时间内,认为 N_A 保持不变,则物料衡算得:

$$N_A \cdot A \cdot dt = A \cdot dZ \cdot \rho/M$$

将式(7-11)代入上式得:

$$4.00 \times 10^{-8}dt = (780/46) \cdot Z \cdot dZ \tag{7-12}$$

式中:A——蒸发面积 m^2;

ρ——乙醇密度780 m^3/s;

M——乙醇分子量;

式(7-12)积分得 $\quad Z^2 = 4.718 \times 10^{-9}t + C$

边界条件:$t=0,Z=0;t=t,Z=0.1$ m

$t = 2.16 \times 10^6$ s ≈ 24.5 d

第二节 对流传质

前已介绍传质基本方式有分子扩散和湍流扩散两种,而在工业上碰到的常常是流动着的流体与固定不动的固体壁面间的传质,我们把这种流动着的流体与壁面间的相界面间的传质称为对流传质(Convective mass transfer),此时分子扩散和湍流扩散传质同时存在,揭示这种扩散现象要比分子扩散复杂得多。

一、对流传质速率方程

湍流主体与相界面间的传质称为对流传质或对流扩散,湍流流体中的传质过程,既有分子扩散又有涡流扩散。这种扩散现象要比分子扩散复杂得多。

$$J_A = -(D + D_E)\frac{dc_A}{dz} \tag{7-13}$$

式中:D——分子扩散系数,温度、压力不变时为常数,m^2/s;

D_E——涡流扩散系数,不是物理性质参数,是随流体流动状态及位置而变化的变量,m^2/s。

由于 D_E 是随流动状态等而变化的参数,故研究对流传质较为复杂,在这里着重介绍广泛使用的有效膜模型,揭示质量传递速率的基本方程式,阐明传质与传热过程在研究方法上的类比性。

有人将复杂的对流传质过程作如下简化处理,提出"有效膜"模型。

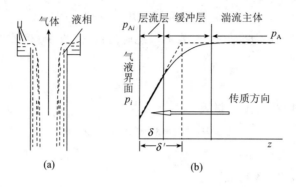

图 7-4 传质的有效膜模型

如图 7-4(b)中虚线所示,将层流内层分压线延长,使之与气相湍流主体的水平分压线交于一点,此点与相界面的距离设为 δ'_G,称为虚拟滞流层或有效膜层。而滞流层以外的主流体内,湍动程度强烈,强烈的混合作用使气相主体内分压趋于一致,传质充分,无传质阻力。由此可见,整个对流扩散过程的推动力为 $(p_A - p_{Ai})$,即全部传质阻力都集中在有效膜层 δ'_G 中,在有效膜内,物质完全按分子扩散传质,可以模仿单向扩散公式[式(7-9)]来建立相内对流传质速率方程

即有:

$$N_A = \frac{D_G}{RT\delta'_G} \frac{P}{p_{Bm}}(p - p_i) \qquad (7-14)$$

但有效膜厚 δ'_G 是一个难以测定的参数,引用"速率 = 推动力/阻力 = 系数 × 推动力"的概念:

$$N_A = \frac{p - p_i}{1/k_G} = k_G(p - p_i) \qquad (7-15)$$

对液相采用同样的处理方法,可以写出液相对流扩散速率关系式:

$$N_A = \frac{c_i - c}{1/k_L} = k_L(c_i - c) \qquad (7-16)$$

根据浓度差表示方法不同,相内传质速率方程还可表示为

$$N_A = k_y(y - y_i) \qquad (7-17)$$

$$N_A = k_x(x_i - x) \qquad (7-18)$$

式中:k_G、k_y——气相对流传质分系数,k_G 单位为 kmol/(m² · s · Pa),k_y 单位为 kmol/(m² · s);

k_L、k_x——液相对流传质分系数,k_L 单位为 m/s,k_x 单位为 kmol/(m² · s);

x、y——液相、气相主体浓度；

x_i、y_i——液相、气相界面浓度；

下标 i——界面上的物理量参数。

可见，在经过上面处理引入了有效膜模型后，使问题的描述形式得以简单化。但是，问题并未最终解决，δ'_G 或 δ'_L 是一虚拟量，与 D_E 一样，很难确定。这使得传质分系数 k_G、k_L 不能从它们的定义式直接算出，而往往需采取与确定对流给热系数 α 相似的方法，即通过无因次数群化处理，再进行实验测定。

二、传质系数

传质速率方程是以主体浓度和界面浓度之差为对流传质的推动力，而将其他所有影响对流传质的因素均包括在气相（或液相）传质分系数之中。实验的任务是在各种具体条件下测定传质分系数 k_G、k_L 的数值及流动条件对它的影响。

传质分系数的无因次关联式与对流传质有关的参数为：

参数	单位
流体密度 ρ	kg/m^3
流体粘度 μ	$kg/(m \cdot s)$
流体速度 u	m/s
定性尺寸 d	m
扩散系数 D	m^2/s
对流传质分系数 k（以摩尔浓度为推动力）	m/s

待求函数为 $k = f(\rho, \mu, u, d, D)$

与对流给热相仿，先将变量无因次化，得出如下的无因次数群（为比较起见，对流给热中对应的无因次数群同时列出）：

	对流传质	对流传热
Sherwood 数	$Sh = k\dfrac{d}{D}$	$Nu = \alpha\dfrac{d}{\lambda}$
Reynold 数	$Re = \dfrac{ud\rho}{\mu}$	$Re = \dfrac{ud\rho}{\mu}$
Schmidt 数	$Sc = \dfrac{\mu}{\rho D}$	$Pr = \dfrac{c_P \mu}{\lambda}$

于是待求函数为 $Sh = f(Re, Sc)$

当气体或液体在降膜式吸收器内作湍流流动，$Re > 2\,100$，$Sc = 0.6 \sim 3\,000$

时,实验获得的结果为:

$$Sh = 0.023Re^{0.83}Sc^{0.33} \qquad\qquad (7-19)$$

式中定性尺寸取管径 d。

将此式与圆管内对流给热的关联式 $Nu = 0.023Re^{0.8}pr^{0.3-0.4}$ 相比较,不难看出传热与传质之间的类似性。

实际使用的传质设备型式多样,塔内流动情况十分复杂,两相的接触界面也往往难以确定,这使对流传质分系数的一般准数关联式远不及传热那样完善和可靠。

第三节　相间传质与总传质速率方程

一、气液相平衡

(一)气体在液体中的溶解度

在恒定温度和压力下气液两相接触时将发生溶质气体向液相转移,使其在液相中的浓度增加,当充分接触,两相达到相平衡。此时,溶质在液相中的浓度称为平衡溶解度,简称溶解度(Solubility);溶解度随温度和溶质气体的分压而不同,平衡时溶质在气相中的分压称为平衡分压。平衡分压 p^* 与溶解度间的关系曲线,这些曲线称为溶解度曲线。图 7-5 为氨与氧气在水中溶解度。

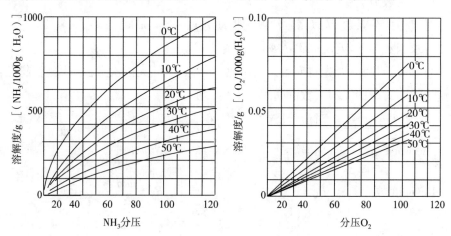

图 7-5　氨与氧气在水中溶解度的比较

一般情况下气体的溶解度随温度的升高而减小,随压力升高而增加。

故加压和降温有利于吸收操作。反之,升温和减压则有利于解吸过程。

(二)亨利定律

亨利定律(Herry's law)是反映溶解度规律的试验定律,其定律为当总压不太高(一般小于 500 kPa)时,在一定温度下,理想溶液(或稀溶液)上方气相中溶质的平衡分压与液相中溶质的摩尔分数成正比。

$$p_A^* = Ex \tag{7-20}$$

式中:p_A^*——溶质 A 在气相中的平衡分压,kPa;

$\quad\quad x$——液相中溶质的摩尔分数;

$\quad\quad E$——亨利系数,kPa。

采用其他的气、液相组成时,亨利定律有如下几种表达形式:

①气相组成用溶质 A 的分压 p_A^*,液相组成用溶质的浓度 c_A 表示时,亨利定律可表示为

$$p_A^* = \frac{c_A}{H} \tag{7-21}$$

式中:c_A——液相中溶质的浓度,$kmol/m^3$;

$\quad\quad H$——溶解度系数,$kmol/(m^3 \cdot kPa)$。

易溶气体 H 值很大,难溶气体 H 值很小。H 值一般随温度升高而减小。

②气、液两相组成分别用溶质 A 的摩尔分数 y 与 x 表示,则亨利定律可表示为

$$y^* = mx \tag{7-22}$$

式中:y^*——溶质在气相中的平衡摩尔分率;

$\quad\quad m$——相平衡常数。m 值大,则表示溶解度小。

(三)亨利定律各系数之间的关系

$$E = mp \tag{7-23}$$

$x = C/C_m$ 及 $C = \rho/M$ 的定义得:

$$p = Ex = E \cdot \frac{C}{C_m} = \frac{1}{H} \cdot C$$

所以,
$$E = \frac{C_m}{H} = \frac{\rho_m}{HM_m} \tag{7-24}$$

对稀溶液,溶液的浓度接近纯溶剂,$M_s \approx M_m$,

故
$$E = \frac{\rho_s}{HM_s} \tag{7-25}$$

式中:下标"m"、"s"——混合溶液和溶剂的性质参数;

　　　　　　M——物质分子量。

当压力不太大时,E 与压力无关,H 也几乎不变;而 m 随压力增大而减小;温度对亨利定律各参数的影响是温度升高时 E 一般增大,H 变小,m 增大溶解度降低。

【例 7-2】 总压为 101.3 kPa、温度为 20 ℃时,1 000 kg 水中溶解 15 kg NH_3,此时溶液上方气相中 NH_3 的平衡分压为 2.266 kPa。试求此时之溶解度系数 E、亨利系数 H、相平衡常数 m。若总压增倍,维持溶液上方气相分率不变,则问此时 NH_3 的溶解度及各系数的值。

解:首先将此气液相组成换算为 y 与 x。

NH_3 的摩尔质量为 17 kg/kmol,溶液的量为 15 kg NH_3 与 1 000 kg 水之和。故

$$x = \frac{n_A}{n} = \frac{n_A}{n_A + n_B} = \frac{15/17}{15/17 + 1\,000/18} = 0.015\,6$$

$$y^* = \frac{p_A^*}{P} = \frac{2.266}{101.3} = 0.022\,4$$

$$m = \frac{y^*}{x} = \frac{0.022\,4}{0.015\,6} = 1.436$$

$$p_A^* = Ex \quad E = 2.266/0.015\,6 = 145.3 \text{ kPa}$$

溶剂水的密度 $\rho_s = 1\,000$ kg/m^3,摩尔质量 $M_s = 18$ kg/kmol,

$$H = \frac{\rho_s}{EM_s} = \frac{1\,000}{145.3 \times 18} = 0.382 \text{ kmol}/(\text{m}^3 \cdot \text{Pa})$$

若总压增倍,维持溶液上方气相分率不变,则 E 不变,H 也几乎不变

$$m = E/P = 1.436/2 = 0.718$$

$$x^* = \frac{y}{m} = \frac{0.022\,4}{0.718} = 0.031\,2$$

$$x^* = \frac{c_A/17}{c_A/17 + 1\,000/18}$$

$$c_A = 28.55 \text{ kg}/1\,000 \text{ kg 水}$$

二、相间传质的双膜理论

两相间(如气—液相间)的传质理论,仍是在发展中而未获完美解决的问题。至今为止,虽提出了不少的模型理论,但在实际应用上都存在这样或那样的问

题,有待进一步研究。下面只介绍最简单且在工程计算中仍在广泛使用的"双膜理论(Double-film theory)",它是由路易斯－惠特曼(Lewis－Whitman)在1923年提出的。

如图7－6所示,双膜模型的理论要点是:

①在气、液两相接触面附近,分别存在着呈滞流流动的稳态气膜与液膜,在此滞膜层内传质严格按分子扩散方式进行。膜的厚度随流体流动状态而变化;

②气、液两相在相界面上呈平衡状态,即相界面上不存在传质阻力。如以低浓度气体溶解为例,平衡关系服从亨利定律,即有:$c_i = Hp_i$或$y_i = mx_i$,其中H为平衡溶解度系数(m为相平衡系数);

③膜层以外的气液相主体,由于流体的充分湍动,分压或浓度均匀化,无分压或浓度梯度。

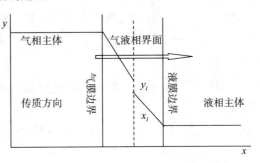

图7－6　传质的双膜理论模型

三、总传质速率方程

总传质速率(N_A)即相间传质速率,总传质速率方程式是反映吸收过程进行得快慢的特征量,其推动力是以主体浓度与平衡浓度差为推动力的;对稳定体系来说,总传质速率等于相内传质速率,原则上,根据式(7－17)和或(7－18)已可以对传质速率N_A进行计算。但是,这种做法必须引入界面浓度;而界面浓度是难以得到的。与传热过程类似,为实用方便,希望能够避开界面浓度,直接根据气液两相的主体浓度计算相际传质速率N_A,下面我们在传质"双膜模型理论"的基础上讨论总传质速率。

(一)总传质速率方程

以吸收为例,相际传质是由气相主体至界面的对流传质、界面上溶质组分的溶解、界面至液相主体的对流传质三个步骤串联而成(参见图7－6)。在吸收塔某截面气液两相浓度为y、x(因讨论的是单组分吸收,故x_A、y_A的下标可省略),则此三个步骤可根据相内传质方程式(7－17)和式(7－18)及相平衡关系分别用以下方程式表征:

气膜内传质速率　　　　　　　$N_A = k_y(y - y_i)$

相界面 $\qquad y_i = f(x_i)$

（平衡服从亨利定律） $\qquad y_i = mx_i$

液膜内传质速率 $\qquad N_A = k_x(x_i - x)$

式中：y、x——溶质的气相与液相主体浓度，以摩尔分率表示；

$\quad\quad y_i$、x_i——紧贴界面两侧气、液相的溶质浓度，以摩尔分率表示；

$\quad\quad ky$、kx——分别为以 $(y - y_i)$ 与 $(x_i - x)$ 为推动力的气相与液相传质分系数，$kmol/(s \cdot m^2)$

对稳定吸收体系，各步传质速率相等即为总传质速率，并将上述速率方程写成

$$N_A = 推动力/阻力$$

则 $\qquad\qquad N_A = \dfrac{y - y_i}{1/k_y} = \dfrac{x_i - x}{1/k_x}$

为消去界面浓度，将上式的右端分子、分母同乘以 m，并根据合比定律得：

$$N_A = \frac{y - y_i + m(x_i - x)}{1/k_y + m/k_x} = \frac{y - y^*}{1/k_y + m/k_x}$$

于是相际传质速率方程式可表示为

$$N_A = K_y(y - y^*) \qquad\qquad (7-26)$$

式中 $\qquad\qquad K_y = \dfrac{1}{1/k_y + m/k_x} \qquad\qquad (7-27)$

式（7 − 24）即为总传质速率方程，K_y 称为以气相浓度差 $(y - y^*)$ 为推动力的总传质系数（Overall mass transfer coefficient），$kmol/(s \cdot m^2)$。

类似地，相际传质速率方程也可写成

$$N_A = K_x(x^* - x) \qquad\qquad (7-28)$$

式中 $\qquad\qquad K_x = \dfrac{1}{1/mk_y + 1/k_x} \qquad\qquad (7-29)$

K_x 称为以液相浓度差 $(x^* - x)$ 为推动力的总传质系数，$kmol/(s \cdot m^2)$

比较式（7 − 25）和（7 − 27）可知

$$mK_y = K_x \qquad\qquad (7-30)$$

当传质推动力用气相分压或液相浓度时，总传质速率方程可写成：

$$N_A = K_G(p - p^*) \qquad\qquad (7-31)$$

$$N_A = K_L(c^* - c) \qquad\qquad (7-32)$$

式中 $\qquad\qquad K_G = \dfrac{1}{1/k_G + 1/Hk_L} \qquad\qquad (7-33)$

$$K_L = \frac{1}{H/k_G + 1/k_L} \qquad (7-34)$$

$$K_G = HK_L \qquad (7-35)$$

$$K_y = PK_G \qquad (7-36)$$

$$K_x = CK_G \qquad (7-37)$$

(二)传质阻力

总传质速率方程写成推动力除以阻力的形式,则分子浓度差即为推动力,分母即为传质阻力(Mass transfer frication)。

$$N_A = K_y(y - y^*) = \frac{y - y^*}{1/K_y} = \frac{总推动力}{总阻力}$$

$$\frac{1}{K_y} = \frac{1}{k_y} + \frac{m}{k_x} \qquad (7-38)$$

即总传质阻力($1/K_y$)为气相阻力($1/k_y$)与液相阻力(m/k_x)之和。

当 $\frac{1}{k_y} \gg \frac{m}{k_x}$ 时, $\qquad\qquad K_y \approx k_y$

此时的传质阻力集中于气相,称为气相阻力控制。显然,气相阻力控制的条件是 $k_x/k_y \gg 1$ 或溶质在吸收剂中的溶解度很大,即平衡线斜率 m 很小。

若 $\frac{1}{mk_y} \ll \frac{1}{k_x}$, $\qquad\qquad K_x \approx k_x$

不难看出,传质总推动力在各传递步骤中的分配情况与传热过程极为相似,所不同的是,对于吸收过程,气液平衡关系对各传递步骤阻力的大小及传质总推动力的分配有着极大的影响。易溶气体溶解度大而平衡线斜率 m 小,其吸收过程通常为气相阻力控制,例如用水吸收 NH_3、便是如此;难溶气体溶解度小而平衡线斜率 m 大,其吸收过程多为液相阻力控制,如在通气发酵中,溶解氧的供给是液相阻力控制的吸收过程。分析清楚阻力控制的分配对如何在吸收操作中有效采取措施,提高或降低传质速率有着重要的指导依据。

【例7-3】 含氨极少的空气于101.33 kPa,20 ℃被水吸收。已知气膜传质系数 $k_G = 3.15 \times 10^{-6}$ kmol/($m^2 \cdot s \cdot kPa$),液膜传质系数 $k_L = 1.81 \times 10^{-4}$ kmol/($m^2 \cdot s \cdot kmol/m^3$),溶解度系数 $H = 1.5$ kmol/($m^3 \cdot kPa$)。气液平衡关系服从亨利定律。

求:①气相总传质系数 K_G;液相总传质系数 K_L;

②气膜与液膜阻力的相对大小;

解:①因为物系的气液平衡关系服从亨利定律,故可由式(7-27)求 K_G;

$$\frac{1}{K_G} = \frac{1}{k_G} + \frac{1}{Hk_L} = \frac{1}{3.15 \times 10^{-6}} + \frac{1}{1.5 \times 1.81 \times 10^{-4}} = 3.24 \times 10^5$$

$$K_G = 3.089 \times 10^{-6} \text{ kmol/(m}^2 \cdot \text{s} \cdot \text{kPa)}$$

$$K_L = K_G/H = 3.089 \times 10^{-6}/1.5 = 2.06 \times 10^{-6} \text{ kmol/(m}^2 \cdot \text{s} \cdot \text{kmol/ m}^3)$$

②气膜阻力 $= 1/k_G = 1/3.15 \times 10^{-6} = 1.942 \times 10^5 \text{ m}^2 \cdot \text{s} \cdot \text{kPa /kmol}$

液膜阻力 $= 1/Hk_L = 1/(1.5 \times 1.81 \times 10^{-4}) = 3.683 \times 10^3 \text{ m}^2 \cdot \text{s} \cdot \text{kPa/kmol}$

$$\frac{\text{气膜阻力}}{\text{总阻力}} = \frac{1.942 \times 10^5}{1.942 \times 10^5 + 3.683 \times 10^3} = 0.981$$

由计算结果可见,气膜阻力占总阻力的 98.1%,吸收总阻力几乎全部集中于气膜,故属"气膜控制"系统。

第四节　三种传递的类比性

食品工程原理的理论体系基础是三种传递理论,它们从内容上看是独立的,而从研究方法以及形式上看是三种传递在理论基础上有相似性、可比性即类比性,现将三传之间的比较列于表 7-3 中,供读者领会参考。

表 7-3　三传的类比性

		动量传递	热量传递	质量传递
传递方式		层流:内摩擦阻力 湍流:形体阻力	无宏观运动:热传导 有宏观运动:热对流	无宏观运动:分子扩散 有宏观运动:涡流扩散
无宏观运动 (或层流)	定律 推动力 物性参数 温度影响的一般趋势	牛顿粘性定律 速度梯度 粘度系数 μ 液体 $T\uparrow \to \mu\downarrow$ 气体 $T\uparrow \to \mu\uparrow$	傅立叶定律 温度梯度 导热系数 λ 液体 $T\uparrow \to \lambda\downarrow$(除水、甘油) 气体 $T\uparrow \to \lambda\uparrow$	费克定律 浓度梯度 扩散系数 D 液体 $T\uparrow \to D\uparrow$ 气体 $T\uparrow \to D\uparrow$
有宏观运动 (或湍流)	公式	$\sum h_f \infty - \Delta E_t$	$q = \alpha(T - T_W)$	$N_A = k_y(y - y_i)$
	系数研究方法		因次分析法 数学模型法	
	系数典型实例	管内流体充分湍流 $\lambda = f(\varepsilon/d)$ 不变时,λ 是常数	圆直管内强制对流传热 $\alpha = 0.023 \frac{\lambda}{d} \cdot Re^{0.8}Pr^n$	圆形直管内充分湍流 $k_y = 0.023 \frac{d}{L} \cdot Re^{0.83}Sc^{0.33}$
总传递速率	公式 总传递阻力	$\sum h_f = W_e - \Delta E_t$ $\mu + \mu_e$	$q = K\Delta T_m$ $\frac{1}{K} = \frac{1}{\alpha_0} + \frac{d_0}{\alpha_i d_i}$	$N_A = k_y(y - y^*)$ $\frac{1}{K_y} = \frac{1}{k_y} + \frac{m}{k_x}$

注:ΔE_t 表示体系总机械能差。

第五节　传质设备简介

对传质设备的共同要求是给传质的各相提供良好的接触机会,包括增大相接触面积和增强湍动程度,使传质的各相在接触后能分离完全。另外还要求结构简单紧凑,操作方便,运转稳定可靠,周期长,能耗小等。

工业上广泛使用的传质设备从气液接触的方式分为微分接触式(Differential contactor)和逐级接触式(Stagewise contactor)两大类。填料塔是连续接触式传质设备典型代表,而板式塔是逐级接触式传质设备的典型代表。下面分别介绍这两种类型的塔。

一、填料塔

填料塔(Packed tower)结构如图7−7(a)所示,一般是在圆筒形的塔体内放置专用的填料作为接触元件,使从塔顶往下流的液体沿着填料表面散布成大面积的液膜,并使从塔底上升的流体增强湍动,从而提供良好的接触条件。在塔内,两相流体沿着塔高连续地接触传质,浓度沿塔高连续变化。故填料塔属于连续接触式传质设备。与其他塔型比较,填料塔具有结构简单、压降低的优点,

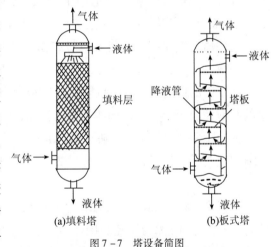

图7−7　塔设备简图

尤其适用于真空蒸馏、气体量大的气液传质过程(如吸收过程)以及具有腐蚀性物料的传质等。但填料塔的操作弹性较小,当液体负荷较小时,填料表面的润湿率低,传质效果变差。另外填料塔不宜处理易聚合或含固体悬浮颗粒物的物料,不方便塔中间某个部位加热、冷却、或侧线采出液体。

填料根据材质不同分为陶瓷、金属丝网、合成高分子材料等;形状各异,从技术层面上评判,以液体能均匀地分散在其表面,气体能与其表面的液膜充分接触为最佳。

二、 板式塔

板式塔(Tray tower)结构如图7-7(b)所示,沿塔往下流的液体与上升气体在塔板上接触,液体横向流过塔板,经降液管流至下层塔板,塔板上有气体流经的通道。气液两相浓度沿塔高呈阶跃式变化。板式塔是逐级接触式传质设备。典型的板式塔主要有筛板塔、浮阀塔、泡罩塔等,其他一些新型板式塔如浮动喷射塔、斜孔筛板塔、舌型筛板塔、多降液管板式塔等,都是在这些传统板式塔基础上改进而成的。

泡罩塔(Bubble cap tray)是一种应用较早的塔型,有100多年的应用历史,对其性能研究得较为充分。塔板均匀开有一些小圆孔,孔上装有短管,作为上升气体的通道,称为升气管。短管上复以圆形泡罩,泡罩的下端开有齿缝(齿缝分为小孔型、锯齿型两种),齿缝浸没在板上液层中形成液封。自升气管上升的气体沿升气管与泡罩间的环形通道向下,通过齿缝被分为细小的气泡,进入板上液层,使得液层中充满气泡形成泡沫层,从而为气液两相提供很大的传质面积,而后经过传质的气体穿出液层(泡沫层)进入上一层塔板,液体则沿降液管进入下一层塔板。

泡罩塔的优点为:操作性能稳定,塔板效率一般为50%;适应性强,对处理物系的起泡性、有无杂质、黏稠性等适应较强,适应多种介质;操作弹性(负荷上、下限比值)大,一般为4~5。其缺点是:结构复杂,造价高,制造、安装、维修困难,是本节叙述三种典型板式塔中造价最高的;气体通道曲折,流程长,流体阻力大;生产能力较低。

筛板塔(Sieve tray)与泡罩塔的塔板结构基本相似,直接在塔板上开有大量均匀分布的小孔,称为筛孔。操作时,气体以高速通过小孔上升,板上的液体受鼓泡的作用不能经小孔落下,只能流过塔板经降液管流到下一层塔板,而分散成气泡的气体使板上液层成为强烈湍动的泡沫层。

筛板塔优点是:结构比浮阀塔更简单,易于加工,造价低;处理能力大,塔板效率高,压降较低。其缺点是:塔板安装的水平要求较高,否则气液接触不匀;操作弹性较小(2~3);小孔筛容易堵塞。

浮阀塔(Valve tray)是一种较新型的气液传质设备,兼有泡罩塔和筛板塔的优点。它的结构是在塔板上按一定的中心距开出大孔,标准孔径是39 mm,每个阀孔上装有可以上下浮动的浮阀。浮阀的形式很多,分为盘式和条形两种。目前,我国普遍使用的是F_1型浮阀(国外通称V_1型)。沿阀孔上升的气速达到一定时,阀片被推起,但受阀脚的控制不能脱离阀孔,而气速降低,浮阀下降,再降低气速则浮阀全部处于最低位置,靠阀底面几个凸部的支撑仍与板面保持一定距离(约2.5 mm)。浮阀塔由于阀片与塔板间的开缝可随气体负荷大小自行调节,缝隙中与液体接触的气速几乎不变,所以它具有操作弹性大,鼓泡分布均匀的特点。

浮阀塔的优点是:生产能力大,操作弹性大,操作弹性范围为3~6(资料介绍最高可达9);板效率高,塔板压降小(介于泡罩塔与筛板塔之间)结构与制造费用居中,安装容易。其缺点是:抗腐蚀性要求较高,浮阀和塔板须用不锈钢或耐酸钢制造;使用一段时间后磨损阀脚后容易造成操作不正常,卡阀或掉阀造成漏液,使塔板效率降低;与筛板塔相比结构复杂,造价较高。浮阀塔与泡罩塔、筛板塔的比较见表7-4。

表7-4　浮阀塔与泡罩塔、筛板塔的比较

塔板类型	板效率/%	生产能力/%	操作弹性/倍	压力降/%	造价/%
泡罩塔	100	100	4~5	100	100
筛板塔	115	120	2~3	70	60
浮阀塔	115	140	8~9	80	80

注:操作弹性指塔能正常操作气相或液相体积流量的上、下限比值。

三、板式塔和填料塔的比较

板式塔与填料塔的比较是个复杂的问题,涉及的因素很多,难以用比较简单的方法明确地作出对比。板式塔具有空塔速度高,生产能力大,液气比的适应范围较大等优点,且板式塔放大时,塔板效率比较稳定。但是,板式塔结构较填料塔复杂,其压降也比填料塔高。板式塔与填料塔的简要对比列于表7-5。

表7-5　板式塔和填料塔的对比

指　标	塔型	
	板式塔	填料塔
压力降	压力降一般比填料塔大	压力降小,较适于要求压力降小的场合
空塔气速	空塔气速大	空塔气速小
塔效率	效率较稳定,大塔板效率较高	$\Phi 1.5$ m以下塔效率高
液汽比	适应范围较大	对液体喷淋量有一定要求
持液量	较大	较小

续表

指　标	塔型	
	板式塔	填料塔
材质要求	一般用金属材料制作	可用非金属耐腐材料
安装维修	较容易	较困难
造价	直径大时一般比填料塔造价低	$\Phi 800$ mm 以下，一般比板式塔便宜
重量	较轻	重

四、塔型选择的一般原则

塔型的合理选择是做好塔设备设计的首要环节。选择时应考虑的因素有物料性质、操作条件、塔设备的性能，以及设备的制造、安装、运转和维修等，塔型选用顺序参看表7-6。操作条件和物料性质互相影响，如物系不同，膜或液滴的稳定性不同。重组分表面张力较大的物系宜采用泡沫接触状态，因为此时轻组分挥发后，处于气泡间的液膜更稳定，不易被撕碎，可保证气体不能合并，气液间有较大的相界面，利于传质。重组分表面张力较小的物系应采用喷射状态，因为此时液体成液滴分散在连续的气相中，液滴应易于分裂，这样才会有较大的相界面，因为轻组分挥发后，表面处的液体的表面张力变小，故液滴易于破裂。

表7-6　塔型选用顺序表

考虑因素	选择顺序	考虑因素	选择顺序
塔径	800 mm 以下，填料塔 800 mm 以上，板式塔	真空操作	①填料塔　　②浮阀塔 ③筛板塔　　④其他斜喷塔
具有腐蚀性的物料	①填料塔　　②筛板塔 ③喷射型塔	大液气比	①导向筛板塔　②填料塔； ③浮阀塔　　④筛板塔；
污浊液体	①大孔径筛板塔　②喷射型塔 ③浮阀塔　　④泡罩塔	存在两液相的场合	①穿流式塔 ②填料塔
操作弹性	①浮阀塔　　②泡罩塔； ③筛板塔		

习　题

1. J_A 与 N_A 的区别是什么，在什么情况下二者一致。

2. 从 Fick 定律出发推导出单向扩散速率计算公式。

3. 对比理解板式塔和填料塔的优缺点和使用范围。

4. 在 100 kPa、298 K 的条件下氨与空气的混合气体装在一直径为 5 mm、长度为 0.1 m 的管子中,进行等摩尔反方向扩散,扩散系数 $D = 6.87 \times 10^{-5}$ m²/s。已知管子两端氨的分压分别为 6 kPa 和 2 kPa,试计算:

①氨的扩散通量。

②空气的扩散通量。

③在管子的中点截面上氨和空气的分压。

5. 浅盘内盛有水深 8 mm,在 101.3 kPa、293 K 下向大气蒸发。假定传质阻力相当于 5mm 厚的静止气层,气层外的水蒸气分压可以忽略,扩散系数 $D = 2.56 \times 10^{-5}$ m²/s,求水蒸发完所需的时间。

第八章 蒸　馏

本章学习要求：了解蒸馏的常用方法、理想双组分溶液的气液平衡关系,掌握相平衡方程的应用与计算,理解精馏的概念与工业化流程,了解塔高与塔径的计算方法,了解精馏塔的操作与调节手段,重点掌握精馏塔的物料衡算、理论板数的确定、进料状态的表达与选择、回流比的影响与选择,熟练掌握双组分常压连续精馏常见情况的分析与计算。

在食品工业生产中,将酒醪中12%乙醇提纯至95%左右的酒精,农副产品中香气成分的提取与分析等都用到蒸馏。蒸馏是分离均相互溶液体混合物常用的方法之一。

液体具有挥发而成为蒸汽的能力,各种液体的挥发能力不同。蒸馏(Distillation)就是借液体混合物中各组分挥发性的差异而进行分离的一种操作。若将混合液加热至沸腾但只令其部分汽化,则挥发性强的组分,即沸点低的组分(称为易挥发组分或轻组分)在汽相中的浓度比在液相中的浓度要高;而挥发性弱的组分,即沸点较高的组分(称为难挥发组分或重组分)在液相中浓度比在汽相中的要高,这样由原料分成的汽液两部分中轻重组分的组成就得到一定程度的分离。若将上述混合物的蒸汽部分冷凝,液相部分汽化,多次操作,最终可以在汽相中得到较纯的易挥发组分,而在液相中得到较纯的难挥发组分。这种操作称精馏(Rectifiantion)。

蒸馏按操作方式可分为简单蒸馏、平衡蒸馏、精馏及特殊精馏等多种方法;按操作压力可分为常压蒸馏、加压及减压(真空)蒸馏;按操作是否连续可分为连续精馏和间歇精馏;按原料中所含组分数目可分为双组分(二元)蒸馏及多组分(多元)蒸馏。本章将着重讨论常压下双组分连续精馏。

汽液相平衡是分析蒸馏原理和进行蒸馏设备设计计算的理论依据。下面首先讨论汽液相平衡。

第一节　双组分溶液的汽液相平衡

一、拉乌尔定律

研究汽液相平衡时两相间各组分组成的关系,要分为理想溶液和非理想溶液来讨论。双组分溶液中若异种分子之间的作用力与同种分子之间的作用力相等,即分子间相互吸引力不因混合而有所变化,形成的混合溶液无容积效应,也无热效应,这种溶液称为理想溶液。否则就是非理想溶液。

实验证明,理想溶液的汽液相平衡服从拉乌尔定律(Raoult's law)。拉乌尔定律指出在一定温度下,汽相中任一组分的分压等于此纯组分在该温度下的饱和蒸汽压乘以它在溶液中的摩尔分数。由此对含有 A、B 组分的理想溶液可以得出:

$$p_A = p_A^\circ x_A \tag{8-1}$$

$$p_B = p_B^\circ x_B = p_B^\circ (1 - x_A) \tag{8-2}$$

式中:p_A、p_B——溶液上方组分 A 和组分 B 的分压,kPa;

p_A°、p_B°——纯组分 A 和 B 的饱和蒸汽压,kPa;

x_A、x_B——溶液中组分 A 和 B 的摩尔分数。

为书写方便,对双组分精馏常略去汽液相组成下标,以 x 表示液相轻组分摩尔分率 x_A,以 $(1-x)$ 表示 x_B;类似以 y 表示汽相轻组分摩尔分率 y_A,以 $(1-y)$ 表示 y_B。

当溶液沸腾时,其上方的总压等于各组分的平衡分压之和,即:$p = p_A + p_B = p_A^\circ x + p_B^\circ (1-x)$

$$x = \frac{p - p_B^\circ}{p_A^\circ - p_B^\circ} \tag{8-3}$$

当总压不太高,汽相可视为理想气体,遵循道尔顿分压定律(Dalton's law),则:

$$y = \frac{p_A}{p} = \frac{p_A^\circ}{p} x \tag{8-4}$$

式(8-3)和式(8-4)分别称为泡点方程和露点方程。一双组分理想溶液,利用一定温度下纯组分的饱和蒸汽压数据,即可求得该温度下平衡时汽、液相组成。反之,若已知一相组成,也可求得与之平衡的另一相组成和温度,但一般需要试差法计算。

纯物质的蒸汽压,可由温度查相关工程手册或用安托因(Antoine)方程来计算:

$$\lg p_{A}^{\circ} = A - \frac{B}{t + C} \qquad (8-5)$$

各种物质的安托因常数 A、B、C 可由有关手册查取。

二、双组分理想溶液的汽液平衡相图

溶液的汽液平衡关系可直观地用平衡相图来反应其规律,对双组分汽液平衡来说,t、p、x 和 y 四个参数中,从相平衡规律可知,任意规定其中两个变量,此平衡物系的状态也就确定了。一般总压 p 不变,只要再确定一个参数,系统状态就确定了,故汽液平衡相图常有温度—组成图$[t \sim x(y)]$图和汽液相平衡图($x \sim y$图)。

1. 理想溶液的温度—组成图$[t \sim x(y)$图$]$

在总压一定的情况下,理想溶液的汽(液)相组成与温度的关系可表示成图 8-1 所示的曲线。图中横坐标为液相(或汽相)中轻组分的摩尔分率 x(或 y)。若将温度为 t_1、组成为 x_1(图中 P 点所示)的溶液加热,当温度达到 t_2 点(C 点)时,溶液开始沸腾,产生第一个汽泡 C',相应的温度 t_2 称为泡点(Bubble point),故液相曲线 $AECB$ 称为泡点线;由式(8-3)可知泡点线方程为:

$$x = \frac{p - p_{B}^{\circ}}{p_{A}^{\circ} - p_{B}^{\circ}} = f(t) \qquad (8-6)$$

同样,若将该溶液升温至 Q 点,使之完全汽化成为过热蒸汽,温度为 t_5,组成为 y_2($y_2 = x_1$),此过热蒸汽从 Q 点冷却,当温度达到 t_4(D 点)时,混合气体开始冷凝产生第一滴液滴 D',相应的温度 t_4 称为露点(Dew point),曲线 $ADFB$ 称为露点线。由式(8-3)和式(8-4)可知露点线方程为:

$$y = p_{A}^{\circ} x / p = \frac{p_{A}^{\circ}}{p} \frac{p - p_{B}^{\circ}}{p_{A}^{\circ} - p_{B}^{\circ}} = \phi(t) \qquad (8-7)$$

两条曲线将整个 $t \sim x(y)$ 图分成三个区域,泡点线以下代表尚未沸腾的液体,称为液相区。露点线以上代表过热蒸汽区。被两曲线包围的部分表示汽液共存,称为汽液共存区。由图可见,上述组成为 x_1 的溶液(或组成为 y_2 的过热蒸汽)在进入汽液共存区(G 点)后,则物系必分成互成平衡的汽液两相,液相组成在 E 点(x_3),汽相组成在 F 点(y_3)。显然 $x_3 < x_1(y_2) < y_3$,原料得到一定程度的

分离,更清楚地显示了蒸馏分离的原理。

2. 理想溶液的汽液相平衡图($y \sim x$ 图)

在蒸馏计算中,除上述 $t \sim x(y)$ 图外,还经常利用 $y \sim x$ 图。此图表示在一定外压下,汽相组成 y 和与之平衡液相组成 x 之间的关系。$y \sim x$ 图可通过 $t \sim x(y)$ 图的数据作出。图 8 – 1 中 C 与 C',D 与 D',E 与 F 是互成平衡关系的汽液两相,分别构成图上的 1,2,3 点;对角线为参考线,其方程式为 $x = y$。对于一些溶液达到平衡时,汽相中易挥发组分浓度总是大于液相的,故其平衡线位于对角线的上方。平衡线离对角线越远,表示该溶液越易分离。应该指出,总压对 $t \sim x(y)$ 关系的影响较大,但对 $y \sim x$ 关系的影响就没有那么大。故当总压变化不大时,总压对 $y \sim x$ 关系的影响可以忽略不计。可见 $y \sim x$ 图较 $t \sim x(y)$ 图适用范围更宽,而且蒸馏计算中 $x \sim y$ 图用得更多。

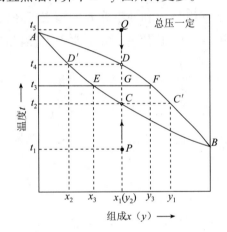

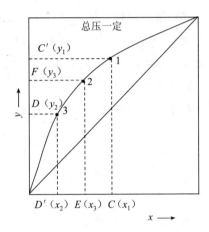

图 8 – 1　理想溶液的温度—组成图　　　　图 8 – 2　理想溶液的汽液相平衡图

三、相对挥发度与相平衡方程式

1. 相对挥发度

纯物质的挥发度是用一定温度下蒸汽压的大小来表示的。混合溶液中一个组分的蒸汽压因受另一组分存在的影响。所以比纯态时低,故其挥发度(Volatility)用它在汽相中的分压 p 与其平衡的液相中的摩尔分数 x 之比来表示。对于 A 组分

有
$$v_A = \frac{p_A}{x_A} \qquad\qquad (8 - 8)$$

式中:v_A——组分 A 的挥发度。

对于理想溶液,因服从拉乌尔定律,故

$$v_A = \frac{p_A}{x_A} = \frac{p_A^{\circ} x_A}{x_A} = p_A^{\circ} \qquad (8-9)$$

即理想溶液中各组分的挥发度等于其纯物质的饱和蒸汽压。

溶液中两组分挥发度之比,称为相对挥发度(Relative volatility),以 α 表示。通常以易挥发组分的挥发度为分子。

$$\alpha = \frac{v_A}{v_B} = \frac{p_A/x_A}{p_B/x_B} = \frac{py_A x_B}{py_B x_A} = \frac{y_A x_B}{y_B x_A} \qquad (8-10)$$

对理想溶液,因其服从拉乌尔定律,则

$$\alpha = \frac{p_A^{\circ}}{p_B^{\circ}} \qquad (8-11)$$

理想溶液的相对挥发度等于同温度下纯组分 A 和纯组分 B 的蒸汽压之比。虽然纯组分蒸气压 p_A°、p_B° 都随温度而变化,但两者比值的变化通常不大,因此当温度变化不大时,可以认为 α 为常数或取其平均值。

2. 相平衡方程式

对于二元溶液,$x_B = 1 - x_A$,$y_B = 1 - y_A$,略去下标,代入式(8-10)得

$$\frac{y}{1-y} = \alpha \frac{x}{1-x}$$

即

$$y = \frac{\alpha x}{1 + (\alpha - 1)x} \qquad (8-12)$$

当 α 值已知,按式(8-12)可以由 x(或 y)算出平衡时的 y(或 x)。即用相对挥发度表示了汽液平衡关系,故可称其为相平衡方程(Phase equilibrium equation)。

相对挥发度可用以判断某混合物能否用蒸馏方法分离和分离的难易程度。若 $\alpha > 1$,即 $y_A > x_A$,α 愈大,y 比 x 大得愈多,则组分 A 和 B 愈易分离。若 $\alpha = 1$,则由上式可以看出 $y_A = x_A$,即汽相的组成与液相的组成相同,不能用普通蒸馏方法分离。

一般而言,相对挥发度 α 是温度、压强和浓度的函数。在多种情况下 α 随温度的升高而略有减小。当压强增大时,沸点也随之增高,故 α 也有减小。不过,在多数工业应用中 α 的变化不大。在蒸馏计算中,相对挥发度常取浓度变化范围内相对挥发度的几何平均值。

【例8-1】 在常压(大气压为 760 mmHg,1 mmHg = 133.3 Pa)下,理想物系

A－B混合液汽液平衡时,体系温度为92 ℃,液相中A的摩尔分率为0.49。查得A的饱和蒸汽压的安托因公式为:

$$\lg p_A^\circ = 6.906 - \frac{1211}{t + 220.8} \qquad p_A^\circ : mmHg; t: ℃$$

试求B的饱和蒸汽压及A相对于B的相对挥发度 α

解: $\lg p_A^\circ = 6.906 - \dfrac{1211}{92 + 220.8} = 3.035$ mmHg

$p_A^\circ = 1\ 083$ mmHg

$p_A = p_A^\circ \cdot x_A = 1\ 083 \times 0.49 = 530.5$ mmHg

$p_B = p - p_A = 760 - 530.7 = 229.6$ mmHg

$p_B = p_B^\circ \cdot (1 - x_A)$

$p_B^\circ = p_B/(1 - x_A) = 229.6/0.51 = 450$ mmHg

$\alpha = \dfrac{p_A^\circ}{p_B^\circ} = \dfrac{1\ 083}{450} = 2.42$

第二节　蒸馏与精馏原理

一、平衡蒸馏

平衡蒸馏装置如图8－3所示。通常料液经加压预热,连续地通过一节流阀减压到预定的压力后进入分离器中。减压后的液体呈过热状态,将产生自蒸发而使部分液体迅速汽化(即汽化所需热量由液体的显热提供),这种过程又称闪蒸(Equilibrium flash vaporization)。相互平衡的汽液两相在分离器中分离后,分别由

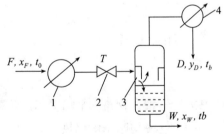

1—加热器;2—节流阀;3—分离器;4—冷凝器
图8－3　平衡蒸馏图

顶部和底部连续排出,顶部汽相产物中含易挥发组分较多,而底部液相产物中含易挥发组分较少,故使混合物得到一定程度的分离。由于过程连续并维持恒定的操作条件,产物的组成不随时间变化。

平衡蒸馏计算的基本工具是物料衡算、热量衡算和汽液相平衡关系。

1. 物料衡算

对图8-3所示连续稳态平衡蒸馏过程有如下物料衡算式：

对总物料
$$F = D + W \tag{8-13}$$

对轻组分
$$Fx_F = Dy_D + Wx_W \tag{8-14}$$

式中：F, D, W——原料液、顶部产品、底部产品的量；

x_F, y_D, x_W——原料液、顶部产品、底部产品中A组分的摩尔分数。

将两式联立可得：

$$D/F = \frac{x_F - x_W}{y_D - x_W} = f \tag{8-15}$$

其中$f = D/F$为原料液的汽化比例，称汽化率。

上式也可写为：

$$y_D = \frac{f-1}{f}x_W + \frac{x_F}{f} \tag{8-16}$$

即组成为x_F的料液分离为汽、液两部分时必满足此式。

2. 热量衡算

加热器的热流量为：

$$Q = F \cdot c_p \cdot (T - t_0) \tag{8-17}$$

物料经节流阀进入分离器后，其部分汽化的潜热由节流前后的显热提供，即有：

$$F \cdot c_p(T - t_b) = f \cdot F \cdot r$$

或写作加热温度的形式：

$$T = t_b + f\frac{r}{c_p} \tag{8-18}$$

式中：c_p——混合物料的平均摩尔比热容，kJ/(kmol·K)；

r——平均摩尔汽化热，kJ/kmol；

t_0、T、t_b——物料的初始、预热后(节流前)和泡点(节流后)平衡温度。

3. 汽液相平衡关系

该过程为平衡过程，y_D与x_W应满足相平衡方程,如为理想物系,有：

$$y_D = \frac{\alpha \cdot x_W}{1 + (\alpha - 1)x_W} \tag{8-19}$$

在平衡蒸馏操作计算中,通常是已知料液流量F、组成x_F、汽化率f,则由式(8-16)(8-19)可求得y_D、x_W,由x_W代入泡点方程可得t_b,再由式(8-18)可求

得 T，由式（8－17）可得加热器消耗热量 Q。

二、简单蒸馏

简单蒸馏（Simple distillation）又称微
分蒸馏，其流程如图8－4。原料液一次
加入蒸馏釜中，釜底采用间接蒸汽加热，
溶液沸腾后部分汽化，不断地将产生的蒸
汽引入冷凝器中冷凝。由于蒸汽中含较
多的易挥发性组分，随着蒸汽的不断引出
使釜中溶液轻组分的浓度不断降低，温度
不断升高。反过来，由于溶液的浓度不断

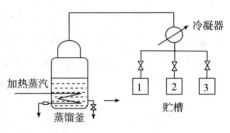

图8－4　简单蒸馏示意图

降低，故瞬间蒸出与之平衡的汽相浓度也不断降低。所以，塔顶馏出冷凝液的浓
度是不断降低的。冷凝液按工艺要求划分为不同的组成范围而分别收集于各贮
槽中。

简单蒸馏可用于初步分离，对相对挥发度大的混合物进行分离很有效。如
从乙醇体积不到10%的发酵醪中提取酒精，若经一次简单蒸馏可得含乙醇50%
（体积）的酒精溶液。

简单蒸馏为非稳态过程，虽然瞬间形成的蒸汽与液相可视为平衡，但形成的
全部蒸汽并不与剩余液体平衡。其过程参数如汽液相组成、温度等参数是一随
时间连续变化的过程，故又称微分蒸馏。

简单蒸馏的计算包括生产能力及馏出液、残液的浓度和残液量的计算。生
产能力根据热负荷和传热能力计算；馏出液、残液组成与量之关系可由物料衡算
推导出。为进行计算应选择微元时间列出微分式，然后积分求解。

令 y、x 分别为任一瞬时 τ 时的汽、液相组成（以易挥发组分表示）的摩尔分
率；W 为任一瞬时釜内的液体量，kmol。

设经微元时间 $d\tau$ 蒸馏出的液体量为 dW，则所得的汽相量亦为 dW，釜内液
体量由 W 变为 $W-dW$，相应地，其组成由 x 变为 $x-dx$，对易挥发组分作物料衡
算：$d\tau$ 时间内，釜液中易挥发组分减少的量应等于汽相所得易挥发组分的量，即

$$Wx-(W-dW)(x-dx)=ydW$$

略去高阶微量，并整理之，得

$$\frac{dW}{W}=\frac{dx}{y-x}$$

设一批简单蒸馏初态和终态时釜内的液体量分别 F、W_2,相应的组成为 x_F,x_2,将上式由蒸馏的初态积分到终态,得

$$\ln \frac{F}{W_2} = \int_{x_2}^{x_F} \frac{\mathrm{d}x}{y-x} \qquad (8-20)$$

式中的 y、x 为互呈平衡的汽液相组成,应满足相平衡关系,故可积分求解。

对于低压、液相为理想溶液的情况,将式(8-12)的平衡关系代入上式,并积分之得:

$$\ln \frac{F}{W_2} = \frac{1}{\alpha-1} \left[\ln \frac{x_F}{x_2} + \alpha \ln \frac{1-x_2}{1-x_F} \right] \qquad (8-21)$$

若平衡关系难以用简单的解析式表示,则前式可利用数值积分或图解积分求解。

设一批简单蒸馏所得馏出液总量为 D,其易挥发组分的平均组成为 $\overline{x_D}$,则对蒸馏的初态和终态作物料衡算,有

$$D = F - W_2 \qquad (8-22)$$

$$D \overline{x_D} = F x_F - W_2 x_2 \qquad (8-23)$$

从而可求得 D 和 $\overline{x_D}$。

【例8-2】 在常压下将某原料液组成为 0.55(易挥发组分的摩尔分率)的两组分溶液分别进行简单蒸馏和平衡蒸馏,若汽化率为 1/3,试求两种情况下的釜液和馏出液组成。假设在操作范围内体系的相对挥发度 α 为 2。

解: 对平衡蒸馏,由总物料衡算式和轻组分衡算式得到:

$$y_D = \frac{F}{D} x_F - \frac{W}{D} x_W$$

$$y_D = \frac{f-1}{f} x_W + \frac{x_F}{f}$$

$f = 1/3$ 则 $\qquad y_D = 3x_F - 2x_W = 1.65 - 2x_W \qquad (8-24)$

y_D 与 x_W 满足相平衡方程(8-19),

$$y_D = \frac{\alpha \cdot x_W}{1 + (\alpha-1) x_W}$$

即 $\qquad\qquad y_D = \frac{2x_W}{1 + x_W} \qquad (8-25)$

式(8-24)、式(8-25)联解得:$x_W = 0.494$,$y_D = 0.662$

对简单蒸馏,由式(8-21)

$$\ln \frac{F}{W_2} = \frac{1}{\alpha - 1}\Big[\ln \frac{x_F}{x_2} + \alpha\ln \frac{1 - x_2}{1 - x_F}\Big]$$

即
$$\ln \frac{3}{2} = \frac{1}{2 - 1}\Big[\ln \frac{0.55}{x_2} + 2\ln \frac{1 - x_2}{1 - 0.55}\Big]$$

计算得釜中残液组成　　　　　$x_2 = 0.483$

馏出液易挥发组分的平均组成为$\bar{x}_D$,用式(8-23)求得:

$$\bar{x}_D = \frac{F}{D}x_F - \frac{W}{D}x_2 = 3 \times 0.55 - 2 \times 0.483 = 0.684$$

由此可见,在馏出率相等的条件下,简单蒸馏所得到的馏出物的浓度高于平衡蒸馏。这是因为平衡蒸馏所得到的全部馏出物皆与残余浓度($x_W = 0.494$)成平衡,而简单蒸馏所得到的大部分馏出物(第一阶段得到的馏出物)是与组成较高的液体成平衡,只有较小部分(第二阶段得到的馏出物)与浓度低于0.494的液体成平衡的缘故。由此可见,平衡蒸馏虽然实现了过程的连续化,但同时也造成了物料的返混,其分离效果不如间歇操作的简单蒸馏。

三、精馏原理

平衡蒸馏与简单蒸馏属于一次部分汽化、冷凝分离过程,它们只能达到有限的提纯效果。而精馏过程能让混合物多次且同时进行部分汽化与部分冷凝,达到高纯度的分离目的。为此,下面将要介绍精馏塔装置和基本原理。

1. 工业精馏过程

图8-5为连续精馏塔,图8-6为塔内流体流动示意图。料液经预热自塔的中部某适当位置连续地加入塔内,塔顶设有冷凝器将塔顶蒸汽冷凝为液体。冷凝液的一部分回入塔顶,称为回流液,其余作为塔顶产品(馏出液)连续排出。在塔内上半部(加料位置以上)上升蒸汽和回流液体之间进行着逆流接触和物质传递。塔底部装有再沸器(蒸馏釜)以加热液体产生蒸汽,蒸汽沿塔上升,与下降的液体逆流接触进行物质传递,塔底连续排出部分液体作为塔底产品。

2. 板式精馏塔塔板上的传质

板式精馏塔内部是由多块塔板组成,每一块塔板主要分三个区即承液区、开孔区、降液区(如图8-7),正常操作时,液体在重力作用下自上而下,气体在压差作用下则穿过每层塔板上的开孔区自下而上运动,总体上呈逆流接触传质;而在每一块板上,液体是从上一块塔板流下,经塔板的承液区,横向流经开孔区,与上升的气流传质后,流进该板的降液管,进入下一块板的承液区,所以,在每一块板上,气液呈错流接触传质状态。

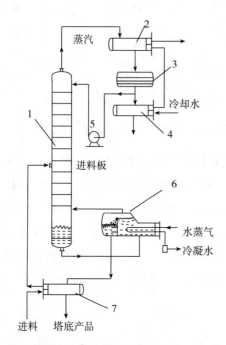

1—精馏塔 2—全凝器 3—贮槽 4—冷却器
5—回流液泵 6—再沸器 7—原料液预热器
图8-5 连续精馏操作流程

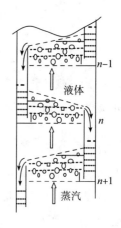

图8-6 塔内流体流动示意图

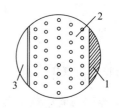

1—降液区 2—开孔区 3—承液区
图8-7 塔内塔板结构示意图

如图8-8所示,若以任意第n层塔板为例,其上为$n-1$板,其下为$n+1$板,在第n板上由来自第$n-1$板组成为x_{n-1}的液体与来自第$n+1$板其组成为y_{n+1}的蒸汽接触,由于x_{n-1}和y_{n+1}不平衡,而且蒸汽的温度t_{n+1}比液体的温度t_{n-1}高,因而,y_{n+1}在第n板上部分冷凝使x_{n-1}部分汽化,在第n块板上发生热质交换。如果这两股流体密切而又充分地接触,离开塔板的汽—液两相达到平衡(理论板),其汽液平衡组成分别为y_n和x_n。汽相组成$y_n > y_{n+1}$,液相组成$x_n < x_{n-1}$,如图8-9所示。可见,这一理论块板类似于一次平衡蒸馏的效果,它使得进入该板不平衡的汽液两相,在板上充分接触传质,轻组分从液相向汽相蒸发,重组分从汽相向液相冷凝,使得离开该板的汽相轻组分含量升高,液相轻组分含量降低(即重组分含量升高),达到部分分离的效果。

而离开第n块板汽相又是第$n-1$块板的进汽,同样,在第$n-1$块板上继续传质后,上升汽相轻组分进一步提高,板数足够多,在塔顶便可得到纯度较高的轻组分;而离开n板的液体流下降至$n+1$板,与$n+2$板上升的蒸汽流接触,进行传热、传质,其中重组分又得到一次增浓。如此逐板向下流动,经过足够多的塔板后,便可在塔底得到比较纯的重组分。

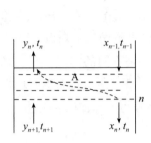

图 8-8　第 n 块板物流简图

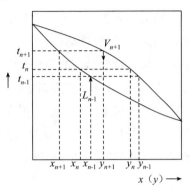

图 8-9　第 n 块板分离原理

从以上分析可以看出,塔顶蒸汽冷凝回流和塔釜溶液再蒸发是精馏高纯度分离的充分必要条件。也就是说精馏操作之所以使混合物得到高纯度分离是以消耗热量为代价的。

通常,将精馏塔的进料板以上部分称为精馏段(Rectifying section),起着精制汽相中易挥发组分的作用;而将进料板及其以下部分称为提馏段(Stripping section),起着提浓液相中难挥发组分的作用。显然,只有包含精馏段和提馏段的精馏塔才能将双组分混合物分离成高纯度的两种产品,如果只有精馏段或提馏段,只能得到一种高纯度产品。

从以上分析可以看出,精馏和简单蒸馏或平衡蒸馏的主要区别就在于存在回流(Reflux,包括塔顶液相回流和塔釜部分汽化的汽相回流),是两相不断进行物质传递从而实现高纯度分离的充分必要条件,而这种传递和分离的依据则仍然是各组分挥发度的不同。

第三节　双组分连续精馏塔的计算

工业生产中的蒸馏操作以精馏为主,在多数情况下采用连续精馏。因此,本节着重讨论连续精馏塔的工艺计算。

精馏过程设计型计算的内容是根据欲分离的料液量 $F(\text{kmol})$ 与组成 x_F,和指定的分离要求,主要确定以下各项:

①根据指定的分离要求,计算进、出精馏装置诸物料的量与组成;

②选择合适的操作条件：包括回流比（回流液量与馏出液量的比值）、加料状态和操作压强等；

③确定精馏塔所需的理论板数和加料位置；

④确定精馏塔塔径、塔高；

其他还有如选择精馏塔的类型（如塔的结构和操作参数）、冷凝器和再沸器等的设计计算，请读者参阅相关工程设计手册，本书只做基础知识介绍。

精馏塔内不同板上组成、流量、温度等参数都是不同的，为讨论问题的方便，一般规定塔板序号按从塔顶到塔釜依次排列即 $1, 2, 3, \cdots, n$，而不同块板上的汽液相组成、温度等物理量则以离开的相应板的序号为下标加以区别。

一、理论板的概念及恒摩尔流假定

由于影响精馏过程的因素很多，用数学分析法来进行精馏塔的计算甚为繁复，故对精馏计算进行合理的假设，引入理论板的概念及恒摩尔流的假定，以简化精馏过程分析与计算。

1. 理论板的概念

所谓理论板（Theoretical plate），是指在其上汽液两相都充分混合，且传热及传质过程阻力均为零的理想化塔板。因此不论进入理论板的汽、液两相组成如何，离开该板时汽、液两相达到平衡状态，即两相温度相等，组成互成平衡。

实际上，由于板上汽、液两相接触面积和接触时间是有限的，因此在任何形式的塔板上，汽、液两相难以达到平衡状态，即理论板是不存在的。理论板仅用作衡量实际板分离效率的依据和标准。通常，在精馏计算中，先求得理论板数，然后利用塔板效率予以修正，即可求得实际板数。

2. 恒摩尔流假定

在精馏塔内的塔板上，液相中的轻组分会更多的转移到气相中，而汽相重组分会更多的转移到液相中，这样在不同的塔板上，汽液相流量不会完全相等，这样给精馏计算带来不便，为了简化描述操作关系的方程式，需要作恒定流量的假定。

恒摩尔流（Constant molal overflow）包含恒摩尔汽流和恒摩尔液流，即在精馏塔内不同板上汽、液相摩尔流率相等，即

即
$$V_1 = V_2 = \cdots = V_n = V = 定值$$
$$L_1 = L_2 = \cdots = L_n = L = 定值$$

式中：V——精馏段上升的蒸汽摩尔流量，$kmol/h$；下标表示塔板的序号（下同）。

L——精馏段下流的液体摩尔流量,kmol/h;

由于精馏段与提馏段之间有进料,所以精馏段内汽液相摩尔流量和提馏段汽液相流量不一定相等。

$$V'_1 = V'_2 = \cdots = V'_n = V' = 定值$$
$$L'_1 = L'_2 = \cdots = L'_n = L' = 定值$$

式中:V'——提馏段上升的蒸汽摩尔流量,kmol/h;

L'——提馏段下流的液体摩尔流量,kmol/h。

两段下降液体的摩尔流量不一定相等。

恒摩尔流假定成立的严格条件为:①各组分的摩尔汽化焓相等;②汽液接触时因温度不同而交换的显热可以忽略;③保温良好,塔的热损失可以忽略不计。由于不同物质的摩尔汽化焓多数较为接近,故实际情况多数基本满足恒摩尔流假定。

本节讨论将以理论板和恒摩尔流假定为基础。

二、物料衡算与热量衡算

(一)全塔物料衡算

为了求出馏出液、釜液流量可作全塔的物料衡算。

如图 8 – 10 所示,由于是连续稳定操作,故进料流量必等于出料流量。

对虚线围成的全塔物料衡算得:

$$F = D + W \qquad (8-26)$$

对全塔易挥发组分的物料衡算得:

$$Fx_F = Dx_D + Wx_W \qquad (8-27)$$

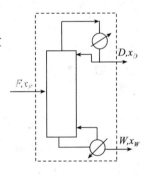

图 8 – 10　全塔物料衡算

式中:F——原料流量,kmol/h;

D——塔顶产品(馏出液)流量,kmol/h;

W——塔底产品(釜液)流量,kmol/h;

x_F——原料中易挥发组分的摩尔分数;

x_D——馏出液中易挥发组分的摩尔分数;

x_W——釜液中易挥发组分的摩尔分数。

式(8 – 26)和式(8 – 27)中有进料、塔顶产品和塔底产品的流量和组成六个量,若已知其中四个,则可求出另外两个。设计计算时一般进料流量及组成已知,馏出液组成及釜液组成是工艺所要求的,因此,从以上两式就可求出馏出液及釜液流量。

$$D = \frac{x_F - x_W}{x_D - x_W} F \qquad (8-28)$$

$$W = \frac{x_D - x_F}{x_D - x_W} F \qquad (8-29)$$

对精馏过程所要求的分离程度除用成品的组成表示外,有时还用回收率表示。回收率是指回收的原料中易挥发(或难挥发)组分的百分数。如塔顶易挥发组分的回收率:

$$\eta = \frac{D x_D}{F x_F} \times 100\% \qquad (8-30)$$

塔底难挥发组分的回收率:

$$\eta = \frac{W(1 - x_W)}{F(1 - x_F)} \times 100\% \qquad (8-31)$$

(二)进料板及进料热状态参数

组成一定的原料液可在常温下加入塔内,也可以预热至一定温度,甚至以部分或全部汽化的状态加入塔内。原入塔时温度或状态称为加料的热状态。进料的热状态有以下五种情况:过冷液体、饱和(泡点)液体、汽液混合物、饱和蒸汽和过热蒸汽。加料的热状态不同,精馏段与提馏段两相流量的差别也不同。下面通过对进料板

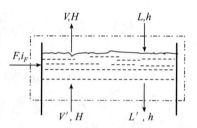

图 8-11　是进料板的物流示意图

的物料衡算、热量衡算来具体分析。图 8-11 是进料板的物流示意图,基于恒摩尔流的假定,对图中虚线划定的范围进行衡算得:

$$F + V' + L = V + L'$$
$$V' = F - (L' - L) \qquad (8-32)$$

再作加料板的热量衡算得

$$F i_F + V'H + Lh = VH + L'h$$
$$(V - V')H = F i_F - (L' - L)h \qquad (8-33)$$

式中;i_F——进料摩尔焓,kJ/kmol;

　　H——蒸汽的摩尔焓,kJ/kmol;

　　h——下降液体的摩尔焓,kJ/kmol。

将式(8-32)代入式(8-33)可得

$$\frac{H - i_F}{H - h} = \frac{L' - L}{F}$$

令
$$q = \frac{H - i_F}{H - h} = \frac{L' - L}{F} \qquad (8-34)$$

即
$$q = \frac{每千摩尔进料变为饱和蒸汽所需热量}{进料的千摩尔汽化潜热} = \frac{H - i_F}{r}$$

显然,q 值标志着进料的热状态,故 q 称为进料的热状态参数。已知进料的组成和热状态,亦即给定 H,r 和 i_F,即可求得 q 值。基于摩尔汽化潜热相近,式中的 r 可近似以任一组分的千摩尔汽化潜热计,而用进料的摩尔平均汽化潜热就更为接近实际情况。

另外,由式(8-34)右端可得:

$$L' = L + qF \qquad (8-35)$$
$$V' = V - (1 - q)F = V + (q - 1)F \qquad (8-36)$$

当 q 值及进料流率 F 给定时,若已知精馏段的流率,即可计算提馏段的流率,反之亦然。表 8-1 给出了五种不同进料热状态时的 q 值范围,以及两段流率之间的关系。

表 8-1 进料热状态及精馏段、提馏段的液汽流量关系

进料热状态	i_F 范围	q 值范围	精馏段、提馏段的汽液流量关系
过冷液体	$i_F < h$	>1	$L' > L + F \quad V' > V$
饱和液体	$i_F = h$	1	$L' = L + F \quad V' = V$
气液混合物	$H > i_F > h$	$0 \sim 1$	$L' > L \quad V' < V$
饱和蒸汽	$i_F = H$	0	$L' = L \quad V' = V - F$
过热蒸汽	$i_F > H$	<0	$L' < L \quad V' < V - F$

三、操作线方程

(一)精馏段操作线方程式

连续精馏塔的精馏段与提馏段之间,因有原料不断引入塔中,故两段的操作关系有所不同。先推导精馏段操作关系。

以图 8-12 第 n 块板为例,进入该板的液相是离开第 $n-1$ 块板的液相,故进入第 n 块板的液相组成应表示

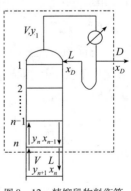

图 8-12 精馏段物料衡算

为 x_{n-1}，而进入第 n 块板的汽相来自第 $n+1$ 块板，其组成应为 y_{n+1}，其他依次类推。

对图 8 – 12 中虚线所画定的范围作物料衡算：

由总的物料衡算得

$$V = L + D \tag{8-37}$$

由易挥发组分的物料衡算得

$$Vy_{n+1} = Lx_n + Dx_D \tag{8-38}$$

式中：V——精馏段内每块塔板上升的蒸气量，kmol/h；

L——精馏段内每块塔板下降的液体量，kmol/h；

D——馏出液流量，kmol/h；

y_{n+1}——从精馏段第 $n+1$ 板上升的蒸气中易挥发组分的摩尔分数；

x_D——馏出液中的易挥发组分的摩尔分数；

x_n——从精馏段第 n 板下降的液体中易挥发组分的摩尔分数。

将式(8 – 37)代入式(8 – 38)可得

$$y_{n+1} = \frac{L}{V}x_n + \frac{D}{V}x_D = \frac{L}{L+D}x_n + \frac{D}{L+D}x_D \tag{8-39}$$

上式右边两项的分子分母除以馏出液流量 D，并令

$$R = \frac{L}{D} \tag{8-40}$$

R 称为回流比(Reflux ratio)，以后将详细讨论。则得

$$y_{n+1} = \frac{R}{R+1}x_n + \frac{x_D}{R+1} \tag{8-41}$$

式(8 – 41)称为精馏段操作线方程。它表达了在一定的操作条件下，从任一板(第 n 层)下流的液体组成 x_n 与此相邻的下一塔板(第 $n+1$ 层)上升的蒸汽组成之间的关系。

塔顶的蒸汽在冷凝器中全部冷凝为液体，称此冷凝器为全凝器，冷凝液在泡点温度下部分回流入塔，称为泡点回流。在馏出液恒定时，回流流量由式(8 – 40)决定。即

$$L = R \cdot D \tag{8-42}$$

对全凝器作物料衡算

$$V = L + D = (R+1)D \tag{8-43}$$

可知精馏段下降液量及上升蒸汽量均取决于回流比 R。

（二）提馏段操作线方程

按图 8-13 中虚线所划定的范围（包括提馏段中第 m 块塔板以下的塔段及再沸器在内），作总物料衡算

$$V' = L' - W \qquad (8-44)$$

作易挥发组分的物料衡算：

$$V'y_{m+1} = L'x_m - Wx_W \qquad (8-45)$$

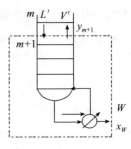

图 8-13 提馏段物料衡算

式中：L'——提馏段中每块塔板下降的液体流量，kmol/h；

V'——提馏段中每块塔板上升的蒸汽流量，kmol/h；

x_m——提馏段第 m 块塔板下降液体中易挥发组分的摩尔分数；

y_{m+l}——提馏段第 $m+1$ 块塔板上升的蒸汽中易挥发组分的摩尔分数。

由式（8-45）可得

$$y_{m+1} = \frac{L'}{V'}x_m - \frac{W}{V'}x_W \qquad (8-46)$$

将式（8-44）代入式（8-45），可得

$$y_{m+1} = \frac{L'}{L'-W}x_m - \frac{W}{L'-W}x_W \qquad (8-47)$$

式（8-46）、式（8-47）称为提馏段操作线方程。此式表达了在一定操作条件下，提馏段内自任一块塔板（第 m 板）下降的液体组成 x_m 与此相邻的下一塔板（第 $m+1$ 板）上升的蒸汽组成 y_{m+1} 之间的关系。

（三）操作方程的图示与 q 线

若分离要求 x_D、x_W 和进料的各参数 F、x_F、q 已知，并选定了回流比 R，则操作方程的图形可方便地在 $x \sim y$ 图上画出。

1. 精馏线

由式（8-41）可知：

当 $x = x_D$ 时，$y = x_D$，故该直线过对角线上的点 $D(x_D, x_D)$。

当 $x = 0$ 时，在 y 轴上的截距为 $\dfrac{x_D}{R+1}$；

由上述两个条件，即可画得精馏段操作线如

图 8-14 的直线 DK。其斜率为 $\dfrac{R}{R+1}$。

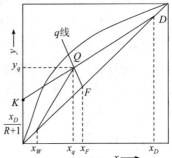

图 8-14 操作方程的图示

2. q 线

原则上说,提馏段操作线用上述方法也可作
出,但在实际应用中通常通过 q 线方程画提馏线操作线比较方便。q 线方程为精
馏段操作线与提馏段操作线交点(Q 点)轨迹的方程,则它既服从式(8 - 38)同时
又遵循式(8 - 45),这时两式变量相同,略去变量的上下标,则

$$Vy = Lx + Dx_D \tag{8 - 48}$$

$$V'y = L'x - Wx_W \tag{8 - 49}$$

用式(8 - 49)减去式(8 - 48)得

$$(V' - V)y = (L' - L)x - (Wx_W + Dx_D) \tag{8 - 50}$$

将 $V' - V = (q - 1)F$ 及 $L' - L = qF$ 代入式(8 - 50)

$$(q - 1)Fy = qFx - Fx_F$$

整理得

$$y = \frac{q}{q - 1}x - \frac{x_F}{q - 1} \tag{8 - 51}$$

式(8 - 51)称为 q 线方程或进料方程,在一定进料热状态下该式亦为直线方
程式。当 $x = x_F$ 时,由式(8 - 51)得 $y = x_F$,即 q 线过图 8 - 14 对角线上的 F 点。
从 F 点作斜率为 $\frac{q}{q - 1}$ 的直线,即得图中的线 FQ。

3. 提馏线

由式(8 - 46)可知,当 $x = x_W$ 时,$y = x_W$,
故该直线过对角线上的点 $W(x_W, x_W)$。

提馏线同时也过 q 线与精馏段操作线
的交点 Q,联接 Q 点和 W 点的直线 QW,即
为提馏段操作线。

图 8 - 15 则表示五种进料热状态参数 q
时的 q 线及相应的提馏段操作线。由图可
看出:在相同回流比 R 下,各种 q 值并不改
变精馏段操作线的位置,但却明显地改变了
提馏段操作线的位置。q 值越小,提馏操作
线的斜率越大。

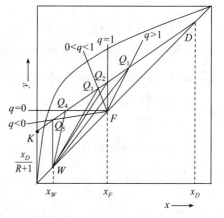

图 8 - 15 不同进料状态的 q 线及对
提馏段操作线的影响

【例 8 - 3】 用一常压精馏塔分离含轻组分 A 0.44(摩尔分率,以下同)混合
溶液,料液流量 1 000 kmol/h,要求塔顶产品 A 含量 0.97 以上,塔底产品 A 含量
小于 0.03,采用回流比 R = 3,泡点进料,求:

①塔顶、塔釜产品流量及精馏段、提馏段的汽、液量。

②若进料状态改为 20 ℃冷液,问精馏段、提馏段的汽、液量各变为多少?

已知料液的泡点为 94 ℃,混合液的平均比热 c_p 为 158.2 kJ/(kmol·K),汽化潜热 r 为 33 100 kJ/kmol。

解:①由总物衡算和轻组分衡算得:

$$D = \frac{x_F - x_W}{x_D - x_W}F = \frac{0.44 - 0.03}{0.96 - 0.03} \times 1\ 000 = 441\ \text{kmol/h}$$

$$W = F - D = 1\ 000 - 441 = 559\ \text{kmol/h}$$

则精馏段汽相流量　$V = (1 + R)D = 4 \times 441 = 1\ 764\ \text{kmol/h}$

精馏段液相流量　　$L = RD = 3 \times 441 = 1\ 323\ \text{kmol/h}$

而　　　　　　　　$q = 1$

提馏段汽相流量　　$V' = V - (1 - q)F = V = 1\ 764\ \text{kmol/h}$

提馏段液相流量　　$L' = L + qF = V + F = 1\ 323 + 1\ 000 = 2\ 323\ \text{kmol/h}$

②若进料状态改为 20 ℃冷液,则由式(8 - 34)可得:

$$q = 1 + \frac{c_p(t_b - t_F)}{r} = 1 + \frac{158.2(94 - 20)}{33\ 100} = 1.353\ 8$$

$$V' = V - (1 - q)F = 1\ 764 - (1 - 1.353\ 8) \times 1\ 000 = 1\ 410\ \text{kmol/h}$$

$$L' = L + qF = 1\ 323 + 1.353\ 8 \times 1\ 000 = 2\ 677\ \text{kmol/h}$$

V、L 不变

四、理论板数的确定与实际板数的讨论

(一)理论板数的确定

利用汽液两相的平衡关系和操作关系(操作线方程式)可求出所需要的理论板数,其方法有逐板计算法和图解法,现分述如下。

1. 逐板计算法

用前述的相平衡方程和操作方程,逐板计算各块塔板的汽、液相组成,从而求得所需的理论塔板数,这一方法,称为逐板计算法。通常从塔顶(亦可从塔底)开始计算,具体步骤如下。

设塔顶为全凝器,泡点回流。参阅图 8 - 16。从最上层第 1 块理论板上升的蒸汽进入冷凝器中全部

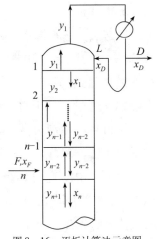

图 8 - 16　逐板计算法示意图

被冷凝,所以馏出液的组成与第 1 板蒸汽的组成相等,

即 $\qquad\qquad\qquad\qquad y_1 = x_D \qquad\qquad\qquad\qquad$ (8-52)

离开第一板的液体组成 x_1 应与 y_1 成平衡,可由相平衡方程式(8-12)求得。即

$$y_1 = \frac{\alpha x_1}{1 + (\alpha - 1) x_1}$$

由第 2 层理论板上升的蒸汽组成 y_2 与 x_1 的关系由精馏段操作线方程式(8-41)决定,即

$$y_2 = \frac{R}{R+1} x_1 + \frac{x_D}{R+1}$$

x_2 与 y_2 平衡……依此类推,当计算得 $x_n < x_q$(对饱和液体进料 $x_q = x_F$)时,说明该板(第 n 层)已是加料板,应属于提馏段。计算过程中每使用一次平衡关系,表示需要一层理论板,精馏段需要 $n-1$ 层理论板。

用同样方法,可求得提馏段所需的理论板数。所不同的是从加料板开始往下计算,改用提馏段操作线方程式(8-46)。继续利用平衡关系和操作线方程,一直计算到液相组成 $x_m < x_W$ 为止。对于间接加热的再沸器,离开它的汽液两相达到平衡,是一块实际塔板,也相当于最后一层理论板。所以提馏段所需的理论板数应为计算中使用平衡关系的次数减 1。

用逐板法计算理论板数比较准确,并且同时能得出每块板上汽液两相组成,但是这种方法显得比较繁琐,特别是在板数比较多的情况下,手算更有不便之处。当然,在计算机应用日趋广泛的情况下,逐板计算法的应用必将越来越广泛。而用图解方法,可以使计算过程大为简化。

2. 图解法

图解法计算精馏塔的理论板数和逐板计算法一样,也是应用汽液相平衡关系和操作线方程式,只是把平衡关系和操作线方程式描绘在 $y \sim x$ 图上,使数学运算简化为图解过程。两者并无本质区别,只是形式不同而已。

图解法中以直角梯级法最常用,此法由 Mccabe 与 Thiele 提出,故称为 $M—T$ 法。其具体做法先在 $y \sim x$ 图上作出精馏段操作

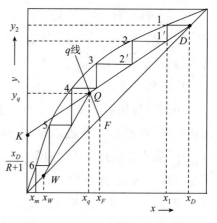

图 8-17　理论板的图解法示意图

线、q 线和提馏段操作线,如图 8-17 所示。然后从 D 点 $(x=y=x_D)$ 开始,在精馏段操作线与平衡线之间作水平线及垂直线构成直角梯级,当梯级跨过 Q 点时,则改在提馏段操作线与平衡线间作直角梯级,直至梯级的水平线达到或跨过 W 点为止。

所作的每一个直角梯级代表一块理论板,这结合逐板计算分析是不难理解的。图 8-17 中梯级总数为 6。第 4 块跨过 $x_q(x_4<x_q)$,即第 4 层为加料板,精馏段共 3 层,提馏段(包含再沸器)理论板数为 3。再沸器相当于一块理论板,实际上提馏段所需理论板数为 2 块。

(二)最佳进料位置

在自上而下的逐板计算中存在一个加料板位置的确定问题。在计算过程中,跨过加料板由精馏段进入提馏段在计算中的表现是以提馏段操作线方程式代替精馏段操作线方程式,在图解法中表现为改换操作线。问题是如何选择加料板位置可使所需要的总理论板数最少。

图 8-18 上加料板位置选择为第 4 块,当用 x_4 求 y_5 时改用提馏线操作线。如果第 4 块板上不加料,则由精馏段操作线方程式求取 y_5。不难看出,原第 5 块板位置变成 5′后,使该板的提浓程度减少,使塔釜达到同样的 x_W 所需要的理论塔板数有所增加,说明加料过晚传质效率不高。反之,当加料板选在第 3 块,即由 x_3 求 y_4 时改用提馏段操作线,同样可以看出,原第 4 块板位置变成 4″后,使该板的提浓程度减少,说明加料过早传质效率也不是最佳。故最佳加料位置应该在该板的液相组成 x 等于或略低于 x_q。

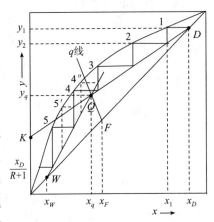

图 8-18　最佳进料板示意图

从传质学来理解,塔内的传质就是分离各组分,对塔体系而言,外来的加料应该选择在其组成与塔内汽液相接近的位置加入,这样对塔内传质的不利影响最小,如果在其他任何位置加入,都将造成与塔内汽液相组成的不一致,即引起塔内各组分的组成在空间上的"返混",导致分离效率的降低。

【例 8-4】　在常压下将含苯 25% 的苯—甲苯混合液连续精馏。要求馏出液中含苯 98%,釜残液中含苯不超过 8.5%(以上组成皆为摩尔百分数)。选用回流比为 5,泡点进料,塔顶为全凝器,泡点回流。试用逐板法计算所需理论板层数。已知常压下苯—甲苯混合液的平均相对挥发度为2.47。

解:①苯—甲苯气、液相平衡方程为:$y = \dfrac{2.47x}{1 + (2.47 - 1)x}$

$$x = \frac{y}{2.47 - (2.47 - 1)y} \qquad (8-53)$$

②操作线方程:

以进料 $F = 100$ kmol/h 为基准,得

$$F = D + W = 100 \qquad (8-54)$$

$$Fx_F = Dx_D + Wx_W$$

$$100 \times 0.25 = 0.98D + 0.085(100 - D) \qquad (8-55)$$

式(8-54)、式(8-55)联立得

$D = 18.43$ kmol/h

$W = 81.57$ kmol/h

精馏段操作线方程

$$y_{n+1} = \frac{R}{R+1}x_n + \frac{x_D}{R+1}$$

$$= \frac{5}{5+1}x_n + \frac{0.98}{5+1} = 0.833\,3x_n + 0.163\,3 \qquad (8-56)$$

提馏段操作线方程

$$y'_{m+1} = \frac{L'}{V'}x - \frac{W}{V'}x_W$$

式中 $q = 1$(泡点进料)

$L' = L + qF = RD + F = 5 \times 18.43 + 100 = 192.15$ kmol/h

$V' = V - (1 - q)F = (1 + R)D = 6 \times 18.43 = 110.58$ kmol/h

代入可得　$y'_{m+1} = \dfrac{192.15}{110.58} - x'_m - \dfrac{81.57}{110.58}$

即　　　　　　$y'_{m+1} = 1.737x'_m - 0.062\,6 \qquad (8-57)$

③逐板计算理论板:

由于采用全凝器,泡点回流,$y_1 = x_D = 0.98$

由汽、液平衡方程式(8-53)得从第一层板下降的液体组成

解得 $x_1 = 0.952$

由精馏段操作线方程式(8-56)得第二层板上升蒸汽组成

$y_2 = 0.833\,3x_1 + 0.163\,3 = 0.833\,3 \times 0.952 + 0.163\,3 = 0.956\,6$

由第二层板下降的液体组成仍可由式(8−53)求得 $y_2 = 0.9567$

按上步骤反复迭代,用 Excel 表格自带的函数求和功能,迭代结果汇总如表8−2所示。

表 8 − 2　迭代结果汇总表

	A	B	C	D
1	$y_1 =$	0.98	$x_1 =$	0.9520
2	$y_2 =$	0.9566	$x_2 =$	0.8993
3	$y_3 =$	0.9126	$x_3 =$	0.8088
4	$y_4 =$	0.8373	$x_4 =$	0.6756
5	$y_5 =$	0.7263	$x_5 =$	0.5179
6	$y_6 =$	0.5949	$x_6 =$	0.3729
7	$y_7 =$	0.4740	$x_7 =$	0.2673
8	$y_8 =$	0.3861	$x_8 =$	0.2029
9	$y_9 =$	0.2899	$x_9 =$	0.1418
10	$y_{10} =$	0.1837	$x_{10} =$	0.0835

因为第 8 层板上液相组成相组成已小于进料组成($x_F = 0.25$),故让进料引入此板,进入提馏段。从第 9 层理论板开始操作线方程应该带入提馏段操作方程式(8−57)计算,平衡线不变。

迭代至 $x_{10} = 0.083\ 5 < 0.085(x_W)$

故总理论板数为 10 块(包括再沸器)。其中精馏段理论板数为 7 块,提馏段理论板数(包括再沸器)为 3 块,第 8 块理论板为加料板。

注:表8−2中,具体运算步骤:

A1 格为标注格,输入"y_1",B1 格输入 y_1 的数值:0.98

C1 格为标注格,输入"x_1",D1 格代入相平衡方程式(8−53)求 x_1,用求和函数输入:

$$= B1/(2.47 − (2.47 − 1) * B1)$$

B2 格代入精馏操作线方程(8−56)式求 y_2,用求和函数输入:

$$= 0.833\ 3 * D1 + 0.163\ 3$$

选中 D1 栏、B2 格框的右下角反复下拉两次,即会出现表中结果,由于 D 列中 D8 格 $x_8 = 0.202\ 9 < X_F = 0.25$,从 B9 开始操作线方程改成提馏操作线方程式(8−57),B9 格应输入:

$$= 1.737D8 − 0.062\ 6$$

D 栏平衡线不变,选中 B9 栏、D9 格框的右下角反复下拉两次,即会出现表中后部分运算结果。

(三)板效率与实际板数

前述理论板是指离开该板的汽液两相达到平衡状态。实际上,由于各种因素影响,如物系的性质(黏度、密度、表面张力、相对挥发度等)、塔板结构、操作因素(液速等),汽液两相在经过一块实际塔板后往往不能达到平衡,即每块实际塔板的分离能力并不及理论板,故完成某一指定的分离任务,实际所需的塔板数将比理论板数多,通常用板效率来表示理论板与实际板的差异,有总板效率、单板效率、湿板效率、点效率之分。下面介绍总板效率和单板效率。

1. 总板效率 E_T

精馏塔的理论板数 N_e(塔釜是一块理论塔板,故不含塔釜的一块)与实际塔板数 N_P 之比称为总板效率(Overall efficiency)。

$$E_T = \frac{N_e}{N_P} \qquad (8-58)$$

E_T 表示全塔各层塔板的平均效率,恒小于 1,可查工程设计手册根据经验公式或经验关联图估算。

2. 单板效率

单板效率常常又称默弗里板效率(Murphree plate efficiency)。它是以汽相(或液相)经过实际塔板的组成变化值与经过理论板时的组成变化值之比表示的。如图 8-19 所示。

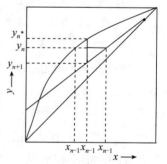

图 8-19 单板效率示意图

以汽相表示的第 n 块的单板效率 $M_{mv,n}$

$$E_{mv,n} = \frac{\text{实际板的汽相增浓值}}{\text{理论板的汽相增浓值}}$$

即 $\qquad E_{mv,n} = \dfrac{y_n - y_{n+1}}{y_n^* - y_{n+1}} \qquad (8-59)$

则以液相表示的第 n 块的单板效率 M_{ml}, n 为

$$E_{ml,n} = \frac{x_{n-1} - x_n}{x_{n-1} - x_n^*} \qquad (8-60)$$

式中:y_{n+1}、y_n——进入和离开 n 板的汽相组成;

$\qquad y_n^*$——与板上液体组成 x_n 成平衡的汽相组成;

$\quad x_{n-1}$、x_n——进入和离开 n 板的液相组成;

$\qquad x_n^*$——与 y_n 成平衡的液相组成。

五、回流比的影响与选择

精馏过程区别于简单蒸馏就在于它有回流。回流对精馏塔的操作与设计都有重要影响。增大回流比,精馏段操作线的截距减小,操作线离平衡越远;每一梯级的水平与垂直线段的长度都增大,即每层理论板的分离程度加大,为完成一定分离任务所需的理论板数减少。但是增大回流比又导致冷凝器、再沸器负荷增大,操作费用增加,且回流比过大,塔内汽液相流量增加,势必造成塔径增加,设备费增加,因而回流比的选择既应考虑工艺上的要求,又应考虑设备费用(板数多少及冷凝器、再沸器传热面积大小)和操作费用。

回流比的讨论是先讨论最大回流比和最小回流比,然后再来确定最适回流比。

以下所讨论的回流是指塔顶蒸汽冷凝为泡点下的液体回流至塔内,常称为泡点回流。

(一)全回流与最少理论板数

若塔顶上升之蒸汽冷凝后全部回流至塔内称为全回流(Total reflux)。

全回流时塔顶产品 $D=0$,不向塔内进料,$F=0$,也不取出塔底产品,$W=0$。因而无精馏段和提馏段之分。

全回流时回流比 $R=L/D=\infty$,是回流比的最大值。

精馏段操作线(即全塔操作线)的斜率 $\dfrac{R}{R+1}=1$,在 y 轴上的截距 $\dfrac{x_D}{R+1}=0$,操作线与 $y\sim x$ 图上的对角线重合。即

$$y_{n+1}=x_n$$

在操作线与平衡线间绘直角梯级,其跨度最大,所需的理论板数最少,以 $N_{\min}$ 表示,如图 8-20 所示。

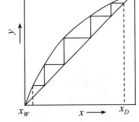

图 8-20　操作方程的图示

全回流时的理论塔板数可按前述逐板计算法或图解法确定。对于理想溶液,可以用下述公式计算:

$$N_{\min}+1=\frac{\log\left[\left(\dfrac{x_D}{1-x_D}\right)\left(\dfrac{1-x_W}{x_W}\right)\right]}{\log\bar{\alpha}} \qquad (8-61)$$

式中:$N_{\min}$——全回流时所需的最少理论板数(不包括再沸器);

$\bar{\alpha}$——全塔平均相对挥发度。

式(8-61)称为芬斯克(Fenske)公式,用来计算全回流下采用全凝器时的最少理论板数。若将式中的 x_W 换成进料组成 x_F,α 取为塔顶和进料处的平均值,则

该式也可用以计算精馏段的最少理论板数及加料板位置。

全回流操作只用于精馏塔的开工、调试和实验研究中,特别是传质设备的性能研究。

(二)最小回流比

回流比减小,两操作线向平衡线移动,达到指定分离程度所需的理论板数增多。当回流比减到某一数值时,两操作线交点 q[图 8-21(a)]点落在平衡线上,在平衡线与操作线间绘梯级,需要无穷多的梯级才能达到 q 点。相应的回流比称为最小回流比(Minium reflux ratio),以 $R_{\min}$ 表示。对于一定的分离要求,$R_{\min}$ 是回流比的最小值。

在 q 点上下各板(进料板上下区域)汽液两相组成基本不变化,即无增浓作用,点 q 称为夹紧点。这个区域称为恒浓区(或称为夹紧区)。

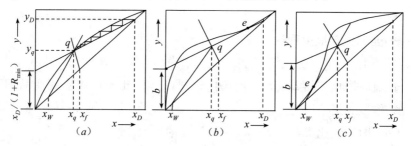

图 8-21　最小回流比的图示

设 q 点的坐标为(x_q、y_q),则由精馏段操作线方程式(8-41)的斜率或截距可求得 $R_{\min}$,即

$$\frac{R_{\min}}{R_{\min}+1}=\frac{x_D-y_q}{x_D-x_q} \tag{8-62}$$

整理得

$$R_{\min}=\frac{x_D-y_q}{y_q-x_q} \tag{8-63}$$

对规则的相平衡曲线,夹紧点 q 在平衡线上,x_q 与 y_q 满足相平衡关系式。若读取截距的数值为 b,有

$$b=\frac{x_D}{1+R_{\min}} \tag{8-64}$$

$$R_{\min}=\frac{x_D}{b}-1 \tag{8-65}$$

最小回流比 $R_{\min}$ 与平衡线的形状有关。当平衡线不规则时,还可遇到图 8-

21(b)和图 8 - 21(c)所示的两种情形,当操作线与曲线相切于 e 点时,在 e 点处已出现恒浓区,相应的回流比即为最小回流比 $R_{\min}$。用式(8 - 63)计算 $R_{\min}$ 时,q 点不在平衡线上,是切线与 q 线的交点,x_q、y_q 不是汽液两相的平衡浓度,其值由 $y \sim x$ 图读得;也可读精馏段操作线的截距,用式(8 - 55)计算。

(三)适宜回流比

前面介绍了全回流时的回流比($R = \infty$)是回流比的最大值,最小回流比 $R_{\min}$ 为回流比的最小值。那么,在实际设计时,回流比 R 在 $R_{\min}$ 与 $R = \infty$ 之间取多大为适宜呢?这要从精馏过程的设备费用与操作费用两方面考虑来确定。设备费用与操作费用之和为最低时的回流比,称为适宜回流比。

精馏过程的设备主要有精馏塔、再沸器和冷凝器。

当回流比最小时,塔板数为无穷大,故设备费为无穷大。当 R 稍大于 $R_{\min}$ 时,塔板数便从无穷多锐减到某一值,塔的设备费随之锐减。当 R 继续增加时,塔板数仍随之减少,但已较缓慢。另一方面,由于 R 的增加,上升蒸汽量随之增加,从而使塔径、蒸馏釜、冷凝器等尺寸相应增大,故 R 增加到某一数值以后,设备费用又回升,如图 8 - 22 中曲线 1 所示。

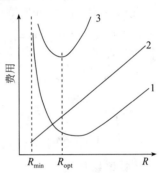

1—设备费 2—操作费 3—总费用

图 8 - 22 适宜回流比的确定

精馏过程的操作费用主要包括再沸器加热介质和冷凝器冷却介质的费用。当回流比增加时,加热介质和冷却介质消耗量随之增加,使操作费用相应增加,如图 8 - 22 中曲线 2 所示。

总费用是设备费用与操作费用之和,它与 R 的大致关系如图 8 - 22 中曲线 3 所示。曲线 3 的最低点对应的 R,即为适宜回流比。在精馏设计中,通常采用由实践总结出来的适宜回流比范围为

$$R_{\text{opt}} = (1.1 \sim 2.0)R_{\min} \tag{8-66}$$

对于难分离的物系,R 应取得更大些。

以上分析主要是从设计角度考虑的,生产中却是另一种情况。设备都已安装好,即理论塔板数固定,原料的组成、热状态均为定值,倘若加大回流比操作,这时操作线更接近对角线,所需理论板数减少,而塔内理论板数显得比需要的多了,因而产品纯度会有所提高。反之,减少回流比操作,情形正好与上述相反,产品纯度会有所降低。所以在生产中把调节回流比当作保持产品纯度的一种手段。

【例 8 - 5】 某混合物在一常压连续精馏塔进行分离。进料中轻组分 A 含

量为 0.4(摩尔分率,下同)流量为 100 kmol/h,要求塔顶馏出液中含 A 为 0.9,A 的回收率不低于 0.9。泡点进料,取回流比为最小回流比的 1.5 倍,塔釜间接蒸汽加热,且知系统的相对挥发度为 $\alpha = 2.5$. 试求:

①塔顶产品量 D,塔底产品量 W 及组成 x_W

②最小回流比;

③精馏段和提馏段操作线方程;

④操作时,若第一块板下降的液体中含 A 0.82,求该板的汽相默弗里板效率 E_{mv};

解:① $\eta = \dfrac{Dx_D}{Fx_F} = \dfrac{D \times 0.9}{100 \times 0.4} = 0.9$ $\quad\quad D = 40$ kmol/h

$W = F - D = 100 - 40 = 60$ kmol/h

$x_W = (Fx_F - Dx_D)/W = (100 \times 0.4 - 40 \times 0.9)/60 = 0.066\ 7$

② $\dfrac{R_{min}}{1 + R_{min}} = \dfrac{x_D - y_q}{x_D - x_q}$ $\quad\quad q = 1$ $\quad\quad x_q = x_F = 0.4$

$y_q = \dfrac{\alpha x_q}{1 + (\alpha - 1)x_q} = \dfrac{2.5 \times 0.4}{1 + 1.5 \times 0.4} = 0.625$ $\quad\quad R_{min} = 1.222$

$R = 1.5 \times 1.222 = 1.833$

③精馏操作线

$y = \dfrac{R}{1 + R}x + \dfrac{x_D}{1 + R} = \dfrac{1.833}{2.833}x + \dfrac{0.9}{2.833} = 0.647\ 0x + 0.317\ 7$

提馏线操作线

$y = \dfrac{L'}{V'}x - \dfrac{W}{V'}x_W$

$V = (1 + R)D = 2.833 \times 40 = 113.32$ kmol/h

$L = RD = 1.833 \times 40 = 73.32$ kmol/h

$L' = L + qF = 73.32 + 100 = 173.32$ kmol/h

$V' = V = 113.32$ kmol/h

$y = \dfrac{173.32}{113.32}x - \dfrac{60 \times 0.066\ 7}{113.32} = 1.529\ 5x - 0.035\ 3$

④ $y_1 = x_D = 0.90$

$y_1^* = \dfrac{\alpha x_1}{1 + (\alpha - 1)x_1} = \dfrac{2.5 \times 0.82}{1 + 1.5 \times 0.82} = 0.919\ 3$

$y_2 = 0.647\ 0x_1 + 0.317\ 7 = 0.647\ 0 \times 0.82 + 0.317\ 7 = 0.848\ 2$

$$E_{mv,1} = \frac{y_1 - y_2}{y_1^* - y_2} = \frac{0.90 - 0.848\ 2}{0.919\ 3 - 0.848\ 2} = 72.86\%$$

六、塔径及塔高的计算

(一)塔径计算

塔的横截面应满足汽液接触部分的面积、溢流部分面积和塔板支承、固定等结构处理所需面积的要求。在塔板设计中起主导作用的,往往是汽液接触部分的面积,应保证有适宜的气体速度。塔径初步计算时可根据下式计算:

$$D = \sqrt{\frac{4V_s}{\pi u}} \qquad\qquad (8-67)$$

式中:D——为塔径,m;

V_s——汽相流量,m^3/s;

u——适宜的空塔速度,m/s,是通过工程设计计算确定的。

初算出塔径 D,参照塔板参数系列加以圆整,一般塔径 1 m 以下的塔系列间隔是 100 mm,塔径 1m 以上的塔系列间隔是 200 mm。塔径是否合适初设计完成后要通过流体力学验算,不合适要重新调整。

(二)塔高的确定

板式塔高度 H 主要由总板数 N_T 和板间距 H_T 决定。

$$H = N_T \cdot H_T \qquad\qquad (8-68)$$

总板数 N_T 的确定,一般先根据前面介绍的方法求出理论板数 N_e,然后根据总板效率 E_T 求出。影响总板效率的因素较多,工程上一般通过经验或经验公式计算来估计,一般 E_T 在 0.3 ~ 0.7 之间。因为塔釜相当于一块理论板,

$$N_T = \frac{N_e - 1}{E_T} \qquad\qquad (8-69)$$

板间距的确定一般要通过设计计算得到。它与物系自身的物理性质、塔径、汽液流量等有关。初选板间距时主要根据塔径选择,可参考表 8-3 所列的推荐值,一般在 300 ~ 500 mm。初设计完成后,板间距是否合适,要通验证,这里不做详细介绍。

表 8-3 板间距与塔径的关系

塔径 D/m	0.3 ~ 0.5	0.5 ~ 0.8	0.8 ~ 1.6	1.6 ~ 2.4
塔板间距 H_T/mm	200 ~ 300	250 ~ 350	300 ~ 450	350 ~ 600

不同位置的板间距还要考虑到下列因素：

①精馏段与提馏段往往不同,应分开计算；

②进料口的板间距设计时要加倍；

③开有人孔(检修用)的塔板间距要不低于 600 mm；人孔直径一般为 450 ~ 550 mm。对易结焦的物料,要经常清洗,每隔 4 ~ 6 块就要开一个人孔；对于无需经常清洗的清洁物料,每隔 8 ~ 10 块板设置一个人孔。

④塔顶空间距为了防止进料直冲塔板,常在进口处考虑防冲设施,需要安装破沫装置,顶距常取 1.0 ~ 1.5 m,塔径大时可适当增大。

⑤塔底空间距具有中间贮槽的作用,塔釜料液最好能在塔底有 10 ~ 15 min 的储量,塔底容量大的塔也可取小些,有时仅取 3 ~ 5 min 的储量。

第四节　精馏装置的热量衡算

对连续精馏装置进行热量衡算,可以求得再沸器和冷凝器的热负荷以及加热剂和冷却剂的用量。

一、冷凝器的热负荷与冷却水用量的计算

精馏塔顶排出的蒸汽 $V = (R+1)D$,在冷凝器(为全凝器)中冷凝为液体,放出热量,使冷却剂由温度 t_1 升为 t_2。若忽略热损失,则冷凝器的热负荷可用下式计算

$$Q_c = Vr = (R+1)Dr \qquad (8-70)$$

式中：Q_c——冷凝器的热负荷,kJ/h；

r——塔顶上升蒸气的平均冷凝潜热,kJ/kmol。

冷却剂用量为

$$G_c = \frac{Q_c}{c_p(t_2 - t_1)} \qquad (8-71)$$

式中：G_c——冷却剂用量,kg/h；

c_p——冷却剂的平均比热容,kJ/(kg·℃)；

t_1、t_2——冷却剂进、出口温度,℃。

二、再沸器的热负荷与加热剂用量的计算

再沸器的热负荷 Q_B 可用全塔热量衡算计算。即

$$Q_B = Q_D + Q_W + Q_c + Q_l - Q_F \qquad (8-72)$$

式中：Q_D、Q_W——塔顶、塔底产品带出去的热量，kJ/h；

　　　Q_c——冷凝器中冷却剂带出的热量，kJ/h；

　　　Q_F——进料带入的热量，kJ/h；

　　　Q_l——设备的热损失，kJ/h。

由于再沸器加入热量直接用于塔釜液体汽化，故 Q_B 可直接用下式计算：

$$Q_B = V'r' \qquad (8-73)$$

式中：r'——塔釜上升蒸气的平均汽化潜热，kJ/kmol。

加热剂用量为
$$G_B = \frac{Q_B}{H_1 - H_2} \qquad (8-74)$$

式中：H_1、H_2——加热剂进、出再沸器的比焓，kJ/kg。

第五节　精馏操作与控制

在精馏操作过程中，外界条件的改变对塔顶、塔釜组成结果的影响，常常是滞后，不能迅速显示操作过程参数如塔釜蒸汽量、回流比、进料组成、进料热状态等参数对分离结果的影响。为了能对精馏操作过程稳定性进行监控，及时发现系统的波动，迅速查找不稳定性原因作出调控，精馏操作一般都是通过测定灵敏板温度来考察精馏操作的稳定性。研究发现，精馏塔内温度分布具有从上到下，温度从低到高的趋势，而温度变化并不是均匀的，在中间段某几块板温度分布变化较为显著，这些板称为灵敏板。这样可通过测定显示灵敏板温度来监控精馏操作是否稳定。灵敏板一般在加料板上一至两块。

精馏操作过程中应特别注意开工调试，注意打开塔顶冷凝介质，防止易燃易爆安全隐患。由于精馏操作开工调试周期较长，一般开始都是以全回流操作，待装置稳定后再进行正常部分回流操作。操作过程中要注意原料组成变化，加料口位置应及时做出相应调整，确保产品质量达标。

第六节　精馏计算实例分析与讨论

一、关于原料预热的讨论

精馏操作以消耗能量来获取混合物的高纯度分离。能耗是精馏操作的主要经济指标,因而能量的充分利用显得非常重要。焓值较高的能量回收利用相对容易,而像精馏塔顶产品,为了减少蒸发、便于贮存,需要将其冷却至常温,在此过程中就可以用换热器来预热精馏原料,回收利用其中部分余热。原料预热后对精馏分离操作究竟有何影响,本处将通过下述例题来讨论。

【例8-6】 在某精馏操作中,塔顶产品冷却原先是通过冷却水冷却的,有人提议为了充分利用热量,可用此热量来预热精馏原料液,回收其中废热,并可减少冷却水的用量。A认为从精馏理论可知,原料预热程度增加,q 值减少,提馏线会向平衡靠拢(见图8-15),传质推动力下降,即完成同样分离任务所需理论塔板增加多,不利于分离效率的提高;而B认为精馏是以消耗热量为代价实现产品的高纯度分离的,则投入的热量越多,越有利于分离效果的提高。试分析两种说法的正确性。

分析:为了讨论这一问题首先应该明确一下条件,两种情况 F、D、W、x_F、x_D、x_W 相同。

A的说法的依据是在上述条件相同的情况下,回流比 R 不变,则 V、L 都不变,精馏线不变,预热后 q 值变小,从图8-23可知(虚线为预热后的情况),提馏线向平衡线考的更近,完成同样分离任务所理论板是增多了,但此时由 $V' = V - (1-q)F$ 可知,V' 减少,意味着塔釜投入的热量也变小了。此时投入的总热量 $Q = Vr$ 没有变(即塔顶总冷凝热量不变)。可推测下列结论,在精馏操作中,当投入总热量不变的情况下,热量应一次性从塔釜加入,分离效率最高。

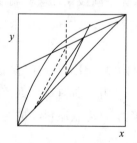

图8-23 A所述情况操作线示意图

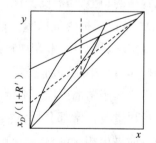

图8-24 B所述情况操作线示意图

而B的说法,隐含着一个条件,即塔釜再沸器投入的热量不变的情况下,物料预热后,投入的总热量增加,应该是有利分离效果更好。让我们来分析一下其中的理由:

塔釜再沸器投入热量不变,即 V' 不变,而 $V' = V - (1-q)F$,则物料预热后,q 变小,V 增大,而 $V = (1+R)D$,若要使 D 不变,则操作的回流比必然增大为 R',如

图 8-24 所示,操作线离平衡线更远,则完成同样分离任务所需理论板 N_e 变小。

从上述分析可以看出 A、B 二人所述情况都反映了精馏操作的特性,都有一定道理;结论相反,则是两者隐含着讨论的条件不同。

二、直接蒸汽加热

精馏时的热源通常为水蒸气,在塔釜间接加热釜液。若所分离的混合液由水和比水易挥发的组分所组成,特别是在低浓度下,相对挥发度较大时,则加热蒸汽直接通入釜液不仅可以利用压力较低的蒸汽作为热源,强化传热,还可省去再沸器。

如图 8-25(a),设直接加热的饱和水蒸气流率为 S,此时和间接蒸汽加热的主要区别是提馏段多加入一股物流 S,故全塔总物料衡算变为:

$$S + F = D + W \tag{8-75}$$

提馏段以图 8-23(a)虚线范围作总物料衡算:

$$L' + S = V' + W \tag{8-76}$$

基于恒摩尔流假设有　　　　　　　$V' = S$

则　　　　　　　　　　　　　　　$L' = W$

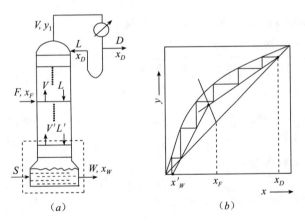

图 8-25　直接蒸汽加热

直接蒸汽加热情况下的提馏段操作方程形式上仍为式(8-44),但若将该式中 V' 和 L' 用 S 和 W 代替,可得

$$y_{m+1} = \frac{W}{S}x_m - \frac{W}{S}x'_W \tag{8-77}$$

在图 8-25(b)中,直接蒸汽加热时的精馏线方程不变,提馏段操作线通过

点 $(x'_W,0)$，它和对角线不交于点 (x_W,x_W)。和间接蒸汽加热时相比，在相同的进料组成 x_F、馏出液组成 x_D、回流比 R 和进料热状态参数 q 条件下，由于蒸汽的直接通入，使得塔釜排出液 W 较间接蒸汽加热要大，则其塔釜排出液浓度 x'_W 必然比间接蒸汽加热时的 x_W 低，故直接蒸汽加热所需的理论塔板数略多。

【例8-7】 设计一常压精馏塔分离某混合液，料液进料状况（F、x_F、q）、塔顶产品浓度 x_D，塔顶采出率 D/F 均为定值，按以下两种供热方式设计，取相同的回流比，试分别比较残液量、残液组成、所需理论板数的相对大小。

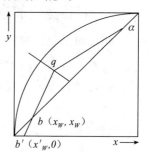

图8-26 精馏塔 $y \sim x$ 图

① 间接蒸汽加热；

② 直接蒸汽加热。

解：全塔物料衡算：

间接蒸汽加热时 $\begin{cases} F = D + W \\ Fx_F = Dx_D + Wx_W \end{cases}$ （8-78）

直接蒸汽加热时 $\begin{cases} F + S = D + W' \\ Fx_F = Dx_D + W'x'_W \end{cases}$ （8-79）

式中：S——塔釜直接通入的加热蒸汽摩尔流率；

W'、x'_W——排出釜液量和组成。

对照方程组式（8-78）和式（8-79）知

$$W \cdot x_W = W' \cdot x'_W \qquad (8-80)$$

由题意知，R 相同，故间接蒸汽加热与直接蒸汽加热时的精馏段操作线方程相同；此外，q 线方程也相同。

提馏段操作线方程：

间接蒸汽加热时 $$y = \frac{L'}{V'}x - \frac{Wx_W}{V'} \qquad (8-81)$$

直接蒸汽加热时 $$y = \frac{L'}{V'}x - \frac{W'x'_W}{V'} \qquad (8-82)$$

由题意知，R、q、F、D 相同，故式（8-81）、式（8-82）的斜率 = $\dfrac{RD + qF}{(R+1)D + (q-1)F}$ 相同；又由式（8-80）可知，式（8-81）、式（8-82）的截距也相同（或从精馏线、q 线方程不变）两线交点 q 不变，说明式（8-81）、式（8-82）的形式完全相同。

根据恒摩尔流假定得 $L' = W'$，于是从式(8-82)知，直接蒸汽加热的提馏段操作线过点 $(x'_W, 0)$ 即提馏段操作线与 x 轴相交(见图8-26)，因此，$x_W > x'_W$，对比方程组式(8-78)、式(8-79)的第一式可见，$W = W' - S$，故 $W < W'$。再由式(8-80)可得 $x_W > x'_W$。可见，与上述分析结果一致。

在 $y - x$ 相图中作梯级可见，$N_{T,间} < N_{T,直}$。

三、提馏塔

提馏塔亦称回收塔，是只有提馏段无精馏段的精馏塔，如图8-27(a)。提馏塔用于回收易挥发组分，对馏出液的浓度不作要求。提馏塔的计算与一般精馏塔相同。对图8-27(a)中划定范围进行易挥发组分的衡算，仍与式(8-66)相同，即：$y_{m+1} = \dfrac{L'}{V'} x_m - \dfrac{W}{V'} x_W$

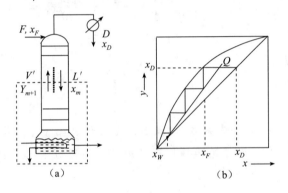

8-27　提馏塔流程与操作线

为求理论板，由料液热状态参数 q 计算得到 L'、V'，根据点 (x_W, x_W) 及斜率 L'/V'，作出操作线，从点 (x_D, x_D) 开始，在相平衡线和操作线作梯级至 $x < x_W$ 为止，见图8-27(b)。

作为一特殊情况，当泡点进料、塔顶产品无回流时，$F = L'$，$V' = D$，则

$$y_{m+1} = \frac{F}{D} x_m - \frac{W}{D} x_W \qquad (8-83)$$

【例8-8】　在酒精发酵醪乙醇摩尔分率为 2.7%(体积分率约8%)，有人设计用具有三块理论板的提馏塔作为初馏塔来提取水溶液中乙醇。饱和水蒸气以 50 kmol/h 的流率由塔底直接加热进入。原料液温度为 26 ℃，以 100 kmol/h 的流率由塔顶加入，无回流。如图8-28所示，试求：

①在此条件下，塔釜残液浓度 x_W；

②该方案能否达到生产工艺规定的乙醇回收率99%的要求。（低浓度下乙醇—水平衡关系可表示为 $y = 13x$，进料组成下泡点为 94 ℃，比热为 100 kJ/(mol·℃)，汽化潜热为 40 000 kJ/kmol）。

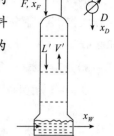

解：①本题为直接蒸汽加热的提馏塔，直接蒸汽加热，则有 $V = S'$ $L' = W$

冷液进料 $q = 1 + \dfrac{c_{pm}(t_b - t_F)}{r} = 1 + \dfrac{100(94 - 26)}{40\ 000} = 1.17$

图 8 - 28   提馏塔示意图

而 $D = V = V' + (1 - q)F = 50 + (1 - 1.17) \times 100 = 33$ kmol/h

$W = L' = L + qF = 0 + qF = 1.17 \times 100 = 117$ kmol/h

则操作线方程为

$$y'_{m+1} = \frac{L'}{V'}x_m - \frac{W}{V'}x_W = \frac{117}{50}x - \frac{117}{50}x_W$$

即
$$y_{m+1} = 1.34x_m - 1.37x_W \qquad (8-84)$$

平衡线方程为
$$y_m = 13x_m \qquad (8-85)$$

全塔轻组分衡算
$$Fx_F = Dx_D + Wx_W$$
$$2.7 = 33x_D + 117x_W \qquad (8-86)$$

方程中有 x_D、x_W 两个未知数，仅仅由此无法计算出 x_W，需再寻找一个 x_D 与 x_W 的方程。本题应借助精馏操作理论板求解的逆过程思路寻找出 x_W 与 x_D 的关系。

根据精馏操作下标的定义，在这里 x_W 相当 x_3，而 x_D 相当 y_1，由 x_3 可通过平衡线方程式(8-86)可求出 y_3，由 y_3 代入操作线方程式(8-84)求出 x_2，再代式(8-85)求出 y_2，如此迭代直至求出 y_1。

$$x_3 = x_W \xrightarrow{\text{代(2)式}} y_3 = 13x_W \xrightarrow{\text{代(1)式}} x_2 = 10.70x_W \xrightarrow{\text{代(2)式}} y_2 = 139.1x_W$$
$$\xrightarrow{\text{代(1)式}} x_1 = 104.8x_W \xrightarrow{\text{代(2)式}} y_1 = 1\ 363x_W$$

具体计算示意图如下：

而 $y_1 = x_D$

最终得
$$x_D = 1\ 363x_W \qquad (8-87)$$

式(8-86)、式(8-87)联解求得 $x_W = 5.989 \times 10^{-5}$ $x_D = 0.081\ 63$

②$\eta = \dfrac{Dx_D}{Fx_F} = 1 - \dfrac{Wx_W}{Fx_F} = 1 - \dfrac{117 \times 5.989 \times 10^{-5}}{100 \times 0.023} = 99.70\% > 99\%$

说明该方案能达到分离要求。通过上例可以看出在工程上对以回收为目的的精馏操作,若体系的相对挥度较大,则可以通过相对简单的提馏塔实现组分高效率回收。回收后塔顶馏分几乎不含固体渣汁,其摩尔分率为8.16%(体积分率约为22.5%),以此初馏液为原料再进行精馏即可得到纯度较高的酒精溶液。

四、塔顶部分冷凝器

在工业精馏操作中,由于塔顶蒸汽冷凝热负荷很大,工程上常常将一部分蒸汽进行冷凝,且一般不会只设置一个冷凝器,而是由多个冷凝器组合而成,这样不仅分担了负荷,减少了单个冷凝器的大小,利于加工、安装,同时每个部分冷凝器相当于又进行了一次平衡蒸馏分离,使分离程度更高。这里以例8-9来说明其相关应用计算。

【例8-9】　A、B混合物的精馏塔的塔顶装有分凝器,已知塔顶蒸汽的出口温度相同为92 ℃,分凝器出口的汽液相温度相同,均为88 ℃,其流程如图8-29所示,总压为101.3 kPa,试求

①塔顶蒸汽组成y_1、塔顶产品组成x_D及回流比;

②若塔顶蒸汽的出口温度及离开分凝器的气相温均下降2 ℃分别为90 ℃和86 ℃,试问回流比R和x_D如何变化(定量计算)? A、B沸点t ℃与p_A°、p_B°关系如表8-4所示。

表8-4　沸点与分压的关系

$t/$℃	86	88	90	92
$P_A^\circ/$kPa	121.1	128.4	136.1	144.1
$P_B^\circ/$kPa	47.5	50.8	54.2	57.8

解:①对第1块板(温度为92 ℃),根据拉乌尔定律和道尔顿分压定律有

$$p_A^\circ x_1 + p_B^\circ(1-x_1) = 101.3$$

即:$144.1x_1 + 57.8(1-x_1) = 101.3$　$x_1 = 0.5041$

$$\alpha_{92\text{℃}} = \frac{p_{A,92\text{℃}}^\circ}{p_{B,92\text{℃}}^\circ} = \frac{144.1}{57.8} = 2.4931$$

$$y_1 = \frac{\alpha_{92\text{℃}} x_1}{1 + (\alpha_{92\text{℃}} - 1)x_1} = \frac{2.4931 \times 0.5041}{1 + 1.4931 \times 0.5041} = 0.7171$$

对分凝器(温度为88 ℃),同样有

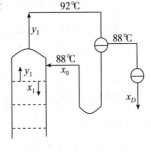

图8-29　精馏塔塔顶流程图

$$128.4x_0 + 54.2(1 - x_0) = 101.3 \quad x_0 = 0.6348$$

$$\alpha_{88\,℃} = \frac{p^\circ_{A,88\,℃}}{p^\circ_{B,88\,℃}} = \frac{128.4}{50.8} = 2.5276$$

$$x_D = \frac{\alpha x_0}{1 + (\alpha - 1)x_0} = \frac{2.5276 \times 0.6348}{1 + 1.5276 \times 0.6348} = 0.8146$$

$$(L + D)y_1 = Lx_0 + Dx_D \quad (R + 1)y_1 = Rx_0 + x_D$$

$$R = \frac{x_D - y_1}{y_1 - x_0} = \frac{0.8146 - 0.7171}{0.7171 - 0.6348} = 1.1847$$

②当温度分别降低 2 ℃,第 1 块板温度为 90 ℃

则:$136.1x_1 + 54.2(1 - x_1) = 101.3 \quad x_1 = 0.5751$

$$\alpha_{90\,℃} = 136.1/54.2 = 2.5111 \quad y_1 = 0.7727$$

对分凝器(温度为 86 ℃),同样有

$$121.1x_0 + 47.5(1 - x_0) = 101.3 \quad x_0 = 0.7309$$

$$\alpha = 121.1/47.5 = 2.5495$$

$$x_D = \frac{2.5495 \times 0.7309}{1 + 1.5495 \times 0.7309} = 0.8738$$

$$R = \frac{x_D - y_1}{y_1 - x_D} = \frac{0.8738 - 0.7727}{0.7727 - 0.7309} = 2.419$$

通过上述计算更能深刻领会分凝器相当于一块理论板,会使分离纯度进一步提高。并且平衡时温度越低,即代表泡点越低,则塔顶组成 x_D 升高,其代价是回流比增大。

五、冷液回流

现代大型精馏塔设计大多采用露天安装,此时回流液常常回流到地面贮槽然后通过泵压到塔顶再回流,此时馏出液要通过换热器进行适当冷却,则回流液实际上是冷液回流,对冷液回流与泡点回流的区别,这里通过例 8 - 10 来说明。

【例 8 - 10】 有一分离 A、B 双组理想溶液的常压精馏塔,如图 8 - 30 所示,操作参数如下:进料量 $F = 157$ kmol/h,饱和液体进料,料液中含易挥发组分 A 的摩尔分率 = 0.3(摩尔分率,下同),塔顶流出液量 40 kmol/h,其组成为 0.96,回流比为 2,回流液温度 60 ℃。塔顶第一层板上温度 82 ℃,测得塔内的平均压力为 770 mmHg(1 mmHg = 133.3 Pa),问:

①精馏段上升蒸汽量 V 和下降液体量 L;

②塔釜溶液的温度为多少 ℃?

③冷夜回流与泡点回流相比,完成同样的分离任务,所需理论板数和塔釜再沸器热负荷有何区别。

有关物性数据:溶液的汽化潜热 = 30 400 kJ/kmol,平均比热 = 155 kJ/(kmol · ℃),相对挥发度 $\alpha = 2.5$,纯组分 A 的饱和蒸汽压与温度的关系为:

$$\lg p^{\circ} = 6.897\,4 - \frac{1\,206.35}{t + 220.37}$$

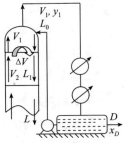

图 8 - 30 精馏塔流程图

式中:$p^{\circ} - mmHg$;$t - ℃$。

解:①$W = F - D = 157 - 40 = 117$ kmol/h

$Fx_F = Dx_D + Wx_W$

$117x_W = 157 \times 0.3 - 40 \times 0.96$

$x_W = 0.074\,36$

$L_0 = RD = 2 \times 40 = 80$ kmol/h

冷液回流在第 1 块理论板上充分传热传质后,离开时都达到泡点温度,回流液升温所需的热量是来自第 2 块板上升蒸汽冷凝提供,其冷凝量为 ΔV,则

$\Delta V r = L_0 C_P (t_b - t_0)$

$\Delta V = 80 \times 155(82 - 60)/30\,400 = 8.97$ kmol/h

$V_1 = D + L_0 = 40 + 80 = 120$ kmol/h

$V = V_1 + \Delta V = 128.97$ kmol/h

$L = L_0 + V = 80 + 8.97 = 88.97$ kmol/h

②设再沸器液面上方 A 的组成为 y_m,分压为 p_A,则有

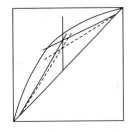

图 8 - 31 精馏塔操作线变化

$$y_m = \frac{\alpha x_W}{1 + (\alpha - 1)x_W} = \frac{2.5 \times 0.074\,36}{1 + 1.5 \times 0.074\,36} = 0.167\,2$$

$p_A = p y_{n+1} = p_A^{\circ} \times x_W$

$770 \times 0.167\,2 = 0.074\,36 p_A^{\circ}$

$p_A^{\circ} = 1\,731.83$ mmHg

代入饱和蒸汽压与温度关系式

$$\lg p_A^{\circ} = 6.897\,4 - \frac{1\,206.35}{t_W + 220.37} \quad t_W = 109.33\ ℃$$

③冷液回流与泡点回流比,实际上增加塔内汽液内循环,即增加了回流比,其操作线变化如附图中虚线所示,操作线与平衡线之间的空隙更大,使完成同样

分离任务所需理论塔板数减少。

塔釜再沸器热量与提馏段上升蒸汽量 V' 成正比,

泡点回流时 $V' = V_1 = 120$ kmol/h $\quad Q_B = V'r = 120 \times 3.4 = 408$ kJ/h

冷液回流时 $V' = V = 128.97$ kmol/h $\quad Q_B = 128.97 \times 3.4 = 438.5$ kJ/h

如本例题附图所示 $Q = V'r = 137.335\ 5 \times 3.400 = 4.175 \times 10^6$ kJ/h

显然,冷液回流增加了塔内汽液回流量,有利于分离效果的提高,其代价是消耗了更多的热量。

习　题

1. 在常压下将某二元混合液其易挥发组分为 0.5(摩尔分数,下同)分别进行闪蒸和简单蒸馏,要求液化率相为 1/3,试分别求出釜液和馏出液组成,假设在操作范围内气液平衡关系可表示为 $y = 0.5x + 0.5$。

2. 在一连续操作的常压精馏塔中分离乙醇水溶液,每小时于泡点下加入料液 3 000 kg,其中含乙醇 3%(质量分数,下同),要求塔顶产品中含乙醇 90%,塔底产品中含水 99%,试求:塔顶、塔底的产品量(分别用 kg/h,kmol/h 表示)。

3. 某连续精馏塔,泡点加料,已知操作线方程如下:

精馏段　　$y = 0.8x + 0.172$

提馏段　　$y = 1.3x - 0.018$

试求原料液、馏出液、釜液组成及回流比。

4. 用一连续精馏塔分离二元理想溶液,进料量为 100 kmol/h,易挥发组分 $x_F = 0.5$,泡点进料,塔顶产品 $x_D = 0.95$;塔底釜液 $x_W = 0.05$(皆为摩尔分数),操作回流比 $R = 1.8$,该物系的平均相对挥发度 $\alpha = 2.5$,求:

①塔顶和塔底的产品量(kmol/h)。

②提馏段下降液体量(kmol/h)。

③分别写出精馏段和提馏段的操作线方程。

5. 在常压连续精馏塔中,分离某二元混合物,若原料为 20 ℃的冷料,其中含易挥发组分 x_F 为 0.44(摩尔分数,下同),其泡点温度为 93 ℃,塔顶馏出液组成为 0.9,塔底釜残液的易挥发组分 x_W 为 0.1,物系的平均相对挥发度为 2.5,回流比为 2.0,试用图解法求理论板数和加料板位置,已知:原料液的平均汽化潜热为 $r_m = 31\ 900$ kJ/kmol,比热容 $c_p = 158$ kJ/(kmol·K)。求:若改为泡点进料,则所需理论级数和加料板位置有何变化;从中可得出什么结论。

6. 将含 24%（摩尔百分数，下同）易挥发组分的某液体混合物送入一连续精馏塔中。要求馏出液含 95% 易挥发组分，釜液含 3% 易挥发组分。送至冷凝器的蒸气量为 850 kmol/h，流入精馏塔的回流液为 670 kmol/h。试求：

①每小时能获得多少 kmol 的馏出液，多少 kmol 的釜液？

②回流比 R 为多少？

7. 有 10 000 kg/h 含物质 A（摩尔质量为 78 kg/kmol）0.3（质量分数，下同）和含物质 B（摩尔质量 90 kg/kmol）0.7 的混合蒸汽自一连续精馏塔底送入。若要求塔顶产品中物质 A 的组成为 0.95，釜液中物质 A 的组成为 0.01。试求：

①进入冷凝器的蒸气流量为多少，以摩尔流量表示之？

②回流比 R 为多少？

8. 某精馏塔分离易挥发组分和水的混合物 $F = 200$ kmol/h，$x_F = 0.5$（摩尔分数，下同），加料为气液混合物，气液摩尔比为 $2:3$，塔底用饱和蒸汽直接加热，离开塔顶的气相经全凝器冷凝 1/2 量作为回流液体，其余 1/2 量的液相作为产品，已知，$D = 90$ kmol/h，$x_D = 0.9$，相对挥发度 $\alpha = 2$。试求：

①塔底产品量 W 和塔底产品组成 x_W。

②提馏段操作线方程式。

③塔底最后一块理论板上升蒸汽组成。

9. 在常压连续提馏塔中分离某理想溶液，$F = 100$ kmol/h，$x_F = 0.5$（易挥发组分摩尔分数，下同），饱和液体进料，塔釜间接蒸汽加热，塔顶无回流，要求 $x_D = 0.7$，$x_W = 0.03$，平均相对挥发度 α 为 3（恒摩尔流假设成立），求：

①操作线方程。

②塔顶易挥发组分的回收率。

10. 在连续操作的板式精馏塔中分离某理想混合液。在全回流条件下测得相邻板上的液相组成分别为 0.28、0.41 和 0.57，已知该物系的相对挥发度 $\alpha = 2.5$，试求三层板中较低两层的单板效率（分别用气相板效率和液相板效率表示）。

11. 用连续精馏塔分离苯 – 甲苯混合液，原料含苯 0.5（摩尔分率，下同），于泡点温度下入塔，要求馏出液中含苯 0.95，回收率 96%，塔顶采用一个分凝器和一个全凝器，分凝器向塔内提供泡点温度的回流液，从全凝器得到合格产品. 塔底采用间接水蒸汽加热. 现测得塔顶回流液中含苯 0.88，离开塔顶第一层板的液体含苯 0.79，试计算：

①R 为 R_{min} 的倍数。

②若 $D = 50$ kmol/h,则需要多少原料 F;(精馏段、提馏段内的气相负荷单位为 kmol/h;假定:A. α 不变;B. 恒 mol 流;C. 理论板)。

12. 有一分离 A、B 双组分理想溶液的常压精馏塔,如图所示,操作参数如下:进料量 $F = 157$ kmol/h,饱和液体进料,料液中含易挥发组分 A 的摩尔分率 $= 0.3$(摩尔分率,下同),塔顶流出液量 40 kmol/h,其组成 $= 0.96$,回流量 $= 80$ kmol/h,回流液温度 40 ℃。塔顶第一层板上温度82.5 ℃,测得塔内的平均压力 $= 770$ mmHg(1 mmHg $= 133.3$ Pa),已知塔釜的传热面积为 60 m^2,总传热系数 $K = 2\,280$ kJ/(m^2·h·℃),请计算此时塔釜的间接加热蒸汽的温度为多少 ℃。

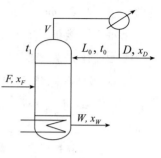

题 12 附图

有关物性数据:溶液的汽化潜热 $= 30\,400$ kJ/kmol,平均比热 $= 155$ kJ/(kmol·℃),相对挥发度 $\alpha = 2.5$,纯组分 A 的饱和蒸汽压与温度的关系为: $\lg p° = 6.897\,40 - \dfrac{1\,206.35}{t + 220.37}$

式中: $p°$ – mmHg; t – ℃。

13. 用具有两块理论版的精馏塔提取水溶液中易挥发组分。饱和水蒸气以 50 kmol/h 的流率由塔底进入。加料组成 $x_F = 0.2$(摩尔分率,下同),温度为 20 ℃,以 100 kmol/h 的流率由塔顶加入,无回流。试求在此条件下,塔顶易挥发组分的回收率及塔釜残液浓度 x_W。(平衡关系可表示为 $y = 3x$,液相组成 $x = 0.2$ 时的泡点为 80 ℃,比热为 100 kJ/(mol/℃),汽化潜热为 40 000 kJ/kmol),此塔为饱和水蒸气直接加热。

第九章　膜分离

本章学习要求：了解膜分离的基本原理、各种膜分离的传质机理和分离特性；了解膜种类、材料及膜组件的构成；掌握膜的结构特性，掌握膜分离过程中浓差极化与膜污染的消除方法；重点掌握各种膜技术应用、设计与计算方法、应用特点及影响膜透过通量的因素。

膜分离（Membrane separation）技术是利用具有一定选择性透过特性的过滤介质，依靠其两侧存在的能量差作为推动力，利用混合物中各组分在过滤介质中迁移速率的不同来实现物质的分离与纯化的单元操作。膜分离过程均为物理过程，兼有分离、浓缩和纯化的多种功能，具有高效、节能、环保、分子级过滤、过程简单、易于控制等特征。

膜分离技术起源较早，1748 年 Abbe Nollet 首次进行猪膀胱渗透分离实验，发现水会自发地扩散穿过猪膀胱进入酒精中，但这一现象并未引起人们的重视。直到 1854 年 Graham 发现了透析现象，1856 年 Matteucei 和 Cima 观察到天然膜是各向异性的这一特征后，人们才开始重视膜的研究。近代工业膜分离技术的应用始于 20 世纪 30 年代，德国建立了世界上首家生产微滤膜的工厂，用于过滤微生物和其他微粒。20 世纪 60 年代后，非对称性膜制造技术取得长足的进步，特别是反渗透膜和超滤膜进入实用阶段，膜分离技术迅速发展。目前膜分离技术已经广泛应用于轻工食品、生物医药、海水淡化、环保、化工、冶金、能源、水处理等各个领域，已成为了当今分离科学中的最重要手段之一。

第一节　膜分离技术概述

膜分离技术包含着非常丰富的内容，分类方法多样。一般按所选膜的孔径、传质推动力和传递机理进行分类，常用的主要膜分离过程包括微滤（Micro-filtration, MF）、超滤（Ultra-filtration, UF）、纳滤（Nan filtration, NF）、反渗透（Reverse osmosis, RO）、透析（Dialysis, DS）、电渗析（Electrodialysis, ED）、渗透汽化（Pervaporation, PV）、膜蒸馏（Membrane distillation, MD）和气体分离（Gas Separation, GS）等。根据推动力本质的不同，上述膜分离过程又可以分为四类：①以静压力差为推动力的过程；②以浓度差为推动力的过程；③以蒸汽分压差为推动力的过程;④以电位差为推动力的过程。见表9-1。

表9-1 膜分离过程的分类和应用范围

膜分离法	传质推动力	孔径大小	传递机理	应用举例
微滤(MF)[1]	压力差(0.05~0.5 MPa)	0.1~10 μm	筛分	除菌,回收菌,分离病毒
超滤(UF)[1]	压力差(0.1~1.0 Mpa)	1~100 nm 相对分子质量 10^3~10^6	筛分	蛋白质、多肽和多糖的回收和浓缩
反渗透(RO)[1]	压力差(1.0~10Mpa)	0.1~1 nm	筛分、溶解-扩散	盐、氨基酸、糖的浓缩、淡水制造
纳滤(NF)[1]	压力差(0.5~1.5 Mpa)	>1 nm 相对分子质量200~1 000	溶解-扩散、Donnan 效应	氨基酸和多价离子的回收和浓缩
透析(DS)[2]	浓度差	1~3 nm	筛分	脱盐、除变性剂
气体分离(GS)[1,2]	压力差为(1~10Mpa)、浓度差	无孔	气体与膜的亲和作用	气调保鲜
渗透蒸发(PV)[3]	蒸汽分压差	无孔	溶质与膜的亲和作用	有机溶剂与水的分离,乙醇分离
膜蒸馏(MD)[3]	蒸汽分压差	无孔	水蒸气和膜的亲和作用	高纯水生产、溶液脱水浓缩和挥发性有机溶剂的分离
电渗析(ED)[4]	电位差	相对分子质量<200	荷电、筛分	脱盐,氨基酸和有机酸分离

①表示以静压力差为推动力的过程。
②表示以浓度差为推动力的过程。
③表示以蒸汽分压差为推动力的过程。
④表示以电位差为推动力的过程。

第二节 膜及其膜组件

一、膜的要求

膜分离技术主要依靠推动力和分离膜,其中分离膜更是膜分离技术的核心。衡量一种膜是否有价值,主要依靠以下方面:

①高的分离系数和渗透系数；

②足够的机械强度和柔韧性，同时又要求过滤阻力小；

③适用的 pH 和温度范围广；较强的抗物理、化学和微生物侵蚀的性能；耐高温灭菌，耐酸碱清洗剂，稳定性高，适用寿命长；

④通过清洗，恢复通过性能好；

⑤制备方便，成本合理，便于工业化生产。

二、膜的材料

(一)天然高分子材料

膜的天然高分子材料主要是纤维素衍生物，如醋酸纤维、硝酸纤维和再生纤维。醋酸纤维素有一定的亲水性，透过速度大，阻盐能力最强，常用三醋酸纤维素制成，用于反渗透膜，也可作超滤膜和微滤膜；再生纤维素可用于制造透析膜和微滤膜。但这类膜材料的最高使用温度仅为 45～50 ℃，最适操作 pH 范围仅为 4～6，不能超过 2～8 以外的范围(因为在高酸性下会使分子中糖苷键水解，而在碱性下会脱去乙酰基)；易与氯作用，造成膜的使用寿命降低(使用时游离氯含量应 <0.1mg/L，短期接触可耐氯 10mg/L)。同时，由于纤维素骨架易受细菌侵袭，因而难以贮存。

(二)合成高分子材料

膜的合成高分子材料种类较多，如聚砜、聚酰胺、聚酰亚胺、聚丙烯晴、聚烯类和含氟聚合物(如聚偏氟乙烯)。

聚砜膜稳定性好，但憎水性强；耐高温，使用温度一般为 75 ℃，有一些可以高达 125 ℃；使用 pH 范围宽，可以使用的范围为 1～13；耐氯性能好，一般在短期清洗时，对氯的耐受量可高达 200 mg/L，长期贮存时，耐受量达 50 mg/L；孔径范围宽，截留分子量在 1 000～500 000 之间，符合于超滤膜的要求。但聚砜的耐压差，压力极限在 0.5～1.0 MPa，所以不能制成反渗透膜。

聚偏氟乙烯(PVDF)目前是使用最广泛的超滤膜材料。PVDF 的分子链间排列紧密，有较强的氢键，且含氟量较高，具有优良的的化学稳定性、热稳定性、耐辐射性和耐热性。PVDF 材质的化学稳定性最为优异，耐受氧化剂(次氯酸钠等)的能力是聚砜等材料的 10 倍以上。在水处理中，微生物和有机物污染往往是造成超滤不可逆污堵的主要原因，而氧化剂清洗则是恢复通量最有效的手段，此时聚偏氟乙烯(PVDF)材质体现了其优越性。

(三)无机材料

陶瓷、微孔玻璃、不锈钢和碳素等。目前有孔径 > 0.1 μm 微滤膜和截留 > 1 万分子量的超滤膜,其中以陶瓷材料的微滤膜最常用。多孔陶瓷膜主要利用氧化铝、硅胶、氧化锆和钛等陶瓷微粒烧结而成,膜厚方向上不对称。这类膜材料优点是机械强度高、耐高温、耐化学试剂和有机溶剂。缺点是膜的均匀度较差,且很难制成较小孔径。

(四)复合材料

如将含水金属氧化物(氧化锆)等胶体微粒或聚丙烯酸等沉淀在陶瓷管的多孔介质表面形成膜,其中沉淀层起筛分作用。此类膜的通透性大,通过改变 pH 值容易形成和去除沉淀层,清洗容易。但这类膜材料稳定性相对较差。

三、膜的性能

膜的分离透过性包括分离效率、渗透通量和通量衰减系数三个方面。

(一)分离效率

对于不同的膜分离过程和分离对象可以用不同的表示方法。对于溶液脱盐或除去混合液中的微粒和高分子物质等可以用表观截留率 R 和实际截留率 R_0 表示。

$$R = 1 - \frac{c_p}{c_b} \qquad\qquad (9-1)$$

$$R_0 = 1 - \frac{c_m}{c_b} \qquad\qquad (9-2)$$

式中:c_b、c_p、c_m——料液、透过液、膜表面上溶质的浓度,kg/m³。

(二)渗透通量

用单位时间内通过单位膜面积的透过量表示。单位为 kg/(m² · s)。

(三)通量衰减系数

由于浓差极化、膜压实及膜污染等原因,膜的渗透通量将随时间的延长而减少。渗透通量与时间的关系可以用下式来表示:

$$J_\theta = J_0 \theta^m \qquad\qquad (9-3)$$

式中:J_0——初始时刻的渗透通量;

J_θ——时间 θ 的渗透通量;

m——衰减系数。

注:由于膜具有选择性,所以运行一段时间以后,则膜的高压侧表面上溶质

逐渐积累,当其浓度增大到超过溶液主体中溶质的浓度时,就形成了膜表面与溶液主体的浓度梯度,引起溶质从膜表面向溶液主体的扩散,这一现象称为浓差极化现象。

四、膜的结构特性

(一)孔道结构

膜的孔道结构因膜材料和制造方法而异,对膜的透过通量、耐污染能力等操作性能具有重要影响。早期的膜多为对称膜(Symmetric membrane),即膜截面的膜厚方向上孔道结构均匀。然而,对称膜的传质阻力大,透过通量低,并且容易污染,清洗困难。60年代

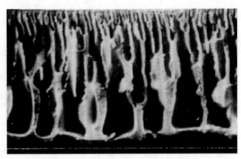

图9-1 不对称膜结构-超滤膜

开发的不对称膜解决了上述对称膜的弊端,从而开创了膜分离技术发展的新篇章,目前超滤膜(见图9-1)、微滤膜几乎全部采用不对称膜。

(二)膜的孔道分布

膜的孔道特性包括孔径、孔径分布和孔隙率。超滤和微滤膜的孔径、孔径分布和孔隙率可通过电子显微镜直接观察。此外,微滤膜的最大孔径还可通过泡点法(Bubble point method)测量,即在膜表面覆盖一层水,用水湿润

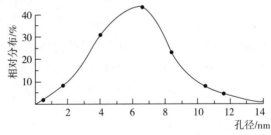

图9-2 PTGC超滤膜的孔径分布

膜孔,从下面通入空气,当压力升高到有稳定气泡冒出时称为泡点,此时的压力称为泡点压力。基于空气压力克服表面张力将水从膜孔毛细管中推出的动量平衡,可得到计算最大孔径的公式。

$$d_{\max} = \frac{4\sigma\cos\theta}{p_b} \tag{9-4}$$

式中:$d_{\max}$——最大孔径;

σ——水的表面张力;

θ——水与膜面的接触角度;

p_b——泡点压力;

因为亲水膜可被水完全润湿,故亲水膜的 $\theta \approx 0$,$\cos\theta \approx 1$,所以

$$d_{max} = \frac{4\delta}{p_b} \qquad\qquad (9-5)$$

除核孔微滤膜的孔径比较均一外,其他膜的孔径均有较大的分布范围。图 9-2 为超滤膜孔径分布之一。

五、膜组件

由膜、固定膜的支撑体、间隔物(Spacer)以及收纳这些部件的容器构成的一个单元(Unit)称为膜组件(Membranemodule)或膜装置。膜组件的结构根据膜的形式而异,目前市售商品膜组件主要有管式、平板式、螺旋卷式和中空纤维(毛细管)式等四种,其中管式和中空纤维式膜组件根据操作方式不同,又分为内压式和外压式。

(一)管式膜组件

管式膜是将膜固定在内径 10~25 mm,长约 3 m 的圆管状多孔支撑体(支撑体的结构一般为多孔的不锈钢、陶瓷或塑料罐)上。管式膜直径通常为 6~24 mm[图 9-3(a)、(b)],10~20 根管式膜并联,或用管线串联,收纳在筒状容器内即构成管式膜组件。原料一般是流经膜管中心,而渗透物通过多孔支撑管流入膜组件外壳,得到渗透物,其他浓缩液通过管式膜流出,即达到了膜分离作用。管式膜组件的优点:内径较大,结构简单,适合处理悬浮物含量较高的料液;分离操作完成后的清洗比较容易。其最大的优势在于能有效地控制浓差极化,但是管式膜组件单位体积的过滤表面积(即比表面积)在各种膜组件中是最小的。

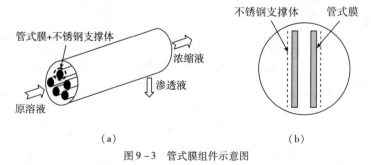

（a）　　　　　　　　　　（b）

图 9-3　管式膜组件示意图

(二)中空纤维(毛细管)膜组件

中空纤维(毛细管)膜组件由数百至数万根中空纤维膜固定在圆管形容器内构成如图 9-4 所示,其最大的特点就是有极高的膜填充密度。严格地讲,内径

为 40 ~ 80 μm 的膜称为中空纤维膜,而内径为 0.25 ~ 2.5 mm 的膜称为毛细管膜。由于两种膜组件的结构基本相同,故一般将这两种膜装置统称为中空纤维膜组件。毛细管膜的耐压能力在 1.0 MPa 以下,主要用于超滤和微滤;中空纤维膜的耐压能力较高,常用于反渗透。在多数应用情况下,被分离的混合物流经中空纤维膜的外侧,而渗透物则从纤维管内流出,即多数情况下使用外压式过滤。其主要原因是外压过滤的膜面积大,单位面积的污染负荷小;而内压式过滤透膜面积小,单位面积的污染负荷大。外压膜具有较大的过滤空间(是内压膜 2 倍左右),更高的抗污染性能,如图 9 – 5 所示。

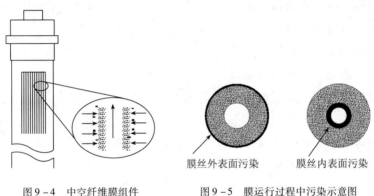

膜丝外表面污染　　膜丝内表面污染

图 9 – 4　中空纤维膜组件　　　　图 9 – 5　膜运行过程中污染示意图

(三)板框式膜组件

平板膜组件与板式换热器或加压叶滤机相似,有多枚圆形或长方形平板膜以 1 mm 左右的间隔重叠加工而成,膜间衬设多孔薄膜,供料液或滤液流动。平板膜组件比管式膜组件比表面积大很多。在实验室中,经常使用将一张平板膜固定在容器底部的搅拌槽式过滤器。另外一种形式是板框式膜堆。它是由两张膜一组构成夹层结构,两张膜的原料侧相对,由此构成原料腔室和渗透物腔室。在原料腔室和渗透物腔室中安装适当的间隔器。采用密封环和两个端板将一系列这样的膜组安装在一起以满足一定的膜面积要求,这便构成板框式膜堆。为减少沟流即防止流体集中于某一特定流道,膜组件中设计了挡板,如图 9 – 6 所示。板框式膜组件突出优点是,每两片膜之间的渗透物都是被单独引出来的,因此,可以通过关闭各个膜组件来消除操作中的故障,而不必使整个膜组件停止运转。缺点是在板框式膜组件中需要个别密封的数目太多,另外内部压力损失也相对较高(取决于流体转折流动的情况)。

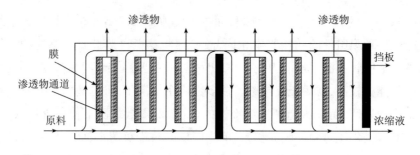

图9-6 板框式膜组件流道示意图

（四）螺旋卷绕式膜组件

螺旋卷式膜组件如图9-7所示。在卷绕式膜组件中，一个（或者多个）膜袋与由塑料制成的隔网配套，按螺旋形式围着渗透物收集管卷绕。膜袋是由两层膜构成的，每两层膜之间设有多孔的塑料网状织物（渗透物隔网）。膜袋有三面是封闭的，第四面（即

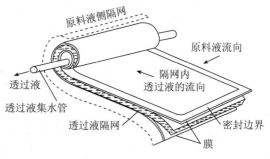

图9-7 卷绕式膜组件的构造示意图

敞开的那一面）接到带有孔的渗透物收集管上。原料溶液从端面进入，按轴向流过膜组件，而渗透物在多孔支撑层中按螺旋形式流进收集管。要说明的是，进料边隔网并不只是起着使膜之间保持一定间隔的作用，至少还对物料交换过程有着重要的促进作用（在流动速度相对较低的情况下可控制浓差极化影响）。

螺旋卷式膜组件的比表面积大，结构简单，价格较便宜，但缺点是处理悬浮物浓度较高的料液时容易发生堵塞现象。

各种膜组件的特性和应用范围的比较如表9-2所示。

表9-2 各种膜组件的特性和应用范围

膜组件	比表面积/(m²/m³)	设备费	操作费	膜面吸附层得控制	应用
管式	20~30	极高	高	很容易	UF、MF
平板式	400~600	高	低	容易	UF、MF、PV
螺旋卷式	800~1 000	低	低	难	RO、UF、MF
毛细管式	600~1 200	低	低	容易	UF、MF、PV
中空纤维式	3 000~100 000	很低	低	很难	RO、DS

第三节　常用膜分离过程

一、反渗透

（一）反渗透原理

反渗透是典型的以压力差为推动力的膜分离过程。从图9－8(a)、(b)、(c)、(d)可以看出渗透以及反渗透现象。当一个容器中间用反渗透膜隔住中间，如果一边是纯水，另外一边也是纯水的话，如图9－8(a)所示，则两者之间不会产生高度差，因为其浓度 $c_1 = c_2$，那么电化学势 $\mu_1 = \mu_2$，渗透压 $\pi_1 = \pi_2$，同时因为液面高度相同，所以压强 $p_1 = p_2$。然而若一侧为水，另一侧为盐溶液，如图9－8(b)所示，则会发生渗透现象。因为其 $p_1 = p_2$；浓度 $c_2 > c_1 = 0$，即 $\mu_1 > \mu_2$（纯水的化学势大于盐溶液的化学势），渗透压 $\pi_1 < \pi_2$（渗透压是溶质微粒对水的吸引力，浓度越大，其渗透压越大），所以会导致纯水的水通过反渗透膜而进入到盐溶液中。经过一段时间后，盐溶液一侧的高度会增加，当增加到一定程度时，会达到一定的动态平衡，如图9－8(c)所示。此时 $\Delta p = \Delta \pi$，液面高度差导致的压强差（$p_2 - p_1$）＝渗透压力差（$\pi_2 - \pi_1$）。如果在盐溶液一侧增加一定的压力，使得 $\Delta p > \Delta \pi$，那么会出现反渗透现象，即水会从盐溶液一侧流向纯水一侧，如图9－8(d)所示。

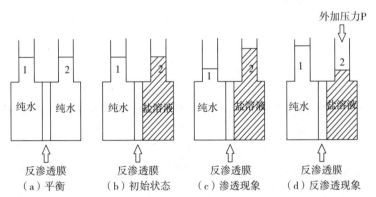

（a）平衡　　　（b）初始状态　　　（c）渗透现象　　　（d）反渗透现象

$c_1 = c_2, p_1 = p_2$;　　$c_1 < c_2, p_1 = p_2$;　　$c_1 < c_2, p_1 < p_2$　　$c_1 < c_2, p_1 > p_2$;

$\pi_1 = \pi_2, \mu_1 = \mu_2$　　$\pi_1 < \pi_2, \mu_1 > \mu_2$　　$\Delta p = \Delta \pi, \mu_1 = \mu_2$　　$\Delta p > \Delta \pi, \Delta p > \Delta \mu$

图9－8　渗透与反渗透现象

(二)反渗透的传递过程

根据化学热力学的基本理论可以推导出理想稀溶液的渗透压公式:

$$\pi = RT \sum c_{si} \tag{9-6}$$

式中:c_{si}——为溶液中溶质 i 的摩尔浓度,mol/L。

式称为理想溶液渗透压的 Van't Hoff 公式。

从式(9-6)可以看出,溶质浓度越高,渗透压越大。如果欲使两侧溶液中的溶剂(水)透过 1 侧,在 2 侧所施加的压力必须远大于此渗透压,这种操作称为反渗透图 9-8(d)。一般反渗透的操作压力为渗透压的几倍到几十倍,常达到几十个大气压。

【例9-1】 试用稀溶液 Van't Hoff 公式计算 25 ℃下含 NaCl 3.5% 的海水的渗透压(理想状态,不考虑其他盐分的影响),由于 NaCl 质量分数很小,所以假设溶液的体积为水的体积,同时假设水的密度为 1 000 kg/m³。

解:$c_{NaCl} = \dfrac{n_{NaCl}}{V_{水}} = \dfrac{m_{NaCl}}{M_{NaCl}} \cdot \dfrac{\rho_{水}}{m_{水}} = \dfrac{3.5}{58.5} \times \dfrac{1\ 000}{100 - 3.5} = 0.620 \text{ mol/L}$

$\pi = RT \sum c_{si} = 8.314 \times 10^3 \times (273 + 25)(0.620 + 0.620) = 3.072 \text{ MPa}$

RO 膜无明显的孔道结构和性质,其透过机理尚不十分清楚。目前有优先吸附、毛细管流动理论和溶解—扩散理论,其中以溶解—扩散模型最为简单实用。该模型假设溶剂或溶质首先溶解在膜中,然后溶质和水在化学势度的推动下,在膜内扩散通过 RO 膜,最后溶质和水在膜的下游侧解吸。

溶质和水在膜中的溶解度可以是不同的,在膜内的扩散速率也可以是不同的,这样就会产生分离的效果。对于水的扩散,引用 Fick 第一定律:

$$J_w = \frac{-D_w dc_w}{dz} \tag{9-7}$$

假设水在膜内的溶解服从 Herry 定律,根据化学位和活度的关系,在等温情况下,可推得其质量流量 J_w:

$$J_w = \frac{D_w c_w V_w}{RT\delta}(\Delta p - \Delta \pi) = A(\Delta p - \Delta \pi) \tag{9-8}$$

式中:A——溶剂透过系数。它只与膜的特性和温度有关。这个公式中的 $(\Delta p - \Delta \pi)$ 可视作为有效压差。同理,其体积流量为 J_v:

$$J_v = L_P(\Delta p - \Delta \pi) \tag{9-9}$$

式中:L_P——溶剂透过系数。

类似地,对于溶质的渗透有:

$$J_s = B(c_1 - c_2) = B\Delta c \tag{9-10}$$

式中：B——溶质的扩散系数；B 只与溶质的性质、膜材料的性质和膜的结构有关，与压力的相关性不大；

c_1、c_2——溶质的质量浓度；

Δc——膜两侧溶液中溶质的浓度差。

溶解—扩散模型并不局限于在反渗透中应用，它的意义要广泛的多。图 9-9 为用醋酸纤维素膜对橙汁进行反渗透浓缩时的渗透通量与压差间的关系，它与式(9-8)较符合。

实际上，所有的膜都存在着溶质通过的现象，不可能将溶质 100% 地除去。一般性能较好的膜的脱盐率在 97% 以上，较差的也有 90% 左右。溶解—扩散模型比较适用于均质膜中的扩散过程，是目前较为流行的模型之一。它不仅可用于反渗透，还可用于其他均质膜分离过程，其缺点是未考虑膜材料和膜结构对扩散的影响。

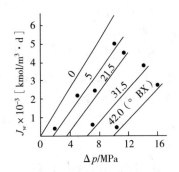

图 9-9　为用醋酸纤维素膜对橙汁进行反渗透浓缩时的渗透通量与压差间的关系

J_s 和 J_w 的关系可以由稳定时溶质的物料衡算得到。由渗透过膜的渗透液（溶液）体积相等作为衡算的基准，即假设单位时间、单位面积上流过的渗透体积量（m^3）相等：

$$V = \frac{J_s}{c_2} = \frac{J_w}{c_{w2}} \tag{9-11}$$

即：

$$J_s = J_w \frac{c_2}{c_{w2}} \tag{9-12}$$

式中：V——为透过液体积；

c_{w2}——溶剂在透过液中的浓度，kg/m^3。

如果透过液较稀，c_{w2} 近似为溶剂的密度，特别是对于分离率较高（$R>0.9$）的膜，c_{w2} 更接近于溶剂的密度。

将式(9-8)和式(9-10)带入式(9-12)中：

$$B(c_1 - c_2) = A(\Delta p - \Delta \pi)\frac{c_2}{c_{w2}} \tag{9-13}$$

$$1 - \frac{c_2}{c_1} = \frac{A}{Bc_{w2}}(\Delta p - \Delta \pi)\frac{c_2}{c_1} \tag{9-14}$$

令

$$F = \frac{A}{Bc_{w2}}$$ (9-15)

转换后得分离率 R 为：

$$R = 1 - \frac{c_2}{c_1} = \frac{F(\Delta p - \Delta \pi)}{1 + F(\Delta p - \Delta \pi)}$$ (9-16)

其中，F 的单位为 Pa^{-1}，可由实验测定。R 值越大，反渗透对溶剂和溶质的分离效果越好。

【例 9-2】 反渗透实验中，原液为 25 ℃ 的 NaCl 水溶液，浓度为 $3.5 \, kg/m^3$，密度为 $999.5 \, kg/m^3$，渗透压为 280 kPa，反渗透压差为 3.0 MPa。所得透过液密度为 $997 \, kg/m^3$，渗透压为 8.10 kPa。渗透率常数 $A = 3.5 \times 10^{-9} \, kg/(Pa \cdot m^2 \cdot s)$，$B = 2.5 \times 10^{-7} \, m/s$。求水和 NaCl 透过膜的速率，溶质分离率和透过液的浓度。

解：①溶剂水的透过膜速率：

$$J_w = A(\Delta p - \Delta \pi)$$

$$A = 3.5 \times 10^{-9} \, kg/(Pa \cdot m^2 \cdot s) \, ; \Delta p = 3.0 \times 10^6 \, Pa$$

$$\Delta \pi = 0.28 \times 10^6 - 0.008 \, 1 \times 10^6 = 0.272 \times 10^6 \, Pa$$

$$J_w = 3.5 \times 10^{-9} \times (3.0 - 0.272) \times 10^6 = 9.548 \, kg/(m^2 \cdot s)$$

②溶质的分离率：

$$R = 1 - \frac{c_2}{c_1} = \frac{F(\Delta p - \Delta \pi)}{1 + F(\Delta p - \Delta \pi)}$$

$$c_{w2} \approx \rho = 997 \, kg/m^3 （透过液密度）$$

$$F = \frac{A}{Bc_{w2}} = 1.4 \times 10^{-5} \, Pa^{-1}$$

$$R = 1 - \frac{c_2}{c_1} = \frac{F(\Delta p - \Delta \pi)}{1 + F(\Delta p - \Delta \pi)} = \frac{1.4 \times 10^{-5} \times 2.728 \times 10^6}{1 + 1.4 \times 10^{-5} \times 2.728 \times 10^6} = 0.974$$

③透过液的浓度：

$$R = 1 - \frac{c_2}{c_1} = 0.974$$

已知：$c_1 = 3.5 \, kg/m^3$

$$c_2 = 0.091 \, kg/m^3$$

④溶质的透过速率：

$$J_s = B(c_s - c) = B\Delta c_2$$

$$\Delta c_2 = (c_1 - c_2) = 3.409 \, kg/m^3$$

$$J_s = B\Delta c_2 = 2.5 \times 10^{-7} \times 3.409 = 8.52 \times 10^{-7} \, \text{kg/(m}^2 \cdot \text{s)}$$

从式(9-8)和式(9-9)还可以看出,随着压力升高,溶剂的体积通量线性增大,而溶质的质量通量与压力无关。所以,透过液中溶质浓度比(c_{2p})随压力升高而降低。

$$c_{2p} = \frac{J_s}{J_v} = \frac{B\Delta c_2}{L_p(\Delta p - \delta\Delta\pi)} \tag{9-17}$$

因此,提高反渗透操作压力有利于实现溶质的高度浓缩。

上述溶解—扩散模型比较适用于无机盐的反渗透过程,但对于有机溶质,式(9-8)和式(9-9)用下述较一般的形式表达

$$J_v = L_p(\Delta p - \delta\Delta\pi) \tag{9-18a}$$

$$J_s = c_2(1-\delta)J_v + B\Delta c_2 \tag{9-18b}$$

其中,δ为膜对有机溶质的反射系数(Reflection coefficient),$0 < \delta < 1$,与膜的种类有关。$\delta = 1$时称为理想反射(Prefect reflection),膜对溶质的截留作用最强,此时上述各式分别与溶解—扩散模型推导的结果相同;$\delta = 0$时溶剂的透过量不受渗透压的影响,与压差成正比,溶质亦具有较大的透过通量。

(三)浓度极化模型

浓差极化模型的要点是在膜分离操作中,所以溶质均被透过液传送到膜表面上,不能完全透过膜的溶质受到膜的截留作用,在膜表面附件浓度升高,如图9-10所示。这种在膜表面附件浓度高于主体浓度,出现逆浓度梯度,从而导致有效透过通量下降的现象称为浓度极化或浓差极化(Concentration polarization)。

当膜表面浓度超过溶质的溶解度时,溶质会析出,形成凝胶层,这种现象称为凝胶极化(Gelpolarization)。当分

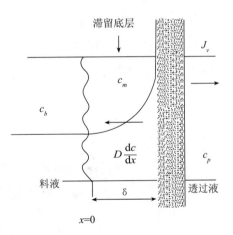

图9-10　浓差极化模型

离含有菌体、细胞或其他固形成分的料液时,也会在膜表面形成凝胶层。

凝胶层得形成对透过产生附加的传质阻力,因此透过通量一般表示为

$$J_v = \frac{\Delta p - \Delta\pi}{\mu(R_m + R_g)} \tag{9-19}$$

式中:R_m、R_g——膜和凝胶层的阻力。

若凝胶层仅由高分子物质或固性成分构成,式(9-19)中的渗透压差 $\Delta\pi$ 可忽略不计,因此:

$$J_v = \frac{\Delta p}{\mu(R_m + R_g)} \qquad (9-20)$$

下面讨论图9-10所示的浓度极化模型。

在稳定操作条件下,溶质的透过质量通量与滞留底层内向膜面传送溶质的通量和向主体溶液反扩散之间达到物料平衡,即:

$$J_v c_p = J_v c - B\frac{\mathrm{d}c}{\mathrm{d}x} \qquad (9-21)$$

边界条件为:

$$c = c_b, x = 0 \qquad (9-22\mathrm{a})$$

$$c = c_m, x = \delta \qquad (9-22\mathrm{b})$$

利用上述边界条件积分式,可得下式

$$J_v = k\ln\left(\frac{c_m - c_p}{c_b - c_p}\right) \qquad (9-23)$$

式中:B——溶质的扩散系数;

$\quad x$——虚拟滞流底层厚度

$\quad c_m$——膜表面浓度

$\quad c_b$——主体料液浓度

$\quad c_p$——透过液浓度;

$\quad k$——传质系数,$k = B/\delta$

式(9-23)是生物料液透过通量的浓度极化模型方程。

当压力很高时,溶质在膜表面凝胶极化层,此时式(9-23)变为:

$$J_v = k\ln\left(\frac{c_g - c_p}{c_b - c_p}\right) \qquad (9-24)$$

c_g 为凝胶层浓度。形成凝胶层时,溶质的透过阻力极大,透过液浓度 c_p 很小,可忽略不计,故式(9-24)可改写成:

$$J_v = k\ln\left(\frac{c_g}{c_b}\right) \qquad (9-25)$$

式(9-25)是菌体悬浮物和高压条件下生物大分子溶液透过通量的凝胶极化模型方程。

（四）反渗透的应用

乳清中含有高营养价值的蛋白质、乳糖、乳酸、脂肪及矿物质。为了从低分子量组分中分离出蛋白质，通常采用超滤和反渗透处理。如图 9 - 11 所示。

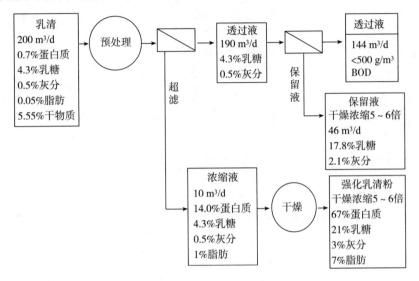

图 9 - 11　乳清分离过程中超滤、反渗透的应用

二、超滤

（一）超滤原理

超滤是利用膜的筛分性质，以压力差为传质推动力。与 RO 膜相比，UF 膜具有明显的孔道结构，主要用于截留高分子溶质和固体颗粒。UF 膜主要用于分离不含不溶性固形物成分的料液，其中分子量较小的溶质和水分透过膜，而分子量较大的溶质被截留。超滤过程中，膜两侧渗透压差较小，所以操作压力比反渗透操作压力低，一般为 0.1 ~ 1 Mpa。

（二）超滤传递

在卷式或管式超滤和微滤过程中，流体在膜孔道内层流动。假设孔道为圆柱形，孔径均匀，则透过通量可用根据动量衡算推导的 Hagen-Poiseuille 方程，牛顿型流体通过圆直管作稳定层流时 $\Delta p - u$ 的关系为：

$$\Delta p = \frac{32ul\mu}{d^2} \tag{9-26}$$

将此式用于膜孔内的流动，通过一个孔的流速为：

$$u = \frac{d^2 \Delta p}{32 \delta \mu} \tag{9-27}$$

设膜面积为 S，在此面积内有 n 个孔，则体积流量为：

$$qv = \frac{\pi u n d^2}{4} \tag{9-28}$$

孔隙率为：

$$\varepsilon = \frac{\pi n d^2}{4S} \tag{9-29}$$

通量为：

$$J = \frac{qv}{S} = u\varepsilon \tag{9-30}$$

所以：

$$J = \frac{d^2 \varepsilon \Delta p}{32 \delta \mu} = \frac{K_1 \Delta p}{\mu} \tag{9-31}$$

这个式子最重要的特征是 J 与 Δp 成正比，J 与 l/μ 成正比。其中的比例常数只由膜的特性决定，可以用水做实验测定。从图 9-12 可以看出，渗透通量与压差几乎成正比，与式（9-31）较吻合，然而流速对通量几乎无影响，说明浓差极化的影响很小。

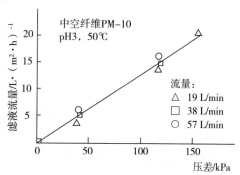

图 9-12 超滤操作压差与膜通量之间的关系

【例 9-3】 对 XM100A 超滤膜进行测定，测定其平均孔径为 1.75×10^{-8} m，每平方厘米上有孔 3×10^9 个，皮层厚 0.2 μm。试估算膜的开孔率及在 100 kPa 压差、20 ℃下的水通量。

解：①膜的开孔率：

$$\varepsilon = \frac{\pi n d^2}{4S} = \frac{3.14 \times 3 \times 10^9 \times (1.75 \times 10^{-8})^2}{4 \times 1 \times 10^{-4}} = 7.21 \times 10^{-3}$$

②水通量：

$$J = \frac{d^2 \varepsilon \Delta p}{32 \delta \mu} = \frac{(1.75 \times 10^{-8})^2 \times 7.21 \times 10^{-3} \times 1 \times 10^5}{32 \times 0.2 \times 10^{-6} \times 1 \times 10^{-3}} = 3.45 \times 10^{-5} \, \text{m}^3 / (\text{m}^2 \cdot \text{s})$$

（三）超滤膜的分子截留作用

通过测定分子量不同的球形蛋白质或水溶性聚合物得截留率，可获得膜的截留率与溶质分子量之间关系的曲线，即截留曲线，如图 9-13 所示。

一般将在截留曲线上截留率为 0.90（90%）的溶质分子量定义为膜的截留分

子量(Molecular weight cut-off,MWCO)。

在理想的情况下,超滤膜的截留曲线应为通过横坐标MWCO的一条垂直线,分子量小于MWCO的溶质截留率为0,大于MWCO的溶质截留率为1。但实际上,膜孔径均有一定的分布范围如图9－13所示,孔径分布范围较小则截留曲线较陡直,反之则斜坦。相对而言,孔径的截留曲线更陡,即孔径分布范围更小,如图9－14所示,A线相对于分布更广的B线来说,A线则有更加优良的性能,特别是在膜污染后膜性能的恢复及膜的衰减速度方面。

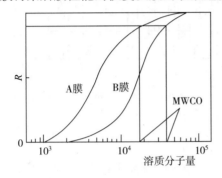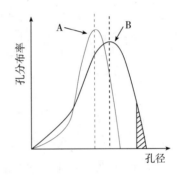

图9－13 截留曲线与截留分子量 　图9－14 膜孔径与分布

生产膜的厂商不同,截留率曲线的敏锐程度不同。因此不同厂商生产的两种MWCO相同的膜,对某一溶质的截留率也会不同。此外,同一厂商的不同批号的膜,对同一溶质的截留情况也可能不一样。所以,相同截留分子量的超滤膜可能表现完全不同的截留曲线。因此,MWCO只是表征膜特性的一个参数,不能作为选择膜的唯一标准。膜的优劣从多方面(如孔径分布、透过通量、耐污染程度等)加以分析和判断。

在现实膜浓缩应用中,需要对超滤膜进行选择,其中尤为重要的选择就是对超滤膜截留分子量(MWCO)进行选择。只要确定了截留分子量MWCO的大小,就可以选择合适的超滤膜。在选择时,应考虑以下两个因素:①膜分子量的选择曲线;②使用一段时间后(一年左右),膜孔开始变大,分选曲线向右漂移情况。膜MWCO选择的常用因素如下:

$$X = 欲浓缩物质平均分子量/滤膜截留分子量 \qquad (9-32)$$

处理时,X一般取$3 \sim 6$,当处理物流价值很高时,即希望100%回收时,应尽量选用$X = 6$。

例如对白蛋白回收用滤膜MWCO选择时,白蛋白平均分子量为67 000道尔顿,取$X = 6$,则膜MWCO $= 67\,000/6 = 10\,000$道尔顿,所以目前世界上大部分著名的白蛋白生产厂家,如 Baxter、Armour、Miles 等选用 Pall 公司的超滤膜,所选用的 MWCO = 10 000 道尔顿。

(四)超滤的应用

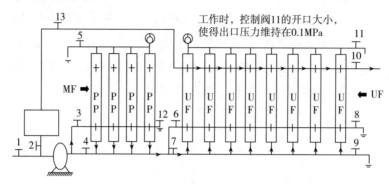

注:图中箭头方向表示纯水的流动方向,其中精滤(MF)为外压式,超滤(UF)为内压式

图 9 – 15　微滤、超滤在纯水生产中的应用

如图 9 – 15 所示,纯水生产时,关闭阀门 2、4、6、8、9,打开阀门 1、3、5、7、10、11,使经过砂粒和活性炭过滤的纯水流入,当水完全灌满了微滤(MF)膜后,立即关闭阀门 5,则经过微滤外压式过滤后,纯水汇集到微滤膜的中间流向到超滤膜中(此时通过阀门 7 流入)进行内压式过滤,通过控制阀门 11(注意:一定要控制阀门 11 的打开程度,如果阀门关的过小,则压力会超过膜的最大承受压力;如果开的过大,则产生不了理想的压力,达不到过滤的效果),使压力表读数为 0.1 MPa 即可,不同的膜压力调节大小不一样,应由厂家来提供。超滤膜过滤方式一般由内压式和外压式两种,其示意图如 9 – 16 所示。

超滤主要是利用孔径为 0.001 ~ 0.02 μm 的超滤膜来过滤大分子物质和微细颗粒。它可以截留蛋白质等大分子物质,更能截留比蛋白质分子更大的物质如微生物和细微颗粒。

采用超滤膜分离后的溶液能够极大程度上过滤微生物。一般来说狭义细菌的直径约 0.5 μm,长度为 0.5 ~ 5 μm,如大肠杆菌其细胞长度约 2 μm、放线菌和蓝细菌的直径为 3 ~ 10 μm。值得特别关注的是一些致病菌如大肠杆菌的直径大小为 0.5 ~ 3 μm、金黄色葡萄球菌的直径为 0.8 μm 左右、白色念珠菌直径在 4 ~ 5 μm 之间、绿脓杆菌

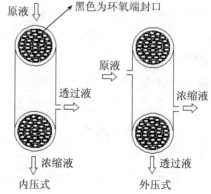

图 9 – 16　内压式和外压式过滤结构示意图

为 1.5 ~ 3.0 μm、沙门氏菌直径为 0.6 ~ 3 μm、李斯特菌长 0.5 ~ 2.0 μm。另外，一些真核微生物的直径就更大，如酵母菌的细胞大小为 2.5 ~ 10 μm、霉菌的直径 3 ~ 10 μm。所以从理论上来讲，超滤膜几乎能够 100% 的分离微生物，特别是对致病菌的分离。

三、纳滤

纳滤是利用孔径为 1 nm 的纳滤膜来进行分离的膜分离过程。从孔径上看，纳滤处于超滤与反渗透之间；从操作压力上来看，也是处于超滤和反渗透之间，其操作压力为 0.5 ~ 1.5 MPa，所以又被称为"低压反渗透"。从截留的相对分子量来看，纳滤截留物质的分子量大小在 200 ~ 1 000，而相对分子量在这个范围的物质在食品工业中又扮演着非常重要的角色，如糖类、氨基酸、有机酸、抗生素等。当然，纳滤膜与超滤膜和反渗透膜的不同在于纳滤膜带有电荷，对与其相同电荷的离子或者价位更高的离子有更大的截留率，所以当需要对低浓度的二价离子和分子量在 200 到 1 000 的溶质进行截留时，选择纳滤比使用反渗透更经济。由于纳滤独特的功能使其在食品工业有着更为广阔的前景，现已经广泛地运用到低聚糖的分离、氨基酸的分离、乳制品的浓缩等方面。

(一)纳滤的分离原理

纳滤的分离原理一般认为是溶解—扩散理论和道南（Donnan）效应。溶解—扩散原理：渗透物在高压侧吸附和溶解于膜中，然后在化学位差的推动下溶剂以分子扩散透过膜，最后溶剂在膜的透过液侧表面解吸；Donnan 平衡模型：将荷电基团的膜置于食盐溶剂中，溶液中的反离子（所带电荷与膜内固定电荷相反的离子）在膜内大于其在主体溶液的浓度，而同离子（所带电荷与膜内固定电荷相同）在膜内的浓度则低于其在主体主体溶液中的浓度。由此形成的 Donnan 电位差

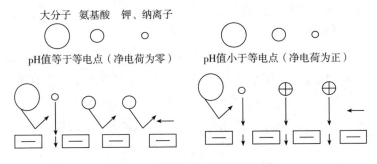

图 9 - 17　纳滤膜分离氨基酸原理图

阻止了同离子从主体溶液向膜内的扩散,为了保持电中性,反离子也被膜截留。大多数膜内的荷电基团为带负电的磺酸根和羧酸根,所以大部分纳滤膜内固定电荷为负电。其分离原理如图 9 - 17 所示。

(二)纳滤的传递

纳滤膜对极性小分子有机物的选择性截留是基于溶质的尺寸和电荷。溶质的传递可以理解为以下两步:第一步,根据离子所带电荷选择性地吸附在膜的表面;第二步,在扩散、对流、电泳移动性的共同作用下传递通过膜。

纳滤膜的特性如下:

①对不同价态离子截留效果不同。对单价离子的截留率低,对二价和多价离子的截留率明显高于单价离子。

对阴离子的截留率按下列顺序递增:NO_3^-、Cl^-、OH^-、SO_4^{2-}、CO_3^{2-};

对阳离子的截留率按下列顺序递增:H^+、Na^+、K^+、Mg^{2+}、Ca^{2+}、Cu^{2+}。

②对离子截留受共离子影响。在分离同种离子时,共离子价数相等,共离子半径越大,膜对该离子的截留率越大;共离子价数越大,膜对该离子的截留率越高。

(三)纳滤的应用

1. 氨基酸多肽的分离、纯化及浓缩

氨基酸是两性物质,分子中既有正电荷基团,又有负电荷基团,不同的氨基酸有不同的等电点。所以,通过改变 pH 值的大小,可以改变氨基酸的带电性,而带电性的改变可以让分子量相近而等电点相差较大的氨基酸进行分离,如图 9 - 17 所示。如天门冬氨酸、异亮氨酸、鸟氨酸的分子量分别是 133、131、132,几乎相同,但是等电点时的 pH 值分别为 2.8、5.9、9.7,相差较大。荷电纳滤膜对氨基酸的截留率的大小是 pH 的函数,如在 pH = 5.0 时,对天门冬氨酸的截留率为 40%,而对异亮氨酸和鸟氨酸的截留率小于 10%。

2. 乳制品的浓缩

牛乳超滤透过液(MUP)和乳清是乳酪生产的主要副产品。两种液体的 COD 高达 60 000 mg/L,必须处理后才能排放。另外,这些废液中含有高浓度蛋白质和乳糖,可用于幼儿食品、熟食和冰激凌等的制作,但其中含有的矿物质影响口味。对纳滤膜和反渗透膜处理脱脂牛奶的试验结果表明,使用反渗透膜浓缩处理的乳液,由于盐类和乳糖都被浓缩,咸味和甜味都被增强,所以使乳的总体评价降低。而使用纳滤膜,选择适当的浓缩比进行处理,使得脱脂乳具有盐类平衡的良好风味。

四、电渗析

(一)电渗析过程的原理

电渗析是基于离子交换膜对阴阳离子的选择性,在直流电场的作用下使阴阳离子分别透过相应的膜以达到分离目的的一种分离方法。目前在海水淡化和苦咸水淡化上得到极大的利用。电渗析的两个基本条件:一是直流电的电势差;二是具有选择性透过的离子交换膜。阳离子交换膜,是用于交换阳离子,即只有阳离子可以通过,其结构为阴离子固定基团 + 阳离子交换基团;而阴离子交换膜,用于交换阴离子,只有阴离子可以通过,其结构为阳离子固定基团 + 阴离子交换基团,如图 9 – 18 所示。

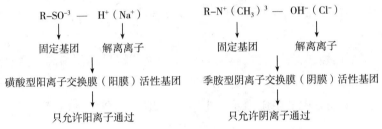

图 9 – 18　离子交换膜的结构及性能

利用电渗析过程进行盐水脱盐的过程原理如图 9 – 19 所示。当盐水用电渗

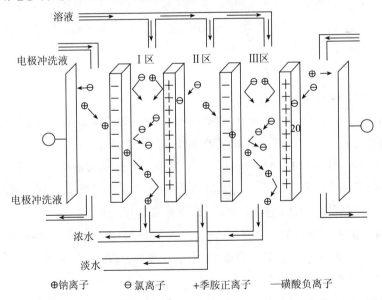

图 9 – 19　离子交换膜的选择性

析器进行脱盐时,将电渗析器接通电源,盐水开始导电,盐水中的离子在直流电场的作用下而发生迁移,阳离子向负极移动,阴离子向正极移动。由于电渗析器两级交替排列多组的阳、阴离子交换膜,而阳膜只允许阳离子通过,阴膜只允许阴离子通过,即Ⅰ、Ⅲ区的盐离子含量增加(一方面自身区域内的盐离子不能通过离子交换膜;二是通过离子交换膜而引入了新的盐离子,且也不能排出,从而导致盐离子含量增加),所以排出的水是浓盐水;Ⅱ区的盐离子含量减少(其主要是由于自身区域的盐离子通过离子交换膜而排出膜外),所以排出的水是淡水。

(二)电渗析传递过程

电渗析膜是荷电膜。与膜带的电荷电性相同的离子称为同离子,与膜带的电荷相反的离子称为反离子。反离子的迁移方向与浓度梯度的方向是相反的。它是电渗析中的主要传递过程。除此之外,电渗析中还可能存在着其他传递过程:

①同离子迁移:与离子交换膜上固定离子电荷符号相同的离子通过膜的传递。即阳离子通过阴膜,阴离子通过阳膜。膜上的相斥作用并不能完全阻止同离子的透过,浓缩室中的阴阳离子在电场的作用下也会穿过阳膜和阴膜而进入淡化室。

②电解质的浓差扩散:由于浓度差,电解质自浓缩室向两侧淡化室扩散。

③水的渗透:在渗透压的作用下,溶剂(水)从淡化室向浓缩室渗透。

④水的电渗透:由于离子的水合作用,在反离子迁移和同离子迁移的同时都会携带一定数量的水分子一起迁移。

⑤水的电解:当发生浓差极化时,水电解产生 H^+ 和 OH^- 也可通过膜。

(三)电渗析的理论

1. Sollner 双电层(Electric double layer, Ionic double layer)理论

双电层:固定基团的离子 + 周围带相反电荷的离子层。

溶液中带正电荷的阳离子在电场作用下作定向运动时能穿过带负电荷的阳膜,但被带正电荷的阴膜排斥。同样溶液中带负电荷的阴离子,能穿过带正电荷的阴膜,而被电负电荷的阳膜所排斥。这就是双电层理论。

该机理的不足之处是解释不了同名离子的迁移现象,即在某些情况下阴离子也能透过阳离子交换膜,阳离子也能透过阴离子交换膜的现象。

2. 道南膜平衡理论

道南膜平衡理论指可扩散离子(能透过半透膜的离子)在半透膜两侧或膜内外不相等的现象,是由于膜带有不可扩散离子形成的。

　　首先在盐水溶液当中,离子交换膜上的离子进行解离(解离成不可迁移的固定离子如磺酸根离子、季胺离子和能透过半透膜的盐离子如钠离子和氯离子),然后盐离子在膜内外扩散,同时电解质中的盐离子与离子交换膜电离出来的盐离子进行交换,达到动态平衡,最后通过过膜(膜内外化学势相等,但是由于不可迁移的离子存在,使得离子的分布不均,而造成同名离子的迁移)。

　　由道南定律可以知道,阳离子交换膜中的阳离子浓度要大于电解质中阳离子浓度;同理,在阴离子交换膜中阴离子浓度要大于电解质中阴离子的浓度。该理论较好的解释了阴离子也能通过阳膜,阳离子也能通过阴膜。

(四)电渗析的应用

　　电渗析在食品工业中的应用非常广泛,主要有乳清脱盐、提高酒的质量、果汁脱酸、蛋白质溶液脱盐、从发酵液中分离有机酸和从发酵液中分离氨基酸。

　　乳清液为鲜牛奶分出奶油和制取干酪后的剩余物,含有较高的盐分,以前一直被当作废液排放掉,不仅严重污染了环境,而且还造成了很大的浪费。后来许多国家把乳清液在经浓缩喷雾干燥后制成含盐的乳清粉,但终因高盐含量而使得其应用受到很大的限制,一般仅作动物饲料之用。尤玉如采用国产的 SHD-01 型电渗析器,间歇式循环操作,物料垂直流向,膜总有效面积 $6m^2/$台,共有 50 个脱盐室(一张阳膜和阴膜组成脱盐室)。结果如图 9-20 所示,乳清粉的灰分为 2.24%,符合国家小于 3.0% 的要求,同时其他组分的改变不影响产品的特性。脱盐后的乳清粉可用于婴儿食品,其经济附加值得到极大的提升。

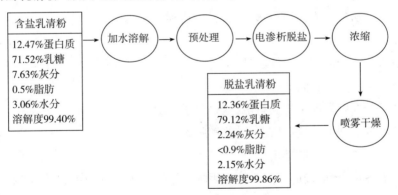

图 9-20　乳清粉脱盐过程中电渗析的应用

五、渗透汽化

（一）渗透汽化原理

渗透汽化的原理是在渗透汽化膜（疏水膜）的一侧通入料液，另外一侧（透过侧）抽真空或通入惰性气体，使两侧产生溶质分压差。在分压差的作用下，料液中的溶质溶于膜内，扩散通过膜，在透过侧发生汽化，汽化的溶质被膜装置内外设置的冷凝器回收。因此渗透汽化根据溶质透过膜的速度不同，使混合物得到分离。膜与溶质的相互作用决定溶质的渗透速度，根据相似相溶的原理，疏水性较大的溶质易溶于疏水膜，因此渗透速度高，在透过一侧得到浓缩。汽化所需用的潜热用外部热源供给。

与前述的反渗透相比，渗透汽化过程中的溶质发生相变，即透过侧的溶质（如啤酒的发酵，透过侧的溶质为乙醇），通过抽真空，使其发生相变，或者通入惰性气体，使透过侧的溶质以气态状态存在，因此消除了渗透压的作用，从而使渗透汽化在较低的压力下进行，适于高浓度混合物的分类。渗透汽化法利用溶质之间膜透过性的差别，特别适用于共沸物和挥发度相差较小的双组分溶液的分离。

（二）渗透汽化传递

渗透汽化是兼有传热和传质的过程，通常用溶解—扩散模型来描述通过膜的传递，整个传递过程由五步组成：

①组分从料液主体通过边界层传递，达到膜表面；

②组分在膜表面被吸附，可以认为是膜与液体混合物接触后发生溶解或膜发生溶胀，各组分在液体和膜之间进行分配。各组分对膜可以有不同的溶解度，从而产生了选择性吸附；

③组分在膜内向下游侧扩散，这是分子扩散；

④组分达到下游侧后，在下游侧解吸；

⑤组分离开下游侧排出。

以上各步中，最慢的一步为控制因素。第④步解吸的速率很快，其阻力可忽略不计，因为抽真空或加载惰性气体，使得第⑤步的速度也很快。阻力最大及传递速度最慢的还是第②、③步，目前的研究也主要集中在这里。目前常用的渗透汽化膜有多孔聚乙烯膜、聚丙烯膜、含氟多孔膜和硅橡胶膜等。

（三）渗透汽化的应用

如图9-21所示，用硅橡胶膜生物反应器（SMBR）实验研究了发酵-渗透汽化的耦合性能。发酵微生物采用酿酒活性干酵母,所用的碳源为工业级葡萄糖。间歇发酵过程由于产物抑制作用在乙醇浓度达到 90 g/L 时就趋于停滞,而经耦合渗透汽化膜分离后,发酵罐内的乙醇浓度迅速降低并维持在 40 g/L,且发酵在此浓度下可以连续稳定地进行。在 SMBR 运行达到稳态后,乙醇的体积产率为 1.5 g/(L·h)。

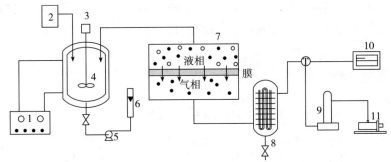

1—控温装置(水浴循环,37 ℃) 2—加料槽 3—电动搅拌器 4—发酵罐 5—恒流泵 6—转子流量计 7—渗透汽化膜组件 8—冷凝器 9—干燥器和缓冲罐 10—真空计 11—油泵

图 9-21　乙醇发酵与渗透汽化在硅橡胶膜生物反应器中的耦合强化

六、气体分离

(一)气体分离原理

气体分离膜又称为致密膜,其结构较为致密。其分离原理与渗透汽化原理相似,两者都是采用致密膜,膜无明显的孔隙。对组分的分离都是利用其选择透过性的不同而进行。气体分离的特点是分离系数较高,但渗透系数较低。制膜的材料主要有硅橡胶膜,适用于气体分离和渗透蒸发。

(二)气体分离应用

气体分离目前在食品工业中,主要用于果蔬的气调保鲜。果蔬气调保鲜最大的特点就是,降低环境中氧气的含量,同时提高环境中的二氧化碳的含量,从而达到延长果蔬保鲜的目的。目前广泛采用硅窗气调贮藏的技术,使果蔬的薄膜封闭贮藏寿命得到延长。

硅橡胶是一种有机硅高分子聚合物。它是由有取代基的硅氧烷单体聚合而成,以硅氧键相连形成柔软易曲的长链,长链之间以弱的电性松散地交联在一起。这种结构使硅橡胶具有特殊的透气性能。它的薄膜对二氧化碳和氧的渗透系数比聚乙烯膜大200~300倍,比聚氯乙烯膜大得更多。而且,硅橡胶还具有高选择性的透气性能,它对二氧化碳、氧气和氮气的透性比为12:2:1,对乙烯和一些芳香物质也有较大的透性。

利用硅橡胶特有的性能,在较厚的塑料薄膜做成的袋上嵌上一定面积的硅橡胶薄膜,这样就成为了一个有气体交换窗的包装袋,袋内的果蔬进行呼吸作用释放出的二氧化碳通过气窗透出袋外,而消耗的氧则由大气通过气窗进入袋内而得到补充。由于硅橡胶具有较大的二氧化碳与氧气的透性比,并且袋内的二氧化碳透出量是与袋内二氧化碳浓度成正比关系。因此贮藏一定时间之后,袋内的二氧化碳含量和氧气含量就会自然调节在一定范围之内。法国研制并已在市场上出售的 AC500 及 AC1000 型贮藏袋,用来贮藏苹果和梨,根据贮藏温度适当调整数量后,即可使袋内原有的空气逐步调整,从而获得 3% 氧气、5% 二氧化碳和 92% 氮气的气体环境,如图 9 – 22 所示。

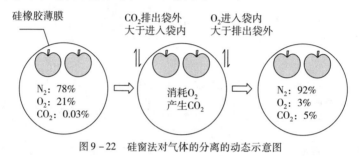

图 9 – 22　硅窗法对气体的分离的动态示意图

第四节　影响膜透过通量的因素

一、操作形式

传统的过滤操作主要用滤布为过滤介质,采用终端过滤(Dead-end filtration)形式回收或除去悬浮物,但料液流向与膜面垂直,膜表面的滤饼阻力大,透过通量很低。由于新型膜材料和膜组件的研究开发,目前的超滤和微滤操作主要采用错流过滤(Cross—flow filtration,CFF)形式。错流过滤操作中,料液的流动方向与膜面平行,流动的剪切作用可大大减轻浓度极化现象或凝胶层厚度,使透过通量维持在较高水平。

二、流速

流速对透过通量的影响反映在式(9 – 23)或式(9 – 25)中的传质系数上。已有很多经验关联式描述传质系数与流速的关系,传质系数随流速的增大而提高。因此,流速增大,透过通量亦增大。

三、压力

图 9 - 23 为 J_v 与压力 Δp 的关系。当压力较小时,膜面上尚未形成浓度极化层,J_v 与 Δp 成正比,此时,J_v 与 Δp 的关系符合式(9 - 19)(其中 Rg = 0);当 Δp 逐渐增大时,膜面上出现浓度极化现象,J_v 的增长速率减慢,此时 J_v 可用式(9 - 23)表示;当 Δp 继续增大,出现凝胶层时,由于凝胶层厚度随压力增大而增大,所以 J_v 不再随 Δp 增大,此时的 J_v 为此流速下的极限值($J_{\lim}$),用式(9 - 25)表示。另外,$J_{\lim}$ 随料液浓度增大而降低,随流速(搅拌速度)提高而增大。

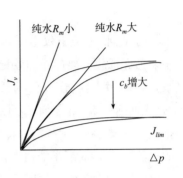

图 9 - 23　透过通量与 Δp 关系

四、料液浓度

从式(9 - 23)可知,c_b 与 c_g 相等时,$J_v = 0$。因此,利用(9 - 25)和稳定条件下 J_v 与 c_b 的关系数据,可推算溶质形成凝胶层的浓度 c_g 值。当料液中含有多种蛋白质时,由于与单组分时相比,总蛋白质度升高,因此透过通量下降。从另一个角度看,由于其他蛋白质的共存使蛋白质的截留率上升,而代入 $\varphi = c_p/c_m$ 和式(9 - 1)后,式(9 - 23)可改写为:

$$J_v = k\ln\left[\left(\frac{1-\varphi}{\varphi}\right)\left(\frac{1-R}{R}\right)\right] \tag{9-33}$$

因此,截留率上升,透过通量下降,J_v 与 $\ln[(1-R)/R]$ 呈线性关系。

第五节　膜的污染与清洗

膜分离过程中遇到的最大问题是膜污染(Membrane fouling),膜污染的主要原因来自以下几方面:

①凝胶极化引起的凝胶层,阻力为 R_g;

②溶质在膜表面的吸附层,阻力为 R_{as};

③膜孔堵塞,阻力为 R_p;

④膜孔内的溶质吸附,阻力为 R_{ap};

因此,透过通量方程式(9 - 20),得:

$$J_v = \frac{\Delta p - \Delta \pi}{\mu R_t} \qquad (9-34)$$

$$R_t = R_g + R_{as} + R_p + R_{ap} \qquad (9-35)$$

可见,膜污染不仅造成透过通量的大幅度下降,而且影响目标产物的回收率。为保证膜分离操作高效稳定地进行,必须对膜进行定期清洗,除去膜表面及膜孔内的污染物,恢复膜的透过性能。膜的清洗一般选用水、盐溶液、稀酸、稀碱、表面活性剂、络合剂、氧化剂和酶溶液等清洗剂。具体采用何种清洗剂要根据膜的性质(耐化学试剂的特性)和污染的性质而定,即使用的清洗剂要具有良好的去污能力,同时又不能损害膜的过滤性能。因此,选择合适的清洗剂和清洗方法不仅能提高膜的透过性能,而且可延长膜的使用寿命。如果用清水清洗就可恢复膜的透过性能,则不需要使用其他清洗剂。对于蛋白质的严重吸附所引起的膜污染,用蛋白酶(如胃蛋白酶、胰蛋白酶等水解蛋白酶)溶液清洗,效果较好。

中空纤维膜组件式常用的膜分离设备,利用中空纤维膜的不对称性和膜组件的结构特点经常采用反冲洗(Black flushing)和循环清洗(Recycle-fash flushing)。反洗的具体操作方法是,对于内压式纤维膜组件,清洗液从壳方通入,与正常膜分离操作[图9-24(a)]时的透过方向相反[图9-24(c)]。

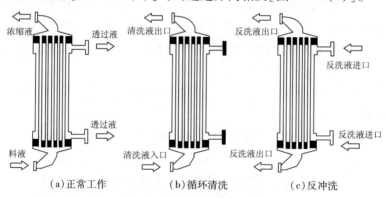

（a）正常工作　　　　（b）循环清洗　　　　（c）反冲洗

图9-24　膜的清洗流程示意图

反洗操作中清洗液充膜孔较大的一侧透向膜孔较小的一侧,可除去堵塞膜孔的微粒。将透过液出口密封,可进行循环清洗[图9-24(b)]。一次循环清洗操作可清洗组件的1/2,将组件倒置可清洗另一半,一般反复顺倒两次,即可使透过通量恢复到原通量的90%以上。图9-25是清洗操作对透过通量

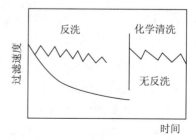

图9-25　清洗操作对提高透过通量的效果

影响示意图,一般反洗操作适合回收高价蛋白质产物,而循环清洗适合处理含细胞或固体颗粒的料液。

习 题

1. 传统发酵过程中,常常由于产物的增加而导致发酵速度减慢,试通过膜分离技术从理论上提出可行的方案解决此类问题。

2. 某球蛋白的相对分子质量为 100 000 D,欲对该球蛋白完全截留的话,应选择超滤膜截留分子量(MWCO)为多少。

3. 阳离子交换膜和阴离子交换膜各有什么特点?

4. 反渗透实验中,原液为 25 ℃ 的 NaCl 水溶液,浓度为 3.8 kg/m³,密度为 999.2 kg/m³,渗透压为 320 kPa,反渗透压差为 3.0 MPa。所得透过液密度为 998 kg/m³,渗透压为 10.50 kPa。

已知膜的分离率为 0.95,渗透率常数 $A = 3.0 \times 10^{-9}$ kg/(Pa · m² · s)。求水和 NaCl 透过膜的速率,溶质渗透率常数和透过液的浓度。

5. 有某糖汁反渗透试验装置。糖汁的平均浓度为 11.5%。采用的实验压力为 50 kg/cm²。测得渗透通量为 3.2 mL/cm² · h,透过水溶质含量为 0.33%,试计算反渗透膜的透过系数以及截留率。

第十章　吸附和离子交换

本章学习要求：掌握吸附与离子交换作用原理、类型、特点、性能指标及影响因素。了解吸附和离子交换过程机理、设备及其在食品工业中的应用。

吸附（Adsorption）是溶质从液相或气相转移到固相的现象。利用吸附的原理从液相或者气相中浓缩富集有效成分或者除去有害物质的分离过程可统称为吸附过程。吸附过程所用的固体统称为吸附剂，按照吸附作用力可大致区分为三类，即物理吸附剂，化学吸附剂和离子交换吸附剂。

食品工程中的吸附主要是物理吸附和离子交换吸附。物理吸附基于吸附剂与溶质之间的分子间力，即范德华力［定向力（极性分子间）、诱导力（极性与非极性分子间）、色散力（非极性分子间）］。溶质在吸附剂上吸附与否或吸附量的多少主要取决于溶质与吸附剂极性的相似性和溶剂的极性。一般物理吸附发生在吸附剂的整个自由表面，被吸附的溶质（吸附质，Adsorbate）可通过改变温度、pH 和盐浓度等物理条件脱附（Desorption）。

离子交换吸附（简称离子交换，Ion exchange），所用吸附剂为离子交换剂（Ionexchanger）。离子交换剂表面含有离子基团（Ionized group）或可离子化基团（Ionizable group），通过静电引力吸附带有相反电荷的离子，吸附过程中发生电荷转移。离子交换的吸附质可通过调节 pH 或提高离子强度的方法洗脱。

吸附剂和离子交换剂在在食品工业中主要应用于提取和纯化方面。提取应用是指将被吸附物质从料液中吸着在吸附剂上，然后在适宜的条件下洗脱下来，这样能使料液体积缩小到几十分之一。纯化应用是指利用吸附剂的选择性吸附，从而得到纯度较高的目标吸附产品的操作。吸附和离子交换在食品工程中应用很多。如氨基酸、有机酸、单糖等小分子的生产制造过程中采用的离子交换剂和吸附剂；制备软水和脱盐水用的离子交换树脂；白酒、味精的脱色中采用的吸附剂等。

吸附和离子交换法具有成本低、设备简单、操作方便、常温节能以及不用或少用有机溶剂等优点，已成为食品工业分离过程的重要方法之一。其缺点主要是吸附、再生周期长，成品质量有时较差，在生产过程中 pH 变化较大，不适用于稳定性较差的产品，以及不一定能找到合适的吸附剂等。这些在选择生产工艺时，应予注意。

第一节 吸附剂及性能参数

一、吸附剂分类

吸附剂(Adsorbent)一般有以下特点:大的比表面、适宜的孔结构及表面结构;对吸附质有强烈的吸附能力;一般不与吸附质和介质发生化学反应;制造方便,容易再生;有良好的机械强度等。吸附剂可按孔径大小、颗粒形状、化学成分、表面极性等分类,如粗孔和细孔吸附剂,粉状、粒状、条状吸附剂,碳质和氧化物吸附剂,极性和非极性吸附剂等。

吸附剂按照其结构可分为无机吸附剂和有机吸附剂两大类,有机吸附剂又分为天然有机吸附剂和合成有机吸附剂。

(一)无机吸附剂

常用的无机吸附剂有:

①活性白土、硅藻土等天然物质,常用于油品和糖液的脱色精制。

②活性炭,由各种含碳物质经碳化和活化处理而成,耐酸碱但不耐高温,吸附性能良好,多用于气体或液体的除臭、脱色以及溶剂蒸汽回收和低分子烃类的分离。

③硅胶,由硅酸钠水溶液脱钠离子制成的坚硬多孔的凝胶颗粒,能大量吸附水分,吸附非极性物质量很少,常用于气体或有机溶剂的干燥以及石油制品的精制。

④活性氧化铝,由氧化铝的水合物加热脱水制成的多孔凝胶和晶体的混合物,常用于气体和有机溶剂的干燥。

⑤合成沸石,又称分子筛,人工合成的硅铝酸盐,具有均匀的孔径(0.3~1nm),热稳定性高,选择性好,用于气体和有机溶剂的干燥及石油馏分的吸附分离等。

(二)天然有机吸附剂

天然有机吸附剂常有葡聚糖凝胶、多孔纤维素、琼脂糖凝胶等。葡聚糖凝胶是由直链的葡聚糖分子和交联剂3-氯1,2-环氧丙烷交联而成的具有多孔网状结构的高分子化合物。凝胶颗粒中网孔的大小可通过调节葡聚糖和交联剂的比例来控制,交联度越大,网孔结构越紧密;交联度越小,网孔结构就越疏松。网孔的大小决定了被分离物质能够自由出入凝胶内部的分子量范围。可分离的分子量范围从几百到几十万不等。

葡聚糖凝胶层析,是使待分离物质通过葡聚糖凝胶层析柱,各个组分由于分子量不相同,在凝胶柱上受到的阻滞作用不同,而在层析柱中以不同的速度移动。分子量大于允许进入凝胶网孔范围的物质完全被凝胶排阻,不能进入凝胶颗粒内部,阻滞作用小,随着溶剂在凝胶颗粒之间流动,因此流程短,而先流出层析柱;分子量小的物质可完全进入凝胶颗粒的网孔内,阻滞作用大,流程延长,而最后从层析柱中流出。若被分离物的分子量介于完全排阻和完全进入网孔物质的分子量之间,则在两者之间从柱中流出,由此就可以达到分离目的。

(三)合成有机吸附剂

合成的有机吸附剂类型很多,常以合成的单体不同来分类,如常见的有大孔苯乙烯 – 二乙烯苯及大孔聚丙烯酸酯类的吸附树脂等。树脂是一种惰性的高分子聚合物,具有三元网状结构,不溶于酸、碱、有机溶剂,对氧、热和化学试剂稳定,机械强度高的,大多为合成高分子材料。大孔型树脂(Resin)是相对于早期的均相凝胶型树脂提出的。凝胶型树脂只有在溶胀的状态下才显示出孔隙,且空隙很小,在干燥条件下这种孔隙就会消失。而大孔型离子树脂则具有孔径大、比表面大、永久空隙度大(在失水的情况下也能维持其多孔结构和巨大的内部表面积)等优点。而大孔吸附树脂的骨架上没引入可进行离子交换的酸性或碱性功能基团,它借助的是范德华力从溶液中吸附各种有机物质。

与活性炭等经典吸附剂相比,大孔吸附树脂具有选择性好、解吸容易、机械强度好、可反复使用和流体阻力较小等优点。

大孔吸附树脂按骨架的极性强弱可以分为非极性、中等极性和极性吸附剂三类。非极性吸附剂系由苯乙烯和二乙烯苯聚合而成,故也称为芳香族吸附剂。中等极性吸附剂具有甲基丙烯酸酯的结构(以多功能团的甲基丙烯酸酯作为交联剂),也称为脂肪族吸附剂,市场上常见的有美国的 Amberlite XAD 系列大孔吸附树脂和日本的 Diaion HP 大孔吸附树脂。表 10 – 1 介绍了国内外 Amberlite XAD、Diaion HP 系列产品型号及其理化性质。

表 10 – 1　国内外吸附剂性能一览表

	树脂结构	极性	比表面积	孔径	交联剂	备注
Amberlite						
XAD – 1	苯乙烯	非极性	100	200	二乙烯苯	美国陶氏
XAD – 2	苯乙烯	非极性	330	90	二乙烯苯	
XAD – 4	苯乙烯	非极性	750	50	二乙烯苯	

续表

	树脂结构	极性	比表面积	孔径	交联剂	备注
XAD－7	α-甲基丙烯酸甲酯	中极性	450	80	双(α-甲基丙烯酸)乙二醇酯	
XAD－9	亚砜	极性	250	80	——	
XAD－10	丙烯酰胺	极性	69	352	——	
XAD－12	氧化氮类	强极性	25	1300	——	
Diaion						
HP－10	苯乙烯	非极性	400	——	二乙烯苯	日本三菱化成
HP－20	苯乙烯	非极性	600	——	二乙烯苯	
HP－30	苯乙烯	非极性	500～600	——	二乙烯苯	
HP－40	苯乙烯	非极性	600～700	——	二乙烯苯	
HP－50	苯乙烯	非极性	400～500	——	二乙烯苯	

由于大孔吸附树脂在工业应用中的应用较为广泛,下面重点讨论大孔吸附树脂。

二、大孔吸附树脂物理性能及测定

大孔吸附树脂的主要物理性能有比表面、骨架密度、视密度、孔容、平均孔径和孔径分布等,现分别简述其定义和测定方法。

①平均孔径和孔径分布:由于大孔吸附树脂在电子显微镜下观察到的孔是由形状不规则,大小不均一的孔道组成的。为了便于研究,人们用圆筒孔模型来简化成模,认为所有的孔有一平均半径为r,长度为l的圆筒孔。因此可根据孔容和比表面积计算出大孔吸附树脂的平均孔径r。

$$r_{平均} = \frac{2v_{孔容}}{S} \tag{10-1}$$

孔径分布是在实用意义上来描述多孔树脂孔特征的参数,表示了孔体积按照孔径大小分布的状况。孔径分布有多种测定方法,如 BET 法,压汞法,凝胶色谱法等。

②比表面(Specific surface area):单位质量树脂所具有的内表面积。孔径和比表面积是评价吸附剂性能的重要参数。一般来说,孔径越大,比表面积越小。而比表面积直接影响溶质的吸附容量,所以适当的孔径有利于溶质在孔隙中的扩散,提高吸附容量和吸附的速度。

吸附剂的比表面积一般采用 BET(Brunauer emmett teller)法测定。通常采用液氮温度(－196 ℃)下的氮气吸附法,即在吸附表面形成单分子层吸附的范围内,通过测定氮气的吸附体积 v_m(cm^3/g)计算比表面积 S(cm^2/g):

$$S = \frac{NAv_m}{22\ 400} = kv_m \qquad (10-2)$$

式中:N——阿弗加德罗常数;

A——吸附分子的截面积。

在 －196 ℃氮分子的截面积为 $A = 1.62 \times 10^{-4}$ cm^2。因此利用液氮时,上式中 $k = 4.35 \times 10^4$ cm^{-1}。

③骨架密度(真密度):可理解为树脂干燥时的骨架密度。测量其干燥的质量和真体积,从而测得真密度。干燥的树脂的质量可通过简单的称量获得,其真体积可用总体积减去空隙的体积获得,空隙的体积没办法直接测量,往往用氮吸附法或者用不能使树脂溶胀的液体(该液体可直接扩散进入树脂中),如庚烷、异辛烷等的测定。

④视密度:也称树脂的堆积密度。用比重瓶和水银测定,因为水银作为不润湿的液体,不会进入到空隙中。

⑤孔容:是指单位重量干树脂内部孔的体积数,一般以 cm^3/g 为单位。孔容也可直接从树脂的真密度 ρ_T 和视密度 ρ_a 计算出:

$$V_{孔容} = \frac{1}{\rho_a} - \frac{1}{\rho_T} \qquad (10-3)$$

湿态树脂孔容的测定是将一定量的树脂浸泡在溶剂(如水)中,充分溶胀后,除去多余的溶剂,称取湿态树脂重量(W_1)然后将湿树脂烘干后测定该树脂的重量(W_2)则湿态树脂的孔容为:

$$V_{孔容} = \frac{W_1 - W_2}{\rho_{溶剂} \cdot W_2} \qquad (10-4)$$

式中:$\rho_{溶剂}$——溶剂在测试温度下的密度。

三、大孔吸附树脂应用中的基本原则

①大孔吸附树脂是一种非离子型共聚物。它能够借助范德华力从溶液中吸附各种有机物质。大孔吸附树脂的吸附能力,不但与树脂的化学结构和物理性能有关,而且与溶质及溶液的性质有关。根据“类似物容易吸附类似物”的原则,一般非极性吸附剂适宜于从极性溶剂(如水)中吸附非极性物质。相反,高极性吸附剂适宜于从非极性溶剂中吸附极性物质,而中等极性的吸附剂则对上述

两种情况都具有吸附能力。

非极性大孔吸附树脂从极性溶剂中吸附如图 10 - 1(a)所示,溶质分子的憎水性部分优先被吸附,而它的亲水性部分在水相中定向排列。相反,如图 10 - 1(b)所示,中等极性大孔吸附树脂从非极性溶剂中吸附溶质时,溶质分子以亲水性部分吸着在中等极性大孔吸附树脂上。而当它从极性溶剂中吸附时,则可同时吸附溶质分子之极性和非极性部分如图 10 -1(c)所示。

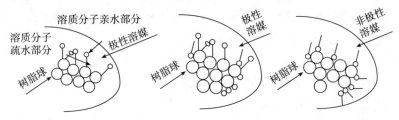

(a)非极性树脂在极性溶媒中　(b)中等极性树脂在极性溶媒中　(c)极性树脂在非极性溶媒中

图 10 - 1　大孔吸附树脂吸附作用示意图

②当从水溶液中吸附时,对同族化合物,一般分子量越大,极性越弱,吸附量就越大。和离子交换不同,无机盐类对吸附不仅没有影响,反而会使吸附量增大。因此用大孔吸附树脂提取有机物时,不必考虑盐类的存在,这也是大孔吸附树脂的优点之一。

③选择合适的孔径也很重要。溶质分子要通过孔道而到达大孔吸附树脂内部表面,因此吸附有机大分子时,孔径必须足够大,但孔径增大,吸附表面积就要减少。经验表明,选择具有适宜孔径等于溶质分子直径 6 倍的大孔吸附树脂比较合适。

第二节　离子交换剂及性能参数

凡是能够进行离子交换的吸附剂都称为离子交换剂。离子交换剂分无机类和有机质类两大类。无机类又可分天然的如海绿砂;人造的如合成沸石。有机质类也可分天然的如纤维素、葡聚糖骨架改性的多糖材料;合成树脂类分阳离子型如强酸性和弱酸性树脂;阴离子型如强碱性和弱碱性树脂;两性树脂和螯合树脂等类。下面重点介绍合成类离子交换树脂。

离子交换树脂是一种不溶于酸、碱和有机溶剂的网状结构的功能高分子化合物。它的化学稳定性良好,且具有离子交换能力。其结构由三部分组成:第一部分是不溶性的三维空间网状结构构成的树脂骨架,使树脂具有化学稳定性;第二部分是与骨架相连的功能基团;第三部分是与功能基团所带电荷相反的对移动的离子,称为活性离子,它在树脂骨架中的进进出出,就发生离子交换现象。从电化学的观点看,离子交换树脂是一种不溶解的多价离子,其四周包围着可移动的带有相反电荷的离子。活性离子是阳离子的称为阳离子交换树脂(Cationic resin),活性离子是阴离子的称为阴离子交换树脂(Anionic resin)。阳离子交换树脂的功能团是酸性基团,而阴离子交换树脂则是碱性基团。功能团的电离程度决定了树脂的酸性或碱性的强弱。所以通常将树脂分为强酸性、弱酸性阳离子交换树脂和强碱性、弱碱性阴离子交换树脂四大类。

一、合成类离子交换树脂

1. 强酸性阳离子交换树脂

强酸性阳离子交换树脂一般以磺酸基 $-SO_3H$ 作为功能基团。由于是强酸性基团,其电离程度不随外界溶液的 pH 变化而变化,所以使用时的 pH 一般没有限制。通常用 R 表示树脂的骨架。这类树脂的交换反应,以磺酸型树脂与氯化钠的作用为例,可表示如下:

$$RSO_3H + NaCl \Longleftrightarrow RSO_3Na + HCl$$

此外,以磷酸基 $-PO(OH)_2$ 和次磷酸基 $-PHO(OH)$ 作为活性基团的树脂具有中等强度的酸性。

2. 弱酸性阳离子交换树脂

弱酸性阳离子交换树脂的功能团可以为羧基 $-COOH$、酚羟基 $-OH$ 等。这种树脂的电离程度小,其交换性能和溶液的 pH 有很大关系。在酸性溶液中,这类树脂几乎不能发生交换反应,交换能力随溶液的 pH 增加而提高。对于羧基树脂,应该在 pH >7 的溶液中操作,而对于酚羟基树脂,溶液的 pH >9。以甲基丙烯酸 – 二乙烯苯基阳离子交换树脂(国产弱酸 101 ×4 树脂)为例,其交换容量(每克干树脂能交换一价离子的毫摩尔数)和 pH 的关系如表 10 -2 所示。

表 10 -2　弱酸 101 ×4 树脂交换容量和 pH 值的关系

pH	5	6	7	8	9
交换容量/(mmol/g)	0.8	2.5	8.0	9.0	9.0

这类树脂的典型交换反应如下:

$$RCOOH + NaOH \Longleftrightarrow RCOONa + H_2O$$

生成的盐 RCOONa 很易水解,水解后呈碱性,故钠型树脂用水洗不到中性,一般只能洗到 pH 为 9～10。

　　和强酸树脂不同,弱酸树脂和氢离子结合能力很强,故再生成氢型较容易,耗酸量少。

3. 强碱性阴离子交换树脂

有两种强碱性阴离子交换树脂。一种含三甲胺基称为强碱 I 型,另一种含二甲基 - β - 羟基 - 乙基胺基团,称为强碱 II 型:

$$
\begin{array}{cc}
\quad CH_3 & \quad C_2H_4OH \\
\quad | & \quad | \\
-N^+-CH_3 & -N^+-CH_3 \\
\quad | & \quad | \\
\quad CH_3 & \quad CH_3 \\
\text{强碱 I 型} & \text{强碱 II 型}
\end{array}
$$

I 型的碱性比 II 型强,但再生较困难,II 型树脂的稳定性较差。和强酸性树脂一样,强碱性树脂使用的 pH 范围没有限制,其典型的交换反应如下:

$$RN(CH_3)_3Cl + NaOH \rightleftharpoons RN(CH_3)_3OH + NaCl$$

4. 弱碱性阴离子交换树脂

功能团可以是伯胺基—NH_2、仲胺基—NH、叔胺基≡N 和吡啶基等。和弱酸性树脂一样,其交换能力随 pH 变化而变化,pH 越低,交换能力越大。

其典型的交换反应如下:

$$RNH_3OH + HCl \rightleftharpoons RNH_3Cl + H_2O$$

生成的盐 RNH_3Cl 很易水解。这类树脂和 OH^- 离子结合能力较强,故再生成羟型较容易,耗碱量少。

5. 树脂性能的比较

上述四种树脂的性能可简单地归结于表 10 - 3 中。

各种树脂的强弱最好用其功能团的 pK 值来表征,常用树脂的 pK 值见表 10 - 4。

对于酸性树脂,pK 值越小,酸性越强;而对于碱性树脂,pK 值越大,碱性越强。

表 10 - 3　离子交换树脂的性能

性能	阳离子交换树脂		阴离子交换树脂	
	强酸	弱酸	强碱	弱碱
活性基团	磺酸	羧酸	季胺	胺
pH 对交换能力的影响	无	在酸性溶液中交换能力很小	无	在碱性溶液中交换能力很小

续表

性能	阳离子交换树脂		阴离子交换树脂	
	强酸	弱酸	强碱	弱碱
盐的稳定性	稳定	洗涤时要水解	稳定	洗涤是要水解
再生[1]	需过量的强酸	很容易	需要过量的强碱	再生容易,可用碳酸钠或氨
交换速度	快	慢(除非离子化后)	快	慢(除非离子化后)

[1]强酸或强碱树脂再生时,需用 3~5 倍的再生剂;而弱酸或弱碱树脂再生时,仅需1.5~2倍量的再生剂。

表 10-4　离子交换树脂功能团的电离常数*

阳离子交换树脂		阴离子交换树脂	
功能团	pK	功能团	pK
$-SO_3H$	<1	$-N(CH_3)_3OH$	>13
$-PO(OH)_2$	pK_1 2~3	$-N(C_2H_4OH)(CH_3)_2OH$	12~13
	pK_2 7~8	$-(C_5H_5N)OH$	11~12
$-COOH$[1]	4~6	$-NHR, -NR_2$	9~11
⬡—OH	9~10	$-NH_2$	7~9
		⬡—NH_2	5~6

[1]以甲基丙烯酸为骨架的羧基树脂,其酸性比丙烯酸为骨架的要低,即 pK 约高 1 个单位。

6. 其他类型的树脂

有的树脂也可能含有一种以上的活性基团。例如同时含有酸性基团,又含有碱性基团的两性树脂,其酸碱基团可相互作用形成内盐,因此其交换机理较一般树脂复杂。从这个角度讲螯合树脂也是一种两性树脂。

7. 树脂的命名

对离子交换树脂的命名,我国早在 1979 年便颁布了 GB 1631-79《离子交换树脂产品分类、命名及型号》。目前按照 GB/T 1631-2008《离子交换树脂命名系统和基本规范》执行。

表 10-5　离子交换树脂产品的分类代号表

代号	分类名称	代号	分类名称
0	强酸	4	螯合
1	弱酸	5	两性

续表

代号	分类名称	代号	分类名称
2	强碱	6	氧化还原
3	弱碱		

对其命名规定:离子交换树脂的全名由分类名称(表 10 - 5),骨架(或基团)名称(表 10 - 6),基本名称排列组成。为区别离于交换树脂产品中同一类中的不同品种,在全名前必须有符号。

表 10 - 6　离子交换树脂骨架分类代号

代号	骨架名称	代号	骨架名称
0	苯乙烯系	4	乙烯吡啶系
1	丙烯酸系	5	脲醛系
2	酚醛系	6	氯乙烯系
3	环氧系		

对大孔型离子交换树脂,在型号的前面加"D"表示;凝胶型离子交换树脂在型号的后向用"×"接阿拉伯数字,表示交联度。如 D315 表示大孔型丙烯酸系弱碱性阴离子交换树脂,001×7 表示交联度为 7% 的苯乙烯系凝胶型强酸性阳离子交换树脂。对于不同用途的树脂在命名中应予以区别,如表 10 - 7 所示:

表 10 - 7　不同用途树脂的代号

用途	软化床	双层床	浮动床	混合床	凝结水混床	凝结水单床	三层床混床
牌号	n	SC	FC	MB	MBP	P	TR

特殊用途树脂代号也在规范中明确了下来,如核级树脂用代码—NR,电子级树脂用代码—ER,食品级树脂用代码—FR 表示。图 10 - 2 表示大孔型苯乙烯系强酸性交联度为 7 的阳离子混床用核级离子交换树脂。

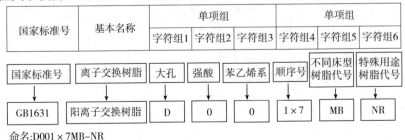

命名:D001×7MB-NR

图 10 - 2　离子交换树脂命名规则

二、离子交换树脂的理化性能和测定方法

现将树脂几种主要性能的测定方法,分述于下。

1. 颗粒度

树脂颗粒大小和粒径分布可用各种方法测定,如机械筛分、沉降和显微镜观察等,但最常用的为机械筛分。颗粒度一般以有效粒径(Effective size)和均一系数(Uniformity coefficient)来表示。有效粒径指保留90%样品质量的筛子孔径;而均一系数的定义为:保留40%样品质量的筛孔径与保留90%样品质员的筛孔径之比。其值越小表示粒度分布越均匀。

2. 含水量

通常树脂是亲水性的,因此常含有很多水分。将树脂在105～110 ℃干燥至恒重就可测定其含水量。

3. 膨胀度

将10～15 mL风干树脂放入量筒中,加水,不时摇动,24 h后,测定树脂体积。前后体积之比,称为膨胀系数,以$K_{膨胀}$表示。可用膨胀系数来表征树脂的交联度。

有时将树脂从一种型式转变为另一种型式时,其体积也会发生变化。将体积增大的百分率,定义为膨胀率,又叫转型膨胀率。

4. 湿真密度

湿真密度指树脂在水中充分膨胀后树脂颗粒的密度。取处理成所需型式的湿树脂,在布氏漏斗中抽干。迅速称取2～5 g抽干树脂,放入比重瓶中,加水至刻度称重。湿真密度按下式计算:

$$d_\tau = \frac{(m_2 - m_1) \cdot d_w}{(m_2 - m_1) - (m_4 - m_2)} \tag{10-5}$$

式中:d_τ——表示离子交换树脂的湿真密度,g/mL;

m_1——加有部分纯水时比重瓶的质量,g;

m_2——加有部分纯水及树脂样品时比重瓶的质量,g;

m_3——加满纯水时比重瓶的质量,g;

m_4——加有树脂样品并加满纯水时比重瓶的质量,g;

d_w——测定温度下水的密度,g/mL;

5. 交换容量

交换容量(Capacity)是表征树脂性能的重要数据,它用单位质量干树脂或单

位体积湿树脂所能吸附一价离子的毫摩尔数来表示,或以每克(或每毫升)树脂的毫克当量数(meq)表示,可采用酸碱滴定等方法测定。若将树脂充填在柱中进行操作,即在固定床中操作,当流出液中目标离子达到所规定的某一浓度时(称为漏出点,一般可定义为初始浓度的5%),操作即停止,而进行再生。在漏出点时,树脂所吸附的量称为工作交换容量(Effective capacity),在实际使用中比较重要。

6. 滴定曲线

和无机酸、碱一样,离子交换树脂也有滴定曲线。其测定方法如下:分别在几个大试管中各放入 1 g 树脂(氢型或羟型)。其中一个试管中放入 50 mL 0.1 mol/L KCl 溶液,其他试管中也放入同样体积的溶液,但含有不同量的 KOH 或 HCl 溶液,静置一昼夜(强酸或强碱树脂)或几昼夜(弱酸或弱碱树脂),令其达到平衡。测定平衡时的 pH 值。以每克干树脂所加入的 KOH 或 HCl 的量为横坐标,以平衡 PH 值为纵坐标,就得到滴定曲线。各种树脂的滴定曲线见图 10-3。

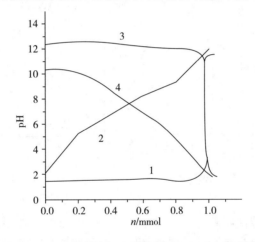

1—强酸树脂 Amberlite IR-120　2—弱酸树脂 Amberlite IRC-84　3—强碱树脂 Amberlite IRA-400
4—弱碱树脂 Amberlite IR-45　n—单位树脂交换容量所加入的盐酸或氢氧化钾的量(毫摩尔)
图 10-3　各种离子交换树脂的滴定曲线

对于强酸性或强碱性树脂,滴定曲线有一段是水平的,到某一点即突然升高或降低,这表示树脂上的功能团已经饱和;而对于弱碱或弱酸性树酯,则无水平部分,曲线逐步变化。由滴定曲线的转折点,可估计其总交换量;而由转折点的数目,可推知功能团的数目。曲线还表示交换容量随 pH 的变化,所以滴定曲线能较全面地表征树脂功能团的性质。

7. pK 值

对通常的酸或碱,测得滴定曲线后,即可按 Henderson 方程式,求得其 pK 值;

但对于离子交换树脂,有两点不同需要考虑:①树脂相的 pH 值不能直接测定,能够测量的是与树脂相成平衡的液相的 pH,但树脂相与液相的氢离子浓度应服从 Donnan 平衡式,故测定液相的氢离子浓度可推得树脂相中的氢离子浓度;②树脂上活性基因的解离和溶液中酸或碱的解离有很大的区别。在树脂上,活性基团密集成浓溶液,且不能移动,故活性基团间相互有影响,而使 pK 值随电离度而变化。考虑到这两点,即可较正确地求得树脂的 pK 值。具体步骤可参阅相关文献。

8. 离子化率

树脂的离子化率(Ionized fraction)在一定程度上反映了树脂发生离子交换反应的能力。强离子交换树脂的离子化率基本不受溶液 pH 值影响,离子交换作用的 pH 范围宽;弱离子交换树脂的离子化率受溶液 pH 值影响很大,离子交换作用的 pH 值范围小。如图 10 - 4 中离子化率与离子交换能力成正比。

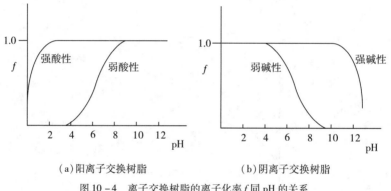

(a)阳离子交换树脂　　　　　　　　(b)阴离子交换树脂

图 10 - 4　离子交换树脂的离子化率 f 同 pH 的关系

如图所示,弱酸性阳离子交换树脂在 pH 值降低时,其离子化率逐渐降低,离子交换能力逐渐减弱;弱碱性离子交换树脂在 pH 值升高时,离子化率逐渐降低,离子交换能力逐渐减弱至消失。

第三节　吸附和离子交换原理

一、吸附原理

(一)吸附平衡(Adsorption equilibrium)

溶质在吸附剂上得吸附平衡关系是指吸附达到平衡时,吸附剂的平衡吸附质浓度 q^* 与液相游离溶质浓度 c 之间的关系。一般 q^* 是 c 和温度 T 的函数,即

$$q^* = f(c, T) \tag{10-6}$$

但是一般吸附进行过程温度恒定,此时 q^* 只是 c 的函数, q^* 和 c 的关系曲线称为吸附等温线(Adsorption isotherm)。当 q^* 与 c 之间呈线性函数关系时,有:

$$q^* = mc \tag{10-7}$$

此式称为亨利(Henry)型吸附平衡,其中的 m 为分配系数。对于大多数情况,吸附平衡常呈非线性,经常利用佛罗德里希(Freundlich)经验方程和兰格缪尔(Langmuir)经验方程来描述。佛罗德里希(Freundlich)经验方程描述为:

$$q^* = K_A C^{\frac{1}{n}} \tag{10-8}$$

其中 K_A 和 n 为常数,其值仅与溶液的温度有关,需由实验测得。一般 $2 < n < 10$ 时吸附容易发生,而当 $n < 0.5$ 时吸附非常困难。

兰格缪尔(Langmuir)经验方程描述为:

$$q^* = \frac{q_\infty c}{K_d + c} \tag{10-9}$$

式中: q_∞——饱和吸附容量,mg/g;

K_d——吸附平衡解离常数。

除此之外吸附平衡关系还有许多经验方程描述不同的吸附现象,如描述不可逆吸附的矩形(Rectangular isotherm)吸附等温线,BET 吸附等温线等。

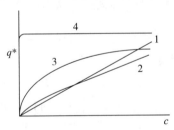

1—Henry 型　2—Freundlich 型　3—Langmuir 型　4—矩形

图 10-5　几种常见的吸附等温线

(二)单组分和双组分吸附的吸附容量

对于单组分吸附,在实际工业中,吸附剂的总吸附容量(total adsorption capacity)不能直接测定,只能通过计算表观吸附容量(appearance adsorbtion capacity)来表示吸附剂的吸附量,由下式计算:

$$q_a = \frac{V}{m}(c_0 - c^*) \tag{10-10}$$

式中: q_a——表观吸附容量,m³/kg;

V——液相初始体积，m^3；

m——吸附剂质量，kg；

c_0、c^*——分别为初始和平衡时液相吸附质浓度，kg/m^3。

由两种互溶液体构成的双组分溶液，若液相的被吸附组分的容积分率为 x，固相中被吸附组分的容积分率为 y，以 $y \sim x$ 曲线表示其平衡关系。在单组分吸附体系中，如吸附剂对溶剂的吸附不可忽略时，按双组分吸附的情况处理。选择吸附量是吸附质被吸附剂真正吸附的量。则对于双组分吸附中表观吸附量 q_a 和选择吸附量 q_s 由式（10-11）和（10-12）计算：

$$q_a = \frac{V}{m}(x_0 - x) \qquad (10-11)$$

$$q_s = \frac{Vx_0}{m} - \left(\frac{V}{m} - q_s\right)x = \frac{V}{m}\frac{(x_0 - x)}{(1 - x)} = \frac{q_a}{1 - x} \qquad (10-12)$$

式中：x_0——液相的被吸附组分的初始容积分率，%；

q_s——吸附剂选择吸附容量，kg/kg。

则总吸附容量为 q_T 和固相中被吸附组分的容积分率 y 分别为：

$$q_T = q_s + (V_P - q_s)x = q_a + V_P x \qquad (10-13)$$

$$y = \frac{q_T}{V_P} = \frac{q_a}{V_P} + x = \frac{V}{mV_P}(x_0 - x) + x \qquad (10-14)$$

式中：q_T——总吸附容量，kg/kg；

V_P——吸附剂孔内体积，m^3。

被吸附组分在液、固两相中的的容积分率之比，即分离系数 α，表示吸附剂对被吸附组分优先吸附能力。$x = y$ 时，$\alpha = 1$，恒比吸附，不能分离。

$$\alpha = \frac{y(1 - x)}{x(1 - y)} \qquad (10-15)$$

（三）吸附速率

如图 10-6 所示，吸附过程一般由以下步骤组成：①被吸附组分在液相中扩散到吸附剂表面的外部扩散过程（step 1）；②吸附组分在吸附剂孔内的迁移（step 2）；③在吸附剂表面单吸附组分层的形成（step 3）。则吸附的总传质速率由外部扩散速率和内部扩散速率组成。

总传质速率方程为：

$$N = k_L a_v (C_m - C_i) = k_S a_v (q_i - q_m) \qquad (10-16)$$

式中：N——体积吸附速率，$kg/m^3 \cdot s$；

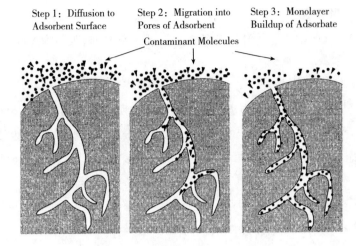

Step 1：Diffusion to Adsorbent Surface　　Step 2：Migration into Pores of Adsorbent　　Step 3：Monolayer Buildup of Adsorbate

Contaminant Molecules

Step 1——吸附质从液相扩散到吸附剂表面　Step 2——吸附质在吸附剂孔内迁移
Step 3——吸附质在界面形成单分子层
图 10 – 6　吸附过程

k_L——液相侧传质膜系数,m/s;

C_m——液相中吸附质的平均浓度,kg/m^3;

C_i——界面层液相中吸附质的浓度,kg /m^3;

a_v——单位床体积吸附剂的表面积,m^2/m^3;

k_S——吸附剂固相侧传质分系数,kg/ m^2 · s;

q_i——吸附剂外表面上的吸附质含量,kg/kg,此处 q_i 与液相中吸附质浓度 C_i 呈平衡;

q_m——吸附剂上吸附质平均含量,kg/kg。

式(10 – 16)左侧为外部扩散速率,右侧为内部扩散速率。则总吸附传质阻力由外扩散阻力和内扩散阻力两部分组成,同传热一样,我们把吸附的传质阻力写成以下通式形式:

$$\frac{1}{K_L a_V} = \frac{1}{k_L a_V} + \frac{1}{k_s a_V K_A} \tag{10 – 17}$$

式中:$K_L a_v$——液相的总体积传质系数,1/s。

因此,外部扩散阻力与内部扩散阻力的相对大小将决定吸附过程的控制因素,引入两者比值 ε,并据理论推导可得:

$$\varepsilon = \frac{k_s a_V K_A}{k_L a_V} = \frac{2}{3} \cdot \frac{\pi^2 D_i}{k_L d_P} \tag{10 – 18}$$

式中:D_i——吸附剂内部细孔内的扩散系数;

343

d_p——颗粒直径,m。

一般地,$\varepsilon < 0.01$ 时,吸附为内部速率控制;$\varepsilon > 10$ 时,吸附为外部速率控制。

二、离子交换平衡

离子交换树脂与水溶液中离子或离子化合物所进行的离子交换反应是可逆的。假定以 RU 代表离子交换树脂,其中 R 是离子交换树脂上的功能基团,U 是可交换的离子,在溶液中 RU 可以发生电离,X 是溶质,其发生的交换反应可表示为:

阳离子交换 $\qquad R^-U^+ + X^+ \rightleftharpoons R^-X^+ + U^+$

阴离子交换 $\qquad R^+U^- + X^- \rightleftharpoons R^+X^- + U^-$

该反应可以以极快的速度达到平衡,则离子交换反应的平衡常数为:

$$K_{XU^+} = \frac{[RX][U^+]}{[RU][X^+]}$$

$$K_{XU^-} = \frac{[RX][U^-]}{[RU][X^-]}$$

假设单价强电解质 HX 在溶液中完全电离,则 X 物质在溶液和离子交换剂之间的分配系数为:

$$m = \frac{[RX]}{[X^-]}$$

综合上述公式可得到:

$$K_{XU^-} = m\frac{[U^-]}{[RU]}$$

即分配系数与反离子浓度成反比,表明离子交换的分配系数随离子强度的增大而下降。也可以近一步用兰格缪尔方程式来模拟这一过程。

对于多价离子交换反应有:

$$2R^-U^+ + Y^{2+} \rightleftharpoons R_2Y + 2U^+$$

则平衡时平衡常数为:

$$K_{YU^{2+}} = \frac{[R_2Y][U^+]^2}{[RU]^2[Y^{2+}]}$$

同时由于树脂上的交换基团是个常数,合并后经过计算会发现多价离子交换反应符合佛罗德里希(Freundlich)经验方程,并且树脂对于高价离子的选择性随溶液的稀释而提高。

三、离子交换动力学

1. 交换机理

设有一颗树脂放在溶液中，发生下列交换反应

$$A^+ + RB \Longrightarrow RA + B^+$$

不论溶液的运动情况怎样，在树脂表面上始终存在着一层薄膜，起交换的离子只能借分子扩散而通过这层薄膜（图 10 - 7）。搅拌越激烈，这层薄膜的厚度也就越薄，液相主体中的浓度就越趋向均匀一致。一般说来，树脂的总交换容量和其颗粒的大小无关。由此可知，不仅在树脂表面，而且在树脂内部，都发生交换作用。因此和所有多相化学反应一样，离子交换过程应包括下列五个步骤：

①A^+离子自溶液中扩散到树脂表面；

②A^+离子从树脂表面再扩散到树脂内部的活性中心；

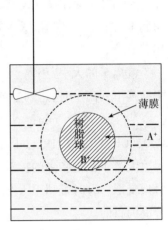

图 10 - 7 离子交换过程的机理

③A^+离子与 RB 在活性中心上发生复分解反应；

④解吸离子 B^+ 自树脂内部的活性中心扩散到树脂表面；

⑤B^+离子再从树脂表面扩散到溶液中。

根据木桶理论，多步骤过程的总速度决定于最慢的一个步骤的速度（称为控制步骤）。实际只有三个步骤：外部扩散（经过液膜的扩散），内部扩散（在颗粒内部的扩散）和化学交换反应。一般说来离子间的交换反应，速度是很快的，有时甚至快到难以测定。所以除极个别的场合外，化学反应不是控制步骤，而扩散是控制步骤。至于究竟内部扩散还是外部扩散是控制步骤，要随操作条件而变。一般说来，液相速度越快或搅拌越激烈，浓度越高，颗粒越大，吸附越弱，越是趋向于内部扩散控制。相反液体流速越慢，浓度越低，颗粒越细，吸附越强，越是趋向于外部扩散控制。当树脂吸附抗生素等分子时，由于在树脂内扩散速度慢，常为内部扩散控制。

2. 影响交换速度的因素

①颗粒大小：颗粒减小无论对内部扩散控制或外部扩散控制的场合，都有利于交换速度的提高。

②交联度:交联度越低树脂越易膨胀,在树脂内部扩散就越容易。所以当内扩散控制时,降低树脂交联度,能提高交换速度。

③温度:温度越高,扩散系数增大,因而交换速度也增加。

④离子的化合价:离子在树脂中扩散时,与树脂骨架(和扩散离子的电荷相反)间存在库仑引力。离子的化合价越高,这种引力越大,因此扩散速度就越小。原子价增加1价,内扩散系数的值就要减少一个数量级。例如在某种阳离子交换树脂上,钠离子的扩散系数等于 2.76×10^{-7} cm^2/s,而锌离子则仅为 2.89×10^{-8} cm^2/s。

⑤离子的大小:小离子的交换速度比较快。例如用铵型磺酸基苯乙烯树脂去交换下列离子时,达到半饱和的时间分别为:

Na$^+$, 1.25 min;N(CH$_3$)$_4^+$, 1.75 min;N(C$_2$H$_5$)$_4^+$, 3 min;C$_6$H$_5$(CH$_3$)$_2$CH$_2$C$_6$H$_5^+$,1周。

大分子在树脂中的扩散速度特别慢,因为大分子会和树脂骨架碰撞,甚至使骨架变形。有时可利用大分子和小分子在某种树脂上的交换速度不同,而达到分离的目的。

⑥搅拌速度:当液膜控制时,增加搅拌速度会使交换速度增加,但增大到一定程度后再继续增加转速,影响就比较小。

⑦溶液浓度:当溶液浓度为 0.001 mol/L 时,一般为外扩散控制。当浓度增加时,交换速度也按比例增加。当浓度达到 0.01 mol/L 左右时,浓度再增加,交换速度就增加得较慢。此时内扩散和外扩散同时起作用。当浓度再继续增加,交换速度达到极限值后就不再增大。此时已转变为内扩散控制。

四、离子交换过程的运动学

通常离子交换在固定床中进行,研究在固定床中离子运动的规律称为运动学。试设想有一离子交换柱,原来在树脂上的是离子2,现在通入离子1的溶液去取代它。当离子1逐渐通入时,离子2被取代,在树脂层的上部逐渐形成一层树脂,其中只含有离子1。接着流入的离子1溶液通过这层树脂时,显然不发生交换,而当它继续往下流时,即发生交换,这时,离子1的浓度逐渐减至零,而离子2的浓度逐渐增至离子1的原始当量浓度 C_0(因交换反应系按当量进行)。再继续往下流时,由于溶液中已不含离子1,故也不发生交换。离子1自起始浓度 C_0 降至零这一段树脂层称为交换带(图 10-8),交换过程只在这一层内进行。

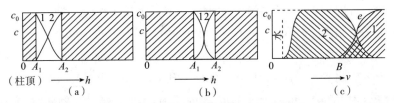

h—柱的高度　c—当量浓度　C_0—原始当量浓度　v—流出液体积　$A_1 \sim A_2$—交换带

B—离子 1 的漏出点　e—离子 1 的流出曲线

图 10 - 8　离子的分层和理想的流出曲线

因为离子交换反应按当量进行,所以图 10 - 8 中曲线 1 和 2 是对称的,互为镜像关系,这两种离子在交换带中互相混在一起,没有分层,见图 10 - 8(a)。当它们继续向下流时,如条件选择适当,交换带逐步变窄,两种离子逐渐分层,离子 2 集中在前面,离子 1 集中在后面,中间形成一较明显的分界区,见图 10 - 8(b)。这样继续让下流交换带越来越窄,分界区也就越来越明显,一直到柱的出口。在流出液中[图 10 - 8(c)],开始出来的是树脂层空隙中水分,而后出来的是离子 2,在某一时候,流出液中出现离子 1,此时称为漏出点,以后离子 1 增至原始浓度,而离子 2 的浓度减至零,离子 1 的流出曲线陡直。

从流出曲线的形状,可以判断离子分层是否清楚。因为流出曲线的形状是和将要流出柱的交换带相对应的。有明显分界区的好处,不仅在于可使离子分开,而且在吸附时,可以提高树脂饱和度,减少吸附离子的漏失;而在解吸时,则可使洗脱液浓度提高。所以研究离子在柱中的运动情况和分界线清晰的条件,有很大的实际意义。

五、离子交换过程的选择性

在实际应用时,原料溶液中常常同时有着很多种离子。因此研究不同离子在离子交换树脂上的选择吸附作用,具有重大的实际意义。离子交换树脂的选择性集中地反应在交换常数 K 的数值上。$K_{B.A}$(B 离子取代树脂上 A 离子的交换常数)的值越大,就越易吸附 B 离子。影响 $K_{B.A}$ 的因素很多,它们之间,既相互依赖,又互相制约,因此必须作具体的分析。

1. 离子的水化半径

在无机离子的交换中,可以认为,离子的体积越小,则越易吸附。但离子在水溶液中要发生水化,故原子量的大小并不能表征离子在水溶液中的体积,而离子在水溶液中的大小应由水化半径来表征,因此水化半径越小的离子越易吸附。依着水化半径的次序,可将各种离子对树脂的亲和力大小排成下列次序。

对于一价阳离子　$Li^+ < Na^+ \approx NH4^+ < Rb^+ < Cs^+ < Ag^+ < Ti^+$

对于二价阳离子　$Mg^{2+} \approx Zn^{2+} < Cu^{2+} \approx Ni^{2+} < Co^{2+} < Ca^{2+} < Sr^{2+} < Pb^{2+} < Ba^{2+}$

对于一价阴离子　$F^- < HCO_3^- < Cl^- < HSO_3^- < Br^- < NO_3^- < I^- < ClO_4^-$

H^+ 和 OH^- 对树脂的亲和力,和树脂的性质有关。对于强酸性树脂,H^+ 和树脂的结合力很弱,其地位和 Li^+ 相当。反之,对弱酸性树脂,H^+ 具有最强的置换能力。同样 OH^- 的位置决定于树脂碱性的强弱。对于强碱性树脂,其位置落在 F^- 前面。一价负离子和强碱树脂的结合能力如下排列:

$OH^- \approx F^- < HCO_3^- < Cl^- < HSO_3^- < Br^- < NO_3^- < I^- < ClO_4^-$

反之,对弱碱性树脂,OH^- 具有最强的置换能力。其位置在 ClO_4^- 后面。一价负离子和弱碱树脂的结合能力如下排列:

$F^- < HCO_3^- < Cl^- < HSO_3^- < Br^- < NO_3^- < I^- < ClO_4^- \approx OH^-$

2. 离子的化合价

在低浓度(水溶液)和普通温度时,离子的化合价越高,就越易被吸附。树脂的这个性质对生产实践具有重大的意义。在净化水时,树脂能优先吸附硬水中的钙、镁离子;在电镀厂的废液中树脂优先吸附低浓度的铜离子等,都基于上述原理。

3. 溶液的酸碱度

溶液的 pH 值对各种树脂的影响是不同的。对于弱酸性树脂,在酸性和中性下,它的电离度很小,氢离子不易游离出来,因此交换容量很低,只有在碱性的情况下,才能起交换作用。而对强酸性树脂,一般在所有的 pH 范围内能起交换作用。同样对于弱碱性树脂,只能在酸性的情况下才能起作用,而对强碱性树脂,则 pH 范围没有限制。

4. 交联度、膨胀度和分子筛

交联度对于无机离子和有机大分子吸附选择性的影响是不相同的。一般交联度大,膨胀度小的树脂选择性比较好。但是对于大离子的吸附,情况要复杂些。首先树脂必须要有一定的膨胀度,允许大分子能够进入到树脂内部,否则树脂就不能吸附大分子。这里有互相矛盾的两个因素在起作用:一个因素是选择性的影响,即膨胀度增大时,K 值减小,促使树脂吸附量降低;另一个因素是空间大小的影响,即膨胀度增大,促使树脂吸附量增加。

5. 树脂与交换离子之间的辅助力

一般树脂对无机离子的交换常数在 $1 \sim 10$ 之间,但在吸附有机离子时,交换常数可达到几百,甚至可超过1000,而且有机离子的分子量越大,越易产生这种情况。我们知道 N、O、S 等原子很容易与氢生成氢键,因而有较高的交换常数。众所周知,尿素能形成氢键,常用来破坏蛋白质中的氢键,所以可用尿素溶液作为蛋白质的解析剂。除此之外也存在其他辅助力,例如骨架含有脂肪烃、苯环和萘环的树脂,它们对芳香族化合物的吸附能力依次相应增加;又如酚－磺酸树脂对一价季铵盐类阳离子的亲和力随离子的水化半径增大而增大,这和交换无机离子的情况相反,是由于吸附大分子时起主要作用的是范德华力,其次是库仑力。

6. 有机溶剂的影响

当有机溶剂存在时,常常会使对有机离子的选择性降低,而容易吸附无机离子。其原因有二:一是由于有机溶剂的存在,使离子溶剂化程度降低,而无机离子(它很容易水化)的降低程度要比有机离子大;二是由于有机溶剂会影响离子的电离度,使其减少,尤其对有机离子的影响更显著。因此常利用有机溶剂从树脂上洗脱难洗脱的有机物质。

第四节　吸附和离子交换设备

吸附和离子交换过程所用设备常有搅拌釜式、流化床、固定床和移动床等。其操作方法有间歇式、半连续式和连续式三种。

1. 搅拌釜

搅拌釜是带有多孔支撑板的釜式容器,吸附和离子交换树脂置于支撑板上后加入物料进行间歇操作,其操作过程如下:

将物料放入釜内,通气搅拌或者直接搅拌,使物料与树脂均匀混合进行交换反应直至达到吸附平衡。排去平衡后的物料,通入洗脱液,通气搅拌或者直接搅拌,进行脱附反应直至达到平衡。收集排出的脱附溶液并加入清水洗去树脂中残留的脱附溶液后续处理,搅拌釜中树脂直接进行下一个循环操作或者再生后进行下一个循环操作。

搅拌釜式操作结构简单,不需要特殊的设备,可用于规模小、分离要求不高的场合。但平衡后直接将物料排出,分离效果差、物料损失较大、收率低。搅拌釜式操作多用于离子交换树脂催化的化学反应和固相合成反应中,也见有用于发酵液胞外产物的直接吸附分离过程中。

2. 固定床

固定床是广泛应用的一类离子交换设备,可进行间歇式、半连续和连续操作。

吸附和离子交换柱内装有液体分布器,下部有支撑的滤板,柱体配有视镜,树脂出入口,溢流排污口等,并且能承受一定的压力。通常中小型吸附和离子交换柱用有机玻璃或者 PVC 材料制造,大型的离子交换柱用钢材焊接而成,内衬耐酸、碱和有机溶剂的材料如聚四氟乙烯等制造,图 10 - 9 是离子交换柱的结构示意图。

一般发酵工业用吸附和离子交换柱中树脂层的装填高度为 1 ~ 3 m,柱体高度远大于树脂层的高度。如果树脂的粒度较大,树脂的强度较好,树脂层高度可适当增加以获得更大的处理量和更好的分离效果。如果树脂粒度较细,对液体的阻力较大,则树脂层不易过高以免影响流量。树脂柱的有效高度和直径的比以(4 ~ 5):1 为好,离子交换柱的装填高度一般为柱有效高度的 1/2 ~ 2/3 为好。

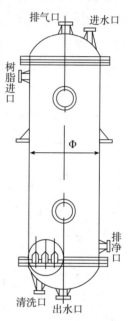

图 10 - 9 离子交换柱

在吸附阶段,物料不断地通过树脂塔,被吸附的组分留在塔内,其他组分从塔中流出,吸附过程可持续进行直至吸附介质饱和为止。脱附阶段可采用升温、减压和置换等手段将吸附的组分解析下来,再经过再生操作后进行下一个循环的操作。

固定床吸附和离子交换设备是目前工业上应用最多的操作方式,通过优化操作工艺参数后可以达到满意的分离效果和收率。但是由于吸附过程是一个平衡过程,其中有效的交换传质区只占整个树脂床高的一部分,脱附却需要满足全部树脂床的洗脱液进行操作,从而导致树脂利用率低,洗脱液和再生液用量大等缺点。采用连续床或移动床可以克服这些缺点。

3. 移动床

移动床是指树脂的吸附,再生和清洗不在同一根柱内。这类设备的具体形式很多,如希金斯(Higgins)连续离子交换器和 Avco 连续移动床离子交换设备,可实现树脂填料在设备中真正的移动操作,从而具有树脂利用率高,再生效率高等优点,不过对设备要求也高。

目前工业应用较多的是将移动床的思想和固定床的特点结合起来的连续离

子技术的新工艺。这类连续离子交换系统是由一个带有多个树脂柱（可多达 36 根）的圆盘,和一个多孔分配阀组成。通过圆盘的转动和阀口的转换,使分离柱在一个工艺循环中完成了吸附、水洗、解析、再生等的全部工艺过程。整个工艺过程同时在不同的树脂柱中进行,是一种以多柱固定床体系模拟移动床操作的工艺系统。这种工艺系统结合了传统的固定床树脂吸附和离子交换工艺的技术优势,同时兼顾了移动床体系树脂利用率高,清洗和再生溶液消耗少的优点,结合工业自控系统后不仅使离子交换分离工艺连续可控,而且在产品质量,产品单耗等指标上具有明显的优势(如在果葡糖浆的色谱分离生产中,一般是以异构化后的糖液含 42% 果糖为原料,生产 55 型果葡糖浆或结晶果糖,一般需要采用连续色谱分离得到 90 型果糖再混配成 55 型果葡糖浆,或者是直接色谱分离得到 95% 高纯度果糖,然后结晶得到果葡糖浆,连续色谱反而既可以用于 42 型果糖分离也可用于结晶母液分离,连续色谱分离一般果糖收率都可以达到 95% 以上。)

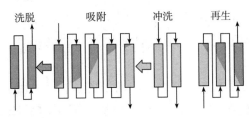

图 10 – 10　连续离子交换技术工艺流程

如图 10 – 10 所示的连续离子交换系统中通过圆盘的转动或阀口的转换,使分离柱在一个工艺循环中完成了吸附、水洗、解吸、再生的全部工艺过程。且在连续离交系统中,离子分离的所有工艺步骤在同时进行。相比而言,固定床离子分离系统是在一种间歇式的工艺中一步一段时间的进行所有步骤的操作。

第五节　吸附和离子交换的应用

吸附和离子交换法具有分离速度快、容量大、分辨率高等优点,已广泛应用于食品、药品的生产和分析中。

一、脱色除杂

在食品生产中,一些杂质的存在严重影响食品品质和感官质量,如砂糖中的色素,果汁中的苦涩味等。这些色素、杂质的去除对提高食品品质有着重要意义。较早出现的脱色除杂方法主要有吸附、絮凝、气浮等方法,但这些方法一般对色素的脱除不够彻底,残留较多。随着离子交换树脂制造技术的进步,离子交换树脂越来越广泛地运用到食品工业中,其操作方式多为"负吸附"。即仅吸附杂质等影响食品品质的少量物质,大多数食品中的有效成分直接过流通过。

1. 蔗糖工业

离子交换树脂很善于除去糖液中的各种杂质,特别是有色物质和灰分。为制造高质量的精糖,使用离子交换树脂除去各种色素与杂质是效果较好较通用的方法。国外精炼糖厂从 20 世纪 50 年代已开始使用离子交换树脂对糖液进行高度脱色,起初是在经过骨炭或活性炭脱色之后再通过树脂脱色,后来不少炼糖厂以树脂脱色为主。

通常将树脂装于圆筒形的树脂柱中,糖液连续地通过。树脂柱内装载树脂的体积称为床容积(Bed volume),简写为 BV。例如溶液通过树脂柱的流量速度为 2 ~ 4 BV/h,即每小时通过溶液的体积为树脂床容积的 2 ~ 4 倍。树脂的处理能力亦常以 BV 为单位计算。工业用的树脂柱的床容积通常由 1 ~ 10 m^3,也可根据物料的实际情况减少或增多。

精炼糖厂早期使用的是苯乙烯系阴离子树脂。可先用活性炭处理后,再用树脂处理脱色;20 世纪 80 年代后不少精炼糖厂用丙烯酸系阴离子树脂(如 Amberlite IRA958)作前级脱色,糖浆通过它以后再进入苯乙烯系树脂柱。两者均使用大孔强碱性树脂。丙烯酸树脂的脱色能力强,容量大,较耐污染,并较易再生,使用盐水即可将它所吸附的杂质完全洗脱。将它用于第一柱,先除去大部分有机色素(作为粗脱色);第二柱的苯乙烯树脂则善于除去芳香族有机物,包括一些丙烯酸树脂难以除去的不带电的有色物质。这种组合方式的脱色作用比较彻底,并可保护较难再生的苯乙烯系树脂。用旧的苯乙烯树脂亦可移往第一柱继续使用。虽然丙烯酸树脂的价格较高,但综合处理周期后运行费用和总成本都较低,且易于管理。

2. 果汁脱苦

某些果汁中含有柚皮苷和柠碱,造成果汁又苦又酸,严重影响其风味和食用品质。用化学方法很难将这些物质除去而不影响果汁的特性。由于离子交换过程的高选择性为除去果汁中苦味成分而不影响其他性质和风味提供了依据。采用离子交换树脂吸附柚皮苷和柠碱,去除率最高可达分别为 70% 和 85%,可滴定酸度下降 55%。吸附树脂在果汁的脱苦方面非常有效,能大大改善果汁的味质。

3. 金属离子的去除

油脂中存在微量的铜、铁、锰、锌等离子,会加速油脂变质,然而,从离子交换的作用机理可知,选用适当的树脂(如 Amberlyst15、WofatitYl5 配合WofatitEA – 60等)很容易去除上述离子,从而提高油脂的稳定性。豆油、花生油、玉米油、菜籽油等食用油中所含有机酸,可用大孔强碱离子树脂吸附处理去除。棉籽油中存在酚类及其衍生物,食用时有苦味感,用大孔吸附树脂脱苦味效果好,成本低。将催化剂负载于亲油吸附树脂上,可顺利完成油脂的氢化。吸附树脂还可应用于油脂的环氧化。

二、食品成分的分离提纯

1. 味精

味精是谷氨酸钠盐,为理想的调味品。味精的提取分离是应用离子交换树脂较早的行业之一。最初提取味精是采用磺酸型强酸性离子交换树脂,在 pH = 5 的条件下进行的,谷氨酸回收率为80% ~ 90%,明显高于其他方法。但这种树脂使用寿命短,10 多个周期后有流失现象,影响产品质量。随着大孔吸附树脂的问世,成功的解决了此问题,可使用200 多个周期,而且洗脱峰也集中,更有效地分离味精成分。

2. 糖醇

除在甜菜、甘蔗糖厂采用离子交换树脂进行脱色外,目前在一些寡糖、单糖、糖醇的生产中也采用离子交换树脂。如含多聚戊糖的植物原料(如甘蔗渣)经水解、净化、分离获得结晶木糖醇。但其中仍含有5% ~ 10%的杂醇。采用重结晶法能将部分四碳醇及六碳醇除去,但阿拉伯醇性质与木糖醇十分接近,用重结晶不能除去,产品仍达不到规定的标准。现已成功地采用钙型离子交换树脂对多元醇进行分离,并制备了纯木糖醇样品。

用于分离纯化糖类化合物的另一类离子交换树脂法是将磺化聚苯乙烯型阴离子交换树脂转化为钙型,用作层析或色谱固定相,分离葡萄糖和果糖、木糖醇、山梨醇、D 果糖等,取得令人满意的结果。

3. 有机酸

食品、医药等工业所用的乳酸主要用发酵法生产,Ca 盐沉淀后酸化处理的方法,流程复杂、成本高,且生成 $CaSO_4$,还会影响乳酸质量。采用离子交换法直接从发酵液中提取乳酸一方面可提高效率,另一方面可以提高产品质量。如采用4 – 乙烯吡啶(即 PVP)树脂直接从发酵液中吸附乳酸,用热水解吸,并在发酵结束后进行酸化处理以回收乳酸。显然,随着离子交换技术的发展,可使乳酸生产缩短流程,减少设备,提高回收率。

4. 食用香料

香味成分是食品制造中的重要原料,天然香料一般含量较低,且具有挥发性,给香料的提取、分离、浓缩带来相当难度。而离子交换树脂的高选择吸附性则给香料的分离、富集提供新的方法。据报道,用 Amberlite XAD－2、XAD－4 大孔吸附树脂从橘子皮中提取了食用橘香成分(乙醇洗脱时,100% 脱附)可可香料,比用活性炭法效率高。

三、生物大分子物质提取、分离和纯化

1. 酶制剂

酶是生物体活细胞产生的具有专一催化能力的蛋白质。它的很多性能是合成催化剂所不能比拟的。它的应用正在日益发展,因此酶的分离、提取纯化也就显得越来越重要。

目前工业上从发酵液中分离纯化 α - 淀粉酶的方法主要有两种:一种是硫酸铵沉淀法;另一种是采用絮凝—超滤—乙醇沉淀法。第一种方法的产品,食品工业不能使用,第二种方法要求发酵液澄清度好,否则超滤膜易于阻塞。而且超滤法浓缩酶液是有限度的,沉淀酶仍需耗用大量的乙醇。若采用 402 离子交换树脂,能专一吸附 α - 淀粉酶,然后用 40% 乙醇洗脱,所得酶粉的活性约为 60 000 μ/g,产率为 64.22%,均远高于传统方法生产的 α - 淀粉酶。用 110 离子交换树脂从发酵液中提取葡萄糖氧化酶,在实验室条件下,提取率可达 30%,洗脱液的最高酶活性可达 2 000 000 μ/mL。目前提纯尿激酶、胰肮酶、胰凝乳肮酶和胃蛋白酶原都用离子交换技术。

2. 活性多糖提取

自然界中存在着许多黏多糖,即含有糖醛基的多糖类化合物。肝素是一种黏多糖,为优良的抗凝血剂。由于肝素在体内与蛋白质组成复合物,因此肝素的提取分离工艺一般包括碱性盐液提取、酶或盐分解其蛋白质复合物。一般用大孔阴离子交换树脂从除去蛋白质后的溶液中富集分离肝素,经进一步纯化得到精品肝素。从软骨组织中提取分离硫酸软骨素 A,可先制成硫酸软骨素钙盐粗品,再以 001 ×7 强酸性阴离子交换树脂(Na$^+$型)使之纯化并转化为硫酸软骨素 A 钠盐。

四、水处理

工业生产不但用水量相当大,而且对水质也有一定的要求,包括锅炉给水、食品生产用水等。离子交换法是较主要和经济的水处理技术。同时水处理也是离子交换树脂应用较大的领域之一,目前在离子交换材料的所有应用领域中,约有一半以上的材料用于水处理。

当要求不高时,比如锅炉用水,去除离子只是为了降低硬度防止结垢,则采用钠盐阳离子交换树脂进行处理即可。当对水要求较高,如饮料生产用水,则需要利用氢型阳离子交换树脂和羟型阴离子交换树脂的组合除去水中所有的离子。阳离子交换树脂一般用强酸性树脂,阴离子交换树脂可以用强碱或弱碱树脂。弱碱树脂再生剂用量少,交换容量也高于强碱树脂,但弱碱树脂不能除去弱酸性阴离子,如硅酸、碳酸等。在实际应用时,可根据原水质量和供水要求等具体情况,采取不同的组合。一般用强酸弱碱或强酸强碱树脂。当对水质要求高时,过一次组合脱盐,还达不到要求,可采用两次组合,如:强酸 – 弱碱或者强酸 – 强碱;强酸 – 强碱 – 强酸强碱混合床等。

第六节　吸附和离子交换新技术

吸附和离子交换剂在食品、药品工业中有广泛的应用,对食品生产中工艺技术的改进和新产品的开发起着积极的推动作用。然而,目前使用的吸附分离法也还存在着一定的问题,如反应速度慢、再生麻烦、选择性不高、部分材料价格高等问题。因此,吸附分离技术将在以下几个方面继续发展。

1. 新型材料的开发

随着技术发展,对分离材料提出了新的要求:吸附量要大、吸附洗脱速度要快、选择性好、稳定性好、便宜,最好还拥有其他功能(如氧化还原功能)以达到高效分离纯化、提高产品质量与收率。在已有的单一聚合物品种的基础上,可考虑两种或更多组分的混合、复合,在加工成型中对组分的形成结构和组分间的相互作用加以控制,以获得相关材料的预期综合性能。在材料的形式上,可以跳出传统颗粒制剂的思维,制备阻力更小、交换速度更快、强度更高的交换剂形式,如新型离子交换纤维的研制成功和广泛应用将对离子交换技术产生重要影响。

2. 新型设备的研制

目前,常用的工业化规模的离子交换过程主要采用固定床,间歇式操作,离子交换剂的利用率低、再生费用大,滤速增高时,压力降增加也快。若采用连续式移动床,虽然可提高树脂利用率,降低树脂的投资,减少再生剂的消耗量,实现高效率的全连续化操作,但对设计和操作条件要求高,树脂磨耗量较大。如何在设备上获得突破,以提高分离效率、降低成本、过程自动化将是离子分离设备研究的方向。

3. 与其他方法结合使用

由于单一的方法总存在这样或那样的不足,现代的分离方法更倾向于将多种分离方式进行组合。如针对小颗粒离子交换剂压降大、易损耗而大颗粒交换速度慢的缺点,在磁性颗粒的表面采用化学法或包埋法覆盖一层离子交换树脂,制备磁性颗粒离子交换剂。由于磁性的存在,颗粒间磨损大大减少,甚至可以直接泵送;同时,由于颗粒表面离子交换树脂层薄度小,扩散速度快,因而离子交换速度大大提高。此法把粉状树脂交换速度快和颗粒树脂处理方便的优点有机地结合起来。

此外,吸附分离技术与膜技术结合起来使用,也已经为工业上所采用(如电渗析技术其实就是结合离子交换技术和膜技术的一个典型例子)。

习　题

1. 什么是吸附过程?

2. 吸附的类型有哪些? 它们是如何划分的?

3. 常用的吸附剂种类有哪些?

4. 什么是吸附等温线? 其意义何在?

5. 影响吸附过程的因素有哪些?

6. 常用的吸附单元操作有哪些方式?

7. 什么是离子交换?

8. 离子交换树脂的分类? 其主要的理化性质有哪些?

9. 离子交换的机理是什么?

10. 什么是离子交换的选择性? 其选择性受哪些因素影响?

11. 基本的离子交换操作是怎样的?

12. 如何利用离子交换色谱法纯化核苷酸?

第十一章　干　　燥

本章学习要求:了解湿空气性质的表征方法;掌握湿空气状态参数的计算和焓湿图的应用;掌握食品干燥过程的物料衡算与热量衡算方法;掌握热质同传理论及干燥速率与干燥时间的计算;熟悉典型干燥设备的结构及选型;了解喷雾干燥和冷冻干燥的基本原理及传热传质理论。

第一节　概述

干燥(Drying)是利用能量除去湿物料中的湿分的单元操作,也称去湿。湿分包括水分或其他溶剂。在食品生产中的湿分主要是水分。排除食品中水分具有以下作用:

①抑制微生物的生长繁殖,钝化酶类的活性,达到安全保藏的目的;

②减轻物料质量和缩小体积,达到降低包装、运输和仓贮费用的目的;

③满足加工工艺的需要,如烘烤面包、饼干及茶叶,干燥不仅可除去水分,而且还具有形成产品特有的色、香、味和形状的作用。

干燥的方法主要有三种:机械去湿、物理化学去湿、热能去湿。

机械去湿通过压榨、过滤、抽吸和离心分离等方法除去湿分。

物理化学去湿是用吸湿性物料如石灰、无水氯化钙、分子筛等吸收除去湿分。

热能去湿是用加热的方法使湿分汽化,并将产生的蒸汽排除的方法。狭义的干燥是从固体物料中除去湿分的操作,称为固体的干燥。广义的干燥则是指从包括溶液、浆体等液态物料中汽化湿分并制取固体物料的操作。

干燥按操作压力分为常压干燥和真空干燥;按操作方式分为连续式干燥和间歇式干燥;按传热方式分为传导干燥、对流干燥、辐射干燥和介电加热干燥以及由两种及以上传热方式组成的联合干燥。

传导干燥,热量通过与食品物料接触的加热面以热传导方式导入,使食品中的湿分汽化排除,达到干燥的目的。对流干燥,热量以热空气作为热源,以对流的方式传递给食品,使食品中的湿分汽化,以达到干燥的目的。辐射干燥,热量通过电磁波的形式传递给食品,再通过食品自身的热量传递,使内部的湿分汽化,达到干燥的目的。介电加热干燥,在高频电场中,食品中的湿分分子处于高速旋转与振动,由此产生的热量使湿分汽化,达到干燥的目的。

加热干燥过程的实质是热质同传过程,通过干燥介质对湿物料进行加热即传热过程,使物料升温,这时物料中的水分汽化,扩散到干燥介质中,被干燥介质带走即传质过程,干燥介质既是载热体又是载湿体。在食品工业中常采用空气作为干燥介质,称为热风干燥,热风干燥是学习干燥知识的基础。

第二节 湿空气的热力学性质

在干燥过程中,与物料接触的是干空气与水蒸气的混合物,称为湿空气(Moist Air)。湿空气在干燥中将热量传递给物料,同时将物料受热汽化的水蒸气带离,故湿空气同时起着传热与传质的作用,既是载热体也是载湿体。湿空气传热与传质能力受其状态参数的影响。湿空气在未达到饱和时可视为理想气体,故可借用理想气体状态方程分析其热力学性质。

一、 湿空气的状态参数

(一)水蒸气分压

湿空气中水蒸气分压(Steam partial pressure, p_v)愈大,水分含量就愈高。根据气体分压定律,有:

$$\frac{p_v}{p_a} = \frac{p_v}{p - p_v} = \frac{n_v}{n_a} \tag{11-1}$$

式中:p, p_v, p_a——湿空气总压、水蒸气分压、干空气分压,Pa;

n_v, n_a——湿空气中水蒸气、绝干空气的摩尔数,mol。

(二)湿度

湿空气中所含水蒸气的质量与绝对干空气的质量之比,称为空气的湿度(Humidity, H),又称湿含量或绝对湿度,即:

$$H = \frac{湿空气中水气的质量}{湿空气中绝干空气的质量} = \frac{n_v M_v}{n_a M_a} = \frac{18.02}{28.96} \times \frac{n_v}{n_a} = 0.622 \frac{n_v}{n_a} \tag{11-2}$$

式中:H——湿空气的湿度,kg/kg,即 kg 水汽/kg 绝干空气;

M_v——水蒸气的摩尔质量,$M_v = 18.02 \times 10^{-3}$ kg/mol;

M_a——绝干空气的摩尔质量,$M_a = 28.96 \times 10^{-3}$ kg/mol。

常温下,湿空气可视为理想气体,组分的摩尔比等于其分压比,则有:

$$H = \frac{18.02 p_v}{28.96(p - p_v)} = 0.622 \frac{p_v}{p - p_v} = 0.622 \frac{p_v}{p_a} \qquad (11 - 3)$$

在饱和状态时,湿空气中水蒸气分压 p_v 等于该空气温度下纯水的饱和蒸汽压 p_s,则有:

$$H_s = 0.622 \frac{p_s}{p - p_s} \qquad (11 - 4)$$

式中:H_s——饱和湿空气的湿度,kg 水汽/kg 绝干空气;

p_s——饱和湿空气的水蒸气压,Pa。

由于水的饱和蒸汽压仅与温度有关,故湿空气的饱和湿度是温度和总压的函数,即:

$$H_s = f(t, p)$$

(三)相对湿度

在一定温度及总压 p 下,湿空气的水汽分压 p_v 与同温度下水的饱和蒸汽压 p_s 之比的百分数,称为空气的相对湿度(Relative humidity,φ),即

$$\varphi = \frac{p_v}{p_s} \times 100\% \qquad (11 - 5)$$

由于 p_s 随温度升高而增大,所以当 p_v 一定时,相对湿度 φ 随温度升高而减小,温度越高,相对湿度 φ 越小,湿空气接受从湿物料汽化的水分能力越强。当 $p_v = p_s$ 时 $\varphi = 100\%$,此时的湿空气为饱和湿空气,不能再接受水蒸气。

将式(11 - 5)代入式(11 - 3)得:

$$H = 0.622 \times \frac{\varphi p_s}{p - \varphi p_s} \qquad (11 - 6)$$

当 $p_v = 0$ 时,$\varphi = 0$,表示湿空气不含水分,即为绝干空气。

当 $p_v = p_s$ 时,$\varphi = 1$,表示湿空气为饱和空气,不能再接受水蒸气。

相对湿度可以说明湿空气偏离饱和空气的程度,能用于判定该湿空气能否作为干燥介质。φ 值越小,则吸湿能力越大。湿度是湿空气含水量的绝对值,不能用于分辨湿空气的吸湿能力。当湿空气的湿度 H 为一定值时,温度愈高,其相对湿度 φ 值愈低,其作为干燥介质时,吸收水蒸气的能力愈强,故湿空气进入干燥器之前一般须经过预热器预热提高温度,目的是提高湿空气的焓值作为载热体,同时降低湿空气的相对湿度作为载湿体。

(四)湿空气的比热

在常压下,将湿空气中 1 kg 绝干空气和所含的 H kg 水蒸气的温度升高(或

降低)1 ℃所吸收(或放出)的热量,称为湿空气的比热(Specific heat,c_H),又称为湿比热,即

$$c_H = c_a + c_v H \qquad (11-7)$$

式中:c_H——湿空气的比热,kJ/(kg 绝干气·℃);

  c_a——绝干空气的比热,kJ/(kg 绝干气·℃);

  c_v——水蒸气的比热,kJ/(kg 水蒸气·℃)

温度在 $-40 \sim 124$℃范围内,绝干空气和水蒸气的比热分别为:
$c_a = 1.01$ kJ/(kg·℃),$c_v = 1.88$ kJ/(kg·℃)。代入式(11-7)得:

$$c_H = 1.01 + 1.88H \qquad (11-8)$$

即湿空气的比热 c_H 仅随空气的湿度变化,说明湿空气的比热只是湿度的函数。

(五)湿空气的比容

在一定温度和压力下,1 kg 绝干气体积和所含的 H kg 水蒸气体积之和,称为湿空气的比容(Humid volume,v_H),也称湿容积,单位为:m³ 湿空气/kg 绝干气。1 kg 干空气及所带的 H kg 水蒸气的摩尔数为$(1/M_a) + (H/M_v)$,其体积 V 可由气体状态方程 $pV = (1/M_a + H/M_v)RT$ 计算得到,以 1 kg 绝干空气为计算基准的混合气的湿比容 $v_H = V(\text{m}^3)/1(\text{kg})$,故有:

$$v_H = \frac{m^3 \text{ 绝干气} + m^3 \text{ 水气}}{kg \text{ 绝干气}}$$

$$v_H = \left(\frac{1}{M_a} + \frac{H}{M_v}\right)\frac{RT}{p} = (287.1 + 461.4H) \times \frac{T}{p} \qquad (11-9)$$

式中:T——湿空气的干球温度,K。

(六)湿空气的焓

湿空气中 1kg 绝干空气的焓与 H kg 水蒸气的焓之和,称为湿空气的焓(Enthalpy,I),单位是 kJ/kg 干空气。

$$I = c_a t + H(r_0 + c_v t) = 1.01t + H(2490 + 1.88t)$$
$$= (1.01 + 1.88H)t + 2490H \qquad (11-10)$$

式中:r_0——水在 0 ℃时的汽化潜热,近似为 2490 kJ/kg。

湿空气的焓是以干空气及液态水在 0 ℃时焓为零为基准计算。因此,对于温度为 t 及湿度为 H 的湿空气,其焓包括 H kg 由 0 ℃的液态水变为 0 ℃的水蒸汽所需的汽化潜热及湿度为 H 的湿空气由 0 ℃升温至 t ℃所吸收热量之和。可见湿空气的焓随空气温度和湿度的增加而增大。

(七)干球温度和湿球温度

在湿空气中,用温度计直接测得的温度称为该空气的干球温度(Dry bulb ttemperature,t),即该空气的真实温度。若将温度计的感温部分用湿的纱布等织状物包裹,但温度计不能直接插入水中,在毛细管作用下,使湿纱布保持润湿状态,平衡后的温度计读数就为湿球温度(Wet bulb temperature,t_w),湿球温度的测定原理如图 11 -1 所示。开始时水温和空气温度相等,当由于温度计感温元件包裹层外侧始终被饱和的湿空气包围,其饱和湿含量决定于水的温度。此层的湿含量必大于外围不饱和湿空气的湿含量,这样就产生传质推动力,水分不断汽化而向空气中传递;同时水分汽化需吸收热量,又势必使水温降低。水温下降就出现空气与湿纱布水滴之间的温度差,从而空气中热量又会传到湿纱布水滴中。随着过程的进行,从空气到湿纱布水滴的传热推动力愈来愈大,而从湿纱布水滴到空气的水分传递的推动力却愈来愈小,当由空气传到水滴的热量恰好等于湿纱布水滴汽化所需之相变热时,两者达到平衡,湿纱布水温维持不变,此时湿纱布水的温度即为湿空气的湿球温度。在稳定状态,传热达平衡时,有:

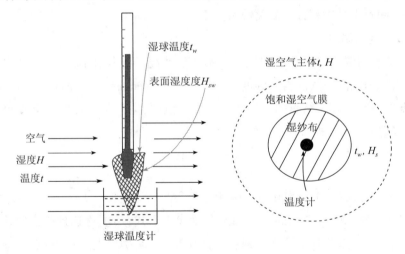

图 11 -1 湿球温度的测定原理示意图

空气向湿纱布表面的传热速率为:$Q = \alpha S(t - t_w)$

气膜中水气向空气的传热速率为:$Q = k_H S(H_s - H) r_w$

$$Q = \alpha S(t - t_w) = k_H S(H_s - H) r_w$$

或
$$t_w = t - \frac{k_H r_w}{\alpha}(H_s - H) \tag{11-11}$$

式中:α——对流传热系数,$kW/(m^2 \cdot ℃)$;

S——传热(质)面积,m^2;

H_s——液滴表面空气层的饱和湿含量;

H——湿空气的湿含量;

k_H——汽化系数,$kg/(m^2 \cdot s)$;

r_w——水在 t_w 下的汽化潜热,kJ/kg;

实验表明,一般情况下 k_H 和 α 均与空气流速的 0.8 次幂成正比,故可认为 α/k_H 与气流速度无关,仅与物系性质有关。对空气—水系统,$\alpha/k_d = C_H \approx 1.09 \ kJ/(kg \cdot ℃)$。不饱和空气的湿球温度低于干球温度。湿球温度实际上是湿纱布中水分的温度,而并不代表空气的真实温度,由于此温度由湿空气的温度、湿度所决定,故称其为湿空气的湿球温度。湿球温度的高低不仅与空气的干球温度有关,还与空气的湿含量有关,所以它是湿空气的一项状态函数。

湿球温度的意义:干球温度与湿球温度对照,两者差别越大,说明该空气越干燥,吸湿能力越强;湿球温度越接近干球温度,说明空气湿度越大;当湿球温度等于干球温度时,说明该空气已饱和不能吸水了。工程上常用此来监控空气含湿情况,同时也是工程计算的关键参数。

(八)露点温度

不饱和的湿空气在总压和湿含量不变的情况下冷却,刚好达到饱和状态时的温度,称为该湿空气的露点温度(Dew-point Temperature,t_d),简称露点。因此,露点温度是空气开始结露的临界温度。在露点时,空气的湿度为饱和湿度,$\varphi = 1$。由式(11-4)或式(11-6)得

$$H_s = \frac{0.622 p_d}{p - p_d} \tag{11-12}$$

式中:p_d——露点下水的饱和蒸汽压,Pa。

将任一状态的湿空气的总压和湿含量代入上式,可求得达到露点时饱和蒸汽压 p_d,根据水蒸气图表可查出对应的饱和温度,即为该湿空气的露点。

若空气温度达到露点并继续冷却降温,则超过饱和部分的水蒸气将会以液态水的形式凝结出来。空气的总压一定,露点时的饱和水蒸气压仅与空气的湿度有关,即湿含量越大,饱和水蒸气压越大,露点越高。

【例 11-1】 已知湿空气的总压为 1.013×10^5 Pa,湿度为 0.01 kg/kg,干球温度 $t = 50$ ℃,试求此湿空气的相对湿度 φ、比容 v_H、比热 c_H 和焓 I。并判断该湿空气能否作为干燥介质。

解:已知 $p = 1.013 \times 10^5$ Pa,$H = 0.01$ kg/kg 绝干空气,$t = 50$ ℃,从附录查出

50 ℃时水蒸气的饱和蒸汽压 $p_s = 12\ 340$ Pa。

（1）相对湿度 φ

依题意 $H = 0.622 \times \dfrac{\varphi p_s}{p - \varphi p_s} = 0.622 \times \dfrac{\varphi \times 12\ 340}{1.013 \times 10^5 - 12\ 340\varphi}$

解得 $\varphi = 13.41\%$，此时为不饱和空气，可用作干燥介质。

（2）湿空气比容 v_H

$v_H = \left(\dfrac{1}{M_a} + \dfrac{H}{M_v}\right)\dfrac{RT}{p} = (287.1 + 461.4H) \times \dfrac{T}{p} = (287.1 + 461.4 \times 0.01) \times$

$\dfrac{273 + 50}{1.013 \times 10^5} = 0.93$ m^3/kg

（3）湿比热 c_H

$c_H = 1.01 + 1.88H = 1.01 + 1.88 \times 0.01 = 1.03$ kJ/(kg · ℃)

（4）焓 I

$I = (1.01 + 1.88H)t + 2\ 490H$

$\quad = (1.01 + 1.88 \times 0.01) \times 50 + 2\ 490 \times 0.01 = 76.34$ kJ/kg

（九）绝热饱和温度

绝热饱和过程如图 11－2 所示，在绝热条件下，湿空气与足量水接触，此过程包含绝热降温增湿过程及绝热等焓增湿过程。在湿空气绝热增湿过程中，空气失去的是显热，而得到的是水汽化带入的相变热，湿空气的温度和湿度虽随过程的进行而变化，但其焓值不变。当进行到空气被水汽化饱和时，则空气的温度不再下降，而等于循环水的温度，称此温度为该空气的绝热饱和温度（Adiabatic saturation temperature，t_{as}），用符号 t_{as} 表示，其对应的饱和湿度为 H_s，此刻水的温度亦为 t_{as}。

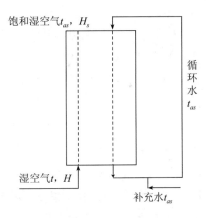

图 11－2　绝热饱和过程示意图

湿空气中，虽然湿空气发生了温度和湿度的变化，但其焓值基本不变。以单位质量的绝干空气为基准，对绝热饱和系统作热量衡算，有

$$c_H(t - t_{as}) = (H_{as} - H)r_{as} \qquad (11-13)$$

式中：H_{as}——绝热饱和湿度，kg 水汽/kg 绝干空气；

$\quad r_{as}$——绝热饱和温度 t_{as} 下水的汽化热，J/kg

于是得：

$$t_{as} = t - \frac{r_{as}}{c_H}(H_{as} - H) \qquad\qquad (11-14)$$

式$(11-14)$表明,空气的绝热饱和温度是干球温度和湿度的函数,是湿空气的状态参数。

绝热饱和温度t_{as}与湿球温度t_w是两个完全不同的概念,但是两者都是湿空气状态$(t$和$H)$的函数。实验证明:特别是对空气-水气系统,$c_H \approx \alpha/k_H = 1.09$,可认为:

$$t_w \approx t_{as}$$

干球温度、绝热饱和温度(或湿球温度)及露点之间的关系是,对于不饱和湿空气:$t > t_{as}$(或t_w)$> t_d$;对于饱和的湿空气:$t = t_{as}$(或t_w)$= t_d$。对其他系统而言,不存在此关系。

二、 湿空气的焓湿图及使用方法

(一)湿空气的焓湿图

湿空气各状态参数之间的相互影响。在一定压力下,只要已知2个独立参数,其他参数利用上述关系式就可计算出来,但计算过程很繁杂。在工程计算中,为简化计算过程,常以空气各状态参数之间的关系绘制成湿度图(Humidity chart),直接查取。常用的湿度图有两种,一种是以焓-湿度为坐标的$I-H$图(Psychrometric chart),称焓湿图,如图$11-3$所示;另一种是以温度-湿度为坐标的$t-H$图(Temperature humidity char),称温湿图。

以湿空气的$I-H$图为例,介绍湿度图的构成和应用。图$11-3$适用于在总压力等于101.325 kPa,高温干燥温度区。此图采用斜角座标系,纵座标轴表示热焓量I,斜座标轴表示湿含量H,两坐标轴倾斜成135°,以避免各图线挤在一起。为了应用方便,作辅助水平座标轴以代替倾斜轴而与纵轴正交,并将湿含量值标于其上。图上任意点都代表一定温度t和湿度H的唯一湿空气状态。图中所包含的五种主要线和其他辅助线的意义如下:

1. 等湿含量线(等H线)

与纵轴平行的一组直线为等H线。当湿空气的状态沿等H线变化时,湿空气的湿含量不发生变化,变化的是其他参数。空气状态沿等H线变化的过程,称为等湿含量过程。

例如,将湿空气通过加热器或冷却器的加热或冷却(冷却温度不低于湿空气的露点温度)过程中,干空气所包含的水蒸气质量没有增减。

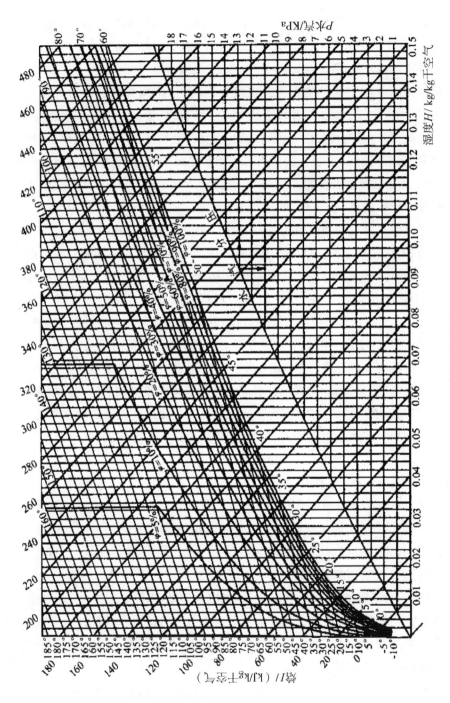

图11-3 用于高温区的焓湿图

2. 等焓量线(等 I 线)

与斜轴平行的直线为等 I 线。当湿空气的状态沿等 I 线变化时,空气的焓不发生变化,变化的是其他参数。空气状态沿等 I 线变化的过程,称为等焓过程。

3. 等干球温度线(等 t 线)

从纵轴出发,斜向右上方的一组直线为等 t 线。根据式(11-10)可知,当温度 T ℃等于任一定值时,I 与 H 成直线关系。换言之,湿空气的等温状态变化过程为一直线,称为等温线。由一组不同的温度值,就可获得一组等温线。对不同温度值的不同等温线,由于直线斜率(2 490 + 1.88T)值不同,温度愈高,斜率愈大,所以等 t 线是互不平行的。

4. 等相对湿度线(等 φ 线)

由坐标原点出发的一组曲线为等 φ 线。绘制的依据是式(11-6)。先固定某一 φ 值,对此定值 φ,式(11-6)直接给出 H 与饱和蒸汽压之间的对应关系,从而间接给出 H 和温度 t 的一一对应关系(因为饱和蒸汽压与饱和温度对应),因此,若任取若干个温度 $t_1,t_2,\cdots\cdots$ 就可从水蒸气表查出对应的饱和蒸汽压 p_1,$p_2\cdots\cdots$ 进而由上式计算对应的湿含量值 $H_1,H_2\cdots\cdots$ 最后可由对应的等 t 线和等 H 线得到对应的交点,用平滑曲线连接所有交点便是等于该值时的等 φ 线。

由相对湿度 φ 的定义,知道 φ 是湿空气中的蒸汽压力和在空气温度下的饱和蒸汽压力之比。因此 φ 的大小含有该空气吸湿倾向难易的意义。等相对湿度线中,$\varphi = 1$(即100%)的曲线,称为饱和湿空气线。位于此线上的湿空气完全被水蒸气所饱和。在此线以上为不饱和湿空气区域,以下为超饱和区域。过饱和湿空气中带有雾或霜,由湿空气的温度而定。

5. 水蒸气分压线(p_v 线)

p_v 线位于饱和相对湿度线下方,水蒸气分压标于右端纵轴上。该线表示空气的湿度 H 与空气中的水蒸气分压 p 之间关系曲线。当湿空气的总压 p 不变时,水蒸气的分压 p_v 随湿度 H 而变化。

(二)湿焓图的说明与应用

根据湿空气任意两个独立的参数,就可以在湿焓图上确定该空气的状态点,然后查出空气的其他性质。非独立的参数如:$t_d \sim H, p \sim H, t_d \sim p, t_w \sim I$ 等,它们均在同一等 H 线或等 I 线上。干球温度 t、露点 t_d、湿球温度 t_w(或绝热饱和温度 t_{as})都是由等 t 线确定的。

通常根据下述已知条件之一来确定湿空气的状态点,已知条件是:湿空气的干球温度 t 和湿球温度 t_w;湿空气的干球温度 t 和露点 t_d;湿空气的干球温度 t 和

相对湿度 φ。

【例 11 – 2】 已知湿空气的总压为 101.3 kPa，湿度为 $H = 0.03$ kg 水/kg 干空气，干球温度为 55 ℃。试用 $I – H$ 图求解：

①水蒸气分压 p_v；

②相对湿度 φ；

③热焓 H；

④露点 t_d；

⑤湿球温度 t_w。

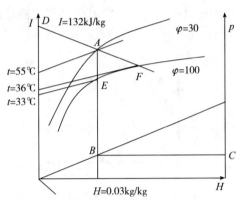

图 11 – 4 $I \sim H$ 图

解:由已知条件:$p = 101.3$ kPa，$H = 0.03$kg 水/kg 干空气，$t = 55$ ℃；如图 11 – 4 所示，在 $I – H$ 图上确定出湿空气的状态点 A。

①湿空气中水蒸气分压 p_v：由 A 点沿等 H 线向下与水蒸气分压线交于 B 点，向右作水平线与右侧纵轴交于 C 点，读出 $p_v = 5$ kPa。

②湿空气的相对湿度：由过 A 点的等相对湿度线读出 $\varphi = 30\%$。

③湿空气的焓 I：过 A 点作等焓线的平行线与纵轴相交于 D，读出 $I = 132$ kJ/kg绝干空气。

④湿空气的露点 t_d：由 A 点沿等 H 向下与 $\varphi = 100\%$ 线交于 E 点，通过 E 点的等 t 线读出 $t_d = 33$ ℃。

⑤湿球温度 t_w：过点 A 沿等 I 线与 $\varphi = 100\%$ 线交于点 F，由 F 点的等 t 线读出 $t_w = 14$ ℃。

(三)湿空气的基本状态变化过程

根据食品工业生产的需要,湿空气的状态可发生改变,从而引起湿空气部分或全部状态参数的改变。其变化过程可分为若干基本过程,这些过程均可在 $I – H$ 图上表示。

1. 间壁式加热和冷却

若空气的温度变化范围在露点以上,则空气中的含水量始终保持不变,且为不饱和状态,为等湿过程,过程线为垂直线。过程 A 至 B 为间壁式加热过程,过程 C 至 D 为间壁式冷却过程,见图 11 – 5。

2. 间壁式冷却减湿

间壁式冷却过程当进行至露点,空气即达到饱和状态,继续冷却时,超过饱和部分的水蒸气将会以液态水的形式在冷却壁面上凝结出来,而且温度不断降低,但空气始终在饱和状态。如果将凝结出来的水分设法除去,再将所得的饱和空气加热,则不会恢复到原来的状态,而空气的湿度小于原空气的湿度,即达到减湿的目的。过程 A 至 B 为间壁式冷却过程,过程 B 至 C 为间壁式减湿过程,见图 11 -6。

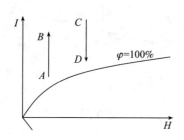

图 11 -5 湿空气的间壁式加热或冷却过程   图 11 -6 湿空气的间壁式冷却减湿

3. 不同状态空气的混合

有状态不同状态的湿空气 $1(H_1,I_1)$ 和 $2(H_2,I_2)$,对应的干空气的量为 q_1 和 q_2,二者混合后的湿空气状态为 $3(H_m,I_m)$,见图 11 -7。由物料衡算和热量(焓)衡算,可求得两空气混合后 H_m 和 I_m。

$$H_m = \frac{q_1 H_1 + q_2 H_2}{q_1 + q_2} \qquad (11-15)$$

$$I_m = \frac{q_1 I_1 + q_2 I_2}{q_1 + q_2} \qquad (11-16)$$

4. 绝热冷却增湿过程

空气和水直接接触时,空气的状态变化可视为空气和液态水表面边界层内的饱和空气不断混合的过程,见图 11 -8。

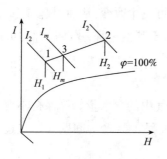

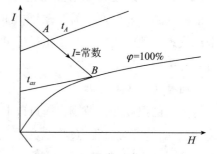

图 11 -7 不同状态湿空气的混合   图 11 -8 湿空气绝热冷却增湿过程

若空气(以 A 点表示)与温度为 t_{as} 的冷却水(其表面的饱和空气以 B 点表

示)相接触,由于水温保持不变,B 点的位置也固定不变,则空气的不断混合过程就表现为空气状态从 A 点不断向 B 点移动。绝热饱和过程的进行,其结果一方面表现为空气的冷却,另一方面表现为空气的增湿,故称为绝热冷却增湿过程。

第三节 干燥静力学

在干燥工艺设计和干燥设备选型中,干燥过程的计算中应通过干燥器的物料衡算和热量衡算计算出湿物料中水分蒸发、空气用量和所需热量,再依此选择适宜型号的鼓风机、设计或选择换热器等。

一、 物料含水量的表示方法

1. 湿基含水量 w

以湿物料为计算基准的物料中水分的质量分率或质量百分数。

$$w = \frac{湿物料中水分的质量}{湿物料的总质量} \times 100\% = \frac{m_w}{m} = \frac{m_w}{m_s + m_w} \tag{11-17}$$

式中:m——湿物料质量,kg;

m_w——湿物料中所含水分质量,kg;

m_s——湿物料中所含绝干物料质量,kg。

2. 干基含水量 X

不含水分的物料通常称为绝对干物料或称干料。以绝对干物料为基准的湿物料中含水量,称为干基含水量,亦即湿物料中水分质量与绝对干料的质量之比,单位为 kg 水分/kg 绝干料。

$$X = \frac{湿物料中水分的质量}{湿物料中绝对干物料的质量} = \frac{m_w}{m_s} = \frac{m_w}{m - m_w} \tag{11-18}$$

两种含水量之间的换算关系为

$$X = \frac{w}{1-w} \tag{11-19}$$

$$w = \frac{X}{1+X} \tag{11-20}$$

工业上常采用湿基含水量表示湿物料中的含水量。

二、 干燥系统的物料衡算

通常物料干燥系统由两个主要部分组成,即预热空气的预热器(室)和进行物料干燥的干燥器(室)。连续式干燥过程在空气和物料作相对运动的状态下进行,通过物料衡算可确定将湿物料干燥到规定的含水量所蒸发的水分量、空气消耗量、干燥产品的流量。见图 11 - 9。

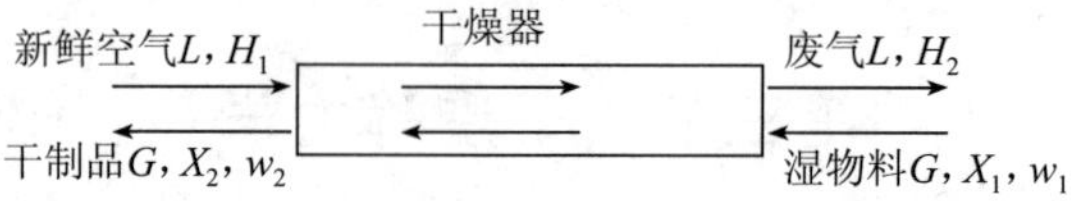

L—绝干空气的质量流量,kg/s H_1,H_2—湿空气进、出干燥器时的湿度,kg 水/kg 绝干空气 X_1,X_2—湿物料进、出干燥器时的干基含水量,kg 水/kg 绝干料 w_1,w_2—湿物料进、出干燥器时的湿基含水量,% G—湿物料中绝干物料质量流量,kg/s

图 11 - 9   连续式逆流干燥物料衡算示意流程图

1. 水分蒸发量 W

若不计物料损失,对图 11 - 9 所示的连续干燥器作水分的物料衡算,以单位时间为基准。

$$W = G_1 - G_2 = G(X_1 - X_2) = G_1 \frac{w_1 - w_2}{1 - w_2} = G_2 \frac{w_1 - w_2}{1 - w_1} = L(H_2 - H_1) \quad (11 - 21)$$

式中:W——水分蒸发量,kg/s;

G——绝干物料进入或离开干燥器的流量,kg/s。

2. 干空气消耗量 L

对图 11 - 9 所示的干燥器作水分衡算,忽略水分损失,则:

$$LH_1 + GX_1 = LH_2 + GX_2$$

故干空气消耗量为:

$$L = \frac{G(X_1 - X_2)}{H_2 - H_1} = \frac{W}{H_2 - H_1} \quad (11 - 22)$$

令 $l = L/W$,称为比空气用量,其意义是从湿物料中气化 1 kg 水分所需的干空气量,则有:

$$l = \frac{L}{W} = \frac{1}{H_2 - H_1} \quad (11 - 23)$$

式中:l——单位空气消耗量,kg 绝干空气/kg 水。

如果新鲜空气进入干燥器前先通过预热器加热,由于加热前后空气的湿度不变,所示式(11 - 23)说明比空气用量只与空气的最初和最终湿度有关,而与干燥过程所经历的途径无关。

3. 干燥产品的流量 G_2

假设物料中的绝对干物质在干燥过程中保持不变,不计损失,根据质量守恒

定律,则:

$$G = G_1(1 - w_1) = G_2(1 - w_2)$$

干燥产品流量为:

$$G_2 = \frac{G_1(1 - w_1)}{1 - w_2} \tag{11-24}$$

三、 干燥系统的热量衡算

通过干燥器的热量衡算可以确定物料干燥所消耗的热量或干燥器排出空气的状态,见图 11-10。

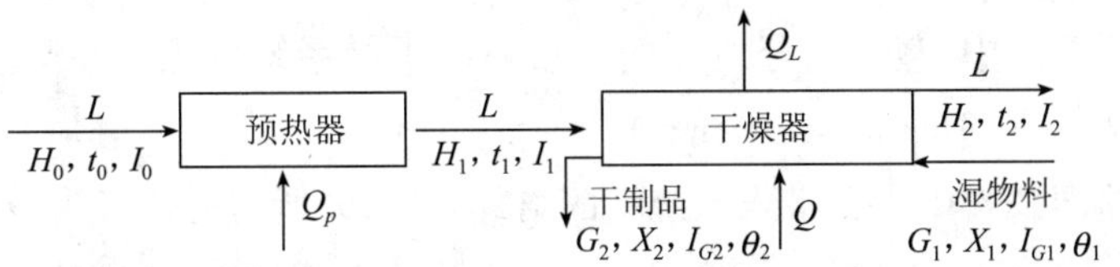

L—绝干空气的流量,kg/s　I_0, I_1, I_2—进入预热器、进入干燥器和离开干燥器湿空气的焓,kJ/kg 绝干空气　t_0, t_1, t_2—进入预热器、进入干燥器和离开干燥器湿空气时的温度,℃　Q_p—预热器的传热速率,kw　G_1, G_2—进入和离开干燥器湿物料的质量流量,kg/s　θ_1, θ_2—进入和离开干燥器湿物料的温度,℃　I_{G1}, I_{G2}—进入和离开干燥器湿物料的焓,kJ/kg 干物料　Q_D—向干燥器中补充热量的速率,kW　Q_L—干燥器的热损失速率,kW

图 11-10　连续式逆流干燥过程的热量衡算图

1. 预热器的热量衡算

若忽略预热器的热损失,以 1 s 为基准,则有

$$LI_0 + Q_p = LI_1$$
$$Q_P = L(I_1 - I_0) \tag{11-25}$$

2. 干燥器的热量衡算

$$LI_1 + G_1 I_{G1} + Q_D = LI_2 + G_2 I_{G2} + Q_L$$
$$Q_D = L(I_2 - I_1) + G_2 I_{G2} - G_1 I_{G1} + Q_L \tag{11-26}$$

3. 干燥系统消耗的总热量

$$Q = Q_P + Q_D$$
$$= L(I_1 - I_0) + L(I_2 - I_1) + q_{m,G2} I_{G2} - q_{m,G1} I_{G1} + Q_L \tag{11-27}$$
$$= L(I_2 - I_0) + G_2 I_{G2} - G_1 I_{G1} + Q_L$$

通过变换,对空气为干燥介质体系:

$$Q = Q_p + Q_D$$

$$= L[(1.01 + 1.88H_2)(t_2 - t_1)] + W(1.88t_2 + 2\ 490) + GC_{m2}(\theta_2 - \theta_1) + Q_L$$

$$(11-28)$$

式中:$C_{m2} = C_s + X_2 C_w$

c_s——干物料的比热,kJ/(kg·℃);

c_w——水的比热,4.187kJ/(kg·℃)。

由上式可以看出,向系统输入的总热量用于加热空气、加热物料、蒸发水分、热损失四个方面。

4. 干燥系统的热效率

在干燥系统中,蒸发水分所需的热量与向干燥系统输入的总热量之比称干燥系统的热效率(Thermal efficiency)。

若忽略湿物料中水分带入系统中的焓,蒸发水分所需的热量为 Q_w,则有

$$Q_w = W(2\ 490 + 1.88t_2) - 4.187\theta_1 W \approx W(2\ 490 + 1.88t_2) \quad (11-29)$$

$$\eta = \frac{蒸发水分所需的热量}{向干燥系统输入的总热量} \times 100\% = \frac{W(2\ 490 + 1.88t_2)}{Q} \times 100\%$$

$$(11-30)$$

干燥系统的热效率是衡量一个干燥过程或干燥器在能量利用方面的重要指标,干燥系统热效率越大表示热能利用程度越高。提高干燥系统热效率的措施如下:

①提高热空气进口温度,但是需注意热敏性物料的耐热性问题;

②降低废气出口温度,提高废气出口湿度,但需注意吸湿性物料问题。一般空气离开干燥器的温度 t_2 需比进入干燥器时的绝热饱和温度高 20~50 ℃,这样才能保证在干燥系统后面的设备内不致析出水滴,否则可能使干燥产品返潮,且易造成管路的堵塞和设备材料的腐蚀;

③废气回收,利用其预热冷空气或冷物料;

④注意干燥设备和管路的保温隔热,减少干燥系统的热损失。

【例11-3】 某食品生产企业以温度为 25 ℃、相对湿度为 50% 的常压空气干燥果干物料。空气经预热器被加热到 90 ℃后送入干燥器,排出废气的温度为 45 ℃、湿度为 0.030 kg/kg 绝干空气。若果干进料量为 100 kg/h,湿基含水量为 20%,温度为 20 ℃,离开干燥器时温度为 50 ℃、湿基含水量降至 10%。湿物料的平均比热为 1.3 kJ/(kg 干物料·℃)。设干燥器的热损失为 1.0 kW,忽略预热器的热损失。求:

①水分蒸发量 W;

②空气消耗量 L；

③预热器提供的热量 Q_p；

④干燥系统消耗的总热量 Q；

⑤向干燥器补充的热量 Q_D；

⑥干燥系统的热效率 η。

解:已知 $t_0 = 25\ ℃$，$\varphi_0 = 50\%$，$t_1 = 90\ ℃$，$t_2 = 45\ ℃$，$H_2 = 0.020\ kg/kg$ 绝干气，$G_1 = 100\ kg/h$，$w_1 = 20\%$，$\theta_1 = 20\ ℃$，$w_2 = 10\%$；$\theta_2 = 50\ ℃$，$c_m = 1.2\ kJ/(kg$ 绝干料·℃$)$，$Q_L = 1.0\ kW$。

①水分蒸发量 W：$X_1 = \dfrac{w_1}{1-w_1} = \dfrac{20\%}{1-20\%} = 0.25 kg/kg$ 干物料

$$X_2 = \frac{w_2}{1-w_2} = \frac{10\%}{1-10\%} = 0.111\ 1\ kg/kg\ 干物料$$

绝干物料量 $G = G_1(1-w_1) = 100 \times (1-20\%) = 80\ kg$ 干物料/h

由式 9 – 21 求水分蒸发量

$W = G(X_1 - X_2) = 80 \times (0.25 - 0.111\ 1) = 11.112\ kg/h$

②空气消耗量 L：由焓湿图查得：$H_0 = 0.011\ kg/kg$ 绝干空气，故

$$L = \frac{W}{H_2 - H_0} = \frac{11.112}{0.030 - 0.011} = 584.84\ kg\ 绝干空气/h$$

③预热器提供的热量 Q_p：由焓湿图查得：$h_0 = 54\ kJ/kg$ 绝干气；而 $H_1 = H_0 = 0.011\ kg/kg$ 绝干空气，$t_1 = 90\ ℃$，查得 $h_1 = 118\ kJ/kg$ 绝干空气，故

$Q_P = L(h_1 - h_0) = 584.84 \times (122 - 54) = 3.976\ 9 \times 10^4\ kJ/h = 11.05\ kW$

④干燥系统消耗的总热量 Q：

$$\begin{aligned}
Q &= L[(1.01 + 1.88H_2)(t_2 - t_1)] + W(1.88t_2 + 2\ 490) + GC_{m2}(\theta_2 - \theta_1) + Q_L \\
&= 584.84[(1.01 + 1.88 \times 0.030) \times (90 - 45)] + 11.112 \times (1.88 \times 45 + 2\ 490) + \\
&\quad 100 \times (1.3 + 0.111\ 1 \times 4.187) \times (50 - 20) + 1.0 \times 3\ 600 \\
&= 65\ 531.78\ kJ/h \\
&= 18.20\ kW
\end{aligned}$$

⑤向干燥器补充的热量 Q_D：$Q_D = Q - Q_P = 18.20 - 11.05 = 7.15\ kW$

⑥干燥系统的热效率 η：若忽略湿物料中水分带入干燥系统的焓，则由式 11 – 30 可得

$$\eta = \frac{W(2\ 490 + 1.88t_2)}{Q} = \frac{11.112 \times (2\ 490 + 1.88 \times 45)}{65\ 531.78} = 43.66\%$$

复杂热风干燥过程的计算原则仍是联合物料衡算、热量衡算、焓的表达式和混合空气状态计算式求解。例如,为节约能量,在出口湿空气温度较高而湿度相对较低时,可以考虑废气循环操作,此时应进行混合点空气状态参数的计算,计算方法是湿空气混合前后的物料衡算和热量衡算,得到混合后湿空气的性质参数后,对系统进行物料衡算和热量衡算,求解问题。

第四节 干燥动力学

一、 湿物料中的水分

1. 湿物料中水分活度

湿物料中水分活度(Water activity, a_w)对干燥速率有决定性作用,是影响物料干燥的重要因素。倘若把水蒸气视为理想气体,水分活度即是水蒸气分压 p_v 与同温度下纯水的饱和蒸汽压 p_s 之比。对于纯水和表面有润湿水分的物料,a_w =1;对于与物料相结合的水分,$a_w < 1$。

$$a_w = \frac{p_v}{p_s} \qquad (11-31)$$

物料中水分的活度与物料的保藏性有关,通常当水分活度大于 0.95 时,微生物生长繁殖很快;当小于 0.95 时,微生物生长繁殖受到抑制;当物料中水分的活度小于等于 0.7 时,微生物生长繁殖或其他生命活动几乎全部停止。

2. 平衡水分和自由水分

水分活度不仅与物料的贮藏性有关,还决定干燥进行的方向。当湿物料与一定状态的湿空气(t, φ)接触,$a_w < \varphi$ 时,物料吸收湿空气中水蒸气(物料吸湿);$a_w > \varphi$ 时,物料向湿空气排出水分(物料被干燥);$a_w = \varphi$ 时,湿物料中的水分活度应等于空气的相对湿度,既不吸收也不排出水分,达到平衡。

湿物料与一定状态的不饱和湿

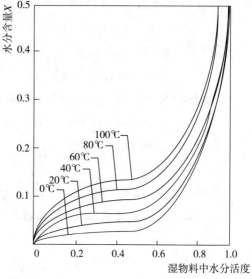

图 11-11 马铃薯在不同温度下的吸附等温线

空气接触达到平衡状态时物料所含水分称为该空气状态下物料的平衡水分。在干燥过程中能除去的水分只是物料中超出平衡水分的那一部分,称为自由水分,也称为可除去水分。平衡水分是一种湿物料对应一定湿空气才有意义。一定温度下水分活度与含水量的关系曲线称为吸附等温线(Adsorption iisotherm),见图 11-11。

物料中的水分与一定温度 t、相对湿度 φ 的不饱和湿空气达到平衡状态,此时物料所含水分称为该空气状态下物料的平衡水分(Equilibrium water)。在干燥过程中能除去的水分只是物料中超出平衡水分的那一部分,称为自由水分(Free water)或可除去水分。

平衡水分随物料的种类及空气的状态(t,φ)不同而不同。平衡水分代表物料在一定空气状况下可以干燥的限度。表 11-1 列出部分食品的平衡水分。

表 11-1 部分食品的平衡水分(温度,25 ℃)

物料	空气相对湿度 $\varphi/\%$						
	15	30	45	60	75	90	100
面粉	6.7	9.1	10.8	12.7	15.0	19.1	24.5
大米	6.6	9.2	11.3	13.4	15.6	18.8	—
玉米	6.4	8.4	10.5	12.9	14.8	19.1	23.8
大麦	6.0	8.4	10.0	12.1	14.4	19.5	26.8
燕麦	5.7	8.0	9.6	11.8	13.8	18.5	24.1

3. 结合水分与非结合水分

根据湿物料与水分的结合方式和水分除去的难易程度,可把物料中水分分为结合水分(Bound water)和非结合水分(Unbound water)。

结合水分分为化学结合水和物化结合水。

化学结合水是经过化学反应按一定比例存在于干物料内部,与干物料结合牢固,若去除这部分水分会引起物料的物理性质和化学性质的变化的水分。这部分水分不是干燥所要求排除的,如结晶水的形态存在于固体物料之中的水分。

物化结合水是指吸附水、渗透水和结构

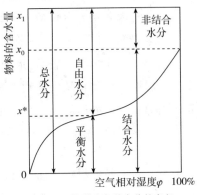

图 11-12 物料中各种水分的意义

水,其中,吸附水与物料结合比较牢固。结合水分是借化学力或物理化学力与物料相结合的,由于结合力强,其蒸汽压低于同温度下纯水的饱和蒸汽压,致使干燥过程的传质推动力降低,故除去结合水分较困难。

非结合水分包括机械地附着于固体表面的水分,如物料表面的吸附水分、较大孔隙中的水分和毛细管水分等。物料中非结合水分以液态存在,与物料的结合力弱,其蒸汽压与同温度下纯水的饱和蒸汽压相同,除去非结合水分较容易。干燥主要是除去非结合水分。

物料中结合水分和非结合水分的划分只取决于物料本身的性质,而与干燥介质的状态无关;平衡水分与自由水分则还取决于干燥介质的状态。干燥介质状态改变时,平衡水分和自由水分的数值将随之改变。

物料的总水分、平衡水分、自由水分、结合水分、非结合水分之间的关系,见图 11 – 12。

二、 干燥过程的热质传递

以对流干燥为例。在干燥过程中,热空气将热量传递到物料表面,再由表面传递到物料内部,与此同时,物料表面水分不断汽化,在物料内部与表面间形成湿度梯度,促使物料内部的水分向表面传递并汽化,热空气不断地将汽化的水分带走,从而完成物料干燥。在干燥过程中,热量从热空气传递到物料表面,再传递到物料内部,水分汽化又将热量带入热空气,属于热量传递过程;水分从物料内部传递至表面并汽化后进入热空气,属于传质过程。所以物料干燥是一个热质同传(Heat and mass transfer)的过程,它包含物料内部的传热传质和物料外部的传热传质。

由物料内部湿度梯度和温度梯度导致的水分传递称为内部扩散。物料表面水分汽化传向外部热空气的传质,称为表面汽化。

1. 物料水分内部扩散的传质过程

随着表面汽化的进行,逐渐形成物料从内部到表面的湿度梯度,也称水分梯度。内部水分含量高于表面,水分以湿度梯度为推动力从内部向表面扩散,此性质为导湿性。设物料从内部到表面的湿度梯度为 $\mathrm{d}M_w/\mathrm{d}x$,则单纯由湿度梯度引起的内部水分扩散速度 $\mathrm{d}m_w/\mathrm{d}x$ 表示为:

$$\frac{\mathrm{d}m_w}{\mathrm{d}t} = -k_w S \frac{\mathrm{d}M_w}{\mathrm{d}x} \qquad (11-32)$$

式中:S——干燥物料的表面积;

k_w——存在温度梯度时,物料内部水分扩散系数。

湿空气将热量传递给物料,传热方向从表面向内部,在物料内部存在温度差,形成温度梯度。温度梯度也可促使物料内部水分从高温向低温处发生传递,此性质称为热湿导。设物料从内部到表面的温度梯度为 dT/dx,则单纯由湿度梯度引起的内部水分扩散速度 dm_T/dx 表示为

$$\frac{dm_T}{dt} = -k_T \frac{dT}{dx} \qquad (11-33)$$

式中:k_T——存在温度梯度时,物料内部水分扩散系数。

以上两种梯度导致的水分传递称为内部扩散,故水分传递是上两种传递水分的总和,即

$$m_s = m_w + m_T \qquad (11-34)$$

不同的干燥方式,物料内部形成的湿度梯度与温度梯度的方向不是完全一致的。

2. 物料水分表面汽化的传质过程

水分由物料内部扩散到表面后,便在表面汽化。可认为在物料表面附近存在一层气膜,在气膜内水蒸气分压等于物料中水分的蒸汽压,此蒸汽压的大小由水分与物料的结合方式决定。表面汽化在气相中的传质推动力为此蒸汽压与气相主体中水蒸气分压之差。造成该分压的原因:在对流干燥中,由于介质的不断流动,带走汽化的水分;在真空干燥中,则是汽化的水分被真空泵抽走。

在干燥过程中,物料中水分的内部扩散和表面汽化同时进行。由于受到物料的结构、性质、含水量等条件和干燥介质性质的影响,在干燥过程的不同阶段其速率不同,从而对干燥速率的控制机理也不同。进行较慢的传质控制着干燥过程的速度。通常将外部传质控制称为表面汽化控制,内部传质控制称为内部扩散控制。

在干燥过程中,当物料中水分表面汽化的速率小于内部扩散的速率时,水分能迅速到达物料表面,使表面保持充分润湿,此时干燥速率主要由表面汽化传质速率决定,称为表面汽化控制。若要增加干燥速率,则应改善影响表面汽化的因素。对对流干燥而言,提高湿空气的温度、降低相对湿度、提高空气流速、改善空气与物料的接触和流动情况,均有助于提高干燥速率。

在干燥过程中,当物料中水分表面汽化的速率大于内部扩散的速率,无充足的水分扩散至物料表面供汽化,此时干燥速率主要由内部扩散传质速率决定,称为内部扩散控制。若要增加干燥速率,则应改善影响内部扩散的因素。如减少物料厚度、使物料堆积疏松、搅拌或翻动物料、采用微波干燥等。

3. 干燥曲线与干燥速率曲线

干燥速率:单位时间内在单位干燥面积上汽化的水分量,其表达式为:

$$U = \frac{\mathrm{d}W}{A\mathrm{d}\tau} = -\frac{G\mathrm{d}X}{A\mathrm{d}\tau} \qquad (11-35)$$

式中:U——干燥速率,$\mathrm{kg}/(\mathrm{m}^2 \cdot \mathrm{s})$

A——干燥面积,m^2;

W——水分汽化量,kg;

τ——干燥时间,s。

干燥速率是干燥进行快慢的表征。对于对流干燥,影响干燥速率的因素主要有以下几方面:

①湿物料的性质与形状:包括物理结构、化学组成、形状大小、料层厚薄及水分结合方式。

②湿物料的湿度:物料的水分活度与湿度有关,因而影响干燥速率。

③湿物料的温度:温度与水分的蒸汽压和扩散系数有关。

④干燥介质的状态:温度越高,相对湿度越低,干燥速率越大。

⑤干燥介质的流速:由边界层理论可知,流速越大,气膜越薄,干燥速率越大。

⑥介质与物料的接触状况:主要是指介质的流动方向。流动方向垂直于物料表面时,干燥速率最快。

根据干燥条件的不同可以分为恒定干燥和变动干燥。干燥介质的温度、湿度、流速及与物料的接触方式,在整个干燥过程中均保持恒定,或在真空干燥时保持传热条件和真空度恒定,则为恒定干燥,否则为变动干燥。

干燥特性曲线包括水分随干燥时间而变化的曲线,温度随干燥时间而变化的曲线及干燥速率随干燥时间而变化的曲线。由于物料干燥过程的复杂性,以上曲线均是在薄层干燥条件下实验测定的。现以典型干燥过程为例介绍以上曲线的特点,见图 11-13。

典型干燥工艺过程包括预热、等速干燥、降速干燥、缓速及冷却五个阶段。各个阶段的过程如下:

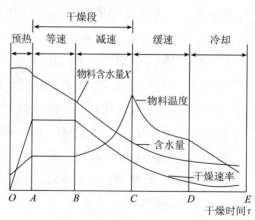

图 11-13　典型过程的干燥特性曲线示意图

①预热阶段（OA 段）：此阶段物料受热升温,水分变化很小,干燥速率由零迅速增加至最大值。物料预热段所需时间很短,一般可并入等速干燥阶段考虑。

②等速干燥阶段（AB 段）：此阶段物料温度上升至热空气状态对应的湿球温度并保持恒定,干燥速率恒定在最大值,物料含水量呈线性下降,此阶段相当于自由水的蒸发,属于表面汽化控制,可按湿球温度的原理进行分析。

③降速干燥阶段（BC 段）：此阶段物料内部水分扩散速率小于表面汽化速率,干燥速率逐渐下降,物料温度逐渐上升,最后接近于热空气的干球温度,物料水分曲线趋于平缓,属于内部扩散控制。

当湿物料中的含水量达到某一点时,干燥特性由等速干燥转变为降速干燥,该点称为临界点或第一临界点,对应水分称为临界水分。第一临界点以后,物料中剩余的水分主要是物理化学结合水,即束缚水和结构水。

在降速干燥段曲线上出现了另一转折点,称为第二临界点。第二临界点之前称为第一降速阶段,之后称为第二降速阶段。出现第二临界点的原因有如下解释。第一降速阶段是从干外表面层开始形成至全部形成之间的阶段,物料内部水分扩散速率小于表面水分在湿球温度下的汽化速率,这时物料表面不能维持全面湿润而形成"干区",导致干燥速率下降。而第二阶段是干外表面层向内移动至干燥结束阶段,水分的汽化面逐渐向物料内部移动,导致热、质传递途径加长,阻力增大,造成干燥速率下降。

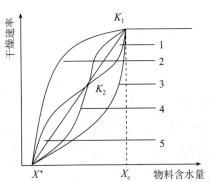

图 11 – 14　不同物料典型的降速干燥曲线示意图

由于物料结构、成分的复杂性,在降速干燥阶段可能出现各种不同的特性,见图 11 – 14。图中曲线 1 是具有粗孔的物料如纸张、纸板等物料的典型干燥曲线。曲线 2 向上凸线如织物、皮革等物料的干燥曲线。曲线 3 向下凹的陶质等物料的干燥曲线。以上三类曲线不存在第一和第二降速阶段。曲线 4 为黏土等物料的干燥曲线。曲线 5 为面包类物料的干燥曲线。

临界含水量与物料的性质、厚度和干燥速率有关。同一物料,如干燥速率增加,则临界含水量增大;在同一干燥速率下,物料粒度越大,则临界含水量越大。临界含水量可通过实验测定,在缺乏实验数据条件下,可按表 11 - 2 所列数值范围估计。

表 11 - 2　不同性质物料的临界含水量

物料特征	示例	临界含水量(X 干基)
粗核无孔物料 > 50 目	石英	3 ~ 5
晶体粒状,孔隙较少,粒度 50 ~ 325 目	食盐	5 ~ 15
晶体,粒状,孔隙较小	谷氨酸结晶	15 ~ 25
粗纤维细粉和无定形、胶体状	醋酸纤维	25 ~ 50
细纤维,无定形和均匀状态的压紧物料、浆状物料,部分有机物和无机盐	淀粉、硬脂酸钙	50 ~ 100
分散的压紧物料,胶体和凝胶状态的物料,部分有机物和无机盐吸附物	动物胶、硬脂酸钙	100 ~ 3000

食品工业中,主要以降速干燥为主,其中可能会出现多个临界点。

④缓速阶段(CD 段):此阶段的物料为保温堆放状态,使物料内外的热量和水分相互传递达到均匀状态。缓速后物料表面温度有所下降,水分有少量下降,干燥速率变化很小。

⑤冷却阶段(DE 段):此阶段的物料温度要求下降到不高于环境温度 5 ℃左右。冷却过程中物料水分基本保持不变。

三、干燥时间的计算

在一定的干燥条件下,物料由初始含水量干燥到终了含水量所需要的时间,可根据其干燥速率曲线和式(11 - 35)求得。为方便计算,将干燥时间计算分为恒速干燥段和降速干燥段。

1. 恒速干燥段

恒速干燥段的干燥速率为常数,其值等于临界点干燥速率 U_c,物料由初始含水量 X_1 降到临界含水量 X_C 所需要的时间 τ_1,由式(11 - 35)积分可得:

$$\int_0^{\tau_1} d\tau = -\frac{G}{AU_c} \int_{X_1}^{X_c} dX$$

即 $$\tau_1 = \frac{G}{AU_c}(X_1 - X_c) \qquad (11-36)$$

式中: τ_1——恒速干燥阶段干燥时间,s;

U_c——临界干燥速率,kg/(m²·s)。

临界点干燥速率 U_c 可从干燥速率曲线查得,或由下面的公式计算。在恒速干燥阶段,物料干燥速率保持恒定,此时物料中水分汽化吸收的热量等于热空气对流传递给物料的热量,即:

$$U_c r_{tw} = \alpha(t - t_w)$$

有: $$U_c = \frac{\alpha}{r_{tw}}(t - t_w) \qquad (11-37)$$

式中: α——对流传热系数,W/(m²·K);m²;

r_{tw}——水在温度 t_w 的汽化热,J/kg;

t, t_w——空气的干球温度和湿球温度,℃。

式(11-38)为计算恒速干燥段干燥速率 U_c 的公式。其中对流传热系数 α 可根据热空气流量和相对物料的流向等条件,用如下经验公式计算:

①空气平行流过物料表面,空气流量为 $L = 0.7 \sim 8$ kg/(m²·s)时:

$$\alpha = 14.3 \times L^{0.8} \ W/(m^2 \cdot K) \qquad (11-38)$$

②空气垂直流过物料表面,空气流量为 $L = 1.1 \sim 5.6$ kg/(m²·s)时:

$$\alpha = 24.2 \times L^{0.37} \ W/(m^2 \cdot K) \qquad (11-39)$$

2. 降速干燥段

降速干燥段的干燥时间仍可由式(11-35)积分求取,当物料含水率由 X_c 下降到 X_2 时所用的时间 τ_2 为:

$$\tau_2 = \int_0^{\tau_2} d\tau = -\frac{G}{A}\int_{X_c}^{X_2}\frac{1}{U}dX = \frac{G}{A}\int_{X_2}^{X_c}\frac{1}{U}dX \qquad (11-40)$$

在降速干燥段,干燥速率是变量,干燥时间可用图解积分法或近似计算法求取。

①图解积分法:由干燥速率曲线查出降速段与 X 相对应的 U 值,以 X 为横坐标,$1/U$ 为纵坐标绘图,求得 $X_2 \sim X_c$ 之间的对应面积,其数值即为所求积分值,再由式(11-40)求得降速干燥段的干燥时间 τ_2,见图11-15。

②近似计算法:假设降速干燥段的干燥速

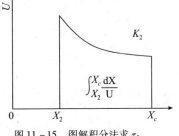

图11-15 图解积分法求 τ_2

率与物料的自由水含量$(X - X^*)$成正比,用连结临界点 C 与平衡含水量点 E 的直线代替降速干燥阶段的干燥速率,可得:

$$\tau_2 = \frac{G}{A} \int_{X_2}^{X_c} \frac{1}{U} dX = \frac{G}{A} \frac{X_c - X^*}{U_c} \int_{X_2}^{X_c} \frac{1}{X - X^*} dX$$

$$= \frac{G}{A} \frac{X_c - X^*}{U_c} \ln \frac{X_c - X^*}{X_2 - X^*}$$

$$(11 - 41)$$

因此,若不考虑装卸物料所用的时间则干燥总时间为两阶段干燥时间之和。

由模型拟合确定干燥时间,选择合适的理论模型、经验模型和半理论半经验模型,对整个干燥过程的实验数据进行拟合,从而建立干燥速率表达式。利用该表达式,可以求出干燥过程中任何时刻的水分含量和干燥至某一水分所需的时间。

薄层物料干燥时,预热段所需时间很短,一般可并入等速干燥阶段考虑。关于此类曲线,国外学者研究较多,比较典型的是

$$\frac{dm_d}{d\tau} = -K(M_d - M_e) \qquad (11 - 42)$$

式中:K——干燥常数,与物料种类及干燥介质状态相关;

M_e——干基平衡水分。

解微分方程

$$\int \frac{dM_d}{M_d - M_e} = \int -K d\tau$$

则 $\ln(M_d - M_e) = -K\tau + C$

C 为积分常数,以 $\tau = 0$ 为初始条件,$M_d = M_{d0}$ 则导出

$C = \ln(M_{d0} - M_e)$ 代入上式,得

$$\frac{M_d - M_e}{M_{d0} - M_e} = e^{-Kt}$$

令 $MR = \dfrac{M_d - M_e}{M_{d0} - M_e}$

则

$$MR = e^{-K\tau} \qquad (11 - 43)$$

式中:MR——水分比。

式(11 -43)是一个比较适用的表达式,通过实验,可确定干燥常数 K,使表达式成为干燥时间与物料水分之间的关系式。

【例11 -4】 对某果干进行间歇式干燥,已知空气平行吹过物料表面,干燥

总面积为 50 m², 每个周期的生产能力为 1 000 kg 干物质, 开始时的干燥速率为 2.00 × 10⁻⁴ kg 水/(m².s), 试估算将该果干从含水量 0.15 kg/kg(干基) 干燥至 0.05 kg/kg(干基) 所需要的时间。该果干的临界含水量为 0.10 kg/kg(干基) 时, 平衡含水量近似为零, 降速干燥阶段的曲线为直线。如果将空气速度由 1 m/s 提高到 2 m/s, 干燥时间又为多少。

解:①当空气速度为 1m/s, 恒速干燥时间为:

$$\tau_1 = \frac{G}{AU_c}(X_1 - X_c) = \frac{1\,000}{50 \times 2.00 \times 10^{-4}}(0.015 - 0.10) = 500 \text{ s}$$

降速干燥曲线为直线情况下, 降速干燥时间为:

$$\tau_2 = \frac{G}{A}\frac{X_c - X^*}{U_c}ln\frac{X_c - X^*}{X_2 - X^*} = \frac{1\,000}{50} \times \frac{0.010 - 0}{2.00 \times 10^{-4}}ln\frac{0.10 - 0}{0.05 - 0} = 693 \text{ s}$$

总干燥时间为: $\tau = \tau_1 + \tau_2 = 1\,193$ s

②假设其他条件未发生变化, 将空气速度由 1 m/s 提高到 2 m/s, 空气流量为以前 2 倍, 则:

$$\frac{\alpha}{\alpha}' = \frac{14.3 \times (2L)^{0.8}}{14.3 \times L^{0.8}} \quad 即: \alpha' = 2^{0.8}\alpha$$

$$\frac{U'_c}{U_c} = \frac{\dfrac{\alpha'}{r_{tw}}(t - t_w)}{\dfrac{\alpha}{r_{tw}}(t - t_w)} \quad 即: U'_c = 2^{0.8}U_c$$

恒速干燥时间为: $\tau'_1 = \dfrac{\tau_1}{2^{0.8}} = \dfrac{500}{2^{0.8}} = 287$ s

降速干燥曲线为直线情况下, 降速干燥时间为 $\tau'_2 = \dfrac{\tau_2}{2^{0.8}} = \dfrac{693}{2^{0.8}} = 398$ s

总干燥时间为: $\tau = \tau_1 + \tau_2 = 685$ s

第五节　喷雾干燥简介

喷雾干燥(Spray drying)是利用喷雾器将需干燥的稀料液分散成雾滴, 形成具有较大的表面积的分散微粒(10 ~ 200 um), 与干燥介质(热空气、氮气等)接触发生强烈的热交换, 使水分迅速蒸发并排除的干燥方法。

喷雾干燥的优点:干燥速率高、干燥时间短, 如与高温 400 ~ 500 ℃ 的热风接触需 0.01 ~ 0.04 s 内就完成干燥, 与 100 ~ 150 ℃ 的热风接触需 1 ~ 3 s 就完成干燥;物料温度低,适于热敏性物料;干燥成品根据需要可制成粉状、粒状、空心球或微胶囊等,有良好的溶解性和分散性,质量高;操作稳定,能连续、自动化生产;由料液直接获得粉末产品,省去了蒸发、结晶、分离和粉碎操作。喷雾干燥主要用于干燥乳品、蛋制品、酵母、果蔬粉、速溶饮料以及香料、生物药品、染料等。

喷雾干燥的缺点:热利用率低,一般热效率30% ~40%,能耗大;设备体积庞大,分离一般需要两级除尘。

一、 喷雾干燥流程说明

以 QZR 离心喷雾干燥流程图简述喷雾干燥系统干燥流程,见图 11 – 16。空气经过空气过滤器净化后由引风机送入加热器,加热后的空气被送入喷雾干燥塔,热空气经过热风分配器后与雾滴接触。料液从料筒内经送料泵输送至喷雾干燥塔,料液自塔顶部进入离心雾化器被雾化为雾滴,雾滴与热空气接触并发生强烈的热交换,迅速排除本身的水分,在极短时间内获得干燥,干燥后的产品从干燥塔底部排出。从干燥塔排除的尾气经旋风除尘器除去微细粒子,去湿后经鼓风机升压再次进入加热器变为热风,可重复循环使用。经旋风除尘器处理的尾气或经过湿法除尘器处理后排入大气。

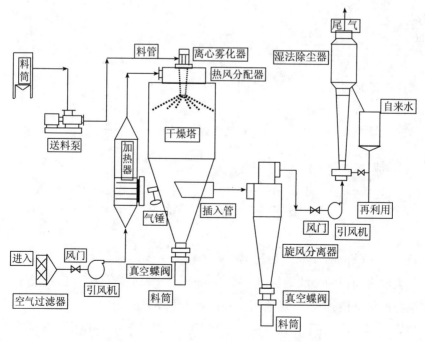

图 11 – 16　QZR 离心喷雾干燥流程图

二、 液滴的雾化

将稀料液分散成细小的雾滴是喷雾干燥的关键。通过喷雾器(雾化器)可实现雾化。因此,喷雾器是喷雾干燥的关键部件。它对产品的质量和经济技术指标均有较大的影响,对热敏性物料的干燥更为重要。对喷雾器的设计要求是:产生雾滴均匀、大小满足要求;结构简单、效率高;能耗低、易操作等。根据实现湿物料雾化的原理,喷雾器目前通常有以下三种:压力式喷雾器、离心式喷雾器和气流式喷雾器。

(一)压力喷雾器

压力喷雾器(Compression sprayer)又称机械式喷雾器或压力喷嘴。料液经过高压泵加压后以一定的速度沿切线方向进入喷嘴的旋转室,使料液的部分静压能转化为动能,料液高速旋转运动。根据自由旋涡动量矩守恒定律,旋转速度与旋涡半径成反比。因此越靠近轴心,旋转速度越大,其静压力越小,结果在喷嘴中央形成一股压力等于大气压的空气旋流,而料液则形成绕空气旋转的圆锥状液膜。液膜从喷嘴喷出后,在料液物性的影响及干燥介质的摩擦作用下,伸长变薄,并撕裂成细丝,最后细丝断裂为液滴。

压力式喷嘴的内部结构有旋转型和离心型两类。旋转型结构有一切向入口和液体旋转室,见图 11 –17。高压液体由切向入口进入旋转室产生高速旋转运动。离心型喷嘴在其内安装有雾化芯,雾化芯有斜槽形、螺旋形和漩涡片等。雾化芯的作用使高压液体产生旋转运动,有利于雾化。

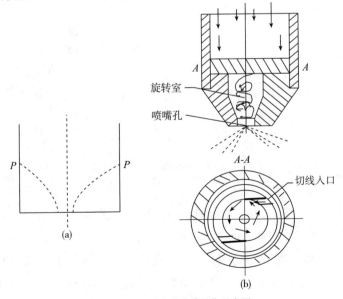

图 11 –17　压力式喷嘴操作示意图

（二）离心式喷雾器

离心式雾化器（Centrifugal sprayer）又称转盘式雾化器，是一种应用较广泛的喷雾器。转盘有光滑盘和叶片盘两种结构形式，光滑盘表面为光滑的平面或曲面，有平板形、盘形以及杯形等。叶片盘有多种型式，如圆形、弯曲矩形和椭圆形通道转盘。喷雾器型式的选择主要取决于被干燥物料的性质，如黏度较小的料液可采用多叶片式，对黏度大的料液可采用光滑盘。

离心喷雾是利用在水平方向作高速旋转的圆盘给予溶液以离心力，使其以高速甩出，形成薄膜，由喷雾盘的边缘甩出同时受空气的摩擦以及本身表面张力作用而成细丝或液滴。从离心盘甩出的液体被分散为液滴的现象，受下列因素的支配：液体的黏度，表面张力；液体在离心盘边缘的惯性力（离心力）；液体甩出点周围空气的摩擦力。当离心盘转速很低并且液量很小时，则黏度和表面张力起决定因素。此时雾化机理为物性控制。当离心盘的转速越来越高，液量也越来越大时，则离心力和摩擦起决定因素，此时雾化机理液就从物性控制过渡到离心力和摩擦控制，成为速度雾化机理，见图 11 - 18。

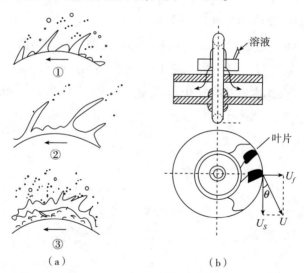

图 11 - 18　离心团转盘的雾化情况
及转盘喷雾器中溶液的运动情况

在工业生产条件下，大多采用高速转盘和大流量下操作，所以雾化主要是速度雾化。高黏度液体的雾化也强调速度雾化。速度雾化形成的喷雾具有很宽的滴径分布，为了提高喷雾的均匀性，可在低进液量的情况下，提高转盘的速度。在喷雾干燥的操作条件下，想利用调节料液黏度和表面张力来获得均匀的液滴是不可能的。因此料液量一定时,为了保证液滴的均匀性,必须注意以下几点:离心盘必须无震动运转;转盘速度要高;转盘上的叶片的沟槽表面必须平滑;转盘上叶片表面完全为料液所润湿;进料量要稳定而且均匀。

(三)气流式喷雾器

气流式喷雾器是利用压缩空气或过热蒸汽的高速流动对液膜的摩擦分裂作用将料液分散成雾滴。当气、液两相在端面接触时,由于气体喷出的速度很高,一般为 200 ~ 340 m/s,而料液流出的速度并不高(一般不超过 2 m/s),在气、液液体间存在很大的相对速度,从而产生很大的摩擦力,使物料雾化,带动料液从喷嘴喷出。

气流式喷雾器按气、液两流体在两个通道出口处混合形式可分为内混合式、外混合式和内外混合式,见图 11 - 19。内混合式能将压缩空气所加的全部能量用于液体摩擦分裂,能量转化率比外混合式高,但在温度较高时,喷嘴易被未干的物料堵塞。外混合式的物料是在喷嘴出口处与压缩空气混合,因此物料与压缩空气均可进行单独控制,故雾化操作易调节,而且生产比较稳定。外混合式在干燥工艺上应用比内混合式多。

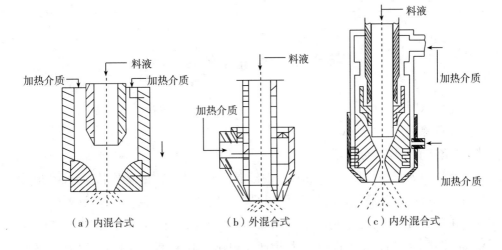

（a）内混合式　　　　　（b）外混合式　　　　　（c）内外混合式

1—料液　 2、3—气体
图 11 - 19　气流式雾化器结构示意图

(四)三种喷雾器的比较

压力喷雾和离心喷雾在国内外食品工业上都用于大规模的生产中。目前国内以压力喷雾为主,如蛋、乳粉生产中压力喷雾占 76%,而离心喷雾占 24%。国外,欧洲国家以离心喷雾为主,美国、日本等国则以压力喷雾为主。在设备选型时,应根据实际要求、所处理物料的性质、制品质量等方面情况而定。

表 11 - 3　三种喷雾器的比较

型式	优点	缺点
压力式	结构简单,操作时无噪音,制造成本低,维修方便,动力消耗较小 改变了喷嘴的内部结构,容易得到所需要的喷矩形状 大规模生产时可以采用多喷嘴喷雾(1~12个) 适于并流、逆流操作 塔径小	生产过程中流量无法调节,操作弹性很小 喷孔在 1 mm 以下的喷嘴,易堵塞 不适宜用于黏度高的胶状料液及有固相分界面的悬浮液的喷雾 喷嘴易磨损,需经常调换
离心式	液料通道大,不易堵塞 对料液的适应性强,高黏度、高浓度的料液均可 操作弹性大,进料量变化 ±25% 时,对产品质量无大影响 产品粒度均匀	结构复杂、造价高、维修工作复杂 动力消耗比压力式大 只适于顺流、立式喷雾设备 塔径大
气流式	可制备粒度5μm 以下产品 可处理黏度较大的物料 塔径小 并、逆流操作均适宜	能耗大 不适宜大型设备 产品粒度差异大,均匀性必差

第六节　冷冻干燥简介

令含水物质温度降至冰点以下,水分凝固成冰,而后在较高真空度下使冰直接升华而除去水分的干燥方法称为冷冻干燥(Freeze drying),也称冷冻升华干燥、真空冷冻干燥或分子干燥。

真空冷冻干燥与其他干燥方法相比,具有如下优点:在低温下进行,因此对于许多热敏性以及易氧化的物质,可以最大限度地保留其色、香、味及营养物质;在冷冻干燥过程中,微生物的生长和酶的作用无法进行,因此能保持原来的性状;由于在冻结的状态下进行干燥,因此体积几乎不变,保持了原来的结构,不会发生浓缩现象;干燥后的物质疏松多孔,呈海绵状,加水后溶解迅速而完全,几乎立即恢复原来的性状;冷冻干燥能排除95%~99%以上的水分,使干燥后产品能长期保存而不致变质。

冷冻干燥的缺点:在高真空和低温下进行,需要有整套高真空和制冷设备,设备费用和操作费用都很大,生产成本高。

一、 水的相平衡图

物质有固、液、汽三态。物质的状态随温度和压力变化而改变,其相态的转变过程可使用相图表示,如图 11 – 20 表示纯水的相平衡图(Phase diagram of water)。图中 AB、AC、AD 三条曲线分别表示冰和水蒸气、冰和水、水和水蒸气两相共存时其压力和温度之间的关系,分别称为升华曲线、熔化曲线和汽化曲线。此三条曲线将图面分为三个区域,分别称为固相区、液相区和气相区。箭头1、2、3 方向表示水在不同相之间的变化过程,分别表示冰升华成水蒸气、冰熔化成水和水汽化成水蒸气的过程。曲线 AD 的顶端有一点 K,其温度为 374℃,称为临界点。若水蒸气的温度高于其临界温度 374℃时,无论怎样加大压力,水蒸气也不能变成水。三曲线的交点 A,为固、液、汽三相共存的状态,称为三相点(Triple point),其温度为 0.01 ℃,压力为 610.5 Pa。在三相点以下,不存在液相。若将冰面的压力保持低于 610 Pa,且给冰加热,冰就会不经液相直接变成汽相,此过程称为升华(Sublimation)。冰的升华热为 2.84 MJ/kg,约为熔化热和汽化热之和。

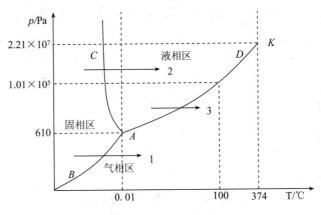

图 11 – 20　水的三相平衡图

二、食品中水分的升华

食品中因有各种溶质,水分的凝固点低于纯水的冰点。真空冷冻干燥是先将湿料冻结到共晶点温度(Eutectic temperature)以下,使水分变成固态的冰,然后在较高的真空度下,使冰直接升华为水蒸气,再用真空系统中的水汽凝结器将水蒸气冷凝,从而获得干燥制品的技术。干燥过程是水的物态变化和移动的过程。这种变化和移动发生在低温低压下。因此,真空冷冻干燥的基本原理就是低温低压下传质传热的机理。与纯水不同,物料干燥时,水不是一直在物料表面进行。随着升华干燥的进行,冻结的冰面不断退入到物料内部,升华产生的水蒸气要穿过已干燥物料组织,才能被真空泵抽走。因此,升华的传质阻力随干燥的进行会不断增加。

三、冷冻干燥工艺过程

食品物料的冷冻干燥工艺过程主要包括物料的预冻、升华干燥和解吸干燥三个过程。

因食品物料中水分结晶形式对冷冻干燥速率有直接的影响。速冻能形成大量细小的冰晶和溶质结晶,对物料组织的破坏很小,但不能形成升华时水蒸气的逸出通道,升华传质阻力增加,严重时可能使封闭在物料中的水蒸气因不能逸出而达到饱和,导致液态水出现,导致干燥失败。缓冻能形成数量少、体积大的大冰晶体,可以在物料中形成网状冰晶结构,从而形成有利于升华时水蒸气逸出的网状通道。因此,在预冷时应采用适当的冻结速度,既有利于保护物料组织的破坏减少,又能形成有利于升华传质的通道,提高干燥速率。

冷冻干燥在密封的干燥箱内进行。干燥箱内必须维持足够的真空度,绝对压力一般为 0.2 kPa 左右。干燥箱并能对物料进行供热,供热通常采用加热板以传导方式进行,热流量应被控制在使供热仅转换为水分升华所需的升华热而不会使物料升温熔化。升华产生的水蒸气及不凝结气体经冷阱除去大部分水蒸气后上真空泵排走。冷阱的低温使其内部的水蒸气压低于干燥箱内的水蒸气压,形成水蒸气传递的推动力。

升华干燥结束后,物料中仍含有 10% ~30% 水分,主要是结合水分,水分活度低,应在真空条件下提高物料温度至 30 ~60 ℃,使其解析汽化,此过程为解析干燥。

第七节　干燥设备简介

因为湿物料形态(如块状、粒状、溶液及浆状等)及性质(热敏性、分散性、黏性等)的差异,进行干燥时所必需的干燥条件如干燥时间、干燥温度、干燥压力、水分汽化量、热空气状态等会有很大的变化;且不同干制品对成品质量的要求不同等多方面的原因,所以,干燥时会选择不同的干燥方法和干燥器。

干燥器有不同的分类方法。按操作压强分常压干燥器和真空干燥器;按操作方式分连续式干燥器和间歇式干燥器;按供热方式分有对流干燥器、传导干燥器、辐射干燥器、介电加热干燥器;按干燥介质和湿物料的相对运动方向分有并流干燥器、逆流干燥器、错流干燥器。

干燥介质和湿物料的相对运动方向在生产中有很重要的意义。

在并流干燥器中,湿物料移动方向与干燥介质流动方向一致。含水量高的湿物料与温度最高而湿度最低的干燥介质相接触,在进口端的干燥推动力大;在出口端则相反。故适用并流干燥器情况:①干物料不耐高温而湿物料允许快速干燥;②湿物料的吸湿性小或最终水分要求不很低。

在逆流干燥器中,湿物料移动方向与干燥介质的运动方向相反,干燥推动力在干燥器中分布较均匀。故适用逆流干燥器情况:①湿物料不宜快干而干物料能耐高温;②物料的吸湿性强或最终含水量要求低。在逆流时,湿物料进入的温度不应低于干燥介质在此处的露点,否则湿度高的干燥介质中有一部分水蒸气会冷凝在湿物料上,从而增加干燥时间。

在错流干燥器中高温介质与湿物料运动方向相垂直,如果湿物料表面都与湿度小、温度高的介质接触,可获得较高的推动力,但介质的用量和热量的消耗也较大。故适用错并流干燥器情况:①湿物料在干燥的始、终都允许快速干燥和高温;②要求设备紧凑(过程速度大)而允许较多的介质和能耗。

一、对流干燥器

1. 厢式干燥器

厢式干燥器(Tray dryer),也称盘式干燥器,属于常压间歇式干燥设备。小型的厢式干燥器常称烘箱,大型的厢式干燥器常称烘房,或烤房。厢式干燥器四壁由绝热材料构成,厢内有多层载物架,装料盘置于上面,故又称为盘架式干燥器,见图 11 – 21。为减轻物料装卸的劳动强度,可将载物架置于小车后推入厢内,此类厢式干燥器称车厢式干燥器,见图 11 – 22。

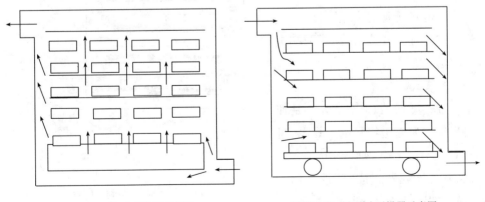

图 11 – 21 厢式干燥器示意图   图 11 – 22 车厢式干燥器示意图

厢式干燥器内有供空气循环使用的风机,强制引入新鲜空气与循环废气混合,并流过加热器加热。厢式干燥器的优点是构造简单、制造容易、维修方便、适应性强;缺点是干燥不均匀、干燥时间长、劳动强度大、操作条件差、热能利用率不大。适用于干燥粒状、片状和膏状物料,批量小、干燥程度要求高、不允许粉碎的脆性物料,以及随时需要改变风量、温度和湿度等干燥条件的情况。

2. 洞道式干燥器

洞道式干燥器(Tunnel dryer)由箱体、温度控制器、加热器、载物小车等设备组成,见图 11 – 23。

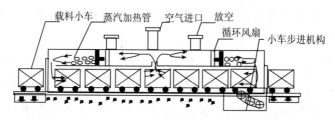

图 11 – 23　洞道式干燥器示意图

洞道式干燥器的干燥室是一个深远狭长的隧道,遂道长度可达 20～40 m。在隧道内铺设了两根铁轨,载物小车在铁轨上运行。料盘堆放在小车上,料盘间留有间隙供干燥介质通过。洞道式干燥器的进料和卸料系半连续式,即当一小车干料从洞道一端(出口)卸出时,另一小车湿物料即从另一端(入口)进入。干燥时洞道的门是密闭的,只有在进、卸料时才允许开启。加热器有电热式和蒸汽式两种,一般设计安装在洞道的顶层,与进风口紧密相连。洞道式干燥器根据加热空气流动方式分为并流、逆流或两端进中间出等方式。

3. 带式干燥器

带式干燥器(Belt dryer)是使用环带作为输送物料的干燥器,见图 11 -24。运输带通常用帆布、橡胶、金属丝网等制成,环带可用一根或多根,以金属丝网较多。用金

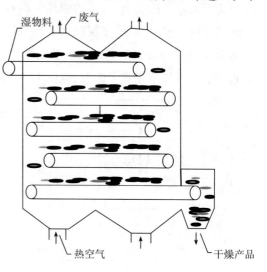

图 11 – 24　带式干燥器示意图

属丝网时,干燥介质才可以穿流方式流过。

干燥介质从下部进入,由下而上依次流过各层物料。物料由顶层进入,随带子移动,依次落入下一层环带,成品最后从底部卸出。相邻环带运动方向相反,环带运动速度低且可调,从每分钟 1 米到几米不等。带式干燥器有以下特点:被干燥物料须制成适当的分散状态,使加热介质能顺利通过带上的物料层;物料呈分散状态暴露于加热介质,水分内部扩散路径较短且和空气紧密接触,干燥速率高;设备造价高,为保证有效利用,当干燥至水分含量为 10% ~ 15% 后,再用其他干燥器进行干燥。带式干燥器适合于散粒状物料干燥,干燥速率较高、适应性较强。

4. 流化床干燥器

流化床干燥(Fluidized-bed dryer)是近年发展起来的一类新型干燥器,又称为沸腾床干燥器。流化床干燥器有单层圆筒型、多层圆筒型、气流型、喷雾型、振动型、卧式单室型、卧式多室型等。图 11 - 24 属于卧式单室型,图 11 - 25 属于卧式多室型流化床干燥。

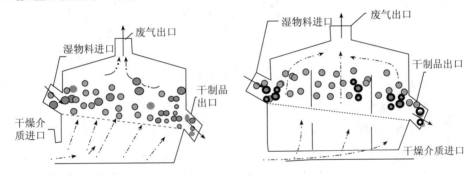

图 11 - 25　单室式流化床式干燥器示意图　　　图 11 - 26　多室式流化床干燥器示意图

散粒状物料由床侧加料器加入,热气流通过多孔分布板与物料层接触,气流速度保持在临界流化速度和带出速度之间,颗粒即能在床层内形成流化,颗粒在热气流中上下翻动与碰撞,与热气流进行传热和传质而达到干燥的目的。当床层膨胀到一定高度时,床层空隙率增大而使气流流速下降,颗粒又重新落下而不致被气流所带走。经干燥之后的颗粒由床侧出料管卸出,气流由顶部排出,并经旋风分离器回收其中夹带的粉尘。

流化床干燥器的优点:颗粒在干燥器内的停留时间可任意调节,适合不同含水量干燥制品的干燥要求;气流速度小,物料与设备的磨损较轻,压降小;颗粒物料与干燥介质充分接触,传热面大,干燥速率高;结构简单、紧凑,维修方便。

流化床干燥器的缺点：因颗粒在床层中高度混合，则可引起物料的短路和返混，物料在干燥器内的停留时间不均匀；对干燥的物料性状有限制，初始流化时空气阻力大，操作控制较复杂。

5. 喷动床干燥器

物料从窄截面处加入，被进口气体夹带并进行输送，同时使物料沿器壁返回床层，从而使物料形成循环运动。物料循环频率与气速有关。物料在干燥器的扩大部分物料呈沸腾状态，在此被干燥，见图 11 – 27。

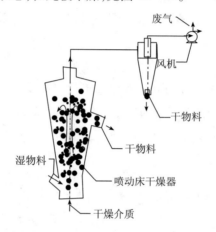

图 11 – 27　喷动床干燥器示意图

6. 气流干燥器

气流干燥器(Pneumaitic dryer)是利用高速的热气流将潮湿的粉状、粒状、块状物料分散悬浮于干燥介质中，与干燥介质并流输送，同时进行干燥，见图 11 – 28。会流下干燥器适用于在潮湿状态下仍能在气体中自由流动的颗粒物料。

如图 11 – 27 所示，潮湿物料经预热器加热后从底部进入气流干燥器，被加热介质吹起。物料在流动过程与加热介质充分接触，并做激烈的相对运动，同时进行传热和传质，从而达到干燥目的。干制品由干燥器顶部送出，经分离器回收夹带的细小物料。

气流干燥器的优点：对流传热系数和传热温度差大，干燥速率快；容积传热系数和温差大，体积小，能实现小设备大生产的目的；物料停留时间短，可在高温下干燥，对热敏性物料有利；散热面积小，热损失小，热利用率高；设备紧凑，结构简单，操作连续稳定，适用性广。

气流干燥器的缺点：气体流速大，系统阻力大，动力消耗大；在干燥过程中存在摩擦，易将产品磨碎，不适用于对晶形有要求的物料干燥；成品由气体带出，分

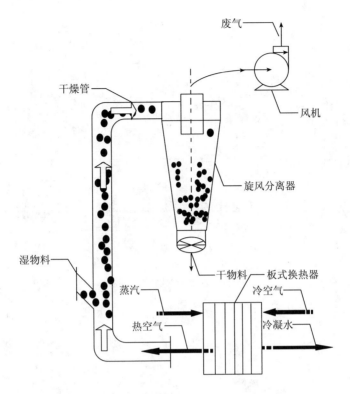

图 11 - 28　气流干燥干燥器示意图

离器的负荷大;干燥管太长,一般在 10 m 以上。

　　为降低气流干燥器的高度,把干燥器改为多级,称为多级气流干燥器,现国内采用二级、三级较多。除此之外,还有脉冲式气流干燥器、套管式气流干燥器、旋风气流干燥器、环形气流干燥器。

7. 转筒干燥器

　　转筒干燥器(Rotary dryer)又称回转式干燥器,属于常压干燥器,见图 11 - 29。主要组成部分是一与水平方向略倾斜的回转圆筒。物料从较高的一端进入,随着圆筒的转动而移动到较低的一端。转筒长度和直径比常为 4 ~ 8,转筒转速一般为 1 ~ 8 r/min;转筒的倾斜度与长度相关,为 0.5° ~ 6°。

　　转筒干燥器以热空气或烟道所为干燥介质。物料与干燥介质间的流向可用并流、逆流或并、逆流结合等方式。

　　为了使物料与加热介质接触良好,有利于传热和传质,在转筒内装有分散物料的装置,称为抄板。抄板将物料抄起后再洒下,增大干燥面积,提高干燥速率,同时促进物料向前运动。抄板有各种类型,见图 11 - 30。

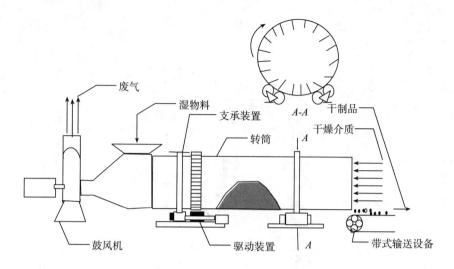

图 11 – 29　逆流式转筒干燥器

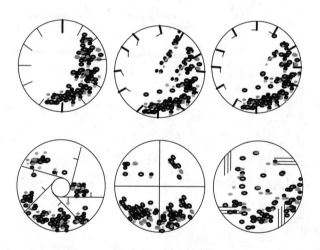

图 11 – 30　常用抄板类型

转筒干燥器的优点:机械化程度高,生产能力大,处理量大,适应性强,操作控制方便,干燥时间可通过调节转筒的转速来控制,产品质量均匀。转筒干燥器的缺点:物料在干燥器内停留时间长,且物料颗粒之间的停留时间差异较大;设备笨重,热利用率低,结构复杂,占地面积大。

二、传导干燥器

1. 滚筒式干燥器

滚筒式干燥器(Drum dryer)属于间
接加热的连续干燥器,主要由一个或两
个中空的金属圆筒组成,见图 11 – 31。
圆筒水平安装,内部由水蒸气、热水、烟
道气等载热体加热,圆筒壁成为干燥操

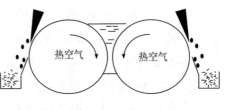

图 11 – 31 滚筒式干燥器

作的传热壁。当圆筒部分浸没在被干燥物料中或将干燥物料喷洒在圆筒上面,
圆筒水平转动使物料在其表面形成薄膜状而被干燥。当圆筒转动到一定程度,
物料被干燥,即利用刮刀刮下。

滚筒式干燥器的优点:干燥速度快,动力消耗少,干燥时间和干燥强度易调
节;适用于溶液、悬浮液、胶体溶液等流动性物料的干燥。

2. 带式真空干燥器

带式真空干燥器(Belt vacuum dryer)主要用于液状与浆状物料的干燥,见图
11 – 32。带式真空干燥器主要由一连续不锈钢带组成,不锈钢带在真空室内绕
过一加热滚筒和一冷却滚筒。湿物料加在下方钢带上,由加热滚筒和辐射加热
器一起加热。当钢带绕过冷却滚筒时,干制品即被冷却,并由刮刀刮下。

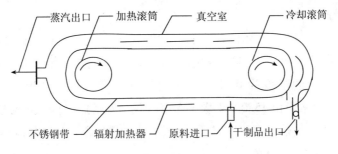

图 11 – 32 带式真空干燥器

习 题

1. 在常压下,用公式计算温度为 80 ℃、湿含量为 0.022 kg/kg 绝干气的空气
的焓、相对湿度、湿比热、比容和露点。

2. 湿空气在温度 30 ℃下、压力 101.33 kPa,湿含量为 0.012 kg/kg 干空气,

试求：

①空气的相对湿度 φ_1；

②压力不变，将空气温度升高至 60 ℃时的相对湿度 φ_2；

③若温度仍为 30 ℃，将压力升高至 140 kPa 时的相对湿度 φ_3；

④若温度仍为 30 ℃，压力升高至 400 kPa，湿空气的湿含量是否有变化？若有变化，100 m³ 原湿空气的水分量减少多少。

3. 在压力 101. 33 kPa，将含 1 kg 绝干空气的空气 $A(t_A = 15 \text{ ℃}, \varphi_A = 0.30)$ 与含 2 kg 绝干空气的空气 $B(t_B = 90 \text{ ℃}, \varphi_B = 0.20)$ 混合，得空气 C。求空气 C 的焓、湿度。

4. 在常压下，测得湿空气的干球温度为 25 ℃，相对湿度为 40%，试求：

①湿度；

②露点；

③焓；将此状态空气加热到 120 ℃所需的热量，已知空气的质量流量为 500 kg 绝干空气/h；

5. 在连续干燥器中将 1 000 kg/h 湿基含水量为 15% 的湿物料减至 2%。干燥介质为新鲜湿空气，进入干燥器时湿含量 0. 008 kg/kg 绝干气，离开干燥器 0. 062 kg/kg 绝干气。求：①水分蒸发量；

②空气消耗量；

③干燥产品量。

6. 常压下，以热空气为干燥介质，在连续式逆流干燥器中干燥某种食品湿物料，温度为 20 ℃、湿度为 0. 008 kg/kg 绝干气的湿空气被预热至 120 ℃后进入干燥器，废气出口的湿度为 0. 03 kg/kg 绝干气。湿物料的进出口温度分别为 25 ℃、80 ℃，含水量由 15. 0% 干燥至 5. 0%（均为湿基）。干空气的流量为 2 000 kg 干空气/h，干物质比热容为 1. 40 kJ/(kg · ℃)，水的比热容为 4. 2 kJ/(kg · ℃)。忽略能量损失。求：

①湿物料量的水分蒸发量；

②干燥器的湿物料量处理量；

③干燥制品的产量；

④废气出口的温度。

7. 以热空气为干燥介质，在连续式逆流干燥器中干燥某种食品湿物料，进入干燥器时空气的湿含量为 0. 01 kg/kg 绝干气、焓为 130 kJ/kg 绝干气，离开干燥器时空气的温度为 40 ℃。进入干燥器时物料的温度 25 ℃，含水量为 0. 05 kg/

干物质和离开干燥器时物料的温度 60 ℃,0.002 kg/kg 干物质。处理干物质量为 500 kg/h。干物质比热容为 1.45 kJ/(kg·℃),水的比热容为 4.2 kJ/(kg·℃)。不计热损失,试求湿空气流量。

8. 在逆流连续干燥器中,将某种物料由初始湿基含水量 3.5% 干燥至 0.2%。物料进入干燥器时的温度为 24 ℃,离开干燥器时的温度为 40 ℃,干燥产品量为 0.278 kg/s。干物质的比热容为 1.507 kJ/(kg·℃)。空气的初始温度为 25 ℃、湿含量为 0.009 5 kg/kg 干空气,经预热器预热到 90 ℃后送入干燥器,离开干燥器时的温度为 35 ℃。试求空气消耗量、预热器的热功率和干燥器的热效率。假设热损失可以忽略不计。

9. 某食品原材料经过 4.0 h 恒定干燥后,其含水量由 $X_1 = 0.40$ kg/kg 降至 $X_2 = 0.10$ kg/kg。若在相同条件下,将该食品原材料的含水量由 $X_1 = 0.40$ kg/kg 降至 $X_2 = 0.06$ kg/kg,试求需要干燥多长时间。物料的临界含水量 $X_c = 0.15$ kg/kg、平衡含水量 $X^* = 0.05$ kg/kg。假设在降速干燥段,干燥速率与物料的自由含水量 $(X - X^*)$ 成正比。

10. 干燥某食品材料,由实验测得其干燥特性为降速干燥特点,已知由初始湿基含水量 70.0% 降至 30.0% 所用的时间为 6 h,平衡含水量为 0.15(干基)。今有一批该物料,其初始湿基含水量为 75%,问:在相同干燥条件下,20h 后物料的含水量是多少。

11. 用喷雾干燥设备生产固体果汁饮料,每小时处理 50%(湿基)的浓缩果汁 100 kg,干燥后固体果汁粉的湿基含水量为 2%。空气初始状态为 25 ℃,相对湿度 80%,预热至 150 ℃后进入喷雾塔。排出废气的相对湿度为 10%,设浓缩果汁进入干燥室的温度为 50 ℃,对外界的热损失为 209 kJ/kg 水分,浓缩果汁进出喷雾塔所带入的热量为 146 kJ/kg 水分,求所需的空气量。

12. 在恒定干燥条件下,将某湿物料由 0.35 kg/kg 干物料,干燥至 0.10 kg/kg 干物料,共需 6 h。已知物料的临界含水量为 0.15 kg/kg 干物料,平衡含水量为 0.05 kg/kg 干物料。问:继续干燥至 0.08 kg/kg 干物料,再需多少 h。

参考文献

[1]李云飞,葛克山等.食品工程原理[M].2 北京:中国农业大学出版社, 2009.

[2]王志祥.制药化工原理[M].北京:化学工业出版社,2005.

[3]姚玉英,陈常贵,柴诚敬等.化工原理学习指南——问题与习题解析 [M].天津:天津大学出版社,2003.

[4]姚玉英,陈常贵,柴诚敬等.化工原理:上册[M].3 版.天津:天津大学出 版社,2010.

[5]张也影.流体力学[M].北京:高等教育出版社,1986.

[6]高福成.食品工程原理[M].北京:中国轻工业出版社,1998.

[7]高福成,王海鸥,郑建仙等.现代食品工程高新技术[M].中国轻工业出 版社,2006.

[8]谭天恩,麦本熙,丁惠华.化工原理[M].第二版.北京:化学工业出版社, 1992.

[9]杨同舟,于殿宇.食品工程原理[M].2 版.北京:中国农业出版社,2011.

[10]陈敏恒,丛德滋,方图南等.化工原理[M].北京:化学工业出版社, 1999.

[11]管国锋,赵汝溥.化工原理[M].第三版.北京:化学工业出版社,2010.

[12]冯骉等.食品工程原理[M].北京:中国轻工业出版社,2011.

[13]王海.食品工程原理及应用[M].北京:机械工业出版社,1995.

[14]夏青,陈常贵等.化工原理[M].修订版.天津:天津大学出版社,2007.

[15]刘成梅,罗舜菁,张继鉴等.食品工程原理[M].北京:化学工业出版社, 2011.

[16]袁仲等.食品工程原理[M].北京:化学工业出版社,2008.

[17]徐文通等.食品工程原理[M].北京:高等教育出版社,2005.

[18]姜绍通等.食品工程原理[M].北京:化学工业出版社,2011.

[19]赵思明等.食品工程原理[M].北京:科学出版社,2009.

[20]刘长海等.食品工程原理学习指导[M].北京:中国轻工业出版社, 2010.

[21]俞佐平等.传热学[M].北京:高等教育出版社,1995.

[22]无锡轻工业学院等.食品工程原理[M].北京:轻工业出版社,1995.

[23]贾绍义等.化工传质与分离过程[M].2版.北京:化学工业出版社,2010.

[24]柴诚敬等.化工流体流动与传热[M].2版.北京:化学工业出版社,2007.

[25]柴诚敬等.化工原理:上册[M].2版.北京:高等教育出版社,2010.

[26]钟理等.化工原理:上册[M].北京:化学工业出版社,2008.

[27]华泽钊等.食品冷冻冷藏原理与设备[M].北京:机械工业出版社,2002.

[28]惠特曼等.制冷与空气调节技术[M].寿明道,译.5版.北京:电子工业出版社,2008.

[29]邱信立等.工程热力学[M].2版.北京:中国建筑工业出版社,1985.

[30]寥明义等.制冷原理与设备[M].黑龙江:黑龙江科学技术出版社,1990.

[31]张裕平.食品加工技术装备[M].北京:中国轻工业出版社,2000.

[32]刘伟民,赵杰文,黄阿根等.食品工程原理[M].北京:中国轻工业出版社,2011.

[33]何潮洪,窦梅,朱明乔等.化工原理习题精解[M].北京:科学出版社,2003.

[34]葛目荣,徐莉,曾宪友等.纳滤理论的研究进展[J].流体机械,2005:35-39.

[35]高孔荣,黄惠华,梁照为.食品分离技术[M].广州:华南理工大学出版社,1998.

[36]王镜岩,朱圣庚,徐长法.生物化学[M].北京:高等教育出版社,2002.

[37]曾庆孝,芮汉明,李汴生.食品加工与保藏原理[M].北京:化学工业出版社,2002.

[38]闫光明.纳滤膜处理中低压锅炉软化水可行性研究[D].北京工业大学,2000.

[39]伍勇,肖泽仪,黄卫星等.乙醇发酵与渗透汽化在硅橡胶膜生物反应器中的耦合强化[J].高校化学工程学报,2004,4(18):241-245.

[40]赵黎明,刘少伟,申雅维.膜分离技术在食品发酵工业中的应用[M].北京:中国纺织出版社,2011.

[41]苏仪,罗建泉,杭晓风等.纳滤技术在生物分离中的应用[J].生物产业技术,2010:48-52.

[42]普文英,张卫东,赵汉臣.纳滤-新型的分离小分子有机物的膜技术[J].中国药房,2000,11(6):234-236.

[43]尤玉如.国产电渗析设备乳清粉脱盐的试验研究[J].中国乳品工业,1991,19(5):201-206.

[44]周宛平,曾兰萍主编.化学分离法[M].北京:北京大学出版社,2008.

[45]严希康.生化分离技术[M].上海:华东理工大学出版社.1996.

[46]师治贤,王俊德.生物大分子的液相色谱分离和制备[M].北京:科学出版社.1999.

[47]孙彦.生物分离工程[M].北京:化学工业出版社,1998.

[48]俞俊棠,唐孝宣,邬行彦等.生物工艺学[M].北京:化学工业出版社,2002.

[49]何炳林,黄文强.离子交换与吸附树脂[M].上海:上海科技教育出版社,1995.

[50]王方.国际通用离子交换技术手册[M].上海:科学技术文献出版社,2000.

[51]张海德.现代食品分离技术[M].北京:中国农业大学出版社,2006.

[52]王志魁.化工原理[M].北京:化学工业出版社,1998.

[53] SINGH R P,HELDMAN D R. Introduction to Food Engineering[M]. 4th ed. New York,USA:Academic Press, 2008.

[54] MCCABE WL, SMITH JC, HARRIOTT P. Unit Operations of chemical Engineering[M].4th ed. New York,USA:Mc Graw-Hill Book CO. ,1985.

附　录

1. 水的物理性质

温度 t/℃	饱和蒸汽压 p/kPa	密度 ρ/(kg/m³)	焓/(kJ/kg)	比定压容 c_p/[kJ/(kg·℃)]	热导率 λ/[10^{-2}W/(m·℃)]	黏度 μ/(10^{-5}Pa·s)	体积膨胀系数 β/(10^{-4}/℃)	表面张力 σ/(10^{-3}N/m)
0	0.608 2	999.9	0	4.212	55.13	179.21	−0.63	75.6
10	1.226 2	999.7	42.04	4.191	57.45	130.77	+0.70	74.1
20	2.334 6	998.2	83.90	4.183	59.89	100.50	1.82	72.6
30	4.247 4	995.7	125.69	4.174	61.76	80.07	3.21	71.2
40	7.376 6	992.2	167.51	4.174	63.38	65.60	3.87	69.6
50	12.34	988.1	209.30	4.174	64.78	54.94	4.49	67.7
60	19.923	983.2	251.12	4.178	65.94	46.88	5.11	66.2
70	31.164	977.8	292.99	4.187	66.76	40.61	5.70	64.3
80	47.379	971.8	334.94	4.195	67.45	35.65	6.32	62.6
90	70.136	965.3	376.98	4.208	68.14	31.65	6.95	60.7
100	101.33	958.4	419.10	4.220	68.27	28.38	7.52	58.8
110	143.31	951.0	461.34	4.238	68.50	25.89	8.08	56.9
120	198.64	943.1	503.67	4.260	68.62	23.73	8.64	54.8
130	270.25	934.8	546.38	4.266	68.62	21.77	9.17	52.8
140	361.47	926.1	589.08	4.287	68.50	20.10	9.72	50.7
150	476.24	917.0	632.20	4.312	68.38	18.63	10.3	48.6
160	618.28	907.4	675.33	4.346	68.27	17.36	10.7	46.6
170	792.59	897.3	719.29	4.379	67.92	16.28	11.3	44.3
180	1 003.5	886.9	763.25	4.417	67.45	15.30	11.9	42.3
190	1 255.6	876.0	807.63	4.460	66.99	14.42	12.6	40.0
200	1 554.7	863.0	852.43	4.505	66.29	13.63	13.3	37.7

2. 饱和水蒸气(温度基准)

温度 t/℃	绝压 p/ kPa	密度 ρ/ (kg/m³)	焓 H/(kJ/kg) 液	焓 H/(kJ/kg) 汽	汽化热 r/ (kJ/kg)	温度 t/℃	绝压 p/kPa	密度 ρ (kg/m³)	焓 H/(kJ/kg) 液	焓 H/(kJ/kg) 汽	汽化热 r/ (kJ/kg)
0	0.61	0.004 84	0	2 491.1	2 491.1	135	313.11	1.715	567.73	2 731.0	2 163.3
5	0.873 0	0.006 80	20.94	2 500.8	2 479.89	140	361.47	1.962	589.08	2 737.7	2148.7
10	1.226 2	0.009 40	41.87	2 510.4	2 468.5	145	415.72	2.238	610.85	2 744.4	2134.0
15	1.706 8	0.012 83	62.80	2 520.5	2 457.7	150	476.24	2.543	632.21	2 750.7	2118.5
20	2.334 6	0.017 19	83.74	2 530.1	2 446.3	160	618.28	3.252	675.75	2 762.9	2087.1
25	3.168 4	0.023 04	104.67	2 539.7	2 435.0	170	792.59	4.113	719.29	2 773.3	2 054.0
30	4.227 4	0.030 36	125.60	2 549.3	2 423.7	180	1 003.5	5.145	763.25	2782.5	2019.3
35	5.620 7	0.039 60	146.54	2 559.0	2 412.4	190	1 255.6	6.378	807.64	2 790.1	1 982.4
40	7.376 6	0.051 14	167.47	2 568.6	2 401.1	200	1 554.77	7.840	852.01	2 795.5	1943.5
45	9.583 7	0.065 43	188.41	2 577.8	2 389.4	210	1 917.72	9.567	897.23	2 799.3	1 902.5
50	12.340	0.083 0	209.34	2 587.4	2 378.1	220	2 320.88	11.60	942.45	2 801.0	1 858.5
55	15.743	0.104 3	230.27	2 596.7	2 366.4	230	2 798.59	13.98	988.50	2 800.1	1 811.6
60	19.923	0.130 1	251.21	2 606.3	2 355.1	240	3 347.91	16.76	1 034.56	2 796.8	1 761.8
65	25.014	0.161 1	272.14	2 615.5	2 343.4	250	3 977.67	20.01	1 081.45	2 790.1	1 708.6
70	31.164	0.197 9	293.08	2 624.3	2 331.2	260	4 693.75	23.82	1 128.76	2 780.9	1 651.7
75	38.551	0.241 6	314.01	2 633.5	2 319.5	270	5 503.99	28.27	1 176.91	2 768.3	1 591.4
80	47.379	0.292 9	334.94	2 642.3	2 307.8	280	6 417.24	33.47	1 225.48	2 752.0	1 526.5
85	57.875	0.353 1	355.88	2 651.1	2 295.2	290	7 443.29	39.60	1 274.46	2 732.3	1 457.4
90	70.136	0.422 9	376.81	2 659.9	2 283.1	300	8 592.94	46.93	1 325.54	2 708.0	1 382.5
95	84.556	0.503 9	397.75	2 668.7	2 270.9	310	9 877.96	55.59	1 378.71	2 680.0	1 301.3
100	101.33	0.597 0	418.68	2 677.0	2 258.4	320	11 300.3	65.95	1 436.07	2 648.2	1 212.1
105	120.85	0.703 6	440.03	2 685.0	2 245.4	330	12 879.6	78.53	1 446.78	2 610.5	1 116.2
110	143.31	0.825 4	460.97	2 693.4	2 232.0	340	14 615.8	93.98	1 562.93	2 568.6	1005.7
115	169.11	0.963 5	482.32	2 701.3	2 219.0	350	16 538.5	113.2	1 636.20	2 516.7	880.5
120	198.64	1.119 9	503.67	2 708.9	2 205.2	360	18 667.1	139.6	1 729.15	2 442.6	713.0
125	232.19	1.296	525.02	2 716.4	2 191.8	370	21 040.9	171.0	1 888.25	2 301.9	411.1
130	270.25	1.494	546.38	2 723.9	2 177.6	374	22 070.9	322.6	2 098.0	2 098.0	0

3. 某些液体的重要物理性质(20℃,101.33kPa)

名称	分子式	密度 ρ/(kg/m³)	沸点 t/℃	汽化热 r/(kJ/kg)(沸点)	比定压热容 c_p/[kJ/(kg·℃)]	黏度 μ/(MPa·s)	热导率 λ/[W/(m·℃)]	体积膨胀系数 β/(10⁻⁴/℃)	表面张力/(10⁻³N/m)
水	H_2O	998	100	2 258	4.183	1.005	0.599	1.82	72.8
氯化钠盐水(25%)	—	1 186(25℃)	107	—	3.39	2.3	0.57(30℃)	(4.4)	—
氯化钙盐水(25%)	—	1 228	107	—	2.89	2.5	0.57	(3.4)	—
硫酸	H_2SO_4	1 831	340(分解)	—	1.47(98%)	—	0.38	5.7	
硝酸	HNO_3	1 513	86	481.1	—	1.17(10℃)	—	—	—
盐酸(30%)	HCl	1 149	—	—	2.55	2(31.5%)	0.42	12.1	—
二硫化碳	CS_2	1 262	46.3	352	1.005	0.38	0.16	15.9	32
戊烷	C_5H_{12}	626	36.07	357.4	2.24	0.229	0.113	—	16.2
己烷	C_6H_{14}	659	68.74	335.1	2.31(15.6℃)	0.313	0.119	—	18.2
三氯甲烷	$CHCl_3$	1 489	61.2	253.7	0.992	0.58	0.138	12.6	28.5(10℃)
四氯化碳	CCl_4	1 594	76.8	195	0.850	1.0	0.12	—	26.8
1,2-二氯乙烷	$C_2H_4Cl_2$	1253	83.6	324	1.260	0.83	0.14(50℃)	—	30.8
苯	C_6H_6	879	80.10	393.9	1.704	0.737	0.148	12.4	28.6
甲苯	C_7H_8	867	110.63	363	1.70	0.675	0.138	10.9	27.9
苯酚	C_6H_6O	1 050(50℃)	181.8(熔点40.9)	511	—	3.4(50℃)	—	—	—
甲醇	CH_4O	791	64.7	1101	2.48	0.6	0.212	12.2	22.6
乙醇	C_3H_6O	789	78.3	846	2.39	1.15	0.172	11.6	22.8
乙醇(95%)	—	804	78.2			1.4			
甘油	$C_3H_9O_4$	1 261	290(分解)	—	—	1 499	0.59	5.3	63
乙醚	$(C_2H_5)_2O$	714	34.6	360	2.34	0.24	0.14	16.3	18

续表

名称	分子式	密度 ρ/ (kg/m³)	沸点 t/℃	汽化热 r/(kJ/ kg) (沸点)	比定压 热容 c_p/ [kJ/ (kg·℃)]	黏度 μ/ (MPa ·s)	热导率 λ/ [W/ (m·℃)]	体积膨 胀系数 β/(10⁻⁴ /℃)	表面 张力/ (10⁻³ N/m)
乙醛	C_2H_4O	783 (18℃)	20.2	574	1.9	1.3 (18℃)	—	—	21.2
糠醛	$C_5H_4O_2$	1 160	161.7	452	1.6	1.15 (50℃)	—	—	43.5
丙酮	C_3H_6O	792	56.2	523	2.35	0.32	0.17	—	23.7
甲酸	HCOOH	1 220	100.7	494	2.17	1.9	0.26	—	27.8
醋酸	$C_2H_4O_2$	1 049	118.1	406	1.99	1.3	0.17	10.7	23.9
醋酸乙酯	$C_4H_8O_2$	901	77.1	368	1.92	0.48	0.14 (10℃)	—	—

4. 某些气体的物理性质(20℃,101.33kPa)

名称	分子式	密度 ρ/ (kg/m³) (0℃)	比定压 热容 c_p/[kJ/ (kg·℃)]	黏度 μ/ (10⁻⁵MPa ·s)	沸点 t/℃	汽化 热 r/ (kJ/kg)	临界 温度/ ℃	临界 压强/ kPa	热导率 λ/ [W/ (m·℃)]
空气	—	1.293	1.009	1.73	−195	197	−140.7	3768.4	0.024 4
氧	O_2	1.429	0.653	2.03	−132.98	213	−118.82	5 036.6	0.024 0
氮	N_2	1.251	0.745	1.70	−195.78	199.2	−147.13	3 392.5	0.022 8
氢	H_2	0.089 9	10.13	0.842	−252.75	454.2	−239.9	1 296.6	0.163
氦	He	0.178 5	3.18	1.88	−268.95	19.5	−267.96	228.94	0.144
氩	Ar	1.782 0	0.322	2.09	−185.87	163	−122.44	4 862.4	0.017 3
氯	Cl_2	3.217	0.355	1.29 (16℃)	−33.8	305	+144.0	7 708.9	0.007 2
氨	NH_3	0.771	0.67	0.918	−33.4	1373	+132.4	11 295	0.021 5
一氧化碳	CO	1.250	0.754	1.66	−191.48	211	−140.2	3 497.9	0.022 6
二氧化碳	CO_2	1.976	0.653	1.37	−78.2	574	+31.1	7 384.8	0.013 7
二氧化硫	SO_2	2.927	0.502	1.17	−10.8	394	+157.5	7 879.1	0.007 7
二氧化氮	NO_2	—	0.615	—	+21.2	712	+158.2	10 130	0.040 0
硫化氢	H_2S	1.539	0.804	1.166	−60.2	548	+100.4	19136	0.013 1
甲烷	CH_4	0.717	1.70	1.03	−161.58	511	−82.15	4 619.3	0.030 0
乙烷	C_2H_6	1.357	1.44	0.850	−88.50	486	+32.1	4 948.5	0.018 0

名称	分子式	密度 ρ/ (kg/m^3) $(0℃)$	比定压 热容 c_p/[kJ/ $(kg·℃)$]	黏度 μ/ $(10^{-5}MPa$ $·s)$	沸点 t/℃	汽化 热 r/ (kJ/kg)	临界 温度/ ℃	临界 压强/ kPa	热导率 λ/ [W/ $(m·℃)$]
丙烷	C_3H_8	2.020	1.65	0.795 (18℃)	−42.1	427	+95.6	4 355.9	0.014 8
正丁烷	C_4H_{10}	2.673	1.73	0.810	−0.5	386	+152	3 798.8	0.013 5
正戊烷	C_5H_{12}	—	1.57	0.874	−36.08	151	+197.1	3 342.9	0.012 8
乙烯	C_2H_4	1.261	1.222	0.985	−103.7	481	+9.7	5 135.9	0.016 4
丙烯	C_3H_6	1.914	1.436	0.835 (20℃)	−47.7	440	+91.4	4 599.0	—
乙炔	C_2H_2	1.717	1.352	0.935	−83.66 (升华)	829	+35.7	6 240.0	0.018 4
氯甲烷	CH_3Cl	2.308	0.582	0.989	−24.1	406	+148	6 685.8	0.008 5
苯	C_6H_6	—	1.139	0.72	+80.2	394	+288.5	4 832.0	0.008 8

5. 干空气的物理性质

温度 t/ ℃	密度 ρ/ (kg/m^3)	比热容 c_p/ [kJ/ $(kg·℃)$]	热导率 λ/ [10^{-2}W/ $(m·℃)$]	黏度 μ/ $(10^{-5}$ $Pa·s)$	温度 t/ ℃	密度 ρ/ (kg/m^3)	比热容 c_p/ [kJ/ $(kg·℃)$]	热导率 λ/ [W/ $(m·℃)$]	黏度 μ/ $(Pa·s)$
−50	1.584	1.013	2.035	1.46	80	1.000	1.009	3.047	2.11
−40	1.515	1.013	2.117	1.52	90	0.972	1.009	3.128	2.15
−30	1.453	1.013	2.198	1.57	100	0.946	1.009	3.210	2.19
−20	1.395	1.009	2.279	1.62	120	0.898	1.009	3.338	2.29
−10	1.342	1.009	2.360	1.67	140	0.854	1.013	3.489	2.37
0	1.293	1.005	2.442	1.72	160	0.815	1.017	3.640	2.45
10	1.247	1.005	2.512	1.77	180	0.779	1.022	3.780	2.53
20	1.205	1.005	2.593	1.81	200	0.746	1.026	3.931	2.60
30	1.165	1.005	2.675	1.86	250	0.674	1.038	4.228	2.74
40	1.128	1.005	2.756	1.91	300	0.615	1.048	4.605	2.97
50	1.093	1.005	2.826	1.96	350	0.566	1.059	4.908	3.14
60	1.060	1.005	2.896	2.01	400	0.524	1.068	5.210	3.31
70	1.029	1.009	2.966	2.06					

6.黏度

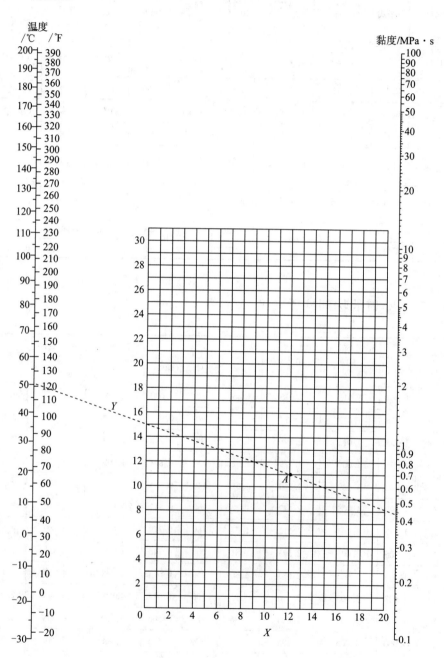

(1)液体黏度共线图

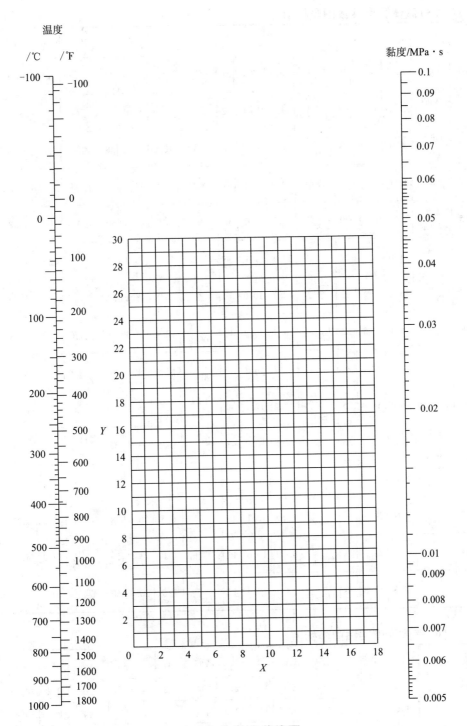

（2）气体黏度共线图

(3) 液体黏度共线图坐标值

序号	名称	X	Y	序号	名称	X	Y	序号	名称	X	Y	序号	名称	X	Y
1	水	10.2	13.0	16	硝酸 60%	10.8	17.0	31	乙苯	13.2	11.5	46	甘油 50%	6.9	19.6
2	NaCl 25%	10.2	16.6	17	盐酸 31.5%	13.0	16.6	32	氯苯	12.3	12.4	47	乙醚	14.5	5.3
3	CaCl₂ 25%	6.6	15.9	18	NaOH 50%	3.2	25.8	33	硝基苯	10.6	16.2	48	乙醛	15.2	14.8
4	氨	12.6	2.0	19	戊烷	14.9	5.2	34	苯胺	8.1	18.7	49	丙酮	14.5	7.2
5	氨水 26%	10.1	13.9	20	己烷	14.7	7.0	35	酚	6.9	20.8	50	甲酸	10.7	15.8
6	二氧化碳	11.6	0.3	21	庚烷	14.1	8.4	36	联苯	12.0	18.3	51	乙酸 100%	12.1	14.2
7	二氧化硫	15.2	7.1	22	辛烷	13.7	10.0	37	萘	7.9	18.1	52	乙酸 70%	9.5	17.0
8	二硫化碳	16.1	7.5	23	CHCl₃	14.4	10.2	38	甲醇 100%	12.4	10.5	53	乙酸酐	12.7	12.8
9	溴	14.2	13.2	24	CCl₄	12.7	13.1	39	甲醇 90%	12.3	11.8	54	乙酸乙酯	13.7	9.1
10	汞	18.4	16.4	25	二氯乙烷	13.2	12.2	40	甲醇 40%	7.8	15.5	55	乙酸戊酯	11.8	12.5
11	硫酸 110%	7.2	27.4	26	苯	12.5	10.9	41	乙醇 100%	10.5	13.8	56	氟利昂 11	14.4	9.0
12	硫酸 100%	8.0	25.1	27	甲苯	13.7	10.4	42	乙醇 95%	9.8	14.3	57	氟利昂 12	16.8	5.6
13	硫酸 98%	7.0	24.8	28	邻二甲苯	13.5	12.1	43	乙醇 40%	6.5	16.6	58	氟利昂 21	15.7	7.5
14	硫酸 60%	10.2	21.3	29	间二甲苯	13.9	10.6	44	乙二醇	6.0	23.6	59	氟利昂 22	17.2	4.7
15	硝酸 95%	12.8	13.8	30	对二甲苯	13.9	10.9	45	甘油 100%	2.0	30.0	60	煤油	10.2	16.9

(4) 气体黏度共线图坐标值

序号	名称	X	Y	序号	名称	X	Y	序号	名称	X	Y	序号	名称	X	Y
1	空气	11.0	20.0	11	SO₂	9.6	17.0	21	乙炔	9.8	14.9	31	乙醇	9.2	14.2
2	氧	11.0	21.3	12	CS₂	8.0	16.0	22	丙烷	9.7	12.9	32	丙醇	8.4	13.4

序号	名称	X	Y	序号	名称	X	Y	序号	名称	X	Y	序号	名称	X	Y
3	氮	10.6	20.0	13	N_2O	8.8	19.0	23	丙烯	9.0	13.8	33	乙酸	7.7	14.3
4	氢	11.2	12.4	14	NO	10.9	20.5	24	丁烯	9.2	13.7	34	丙酮	8.9	13.0
5	$3H_2 + 1N_2$	11.2	17.2	15	氟	7.3	23.8	25	戊烷	7.0	12.8	35	乙醚	8.9	13.0
6	水蒸气	8.0	16.0	16	氯	9.0	18.4	26	己烷	8.6	11.8	36	乙酸乙酯	8.5	13.2
7	CO_2	9.5	18.7	17	氯化氢	8.8	18.7	27	三氯甲烷	8.9	15.7	37	氟利昂11	10.6	15.1
8	CO	11.0	20.0	18	甲烷	9.9	15.5	28	苯	8.5	13.2	38	氟利昂12	11.1	16.0
9	NH_3	8.4	16.0	19	乙烷	9.1	14.5	29	甲苯	8.6	12.4	39	氟利昂21	10.8	15.3
10	H_2S	8.6	18.0	20	乙烯	9.5	15.1	30	甲醇	8.5	15.6	40	氟利昂22	10.1	17.0

7. 热导率

(1) 固体热导率

①常用金属在不同温度下的热导率[W/(m·℃)]

材料	0℃	100℃	200℃	300℃	400℃
铝	227.95	227.95	227.95	227.95	227.95
铜	383.79	379.14	372.16	367.51	362.86
铁	73.27	67.45	61.64	54.66	48.85
铅	35.12	33.38	31.40	29.77	—
镁	172.12	167.47	162.82	158.17	—
镍	93.04	82.57	73.27	63.97	59.31
银	414.03	409.38	373.32	361.69	359.37
锌	112.81	109.90	105.83	101.18	93.04
碳钢	52.34	48.85	44.19	41.87	34.89
不锈钢	16.28	17.45	17.45	18.49	—

②常用非金属的热导率[W/(m·℃)]

材料	温度 t/℃	热导率 λ/[W(m·℃)]	材料	温度 t/℃	热导率 λ/[W(m·℃)]
软木	30	0.043 03	泡沫玻璃	−15	0.004 885
玻璃棉	—	0.034 89 – 0.069 78		−80	0.003 489
保温灰		0.069 78	泡沫塑料	—	0.046 52
锯屑	20	0.046 52 – 0.058 15	硬橡胶	0	0.150 0
棉花	100	0.069 78	泥土	20	0.697 8 – 0.930 4
厚纸	20	0.139 6 – 0.348 9	冰	0	2.326
玻璃	30	1.093 2	软橡胶	—	0.129 1 – 0.159 3
	−20	0.756 0	云母	50	0.430 3
聚苯乙烯泡沫	25	0.041 87	搪瓷	—	0.872 3 – 1.163
	−150	0.001 745	耐火砖	230	0.872 3
酚醛加玻璃纤维	—	0.259 3		1 200	1.639 8
酚醛加石棉纤维	—	0.294 2	混凝土		1.279 3
聚酯加玻璃纤维	—	0.259 4	绒毛毡		0.046 5
85%氧化镁粉	0 – 100	0.069 78	聚氯乙烯		0.116 3 – 0.174 5
聚四氟乙烯	—	0.241 9	聚碳酸酯		0.190 7
木材(横向)	—	0.139 6 – 0.174 5	聚乙烯		0.329 1
木材(纵向)	—	0.383 8	石墨	—	139.56

（2）某些液体的热导率

液体	温度 t/℃	热导率 λ/[W(m·℃)]	液体	温度 t/℃	热导率 λ/[W(m·℃)]	液体	温度 t/℃	热导率 λ/[W(m·℃)]	液体	温度 t/℃	热导率 λ/[W(m·℃)]
醋酸 50%	20	0.35	正己醇	30	0.164	苯	30	0.159	氯甲烷	−15	0.192
丙酮	30	0.177		75	0.156		60	0.151		30	0.154
	75	0.161	异戊烷	30	0.152	正丁醇	30	0.168	硝基苯	30	0.164
丙烯醇	25 ~ 30	0.180		75	0.151		75	0.164		100	0.152
氨水溶液	20	0.45	水银	28	0.36	异丁醇	10	0.157	硝基甲苯	30	0.216
	60	0.50	盐酸 12.5%	32	0.52	氯化钙盐水30%	30	0.55		60	0.208
正戊烷	30	0.163	25%	32	0.48	15%	30	0.59	石油	20	0.180
	100	0.154	38%	32	0.44	二硫化碳	30	0.161	蓖麻油	0	0.173
苯胺	0 ~ 20	0.173					75	0.152		20	0.168

续表

液体	温度 $t/℃$	热导率 $\lambda/[W/(m \cdot ℃)]$	液体	温度 $t/℃$	热导率 $\lambda/[W/(m \cdot ℃)]$	液体	温度 $t/℃$	热导率 $\lambda/[W/(m \cdot ℃)]$	液体	温度 $t/℃$	热导率 $\lambda/[W/(m \cdot ℃)]$
乙酸乙酯	20	0.175	甲醇80%	20	0.267	四氯化碳	0	0.185	橄榄油	100	0.164
乙醇80%	20	0.237	60%	20	0.329		68	0.163	硫酸90%	30	0.36
60%	20	0.305	40%	20	0.405	三氯甲烷	30	0.138	60%	30	0.43
40%	20	0.388	20%	20	0.492	甘油100%	20	0.274	30%	30	0.52
20%	20	0.486	100%	50	0.197	80%	20	0.327	二氧化硫	15	0.22
100%	50	0.151	氯化钾15%	32	0.58	60%	20	0.381		30	0.192
乙苯	30	0.149	30%	32	0.56	40%	20	0.448	甲苯	30	0.149
	60	0.142	氢氧化钾21%	32	0.58	20%	20	0.481		75	0.145
乙醚	30	0.133	42%	32	0.55	100%	100	0.284	氨	25~30	0.50
	75	0.135	二甲苯邻位	20	0.155	正己烷	30	0.138	汽油	30	0.135
松节油	15	0.128	对位	20	0.155		60	0.135	氯苯	10	0.144
			间位	20	0.155						

（3）　气体热导率共线图和气体热导率共线图坐标值（常压）

温度/K

热导率（λ×10）/W·m⁻¹·K⁻¹

温度/K　5000　4000　3000　2000　1000　900　800　700　500　400　300　200　100　90　80　70　60　50

热导率（λ×10）/W·m⁻¹·K⁻¹　0.02　0.03　0.04　0.05　0.06　0.07　0.08　0.09　0.10　0.20　0.30　0.40　0.50　0.60　0.70　0.80　0.90　1.0　2.0　3.0　4.0　5.0　6.0　7.0　8.0　9.0　10.0　20.0

气体	温度范围/K	X	Y
乙炔	200～600	7.5	13.5
空气	50～250	12.4	13.9
空气	250～1 000	14.7	15.0
空气	1 000～1 500	17.1	14.5
氨	200～900	85	12.6
氩	50～250	12.5	16.5
氩	250～5 000	15.4	18.1
苯	250～600	2.8	14.2
三氟化硼	250～400	12.4	16.4
溴	250～350	10.1	23.6
正丁烷	250～500	5.6	14.1
异丁烷	250～500	5.7	14.0
二氧化碳	200～700	8.7	15.5
二氧化碳	700～1 200	13.3	15.4
一氧化碳	80～300	12.3	14.2
四氯化碳	250～500	9.4	21.0
氯	200～700	10.8	20.1
氘	50～100	12.7	17.3
丙酮	250～500	3.7	14.8
乙烷	200～1 000	5.4	12.6
乙醇	250～350	2.0	13.0
乙醇	350～500	7.7	15.2
乙醚	250～500	5.3	14.1
乙烯	200～450	3.9	12.3
氟	80～600	12.3	13.8
氟利昂-11	250～500	7.5	19.0
氟利昂-12	250～500	6.8	17.5
氟利昂-13	250～500	7.5	16.5
氟利昂-21	250～450	6.2	17.5
氟利昂-22	250～500	6.5	18.6
氟利昂-113	250～400	4.7	17.0
氦	50～500	17.0	2.5
氦	500～5 000	15.0	3.0
正庚烷	250～600	4.0	14.8
正庚烷	600～1 000	6.9	14.9
正己烷	250～1 000	3.7	14.0
氢	50～250	13.2	1.2
氢	250～1 000	15.7	1.3
氢	1 000～2 000	13.7	2.7
氯化氢	200～700	12.2	18.5
氪	100～700	13.7	21.8
甲烷	100～300	11.2	11.7
甲烷	300～1 000	8.5	11.0
甲醇	300～500	5.0	14.3
氯甲烷	250～700	4.7	15.7
氖	50～250	15.2	10.2
氖	250～5 000	17.2	11.0
氧化氮	100～1 000	13.2	14.8
氮	50～250	12.5	14.0
氮	250～1 500	15.8	15.3
氮	1 500～3 000	12.5	16.5
一氧化二氮	200～500	8.4	15.0
一氧化二氮	500～1 000	11.5	15.5
氧	50～300	12.2	13.8
氧	300～1 500	14.5	14.8
戊烷	250～500	5.0	14.1
丙烷	200～300	2.7	12.0
丙烷	300～500	6.3	13.7
二氧化硫	250～900	9.2	18.5
甲苯	250～600	6.4	14.8
氙	600～800	18.7	13.8

8. 比热容

(1) 液体比热容共线图和液体比热容共线图的编号

号数	液体	范围温度/℃	号数	液体	范围温度/℃
49	CaCl$_2$ 盐水 25%	−40 ~ 20	10	苯甲基氯	−30 ~ 30
51	NaCl$_2$ 盐水 25%	−40 ~ 20	6A	二氯乙烷	−30 ~ 60
16	联苯醚	0 ~ 200	5	二氯甲烷	−30 ~ 50
16	联苯-联苯醚	0 ~ 200	15	联苯	80 ~ 120
42	乙醇 100%	30 ~ 80	22	二苯甲烷	80 ~ 100
46	95%	20 ~ 80	24	乙酸乙酯	−50 ~ 25
50	50%	20 ~ 80	25	乙苯	0 ~ 100
2A	氟利昂-11 (CCl$_3$F)	−20 ~ 70	1	溴乙烷	5 ~ 25
6	氟利昂-12 (CCl$_2$F$_2$)	−40 ~ 15	13	氯乙烷	−80 ~ 40
4A	氟利昂-21 (CHCl$_2$F)	−20 ~ 70	36	乙醚	−100 ~ 25
7A	氟利昂-22 (CHClF$_2$)	−20 ~ 60	7	碘乙烷	0 ~ 100
3A	氟利昂-113 (CCl$_2$F-CClF$_2$)	−20 ~ 70	39	乙二醇	−40 ~ 200
48	盐酸 30%	20 ~ 100	38	甘油	−40 ~ 20
9	硫酸 98%	10 ~ 45	28	庚烷	0 ~ 60
29	醋酸 100%	0 ~ 80	35	己烷	−80 ~ 20
19	二甲苯 (邻位)	0 ~ 100	41	异戊醇	10 ~ 100
18	二甲苯 (间位)	0 ~ 100	43	异丁醇	0 ~ 100
17	二甲苯 (对位)	0 ~ 100	47	异丙醇	−20 ~ 50
26	乙酸戊酯	0 ~ 100	31	异丙醚	−80 ~ 20
2	二氧化碳	−100 ~ 25	40	甲醇	−40 ~ 20
3	四氯化碳	10 ~ 60	13A	氯甲烷	−80 ~ 20
3	过氯乙烯	−30 ~ 140	14	萘	90 ~ 200
52	氨	−70 ~ 50	12	硝基苯	0 ~ 100
37	戊醇	−50 ~ 25	34	壬烷	−50 ~ 125
30	苯胺	0 ~ 130	33	辛烷	−50 ~ 25
23	苯	10 ~ 80	45	丙醇	−20 ~ 100
23	甲苯	0 ~ 60	32	丙酮	20 ~ 50
27	苯甲醇	−20 ~ 30	20	吡啶	−51 ~ 25
8	氯苯	0 ~ 100	11	二氧化硫	−20 ~ 100
4	氯甲烷	0 ~ 50	44	丁醇	0 ~ 100
21	癸烷	−80 ~ 25	53	水	−10 ~ 200

(2)气体比热容共线图和液体比热容共线图的编号

号数	气体	温度范围/K
10	乙炔	273～473
15	乙炔	473～673
16	乙炔	673～1 673
27	空气	273～1 673
12	氨	273～873
14	氨	873～1 673
18	二氧化碳	273～673
24	二氧化碳	673～1 673
26	一氧化碳	273～1 673
32	氯	273～473
34	氯	473～1 673
3	乙烷	273～473
9	乙烷	473～873
8	乙烷	873～1 673
4	乙烯	273～473
11	乙烯	473～873
13	乙烯	873～1 673
17B	氟利昂-11（CCl_3F）	273～423
17C	氟利昂-21（$CHCl_2F$）	273～423
17A	氟利昂-22（$CHClF_2$）	278～423
17D	氟利昂-113（CCl_2F-$CClF_2$）	273～423
1	氢	273～873
2	氢	873～1 673
35	溴化氢	273～1 673
30	氯化氢	273～1 673
20	氟化氢	273～1 673
36	碘化氢	273～1 673
19	硫化氢	273～973
21	硫化氢	973～1 673
5	甲烷	273～573
6	甲烷	573～973
7	甲烷	973～1 673
25	一氧化氮	273～973
28	一氧化氮	973～1 673
26	氮	273～1 673
23	氧	273～773
29	氧	773～1 673
33	硫	573～1 673
22	二氧化硫	273～673
31	二氧化硫	673～1 673
17	水	273～1 673

9. 表面张力

(1) 某些无机水溶液的表面张力(mN/m)和某些有机液体的表面张力共线图

(图的左边坐标为:表面张力/(mN/m),右边坐标为温度/℃)

溶质	温度/℃	质量分数			
		5%	10%	20%	50%
H_2SO_4	18	—	74.1	75.2	77.3
HNO_3	20	—	72.7	71.1	65.4
NaOH	20	74.6	77.3	85.8	—
NaCl	18	74.0	75.5	—	—
Na_2SO_4	18	73.8	75.2	—	—
$NaNO_3$	30	72.1	72.8	74.4	79.8
KCl	18	73.6	74.8	77.3	—
KNO_3	18	73.0	73.6	75.0	—
K_2CO_3	10	75.8	77.0	79.2	106.4
NH_4OH	18	66.5	63.5	59.3	—
NH_4Cl	18	73.3	74.5	—	—
NH_4NO_3	100	59.2	60.1	61.6	67.5
$MgCl_2$	18	73.8	—	—	—
$CaCl_2$	18	73.7	—	—	—

(2) 液体表面张力共线图坐标值

序号	名称	X	Y	序号	名称	X	Y	序号	名称	X	Y
1	环氧乙烷	42	83	35	六氢吡啶	24.7	120	69	乙胺	11.2	83
2	1,3,5-三甲苯	17	119.8	36	乙硫醇	35	81	70	乙醇	10	97
3	对异丙基甲苯	12.8	121.2	37	乙醛肟	23.5	127	71	乙醚	27.5	64
4	苯甲酸乙酯	14.8	151	38	乙酰胺	17	192.5	72	乙醛	33	78
5	草酸乙二酯	20.5	130.8	39	间甲酚	13	161.2	73	甲醇	17	93
6	硫酸二乙酯	19.5	139.5	40	对甲酚	11.5	160.5	74	丙胺	25.5	87.2
7	硫酸二甲酯	23.5	158	41	邻甲酚	20	161	75	丙酮	28	91

序号	名称	X	Y	序号	名称	X	Y	序号	名称	X	Y
8	醋酸异丁酯	16	97.2	42	三乙胺	20.1	83.9	76	丁酮	23.6	97
9	醋酸异戊酯	16.4	130.1	43	三甲胺	21	57.6	77	丁醇	9.6	107.5
10	苯二乙胺	17	142.6	44	二甲胺	16	66	78	丁酸	14.5	115
11	乙酰醋酸乙酯	21	132	45	异丙醇	12	111.5	79	氯仿	32	101.3
12	二乙醇缩乙醛	19	88	46	异丁醇	5	103	80	丙醇	8.2	105.2
13	间二甲苯	20.5	118	47	异丁酸	14.8	107.4	81	丙酸	17	112
14	对二甲苯	19	117	48	异戊醇	6	106.8	82	氯苯	23.5	132.5
15	苯基甲胺	25	156	49	环己烷	42	86.7	83	萘	22.5	165
16	苯骈吡啶	19.5	183	50	苯乙酮	18	163	84	苯胺	22.9	171.8
17	1,2-二氯乙烷	32	122	51	苯乙醚	20	134.2	85	苯酚	20	168
18	二硫化碳	35.8	117.2	52	苯甲醚	24.4	138.9	86	氨	56.2	63.5
19	甲酸甲酯	38.5	88	53	醋酸甲酯	34	90	87	苯	30	110
20	甲酸乙酯	30.5	88.8	54	醋酸乙酯	27.5	92.4	88	氯	45.5	59.2
21	甲酸丙酯	24	97	55	醋酸丙酯	23	97	89	己烷	22.7	72.2
22	丙酸乙酯	22.6	97	56	氧化亚氮	62.5	0.5	90	甲苯	24	113
23	丙酸甲酯	29	95	57	二甲醚	44	37	91	甲胺	42	58
24	丁酸乙酯	17.5	102	58	对氯甲苯	18.7	134	92	辛烷	17.7	90
25	异丁酸乙酯	20.9	93.7	59	氯甲烷	45.8	53.2	93	吡啶	34	138.2
26	丁酸甲酯	25	88	60	对氯溴苯	14	162	94	丙腈	23	108.6
27	异丁酸甲酯	24	93.8	61	氰化氢	30.6	66	95	丁腈	20.3	113
28	二乙基酮	20	101	62	硝基乙烷	25.4	126.1	96	乙腈	33.5	111
29	四氯化碳	26	104.5	63	硝基甲烷	30	139	97	苯腈	19.5	159
30	亚硝酰氯	38.5	93	64	溴乙烷	31.6	90.2	98	溴苯	23.5	145.5
31	三苯甲烷	12.5	182.7	65	碘乙烷	28	113.2	99	醋酸	17.1	116.5
32	三氯乙醛	30	113	66	茴香脑	13	158.1	100	噻吩	35	121
33	三聚乙醛	22.3	103.8	67	醋酸酐	25	129				
34	苯二甲胺	20	149	68	乙苯	22	118				

10. 沸点

(1) 无机物水溶液的沸点

温度/℃ 溶液	101	102	103	104	105	107	110	115	120	125	140	160
	溶液浓度(质量%)											
$CaCl_2$	5.66	10.31	14.16	17.36	20.00	24.24	29.33	35.68	40.83	45.80	57.89	68.94
KOH	4.49	8.51	11.96	14.82	17.01	20.88	25.65	31.97	36.51	40.23	48.05	54.89
KCl	8.42	14.31	18.96	23.02	26.57	32.62	(近于108.5℃)					
K_2CO_3	10.31	18.37	24.20	28.57	32.24	37.69	43.97	50.86	56.04	60.40	66.94	
KNO_3	13.19	23.66	32.23	39.20	45.10	54.65	65.34	79.53				
$MgCl_2$	4.67	8.42	11.66	14.31	16.59	20.23	24.41	29.48	33.07	36.02	38.61	
$MgSO_4$	14.31	22.78	28.31	32.23	35.32	42.86	(近于108℃)					
NaOH	4.12	7.40	10.15	12.51	14.53	18.32	23.08	26.21	33.77	37.58	48.32	60.13
NaCl	6.19	11.03	14.67	17.69	20.32	25.09	28.92					
$NaNO_3$	8.26	15.61	21.87	27.58	32.45	40.77	49.87	60.94	68.94			
Na_2SO_4	15.26	24.81	30.73	31.83	(近于103.2℃)							
Na_2CO_3	9.42	17.22	23.72	29.18	33.66							
$CuSO_4$	26.94	39.98	40.83	44.47	45.12	(近于104.2℃)						
$ZnSO_4$	20.00	31.22	37.89	42.92	46.15							
NH_4NO_3	9.09	16.66	23.08	29.08	34.21	42.52	51.92	63.24	71.26	77.11	87.09	93.20
NH_4Cl	6.10	11.35	15.96	19.80	22.89	28.37	35.98	46.94				
$(NH_4)_2SO_4$	13.31	23.41	30.65	36.71	41.79	49.73	49.77	53.55	(近于108.2℃)			

注　括号内的指饱和溶液的沸点。

(2) 常压下溶液的沸点升高与浓度关系

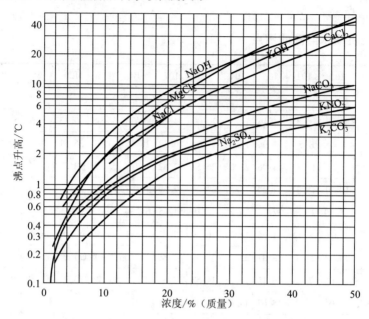

11. 液体汽化热共线图

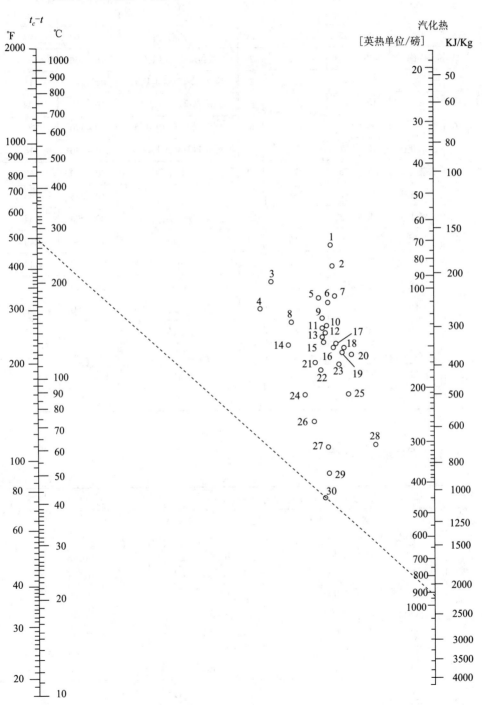

汽化热共线图的编号

号	化合物	范围(t_c-t)/℃	临界温度t_c/℃	号	化合物	范围(t_c-t)/℃	临界温度t_c/℃
18	醋酸	100~225	321	13	乙醚	10~400	194
22	丙酮	120~210	235	2	氟利昂-11(CCl_3F)	70~250	198
29	氨	50~200	133	2	氟利昂-12(CCl_2F_2)	40~200	111
13	苯	10~400	289	5	氟利昂-21($CHCl_2F$)	70~250	178
16	丁烷	90~200	153	6	氟利昂-22($CHClF_2$)	50~170	96
21	二氧化碳	10~100	31	1	氟利昂-113($CCl_2F\text{-}CClF_2$)	90~250	214
4	二硫化碳	140~275	273	10	庚烷	20~300	267
2	四氯化碳	30~250	283	11	己烷	50~225	235
7	三氯甲烷	140~275	263	15	异丁烷	80~200	134
8	二氯甲烷	150~250	216	27	甲醇	40~250	240
3	联苯	175~400	527	20	氯甲烷	70~250	143
25	乙烷	25~150	32	19	一氧化氮	25~150	36
26	乙醇	20~140	243	9	辛烷	30~300	296
28	乙醇	140~300	243	12	戊烷	20~200	197
17	氯乙烷	100~250	187	23	丙烷	40~200	96
24	丙醇	20~200	264	30	水	100~500	374
14	二氧化硫	90~160	157				

12. 固体物性参数

	名称	密度$\rho/(kg/m^2)$	热导率$\lambda/(W\cdot m^{-1}\cdot K^{-1})$	比定压容$c_p/(kJ\cdot kg^{-1}\cdot K^{-1})$
金属	钢	7 850	45.4	0.46
	不锈钢	7 900	17.4	0.50
	铸铁	7 200	62.8	0.50
	铜	8 800	383.8	0.406
	青铜	8 000	64.0	0.381
	黄铜	8 600	85.5	0.38
	铝	2 670	203.5	0.92
	镍	9 000	58.2	0.64
	铅	11 400	34.9	0.130

名称		密度 $\rho/(kg/m^2)$	热导率 $\lambda/(W \cdot m^{-1} \cdot K^{-1})$	比定压容 $c_p/(kJ \cdot kg^{-1} \cdot K^{-1})$
塑料	酚醛	1 250 ~ 1 300	0.13 ~ 0.26	1.3 ~ 1.7
	脲醛	1 400 ~ 1 500	0.30	1.3 ~ 1.7
	聚氯乙烯	1 380 ~ 1 400	0.16	1.84
	聚苯乙烯	1 050 ~ 1 070	0.08	1.34
	低压聚乙烯	940	0.29	2.55
	高压聚乙烯	920	0.26	2.22
	有机玻璃	1 180 ~ 1 190	0.14 ~ 0.20	
建筑材料、绝热材料、耐酸材料及其他	干砂	1 500 ~ 1 700	0.45 ~ 0.58	0.75(-20 ~ 20℃)
	黏土	1 600 ~ 1 190	0.14 ~ 0.20	
	锅炉炉渣	700 ~ 1 100	0.19 ~ 0.30	
	黏土砖	1 600 ~ 1 900	0.47 ~ 0.67	0.92
	耐火砖	1 840	1.0(800 ~ 1 100℃)	0.96 ~ 1.00
	绝热砖(多孔)	600 ~ 1 400	0.16 ~ 0.37	
	混凝土	2 000 ~ 2 400	1.3 ~ 1.55	0.84
	松木	500 ~ 600	0.07 ~ 0.10	2.72(0 ~ 100℃)
	软木	100 ~ 300	0.041 ~ 0.064	0.96
	石棉板	700	0.12	0.816
	石棉水泥板	1 600 ~ 1 900	0.35	
	玻璃	2500	0.74	0.67
	耐酸陶瓷制品	2 200 ~ 2 300	0.9 ~ 1.0	0.75 ~ 0.80
	耐酸砖和板	2 100 ~ 2 400		
	耐酸搪瓷	23 00 ~ 2 700	0.99 ~ 1.05	0.84 ~ 1.26
	橡胶	1 200	0.16	1.38
	冰	900	2.3	2.11

13. 常见固体物性参数工程材料的黑度

材料名称	温度/℃	黑度 ε
表面被磨光的铝	225 ~ 575	0.039 ~ 0.057
表面不磨光的铝	26	0.055
表面被磨光的铁	425 ~ 1 020	0.144 ~ 0.377
用金刚砂冷加工后的铁	20	0.242
氧化后的铁	100	0.736
氧化后表面光滑的铁	125 ~ 525	0.78 ~ 0.82
未经加工处理的铸铁	925 ~ 1 115	0.87 ~ 0.95
表面被磨光的铸铁件	770 ~ 1 040	0.52 ~ 0.56
经过研磨后的钢板	940 ~ 1 100	0.55 ~ 0.61
表面上有一层有光泽的氧化物的钢板	25	0.82

续表

材料名称	温度/℃	ε
经过刮面加工的生铁	830~990	0.60~0.70
氧化铁	500~1 200	0.85~0.95
无光泽的黄铜板	50~360	0.22
氧化铜	800~1 100	0.66~0.84
铬	100~1 000	0.08~0.26
有光泽的镀锌铁板	28	0.228
已经氧化的灰色镀锌铁板	24	0.276
石棉纸板	24	0.96
水	0~100	0.95~0.963
石膏	20	0.903
表面粗糙、基本完整的红砖	20	0.93
表面粗糙没有上过釉的硅砖	100	0.80
表面粗糙上过釉的硅砖	1 100	0.85
上过釉的粘土耐火砖	1 100	0.75
耐火砖	—	0.8~0.9
涂在铁板上的光泽的黑漆	25	0.875
无光泽的黑漆	40~95	0.96~0.98
白漆	40~95	0.80~0.95
平整的玻璃	22	0.937
烟尘,发光的煤尘	95~270	0.952
上过釉的瓷器	22	0.924

14. 食品物性数据

(1)一些食品的热导率

食品	热导率 λ/ $[W/(m \cdot K)]$	食品	热导率 λ/ $[W/(m \cdot K)]$	食品	热导率 λ/ $[W/(m \cdot K)]$	食品	热导率 λ/ $[W/(m \cdot K)]$
苹果汁	0.559	梨汁	0.550	蜂蜜	0.502	鲜鱼	0.431
苹果酱	0.692	花生油	0.168	黄油	0.197	猪肉	1.298
胡萝卜	1.263	草莓	1.125	炼乳	0.536	香肠	0.410
人造黄油	0.233	葡萄	0.398	奶粉	0.419	火鸡	1.088
浓缩牛奶	0.505	橘子	1.296	蛋类	0.291	牛肉	0.556
脱脂牛奶	0.538	南瓜	0.502	小麦	0.163		
小牛肉	0.891	燕麦	0.064	土豆	1.090		

(2) 一些食品的定压比热容

食品名称	含水量 w/%	定压比热容 c_{pi}/(kJ/kg·K)	食品名称	含水量 w/%	定压比热容 c_{pi}/[kJ/kg·K]
肉汤	—	3.098	鲜蘑菇	90	3.936
豌豆汤	—	4.103	干蘑菇	30	2.345
土豆汤	88	3.956	洋葱	80~90	3.601~3.984
油炸鱼	60	3.015	荷兰芹	65~95	3.182~3.894
植物油	—	1.465~1.884	干豌豆	14	1.842
可可	—	1.842	土豆	75	3.517
脱脂牛奶	91	3.999	菠菜	85~90	3.852
面包	44~45	2.784	鲜浆果	84~90	3.726~4.103
炼乳	60~70	3.266	鲜水果	75~92	3.350~3.768
面粉	12~13.5	1.842	干水果	30	2.094
通心粉	12~13.5	1.842	肥牛肉	51	2.889
麦片粥	—	3.224~3.768	瘦牛肉	72	3.433
大米	10.5~13.5	1.800	鹅	52	2.931
蛋白	87	3.852	肾	—	3.601
蛋黄	48	2.805	羊肉	90	3.894
洋蓟	90	3.894	鲜腊肠	72	3.433
大葱	92	3.978	小牛排	72	3.433
小扁豆	12	1.842	鹿肉	70	3.391

(3) 各种食品的冰点

名称	含水量 w/%	冰点 t/℃	名称	含水量 w/%	冰点 t_i/℃	名称	含水量 w/%	冰点 t_i/℃
牛肉	72	-2.7~-1.7	桃子	86.9	-1.5	芹菜	94	-1.2
猪肉	35~72	-2.7~-1.7	梨	83	-2	黄瓜	96.4	-0.8
羊肉	60~70	-1.7	菠萝	85.3	-1.2	韭菜	88.2	-1.4
家禽	74	-1.7	李子	86	-2.2	洋葱	87.5	-1
鲜鱼	73	-2~-1	杨梅	90	-1.3	土豆	77.8	-1.8
对虾	76	-2.0	西瓜	92.1	-1.6	南瓜	90.5	-1
牛奶	87	-2.8	甜瓜	92.7	-1.7	萝卜	93.6	-2.2
胡萝卜	83	-1.7	椰子	83	-2.8	菠菜	93.7	-0.9

名称	含水量 $w/\%$	冰点 $t_i/℃$	名称	含水量 $w/\%$	冰点 $t_i/℃$	名称	含水量 $w/\%$	冰点 $t_i/℃$
青豌豆	74	-1.1	柠檬	89	-2.1	番茄	94	-0.9
卷心菜	91	-0.5	橘子	90	-2.2	芦笋	93	-2.2
龙须菜	94	-2	苹果	85	-2	樱桃	82	-4.5
青刀豆	88.9	-1.3	杏子	85.4	-2	蘑菇	91.1	-1.8
茄子	92.7	-1.6~-0.9	甜菜	72	-2	香蕉	75	-1.7
青椒	92.4	-1.9~-1.1	柑橘	86	-2.2	蛋	70	-2.2
甜玉米	73.9	-1.7~-1.1	葡萄	82	-4			
草莓	90.0	-1.17	兔肉	60	-1.7			

(4)糖溶液物性经验拟合公式

①密度(kg/m^3)

$$\rho = 1\,005.6 - 0.247\,3t + 3.726x - 2.031\,5 \times 10^{-3}t^2 - 1.845\,3 \times 10^{-3}tx + 0.018\,09x^2$$

②常压下沸点升高(℃)

$$\Delta = \exp(-2.995\,4 + 0.108\,77x - 1.081\,3 \times 10^{-3}x^2 + 6.738\,1 \times 10^{-3}x^3$$

③热导率[W/(mK)]

$$\lambda = 0.568\,17 + 1.654\,4 \times 10^{-3}t - 3.127\,5 \times 10^{-3}x - 6.832\,7 \times 10^{-6}tx - 4.234\,5 \times 10^{-6}t^2 + 2.354\,5 \times 10^{-7}x^2$$

④比热容[kJ/(kgK)]

$$c_p = 4.186 + 2.681 \times 10^{-5}t - 0.025\,09x + 7.357 \times 10^{-5}tx - 1.564 \times 10^{-7}t^2 - 4.136 \times 10^{-7}x^2$$

⑤表面张力(N/m)

$$\sigma = 72.673 + 0.036\,93x + 3.5223 \times 10^{-3}x^2 - 4.148\,5 \times 10^{-5}x^3 + 1.003\,2 \times 10^{-9}x^4$$

(以上各式温度 t 单位均为℃,x 为糖的质量分数,%)

(5)冷冻盐水的物性

① 氯化钙溶液

浓度 $w/\%$	相对密度	冻结温度 $t_i/℃$	定压比热容 $c_p(0℃)[kJ/(kg \cdot K)]$	黏度 $\mu/(MPa \cdot s)$				
				-30℃	-20℃	-10℃	0℃	20℃
0.1	1.00	0.0	4.199	—	—	—	1.77	1.03
20.9	1.19	-19.2	3.043	—	—	—	3.28	2.00
21.9	1.20	-21.2	3.001	—	8.61	—	3.44	2.11

浓度 w/%	相对密度	冻结温度 t_i/℃	定压比热容 c_p(0℃)/[kJ /(kg·K)]	黏度 μ/(MPa·s)				
				−30℃	−20℃	−10℃	0℃	20℃
22.8	1.21	−23.2	2.964	—	9.02	—	3.62	2.23
23.8	1.22	−25.7	2.930	—	9.48	—	3.82	2.35
24.7	1.23	−28.3	2.897	—	10.00	—	4.02	2.48
25.7	1.24	−31.2	2.867	14.81	10.57	—	4.26	2.63
26.6	1.25	−34.6	2.838	15.89	11.17	—	4.52	2.78
27.5	1.26	−38.6	2.809	17.17	11.85	—	4.81	2.93
28.4	1.27	−43.6	2.780	19.03	12.69	—	5.12	3.14
29.4	1.28	−50.1	2.754	21.29	13.79	—	5.49	3.40
29.9	1.286	−55.0	2.738	22.56	14.39	—	5.69	3.52

②氯化钠溶液

浓度 w/%	相对密度	冻结温度 t_i/℃	定压比热容 c_p(0℃)/[kJ /kg·K]	黏度 μ/(MPa·s)				
				−30℃	−20℃	−10℃	0℃	20℃
0.1	1.00	0.0	4.190	—	—	—	1.77	1.03
13.6	1.10	−9.8	3.587	—	—	—	2.15	1.23
14.9	1.11	−11.0	3.550	—	—	3.35	2.24	1.27
16.2	1.12	−12.2	3.512	—	—	3.49	2.32	1.31
17.5	1.13	−13.6	3.474	—	—	3.68	2.43	1.37
18.8	1.14	−15.1	3.441	—	—	3.87	2.56	1.43
20.0	1.15	−16.6	3.407	—	—	4.08	2.69	1.49
21.2	1.16	−18.2	3.374	—	—	4.31	2.83	1.55
22.4	1.17	−20.0	3.340	—	6.87	4.51	2.96	1.62
23.1	1.175	−21.2	3.324	—	7.04	4.71	3.04	1.67

(6) 某些食品的堆密度

物料	堆密度 ρ_b/(kg/m³)	物料	堆密度 ρ_b/(kg/m³)	物料	堆密度 ρ_b/(kg/m³)
辣椒	200~300	桃子	590~690	花生豆	500~630
茄子	330~430	蘑菇	450~500	大豆	700~770
番茄	580~630	刀豆	640~650	蚕豆	670~800

续表

物料	堆密度 ρ_b/(kg/m^3)	物料	堆密度 ρ_b/(kg/m^3)	物料	堆密度 ρ_b/(kg/m^3)
洋葱	490~520	豌豆	700~770	土豆	650~750
胡萝卜	560~590	玉米	680~770	地瓜	640
甜菜	600~770	面粉	700		

15. 常见流体的污垢热阻

流体	污垢热阻 R/(m^2·K·kW^{-1})	液体名称	污垢热阻 R/(m^2·K·kW^{-1})
水(1m/s,大于50℃)		溶剂蒸汽	0.14
蒸馏水	0.09	水蒸气	
海水	0.09	优质(不含油)	0.052
清净的河水	0.21	劣质(不含油)	0.09
未处理的凉水塔用水	0.58	往复机排出	0.176
已处理的凉水塔用水	0.26	液体	
已处理的锅炉用水	0.26	处理过的盐水	0.264
硬水、井水	0.58	有机物	0.176
气体		燃料油	1.056
空气	0.26~0.53	焦油	1.76

16. IS 型单级单吸离心泵(摘录)

型号	转速 n/ r/min	流量		扬程 H/ m	效率 η/ %	功率/kW		必需气蚀余量 $(NPSH)_r$/m	质量 (泵/底 座)/kg
		质量流量/ (m^3/h)	体积流量/ (L/s)			轴功率	电机功率		
IS50-32-125	2 900	7.5 12.5 15	2.08 3.47 4.17	22 20 18.5	47 60 60	0.96 1.13 1.26	2.2	2.0 2.0 2.5	32/46
IS50-32-160	2 900	7.5 12.5 15	2.08 3.47 4.17	34.3 32 29.6	44 54 56	1.59 2.02 2.16	3	2.0 2.0 2.5	50/46
IS50-32-200	2 900	7.5 12.5 15	2.08 3.47 4.17	82 80 78.5	38 48 51	2.82 3.54 3.95	5.5	2.0 2.0 2.5	52/66

| 型号 | 转速 $n/$ r/min | 流量 | | 扬程 $H/$ m | 效率 $\eta/$ % | 功率/kW | | 必需气蚀余量 $(NPSH)_r/$ m | 质量 (泵/底座)/kg |
		质量流量/ (m^3/h)	体积流量/ (L/s)			轴功率	电机功率		
IS50 – 32 – 250	2 900	7.5 12.5 15	2.08 3.47 4.17	21.8 20 18.5	23.5 38 41	5.87 7.16 7.83	11	2.0 2.0 2.5	88/110
IS65 – 50 – 125	2 900	7.5 12.5 15	4.17 6.94 8.33	35 32 30	58 69 68	1.54 1.97 2.22	3	2.0 2.0 3.0	50/41
IS65 – 50 – 160	2 900	15 25 30	4.17 6.94 8.33	53 50 47	54 65 66	2.65 3.35 3.71	5.5	2.0 2.0 2.5	51/66
IS65 – 40 – 200	2 900	15 25 30	4.17 6.94 8.33	53 50 47	49 60 61	4.42 5.67 6.29	7.5	2.0 2.0 2.5	62/66
IS65 – 40 – 250	2 900	15 25 30	4.17 6.94 8.33	82 80 78	37 50 53	9.05 10.89 12.02	15	2.0 2.0 2.5	82/110
IS65 – 40 – 315	2 900	15 25 30	4.17 6.94 8.33	127 125 123	28 40 44	18.5 21.3 22.8	30	2.5 2.5 3.0	152/110
IS80 – 65 – 125	2 900	30 50 60	8.33 13.9 16.7	22.5 20 18	64 75 74	2.87 3.63 3.98	5.5	3.0 3.0 3.5	44/66
IS80 – 65 – 160	2 900	30 50 60	8.33 13.9 16.7	36 32 29	61 73 72	4.82 5.97 6.59	7.5	2.5 2.5 3.0	48/66
IS80 – 50 – 200	2 900	30 50 60	8.33 13.9 16.7	53 50 47	55 69 71	7.87 9.87 10.8	15	2.5 2.5 3.0	64/124
IS80 – 50 – 250	2 900	30 50 60	8.33 13.9 16.7	84 80 75	52 63 64	13.2 17.3 19.2	22	2.5 2.5 3.0	90/110
IS80 – 50 – 315	2 900	30 50 60	8.33 13.9 16.7	128 125 123	41 54 57	25.5 31.5 35.3	37	2.5 2.5 3.0	125/160
IS100 – 80 – 125	2 900	60 100 120	16.7 27.8 33.3	24 20 16.5	67 78 74	5.86 7.00 7.28	11	4.0 4.5 5.0	49/64
IS100 – 80 – 160	2 900	60 100 120	16.7 27.8 33.3	36 32 28	70 78 75	8.42 11.2 12.2	15	3.5 4.0 5.0	69/110

型号	转速 n/ r/min	流量		扬程 H/ m	效率 η/ %	功率/kW		必需气蚀余量 (NPSH)r/ m	质量 (泵/底 座)/kg
		质量流量/ (m³/h)	体积流量/ (L/s)			轴功率	电机功率		
IS100-65-200	2 900	60 100 120	16.7 27.8 33.3	54 50 47	65 76 77	13.6 17.9 19.9	22	3.0 3.6 4.8	81/110
IS100-65-250	2 900	60 100 120	16.7 27.8 33.3	87 80 74.5	61 72 73	23.4 30.0 33.3	37	3.5 3.8 4.8	90/160
IS100-65-315	2 900	60 100 120	16.7 27.8 33.3	133 125 118	55 66 67	39.6 51.6 57.5	75	3.0 3.6 4.2	180/295
IS125-100-200	2 900	120 200 240	33.3 55.6 66.7	57.5 50 44.5	67 81 80	28.0 33.6 36.4	45	4.5 4.5 5.0	108/160
IS125-100-250	2 900	120 200 240	33.3 55.6 66.7	87 80 72	66 78 75	43.0 55.9 62.8	75	3.8 4.2 5.0	166/295
IS125-100-315	2 900	120 200 240	33.3 55.6 66.7	132.5 125 120	60 75 77	72.1 90.8 101.9	110	4.0 4.5 5.0	189/330
IS125-100-400	1 450	60 100 120	16.7 27.8 33.3	52 50 48.5	53 65 67	16.1 21.0 23.6	30	2.5 2.5 3.0	205/233
IS150-125-250	1 450	120 200 240	33.3 55.6 66.7	22.5 20 17.5	71 81 78	10.4 13.5 14.7	18.5	3.0 3.0 3.5	188/158
IS150-125-315	1 450	120 200 240	33.3 55.6 66.7	34 32 29	70 79 80	15.9 22.1 23.7	30	2.5 2.5 3.0	192/233
IS150-125-400	1 450	120 200 240	33.3 55.6 66.7	53 50 46	62 75 74	27.9 36.3 40.6	45	2.0 2.8 3.5	223/233
IS200-150-250	1 450	240 400 460	66.7 111.1 127.8	20	82	26.6	37	203/233
IS200-150-315	1 450	240 400 460	66.7 111.1 127.8	37 32 28.5	70 82 80	34.6 42.5 44.6	55	3.0 3.5 4.0	262/295
IS200-150-400	1 450	240 400 460	66.7 111.1 127.8	55 50 48	74 81 76	48.6 67.2 74.2	90	3.0 3.8 4.5	295/298

17. 管子规格

(1) 水煤气输送钢管(摘自 GB3091 – 2008, GB3092 – 2008)

公称直径 DN /mm(in)	外径/mm	普通管壁厚 /mm	加厚管壁厚 /mm	公称直径 DN /mm(in)	外径/mm	普通管壁厚 /mm	加厚管壁厚 /mm
8(1/4)	13.50	2.25	2.75	50(2)	60.00	3.50	4.50
10(3/8)	17.00	2.25	2.75	65(2.5)	75.50	3.75	4.50
15(1/2)	21.25	2.75	3.25	80(3)	88.50	4.00	4.75
20(3/4)	26.75	2.75	3.50	100(4)	114.00	4.00	5.00
25(1)	33.50	3.25	4.00	125(5)	140.00	4.50	5.50
32(1.25)	42.25	3.25	4.00	150(6)	165.00	4.50	5.50
40(1.5)	48.00	3.50	4.25				

(2) 无缝钢管规格简表

①热轧无缝钢管(摘自 GB8163 – 2010,表中所列为部分规格,外径 152 ~ 630 mm请查国标)

外径/mm	壁厚/mm		外径/mm	壁厚/mm		外径/mm	壁厚/mm	
	从	到		从	到		从	到
32	2.5	8.0	63.5	3.0	14	102	3.5	22
38	2.5	8.0	68	3.0	16	108	4.0	28
42	2.5	10	70	3.0	16	114	4.0	28
45	2.5	10	73	3.0	19	121	4.0	28
50	2.5	10	76	3.0	19	127	4.0	30
54	3.0	11	83	3.5	19	133	4.0	32
57	3.0	13	89	3.5	22	140	4.5	36
60	3.0	14	95	3.5	22	146	4.5	36

壁厚有 2.5 mm, 3 mm, 3.5 mm, 4 mm, 4.5 mm, 5 mm, 5.5 mm, 6 mm, 6.5 mm, 7 mm, 7.5 mm, 8 mm, 8.5 mm, 9 mm, 9.5 mm, 10 mm, 11 mm, 12 mm, 13 mm, 14 mm, 15 mm, 16 mm, 17 mm, 18 mm, 19 mm, 20 mm, 22 mm, 25 mm, 28 mm, 30 mm, 32 mm, 36 mm。

②冷拔无缝钢管(摘自 GB8163 – 2010,表中所列为部分规格,外径 57 ~ 120 mm请查国标)

外径 mm	壁厚/mm		外径 mm	壁厚/mm		外径 mm	壁厚/mm	
	从	到		从	到		从	到
6	0.25	2.0	20	0.25	6.0	40	0.40	9.0
7	0.25	2.5	22	0.40	6.0	42	1.0	9.0
8	0.25	2.5	25	0.40	7.0	44.5	1.0	9.0
9	0.25	2.8	27	0.40	7.0	45	1.0	10.0
10	0.25	3.5	28	0.40	7.0	48	1.0	10.0
11	0.25	3.5	29	0.40	7.5	50	1.0	12
12	0.25	4.0	30	0.40	8.0	51	1.0	12
14	0.25	4.0	32	0.40	8.0	53	1.0	12
16	0.25	5.0	34	0.40	8.0	54	1.0	12
18	0.25	5.0	36	0.40	8.0	56	1.0	12
19	0.25	6.0	38	0.40	9.0			

壁厚有 0.25 mm,0.30 mm,0.40 mm,0.50 mm,0.60 mm,0.80 mm,1.0 mm,1.2 mm,1.4 mm,1.5 mm,1.6 mm,1.8 mm,2.0 mm,2.2 mm,2.5 mm,2.8 mm,3.0 mm,3.2 mm,3.5 mm,4.0 mm,4.5 mm,5.0 mm,5.5 mm,6.0 mm,6.5 mm,7.0 mm,7.5 mm,8.0 mm,8.5 mm,9 mm,9.5 mm,10 mm,11 mm,12mm。

(3)不锈钢管

①不锈钢管热轧无缝钢管(摘自 GB/T14976 - 2002)

外径 mm	壁厚/mm		外径 mm	壁厚/mm		外径 mm	壁厚/mm	
	从	到		从	到		从	到
68	4.5	12	114	5	14	194	8	18
70	4.5	12	121	5	14	219	8	18
73	4.5	12	127	5	14	245	10	18
76	4.5	12	133	5	14	273	12	18
80	4.5	12	140	6	16	325	12	18
83	4.5	12	146	6	16	351	12	18
89	4.5	12	152	6	16	377	12	18
95	4.5	14	159	6	16	426	12	18
102	4.5	14	168	7	18			
108	4.5	14	180	8	18			

壁厚有 4.5 mm,5 mm,6 mm,7 mm,8 mm,9 mm,10 mm,11 mm,12 mm,

13 mm,14 mm,15 mm,16 mm,17 mm,18 mm。

②不锈钢管冷拔无缝钢管(摘自 GB/T14976 - 2002,表中所列为部分规格,外径75～159 mm请查国标)

外径/mm	壁厚/mm		外径/mm	壁厚/mm		外径 mm	壁厚/mm	
	从	到		从	到		从	到
6	0.5	2.0	21	0.5	5.0	45	0.5	8.5
7	0.5	2.0	22	0.5	5.0	48	0.5	8.5
8	0.5	2.0	23	0.5	5.0	50	0.5	9.0
9	0.5	2.5	24	0.5	5.5	51	0.5	9.0
10	0.5	2.5	25	0.5	6.0	53	0.5	9.5
11	0.5	2.5	27	0.5	6.0	54	0.5	10
12	0.5	3.0	28	0.5	6.5	56	0.5	10
13	0.5	3.0	30	0.5	7.0	57	0.5	10
14	0.5	3.5	32	0.5	7.0	60	0.5	10
15	0.5	3.5	34	0.5	7.0	63	1.5	10
16	0.5	4.0	35	0.5	7.0	65	1.5	10
17	0.5	4.0	36	0.5	7.0	68	1.5	12
18	0.5	4.5	38	0.5	7.0	70	1.6	12
19	0.5	4.5	40	0.5	7.0	73	2.5	12
20	0.5	4.5	42	0.5	7.5			

壁厚有 0.5 mm,0.6 mm,0.8 mm,1.0 mm,1.2 mm,1.4 mm,1.5 mm, 1.6 mm,2.0 mm,2.2 mm,2.5 mm,2.8 mm,3.0 mm,3.2 mm,3.5 mm,4.0 mm, 4.5 mm,5.0 mm,5.5 mm,6.0 mm,6.5 mm,7.0 mm,7.5 mm,8.0 mm,8.5 mm, 9.0 mm,9.5 mm,10 mm,11 mm,12mm。

(4)有机玻璃离子交换柱规格

序号	直径/mm	有效高度/mm	壁厚/mm	序号	直径/mm	有效高度/mm	壁厚/mm
1	500	2 500	12	15	250	1 500	8
2	500	2 000	14	16	235	2000	12
3	500	2 000	12	17	220	1 500	10
4	430	2 000	14	18	200	1800	10
5	385	2 000	14	19	200	1 500	5
6	325	1 700	12	20	200	1 500	6
7	325	1 500	10	21	200	1100	10

序号	直径/mm	有效高度/mm	壁厚/mm	序号	直径/mm	有效高度/mm	壁厚/mm
8	320	1 700	10	22	170	1 500	5
9	307	1 500	10	23	164	1 000	5
10	300	2 000	8	24	150	1 500	6
11	300	1 500	10	25	120	930	10
12	300	1 500	8	26	100	1 000	4
13	280	1700	10	27	100	1 000	5
14	262	2 000	6	28	75	800	7

18. 气液平衡数据(常压)

(1)乙醇——水溶液

液体组成		蒸气组成		液体组成		蒸气组成	
质量/%	摩尔/%	质量/%	摩尔/%	质量/%	摩尔/%	质量/%	摩尔/%
0.01	0.004	0.13	0.053	20.00	8.92	65.0	42.09
0.03	0.011 7	0.39	0.153	24.00	11.00	68.0	45.41
0.04	0.015 7	0.52	0.204	29.00	13.77	70.8	48.68
0.05	0.019 6	0.65	0.255	34.00	16.77	72.9	51.27
0.06	0.023 5	0.78	0.307	39.00	20.00	74.3	53.09
0.07	0.027 4	0.91	0.358	45.00	24.25	75.9	55.22
0.08	0.031 3	1.04	0.410	52.00	29.80	77.5	57.41
0.09	0.035 2	1.17	0.461	57.00	34.16	78.7	59.10
0.10	0.04	1.3	0.51	63.00	40.00	80.3	61.44
0.15	0.055	1.95	0.77	67.00	44.27	81.3	62.98
0.20	0.08	2.6	1.03	71.00	48.92	82.4	64.70
0.30	0.12	3.8	1.57	75.00	54.00	83.8	66.92
0.40	0.16	4.9	1.98	78.00	58.11	84.9	68.76
0.50	0.19	6.1	2.48	81.00	62.52	86.3	71.10
0.60	0.23	7.1	2.90	84.00	67.27	87.7	73.61
0.70	0.27	8.1	3.33	86.00	70.63	88.9	75.82
0.80	0.31	9.0	3.725	88.00	74.15	90.1	78.00
0.90	0.35	9.9	4.12	89.00	75.99	90.7	79.26
1.00	0.39	10.75	4.51	90.00	77.88	91.3	80.42

液体组成		蒸气组成		液体组成		蒸气组成	
质量/%	摩尔/%	质量/%	摩尔/%	质量/%	摩尔/%	质量/%	摩尔/%
2.00	0.79	19.7	8.76	91.00	79.82	92.0	81.83
3.00	1.19	27.2	12.75	92.00	81.82	92.7	83.25
4.00	1.61	33.3	16.34	93.00	83.87	93.4	84.91
7.00	2.86	44.6	23.96	94.00	85.97	94.2	86.40
10.00	4.16	52.2	29.92	95.00	88.15	95.05	88.25
13.00	5.51	57.4	34.51	95.57	89.41	95.57	89.41
16.00	6.86	61.1	38.06				

(2) 水醋酸平衡数据

水摩尔分数		温度/℃	水摩尔分数		温度/℃
液相	气相		液相	气相	
0.0	0.0	118.2	0.833	0.886	101.3
0.270	0.394	108.2	0.886	0.919	100.9
0.455	0.565	105.3	0.930	0.950	100.5
0.588	0.707	103.8	0.968	0.977	100.2
0.690	0.709	102.8	1.00	1.00	100.0
0.769	0.845	101.9			

(3) 甲醇水物系相平衡数据

甲醇摩尔分数		温度/℃	甲醇摩尔分数		温度/℃
液相	气相		液相	气相	
0.053 1	0.283 4	92.9	0.290 9	0.680 1	77.8
0.076 7	0.400 1	90.3	0.333 3	0.691 8	76.7
0.092 6	0.435 3	88.9	0.351 3	0.734 7	76.2
0.125 7	0.483 1	86.6	0.462 0	0.775 6	73.8
0.131 5	0.545 5	85.0	0.529 2	0.797 1	72.7
0.167 4	0.558 5	83.2	0.593 7	0.818 3	71.3
0.181 8	0.577 5	82.3	0.684 9	0.849 2	70.0
0.208 3	0.627 3	81.6	0.770 1	0.896 2	68.0
0.231 9	0.648 5	80.2	0.874 1	0.919 4	66.9
0.281 8	0.677 5	78.0			

19.旋风分离机的生产能力(m³/h)

(1)CTL/A型旋风分离器

型号	圆筒直径 D/mm	入口气速 u_i/(m/s)		
		12	15	18
		压强降 Δp/Pa		
		755	1187	1707
CTL-A-1.5	150	170	210	200
CTL-A-2.0	200	300	370	440
CTL-A-2.5	250	400	580	690
CTL-A-3.0	300	670	830	1 000
CTL-A-3.5	350	910	1 140	1 360
CTL-A-4.0	400	1 180	1 480	1 780
CTL-A-4.5	450	1 500	1 870	2 250
CTL-A-5.0	500	1 860	2 320	2 780
CTL-A-5.5	550	2 240	2 800	3 360
CTL-A-6.0	600	2 670	3 340	4 000
CTL-A-6.5	650	3 130	3 920	4 700
CTL-A-7.0	700	3 630	4 540	5 440
CTL-A-7.5	750	4 170	5 210	6 250
CTL-A-8.0	800	4 750	5 940	7 130

(2)CLP/B型旋风分离器

型号	圆筒直径 D/mm	入口气速 u_i/(m/s)		
		12	16	20
		压强降 Δp/Pa		
		412	687	1128
CLP/B-3.0	300	700	930	1 160
CLP/B-4.2	420	1 350	1 800	2 250
CLP/B-5.4	540	2 200	2 950	3 700
CLP/B-7.0	700	3 800	5 100	6 350
CLP/B-8.2	820	5 200	6 900	8 650
CLP/B-9.4	940	6 800	9 000	11 300
CLP/B-10.6	1060	8 550	11 400	14 300

(3) 扩散式旋风分离器

型号	圆筒直径 D/mm	入口气速 u_i/(m/s)			
		14	16	18	20
		压强降 Δp/Pa			
		785	1030	1324	1570
1	250	820	920	1050	1170
2	300	1 170	1 330	1 500	1 670
3	370	1 790	2 000	2 210	2 500
4	455	2 620	3 000	3 380	3 760
5	525	3 500	4 000	4 500	5 000
6	585	4 380	5 000	5 630	6 250
7	645	5 250	6 000	6 750	7 500
8	695	6 130	7 000	7 870	8 740

20. 国内常用筛筛目

目数	筛孔尺寸/mm	目数	筛孔尺寸/mm	目数	筛孔尺寸/mm	目数	筛孔尺寸/mm
8	2.5	32	0.56	75	0.200	190	0.080
10	2.00	35	0.50	80	0.180	200	0.071
12	1.60	40	0.45	90	0.160	240	0.063
16	1.25	45	0.40	100	0.154	260	0.056
18	1.00	50	0.335	110	0.140	300	0.050
20	0.900	55	0.315	120	0.125	320	0.045
24	0.800	60	0.28	130	0.112	360	0.040
26	0.700	65	0.25	150	0.100		
28	0.63	70	0.224	160	0.090		

21. 扩散系数

(1) 一些物质在 H_2、CO_2、空气中的扩散系数 $D(10^{-4} m^2/s)$ $(0℃, 101.3 kPa)$

物质名称	H_2	CO_2	空气
H_2		0.550	0.611
O_2	0.697	0.139	0.178
N_2	0.674		0.202
CO	0.651	0.137	0.202
CO_2	0.550		0.138

物质名称	H_2	CO_2	空气
SO_2	0.479		0.103
H_2O	0.751 6	0.138 7	0.220
空气	0.611	0.138	
HCl			0.156
SO_2			0.102
Cl_2			0.108
NH_3			0.198
Br_2	0.563	0.036 3	0.086
I_2			0.097
HCN			0.133
H_2S			0.151
CH_4	0.625	0.153	0.223
C_2H_4	0.505	0.096	0.152
C_6H_6	0.294	0.052 7	0.075 1
甲醇	0.500 1	0.088 0	0.132 5
乙醇	0.378	0.068 5	0.101 6
乙醚	0.296	0.055 2	0.077 5

（2）一些物质在水溶液中的扩散系数（0 ℃,101.3kPa）

溶质	浓度/ (mol/L)	温度/℃	扩散系数 D /($10^{-9}m^2/S$)	溶质	浓度/ (mol/L)	温度/℃	扩散系数 D /($10^{-9}m^2/S$)
HCl	9	0	2.7	NH_3	0.7	5	1.24
	7	0	2.4		1.0	8	1.36
	4	0	2.1		饱和	8	1.08
	3	0	2.0		饱和	10	1.14
	2	0	1.8		1.0	15	1.77
	0.4	0	1.6		饱和	15	1.26
	0.6	5	2.4			20	2.04
	1.3	5	1.9	C_2H_2	0	20	1.80
	0.4	5	1.8	Br_2	0	20	1.29
	9	10	3.3	CO	0	20	1.90
	6.5	10	3.0	C_2H_2	0	20	1.59
	2.5	10	2.5	H_2	0	20	5.94
	0.8	10	2.2	HCN	0	20	1.66
	0.5	10	2.1	H_2S	0	20	1.63
	2.5	15	2.9	CH_4	0	20	2.06
	3.2	19	4.5	N_2	0	20	1.90
	1.0	19	3.0	O_2	0	20	2.08
	0.3	19	2.7	SO_2	0	20	1.47
	0.1	19	2.5	Cl_2	0.138	10	0.91
	0	20	2.8		0.128	13	0.98

续表

溶质	浓度/(mol/L)	温度/℃	扩散系数 D/(10^{-9} m²/S)	溶质	浓度/(mol/L)	温度/℃	扩散系数 D/(10^{-9} m²/S)
CO_2	0	10	1.46		0.11	18.3	1.21
	0	15	1.60		0.104	20	1.22
	0	18	1.71 ± 0.03		0.099	22.4	1.32
	0	20	1.77		0.092	25	1.42
NH_3	0.686	4	1.22		0.083	30	1.62
	3.5	5	1.24		0.07	35	1.8

22. 亨利常数

气体	温度															
	0	5	10	15	20	25	30	35	40	45	50	60	70	80	90	100
	$E/10^3$ MPa															
H_2	5.87	6.16	6.44	6.07	6.92	7.16	7.38	7.52	7.61	7.70	7.75	7.75	7.71	7.65	7.61	7.55
N_2	5.36	6.05	6.77	7.48	8.14	8.76	9.36	9.98	10.5	11.0	11.4	12.2	12.7	12.8	12.8	12.8
空气	4.38	4.94	5.56	6.15	6.73	7.29	7.81	8.34	8.81	9.23	9.58	10.2	10.6	10.8	10.9	10.8
CO	3.57	4.01	4.48	4.95	5.43	5.87	6.28	6.68	7.05	7.38	7.71	8.32	8.56	8.56	8.57	8.57
O_2	2.58	2.95	3.31	3.69	4.06	4.44	4.81	5.14	5.42	5.70	5.96	6.37	6.72	6.96	7.08	7.10
CH_4	2.27	2.62	3.01	3.41	3.81	4.18	4.55	4.92	5.27	5.58	5.85	6.34	3.75	6.91	7.01	7.10
NO	1.71	1.96	1.96	2.45	2.67	2.91	3.14	3.35	3.57	3.77	3.95	4.23	4.34	4.54	4.58	4.60
C_2H_6	1.27	1.91	1.57	2.90	2.66	3.06	3.47	3.88	4.28	4.69	5.07	5.72	6.31	6.70	6.96	7.01

气体	温度															
	0	5	10	15	20	25	30	35	40	45	50	60	70	80	90	100
	$E/10^3$ MPa															
C_2H_4	5.59	6.61	7.78	9.07	10.3	11.5	12.9	—	—	—	—	—	—	—	—	—
N_2O	—	1.19	1.43	1.68	2.01	2.28	2.62	3.06	—	—	—	—	—	—	—	—
CO_2	0.737	0.887	1.05	1.24	1.44	1.66	1.88	2.12	2.36	2.60	2.87	3.45				
C_2H_2	0.729	0.85	0.97	1.09	1.23	1.35	1.48	—	—	—	—	—	—	—	—	—
Cl_2	0.271	0.334	0.399	0.461	0.537	0.604	0.67	0.79	0.80	0.86	0.90	0.97	0.99	0.97	0.96	—
H_2S	0.271	0.319	0.372	0.418	0.489	0.552	0.617	0.685	0.755	0.825	0.895	1.04	1.21	1.37	1.46	1.062
Br_2	2.16	2.79	3.71	4.72	6.01	7.47	9.17	11.04	13.47	16.0	19.4	25.4	32.5	40.9	—	—
SO_2	1.67	2.02	2.45	2.94	3.55	4.13	4.85	5.67	6.60	7.63	8.71	11.1	13.9	17.0	20.1	—

23. 主要公式列表

名称	公式	说明
第一章　物料衡算和能量衡算		
质量守恒定律	$q_{m,inlet} - q_{m,exit} = \dfrac{\mathrm{d}m_{system}}{\mathrm{d}t}$	式中：$q_{m,inlet}$——流入系统的质量流量，kg/s； $q_m,exit$——流出系统的质量流量，kg/s。
开放系统的质量守恒	$\int_{A_{inlet}} \rho u_n \mathrm{d}A - \int_{A_{exit}} \rho u_n \mathrm{d}A = \dfrac{\mathrm{d}}{\mathrm{d}t}\int_V \rho \mathrm{d}V$ ①如果流量是常数： $\sum\limits_{inlet} \rho u_n \mathrm{d}A - \sum\limits_{exit} \rho u_n \mathrm{d}A = \dfrac{\mathrm{d}}{\mathrm{d}t}\int_V \rho \mathrm{d}V$ ②系统处于稳定状态，流速不变： $\sum\limits_{inlet} \rho u_n \mathrm{d}A = \sum\limits_{exit} \rho u_n \mathrm{d}A$ ③假设目标液体不可压缩，则密度不变： $\sum\limits_{inlet} u_n \mathrm{d}A = \sum\limits_{exit} u_n \mathrm{d}A$	式中：ρ——流体密度，kg/m³； u_n——流体密度过边界的速度，m/s；
封闭系统的质量守恒	$\dfrac{\mathrm{d}m_{system}}{\mathrm{d}t} = 0$ 或 $m_{system} = $ 常数	
系统总能量	$E_{total} = E_k + E_p + E_{electrical} + E_{magnetic} + E_{chemical} + \cdots + E_i$ 若其他形式能的数量值相对于动能、势能和内能幅度都很小，则： $E_{total} = E_k + E_p + E_i$	式中：E_i——内能，kJ。
焓	$H = C_p(T - T_{ref})$	式中：C_p——常压下的比热。
热量	$Q = mC_p(T_2 - T_1)$	
比热	冰点以上： 无脂植物原料，Seibel's 方程：$C_{avg} = 4\,186.8X + 837.36(1 - X)$ 脂肪存在，$C'_{avg} = 4\,186.8X + 837.36SNF + 1\,674.72F$ 冻结前，Choi &Okos(1988)校正式： $C_{avg} = P(C_{pp}) + F(C_{pf}) + C(C_{pc}) + Fi(C_{pfi}) + A(C_{pa}) + X(C_{waf})$ 其中不同食品组分的比热值计算公式如下： 蛋白质：$C_{pp} = 2\,008.2 + 1\,208.9 \times 10^{-3}T - 1\,312.9 \times 10^{-6}T^2$ 脂肪：$C_{pf} = 1\,984.2 + 1\,473.3 \times 10^{-3}T - 4\,800.8 \times 10^{-6}T^2$ 碳水化合物：$C_{pc} = 1\,548.8 + 1\,962.5 \times 10^{-3}T - 5\,939.9 \times 10^{-6}T^2$ 纤维素：$C_{pfi} = 1\,845.9 + 1\,930.6 \times 10^{-3}T - 4\,650.8 \times 10^{-6}T^2$ 灰分：$C_{pa} = 1\,092.6 + 1\,889.6 \times 10^{-3}T - 3\,681.7 \times 10^{-6}T^2$ 水在冰点上时：$C_{waf} = 4\,176.2 - 9.086\,4 \times 10^{-5}T + 5\,473.1 \times 10^{-6}T^2$ $C^*_{avg} = P(C^*_{pp}) + F(C^*_{pf}) + C(C^*_{pc}) + Fi(C^*_{pfi}) + A(C^*_{pa}) + M(C^*_{waf})$ 其中， 蛋白质：$C^*_{pp} = (2\,008.2\delta + 0.604\,5\delta^2 - 437.6 \times 10^{-6}\delta^3)/\delta$ 脂肪：$C^*_{pf} = (1\,984.2\delta + 0.736\,7\delta^2 - 1\,600 \times 10^{-6}\delta^3)/\delta$	式中：P——蛋白质的质量分数； F——脂肪的质量分数； F_i——纤维素的质量分数； A——灰分的质量分数； C——碳水化合物的质量分数； X——水分的质量分数。

名称	公式	说明
	碳水化合物：$C^*_{pc} = (1\ 548.8\delta + 0.981\ 2\delta^2 - 1\ 980 \times 10^{-6}\delta^3)/\delta$ 纤维：$C^*_{pfi} = (1\ 845.9\delta + 0.965\ 3\delta^2 - 1\ 550 \times 10^{-6}\delta^3)/\delta$ 灰分：$C^*_{pa} = (1\ 092.6\delta + 0.944\ 8\delta^2 - 1\ 227 \times 10^{-6}\delta^3)/\delta$ 水分：$C^*_{waf} = (4\ 176.2\delta - 4.543 \times 10^{-5}\delta^2 + 1\ 824 \times 10^{-6}\delta^3)/\delta$	
焓变	在单位质量某物质的焓变可以用下式计算： $q = m\int_{T_1}^{T_2} C_p dT$ 当给出平均比热时： $q = mC_{avg}(T_2 - T_1)$	
食物冻结过程 中的焓变	T 温度下的焓： $H = H_f[aT_r + (1-a)T_r{}^b] = (9\ 792.46 + 405\ 096X)$ $[aT_r + (1-a)T_r{}^b]$ 冰点的焓：$H_f = 9\ 792.46 + 405\ 096X$ $T_r = \dfrac{T - 227.6}{T_f - 227.6}$ 肉类：$T_f = 271.18 + 1.47X$ 果蔬：$T_f = 287.56 - 49.19X + 37.07X^2$ 果汁：$T_f = 120.47 + 327.35X - 176.49X^2$ 肉类：$a = 0.316 - 0.247(X - 0.73) - 0.688(X - 0.73)^5$ $b = 22.95 + 54.68(a - 0.28) - 5\ 589.03(a - 0.28)^5$ 果蔬及果蔬汁： $a = 0.362 + 0.049\ 8(X - 0.73) - 3.465(X - 0.73)^2$ $b = 27.2 - 129.04(a - 0.23) - 481.46(a - 0.23)^2$ 总的焓变： $q = \Delta H = FC_{pf}(T_f - T) + SNFC_{psnf}(T_f - T) + q_{sw} + q_{si} + I$ $(334\ 860)$ 其中，$I = w_o - w = w_o\left[1 - \dfrac{(-T_f)}{(-T)}\right]$； $q_{sl} = \int_{T_f}^{T} C_{pl} w dT = C_{pl} w_o \int \dfrac{T - T_f}{T - T} dT = C_{pl} w_o(-T_f)\ln\dfrac{-T}{-T_f}$	
能量衡算方程	能量输入 = 能量输出 + 累积量 即：$E_{in} - E_{out} = \Delta E_{system}$ 或 $Q_{in} + W_{in} + \sum\limits_{j=1}^{p} m_i\left(E'_{i,j} + \dfrac{u_j^2}{2} + gz_j + p_j V'_j\right) = Q_{out} +$ $W_{out} + \sum\limits_{e=1}^{q} m_e\left(E'_{i,e} + \dfrac{u_e^2}{2} + gz_e + p_e V'_e\right)$ 对于一个稳态流 系统，$E_{in} = E_{out}$ 或 $Q_{in} = W_m + \left(\dfrac{u_2^2}{2} + gz_2 + \dfrac{P_2}{\rho_2}\right) - \left(\dfrac{u_1^2}{2} + gz_1 + \dfrac{P_1}{\rho_1}\right) +$ $(E'_{i,2} - E'_{i,1})$	

第二章 流体流动

流体的物理性质	流体密度	$\rho = \dfrac{m}{V}$	式中：ρ——流体的密度，kg/m^3； $\quad m$——流体的质量，kg； $\quad V$——流体的体积，m^3； $\quad v$——流体的比容，m^3/kg。
	比容	$v = \dfrac{V}{m} = \dfrac{1}{\rho}$	
	压强	表压 = 绝对压强 - 大气压强 真空度 = 大气压强 - 绝对压强	

续表

名称		公式	说明
牛顿粘性定律		$\tau = \mu \dfrac{\mathrm{d}u}{\mathrm{d}y}$	式中:μ——黏度。
静力学方程式		$p_2 A - p_1 A - \rho g(z_1 - z_2)A = 0$	式中:A——横截面面积,m^2。
连续性方程		$\rho_1 u_1 A_1 = \rho_2 u_2 A_2$	
伯努利方程	理想流体	$gz_1 + \dfrac{u_1^2}{2} + \dfrac{p_1}{\rho} = gz_2 + \dfrac{u_2^2}{2} + \dfrac{p_2}{\rho}$	
	实际流体	$gz_1 + \dfrac{u_1^2}{2} + \dfrac{p_1}{\rho} + W_e = gz_2 + \dfrac{u_2^2}{2} + \dfrac{p_2}{\rho} + \sum h_f$ 或 $g\Delta z + \Delta \dfrac{u^2}{2} + \dfrac{\Delta p}{\rho} = W_e - \sum h_f$ 或 $\Delta z + \Delta \dfrac{u^2}{2g} + \dfrac{\Delta p}{\rho g} = H_e - \sum H_f$ 或 $\rho g \Delta z + \rho \Delta \dfrac{u^2}{2} + \Delta p = \rho W_e - \Delta p_f$	式中:$\sum h_f, \Delta p_f$——单位质量、单位体积流体流动过程中的摩擦损失或水头损失; He——输送设备的压头或扬程。
雷诺数		$Re = \dfrac{dup}{\mu}$ 其量纲为: $[Re] = \left[\dfrac{dup}{\mu}\right] = \dfrac{\mathrm{m} \cdot (\mathrm{m} \cdot \mathrm{s}^{-1}) \cdot (\mathrm{kg} \cdot \mathrm{m}^{-3})}{\mathrm{N} \cdot \mathrm{s} \cdot \mathrm{m}^{-2}} = \mathrm{m}^0 \mathrm{kg}^0 \mathrm{s}^0$	$Re < 2\,000$,为层流,$Re > 4\,000$,为湍流。Re 在 $2\,000 \sim 4\,000$ 为过渡流。湍流流动状态可为层流,也可能为湍流,但湍流的可能性更大。
流体运动速度分布	层流	$u_r = \dfrac{p_1 - p_2}{4\mu l}(R^2 - r^2)$	
	湍流	$u_r = u_{\max}\left(1 - \dfrac{r}{R}\right)^{\frac{1}{n}}$	当 $4 \times 10^4 < Re < 1.1 \times 10^5$ 时,$n = 6$;$1.1 \times 10^5 < Re < 3.2 \times 10^6$ 时,$n = 7$;$Re > 3.2 \times 10^6$ 时,$n = 8$。
流体流动阻力损失	直管(范宁公式)	$h_f = \lambda \dfrac{l}{d} \dfrac{u^2}{2}$	式中:h_f——流体的直管阻力,J/kg; λ——摩擦系数; l——直管长度,m; d——直管内径,m; u——流体流速,m/s。
	直管层流(哈根—泊稷叶方程)	$\Delta p = \dfrac{8\mu l u}{R^2} = \dfrac{8\mu l u}{\dfrac{d^2}{4}} = \dfrac{32\mu l u}{d^2}$	
	光滑直管湍流(柏拉修斯公式)	$\lambda = \dfrac{0.316\,4}{Re^{0.25}}$	
	粗糙直管湍流(科尔布鲁克公式)	$\dfrac{1}{\sqrt{\lambda}} = -2.011 g\left(\dfrac{\dfrac{\varepsilon}{d}}{3.7} + \dfrac{2.51}{Re\sqrt{\lambda}}\right)$	
	非圆形直管	$d_e = 4 \times \dfrac{流道截面积}{润湿周边长}$	式中:d_e——非圆形管的当量直径; d_H——水力直径。

名称		公式	说明
流体流动的局部阻力	当量长度法	$h'_f = \lambda \dfrac{l_e}{d} \cdot \dfrac{u^2}{2}$	
	阻力系数法	$h'_f = \zeta \cdot \dfrac{u^2}{2}$	式中：ζ——局部阻力系数。
管路总能量损失		$\sum h_f = h_f + h'_f = \lambda \dfrac{l + \sum l_e}{d} \dfrac{u^2}{2}$ 或 $\sum h_f = \left(\lambda \dfrac{l}{d} + \sum \zeta \right) \dfrac{u^2}{2}$	式中：$\sum l_e$——管路上所有管件和阀门等的当量长度之和，m； 　　　$\sum \zeta$——管路上所有管件和阀门等的局部阻力系数之和； 　　　l——管路上各段直管的总长度，m； 　　　u——流体流经管路的流速，m/s； 　　　d——流体流过管路的内径，m； 　　　λ——摩擦系数。
泵的有效功率		$N_e = \dfrac{\rho g V H}{1\,000}$	式中：Ne——泵的有效功率，W 或 kW。
泵的效率		$\eta = \dfrac{N_e}{N_a} \times 100\%$	式中：N_a——泵的轴功率，W 或 kW； 　　　η——泵的效率。
☆泵的安装高度	允许吸上真空高度	$H_s = \dfrac{p_a - p_s}{\rho g}$ 校正：$H'_s = \left[H_s - 10 + H_a + \dfrac{p_V - p'_v}{9.81 \times 1\,000} \right] \dfrac{1\,000}{\rho}$	式中：H_a——泵工作点的大气压，mH_2O； 　　　p_V'——输送温度下水的饱和蒸汽压，Pa； 　　　$p_{V'}$——20℃下水的饱和蒸汽压，Pa； 　　　ρ——操作条件下液体的密度，kg/m^3。
	离心泵	$Z_s = \dfrac{p_a - p_s}{\rho g} - \dfrac{u_s^2}{2g} - \sum H_{fs}$ 汽蚀余量：$\Delta h = \left(\dfrac{p_s}{\rho g} + \dfrac{u_s^2}{2g} \right) - \dfrac{p_v}{\rho g}$ $Z_s = \dfrac{p_a - p_v}{\rho g} - \Delta h - \sum H_{fs}$	
管路特性曲线方程		$H = K + \sum H_f$ 其中，$K = \Delta Z + \Delta p / \rho g$ $\sum H_f = \lambda \left(\dfrac{l + \sum l_e}{d} \right) \left(\dfrac{u^2}{2g} \right) = \left(\dfrac{8\lambda}{\pi^2 g} \right) \left(\dfrac{l + \sum l_e}{d^5} \right) V^2$	

第三章　沉降、过滤及流态化

名称		公式	说明
重力沉降速度		$u_t = \sqrt{\dfrac{4gd(\rho_s - \rho)}{3\rho\xi}}$	式中：u_t——球形颗粒的自由沉降速度，m/s； 　　　d——颗粒直径，m。
重力沉降速度的计算	试差法	先假设流动区，再选以下公式，求出 u_t，再由 u_t 算出 Re，进行校核。 ①层流区，$10^{-4} < Re < 1$，斯托克斯公式 $\xi = \dfrac{24}{Re}$；$u_t = \dfrac{d^2(\rho_s - \rho)g}{18\mu}$ ②过渡区，$1 < Re < 10^3$，阿伦公式 $\xi = \dfrac{18.5}{Re^{0.6}}$；$u_t = 0.27 \sqrt{\dfrac{d(\rho_s - \rho)g}{\rho} Re^{0.6}}$ ③湍流区，$10^3 < Re < 2 \times 10^5$，牛顿公式	

名称	公式	说明
	$\xi = 0.44 ; u_t = 1.74\sqrt{\dfrac{d(\rho_s - \rho)g}{\rho}}$ 若边界层内为湍流,$Re > 2 \times 10^5$ $\xi = 0.1 ; u_t = 3.69\sqrt{\dfrac{d(\rho_s - \rho)g}{\rho}}$	
图解法	$\xi = \dfrac{4d^3(\rho_s - \rho)g}{3\rho u_t^2} = \dfrac{4d^3\rho(\rho_s - \rho)g}{3\mu^2} \cdot \dfrac{1}{Re_0^2} = \dfrac{常数}{Re_0^2}$ $\xi Re_0^2 = 常数$ 将上式取对数后在正文图 3-2 上标成直线,由直线与原曲线交点的 Re_0 值,即可计算出 u_t。	
离心沉降速度	$u_r = \sqrt{\dfrac{4d(\rho_s - \rho)u_T^2}{3\xi \rho r}}$ 若层流: $u_r = \dfrac{d^2(\rho_s - \rho)}{18\mu} \cdot \dfrac{u_T^2}{r}$	式中:u_r——颗粒在离心力作用下的沉降速度。
离心分离因素	$K_c = \dfrac{r\omega^2}{g} = \dfrac{u_T^2}{gr}$	式中:K_c——离心分离因素。
离心沉降的应用 / 临界粒径	$d_c = \sqrt{\dfrac{9\mu b}{\pi N_e u_i \rho_s}}$	式中:d_c——临界粒径,m; u_i——进口处的平均气速,m/s; N_e——气流旋转圈数; b——进气宽度,m; ρ_s——固相密度,kg/m³。
总效率	$\eta_0 = \dfrac{C_1 - C_2}{C_1}$	式中:C_1——旋风分离器进口气体含尘浓度,kg/m³; C_2——旋风分离器出口气体含尘浓度,kg/m³。
	$\eta_0 = \sum \eta_{pi} x_i$	式中:x_i——进口气体中粒径为 d_{pi} 颗粒的质量分率。
粒级效率	$\eta_{pi} = \dfrac{C_{1i} - C_{2i}}{C_{1i}}$	式中:C_{1i}——进口气体中粒径在第 i 小段范围内的颗粒浓度,kg/m³; C_{2i}——出口气体中粒径在第 i 小段范围内的颗粒浓度,kg/m³。
分割直径	$d_{50} = 0.27\left[\dfrac{\mu D}{u_i(\rho_s - \rho)}\right]^{\frac{1}{2}}$	式中:d_{50}——分割直径,m。
压强降	$\Delta p = \xi \dfrac{\rho u_i^2}{2}$	式中:ξ——阻力系数,一般为 5~8。
过滤的基本方程	$\dfrac{dt}{dV} = \dfrac{KA^2}{2(V + V_e)}$ 或 $\dfrac{dt}{dq} = \dfrac{K}{2(q + q_e)}$ 其中,$K = \dfrac{2\Delta p^{1-s}}{r_0 v \mu} = 2k(\Delta p)^{1-s}, q = \dfrac{V}{A}, q_e = \dfrac{V_e}{A}$	式中:K——过滤常数,m²/s; r_0——比阻,1/s; v——比体积浓度,m³/m³; s——物系的可压缩性指数,无因次。

名称		公式	说明
过滤过程计算	恒压过滤方程	$V^2 + 2V_e = KA^2t$ 或 $q^2 + 2q_e q = Kt$ 当过滤介质的阻力忽略不计时，$V_e = 0$，则有： $V^2 = KA^2t$ 或 $q^2 = Kt$ 或 $t_e = \dfrac{V_e^2}{KA^2}$ 或 $t_e = \dfrac{q_e^2}{K}$	式中：K——滤饼常数，m^2/s。
	恒速过滤方程	$V^2 + VV_e = \dfrac{K}{2}A^2t$ 或 $q^2 + qq_e = \dfrac{K}{2}t$ 或 $V = u_R At$ 或 $q = u_R t$ V 或 q 与 t 成线性关系，$\dfrac{dV}{dt} = \dfrac{V}{t} = $ 常数	
	先恒速，后恒压过滤	$(V^2 - V_R^2) + 2V_e(V - V_R) = KA^2(t - t_R)$ 或 $(q^2 - q_R^2) + 2q_e(q - q_R) = K(t - t_R)$	式中：V——过滤时间 0 到 t 所获得的累计总液量，而不是恒压阶段获得的滤液量。
过滤常数的测定	恒压下 K、q_e、t_e 的测定	$\dfrac{\Delta t}{\Delta q} = \dfrac{2}{K}q + \dfrac{2q_e}{K}$	
滤饼洗涤	洗涤速率	$\left(\dfrac{dV}{dt}\right)_w$	
	洗涤时间	$t_w = \dfrac{V_w}{\left(\dfrac{dV}{dt}\right)_w}$	式中：V_w——洗水用量，m^3； t_w——洗涤时间，s； 下标 w——洗涤操作。
横穿洗涤法的板框过滤机		$\left(\dfrac{dV}{dt}\right)_w = \left(\dfrac{1}{4}\right)\left(\dfrac{dV}{dt}\right)_E = \left(\dfrac{1}{4}\right)\dfrac{KA^2}{2(V+V_e)}$	式中：A——为过滤面积。
置换洗涤法的板框过滤机或叶滤机		$\left(\dfrac{dV}{dt}\right)_w = \left(\dfrac{dV}{dt}\right)_E = \dfrac{KA^2}{2(V+V_e)}$ $t_w = \dfrac{V_w}{(dV/dt)w}$	
过滤机的生产能力	过滤面积	$A = 2lbz$	式中：A——过滤面积，m^2； l——滤框长度，m； b——滤框宽度，m； z——框数； V_z——板框总容积，m^3； δ——板框厚度，m。
	框内总容积	$V_z = lbz\delta$	
	洗涤时间	$t_w = \dfrac{8V_w(V+V_e)}{KA^2}$	
	过滤机一个操作周期的用总时间	$\Sigma t = t + t_w + t_D$	式中：Σt——一个操作周期的总时间，s； t——过滤时间，s； t_w——洗涤时间，s； t_D——一个操作周期内的卸料、清理、装合等辅助操作时间，s。

名称		公式	说明
连续式过滤机的计算（以转筒真空过滤机为例）	生产能力	$Q = \dfrac{3600V}{\sum t} = \dfrac{3600V}{t + t_w + t_D}$	式中：V——一个操作循环内所获得的滤液的体积，m^3；Q——生产能力，m^3/h。
	每个操作周期 $\sum t$	$\sum t = \dfrac{1}{n}$	式中：n——转鼓转速，r/s。
	回转转鼓的浸没度	$\varphi = \dfrac{浸没角度}{360°}$	
	一个操作周期中的过滤时间 t	$t = \varphi \sum t = \dfrac{\varphi}{n}$	
	每转一周的滤液量	$V = \sqrt{KA^2\left(\dfrac{\varphi}{n} + t_e\right)} - V_e$ $Q = nV = n\left(\sqrt{KA^2\left(\dfrac{\varphi}{n} + t_e\right)} - V_e\right)$ 忽略过滤介质阻力：$Q = A\sqrt{K\varphi n}$	
判别散式流化和聚式流化	弗鲁德准数 Fr_{mf}	$Fr_{mf} = \dfrac{u_{mf}^2}{dg}$ 若 $Fr_{mf} < 0.13$ 时，为散式流态化；$Fr_{mf} > 1.3$ 时，为聚式流态化。	式中：u_{mf}——临界流化速度，m/s；d——固体颗粒直径，m。
		$Np_{mf} = (Fr_{mf})(Re_{mf})\left(\dfrac{\rho_s - \rho}{\rho}\right)\left(\dfrac{L_{mf}}{D}\right)$ $Re_{mf} = \dfrac{du_{mf}\rho}{\mu}$ 当 $Np_{mf} < 100$ 时，为散式流态化；$Np_{mf} > 100$ 时，为聚式流态化。	式中：ρ_s , ρ——固体和流体的密度，kg/m^3；L_{mf}——临界流化条件下的床层高度，m；D——流化管的直径，m；μ——流体黏度，$Pa \cdot s$。
均匀颗粒组成的床层	流化床的压降	$\Delta p = \dfrac{m}{A\rho_s}(\rho_s - \rho)g$	式中：A——空床截面积，m^2；m——床层颗粒的总质量，kg；ρ_s , ρ——分别为颗粒与流体的密度，kg/m^3。
	临界流化速度	$u_{mf} = \varepsilon u_t$	
非均匀颗粒组成的床层	流化床的压降	$\Delta p = \dfrac{m}{A\rho_s}(\rho_s - \rho)g = L(1 - \varepsilon)(\rho_s - \rho)g$	式中：L——流化床的床层高度，m；ε——床层空隙率。
	临界流化速度	$u_{mf} = \dfrac{\varphi_s^2 \varepsilon_{mf}^3 d_e^2(\rho_s - \rho)g}{150\mu(1 - \varepsilon_{mf})}$ 简化：$u_{mf} = \dfrac{d_e^2(\rho_s - \rho)g}{1\,650\mu}$	式中：φ_s——球形度；ε_{mf}——临界流化床空隙率。
流化床的最大流化速度	实质上就是颗粒的沉降速度	$Re < 0.4$ 时，可直接应用斯托克斯定律来计算 u_t；$Re > 0.4$，则可按图 3-26 对 u_t 进行修正。对于非球形颗粒还要乘以如下的校正系数 C：$C = 0.843\,1g\dfrac{\varphi_s}{0.065}$	

名称	公式	说明
流化数	$K = u/u_{mf}$	
颗粒的松密度 ρ	$\rho = \rho_s(1-\varepsilon)$	式中：ε——空隙率。
固气比 R	$R = \dfrac{G_s}{G_a}$	式中：G_s——被输送物料的质量流量，kg/s； G_a——输送空气的质量流量，kg/s。
空隙率 ε	$\varepsilon = \dfrac{\text{床层体积} - \text{颗粒所占体积}}{\text{床层体积}}$	
床层的比表面	$A'_S = A_S(1-\varepsilon)$	式中：A'_S——床层的比表面，m^2/m^3。 A_S——颗粒的比表面。
床层的简化物理模型	$d_{eb} = \dfrac{4 \times \text{流道截面积}}{\text{润湿周边}} = \dfrac{4 \times \text{床层的流动空间}}{\text{细管的全部内表面}} = \dfrac{4\varepsilon}{a(1-\varepsilon)}$	
流体通过固定床层压降的数学模型	$\dfrac{\Delta p_c}{h} = \lambda' \dfrac{a(1-\varepsilon)}{\varepsilon^3} \rho u^2$	式中：h——床层真实高度，m； λ'——流体通过床层流道的摩擦系数，称为模型参数，其值由实验测定。
模型参数的实验测定 — 康采尼（Kozeny）方程	当 $Re_b < 5$ 时，$\dfrac{\Delta p_c}{h} = 5\dfrac{a^2(1-\varepsilon)^2}{\varepsilon^3}\mu u$	
模型参数的实验测定 — 欧根（Ergun）方程	$\dfrac{\Delta p_c}{h} = 150\dfrac{(1-\varepsilon)^2 \mu u}{\varepsilon^3(\psi d_e)^2} + 1.75\dfrac{(1-\varepsilon)}{\varepsilon^3}\dfrac{\rho u^2}{\psi d_e}$	式中：d_e——非球形颗粒当量直径，m； ψ——球形度。

第四章 传热

名称	公式	说明
温度梯度	$grad\, t = \lim\limits_{\Delta n \to 0}\dfrac{\Delta t}{\Delta n} = \dfrac{\partial t}{\partial n}$ 对于稳态的一维温度场：$grad\, t = \dfrac{dt}{dx}$	
傅立叶定律	$dQ = -\lambda dS\dfrac{\partial t}{\partial n}$ 对于稳态的一维温度场：$Q = -\lambda S\dfrac{dt}{dx}$	式中：Q——导热速率，W； S——等温表面的面积，m^2； λ——比例系数，导热系数，$W/(m \cdot ℃)$； "$-$"——热流方向与温度梯度的方向相反。
导热系数（热导率）	$\lambda = \dfrac{dQ}{dS\dfrac{\partial t}{\partial n}}$	
通过平壁的稳态热传导 — 单层	$Q = \lambda S\dfrac{t_1-t_2}{b} = \dfrac{t_1-t_2}{\dfrac{b}{\lambda}} = \dfrac{\Delta t}{R}$ 或 $q = \dfrac{Q}{S} = \lambda\dfrac{t_1-t_2}{b} = \dfrac{t_1-t_2}{\dfrac{b}{\lambda}} = \dfrac{\Delta t}{R'}$	式中：Q——导热速率（或热流量），W； q——热流密度（热通量），W/m^2； t_1, t_2——平壁两侧的温度； Δt——导热的推动力，$\Delta t = t_1 - t_2$； b——厚度； S——面积； λ——导热系数 R——导热的热阻，$R = b/\lambda S$； R'——单位传热面积的导热热阻，$R' = b/\lambda$。
通过平壁的稳态热传导 — 多层	$Q = \dfrac{t_1-t_{n+1}}{\sum\limits_{i=1}^{n}\dfrac{b_i}{\lambda_i S}} = \dfrac{t_1-t_{n+1}}{\sum\limits_{i=1}^{n}R_i}$	

名称		公式	说明
通过圆筒壁的稳态热传导	单层	$S_m = \dfrac{(S_2 - S_1)}{\ln\dfrac{S_2}{S_1}} = 2\pi r_m L = 2\pi L \dfrac{(r_2 - r_1)}{\ln\dfrac{r_2}{r_1}}$ 或 $Q = 2\pi L\lambda\dfrac{t_1 - t_2}{\ln\dfrac{r_2}{r_1}}$ 其中: $Q = \dfrac{(S_2 - S_1)\lambda(t_1 - t_2)}{(r_2 - r_1)\ln\dfrac{S_2}{S_1}} = \lambda S_m\dfrac{t_1 - t_2}{b} = \dfrac{t_1 - t_2}{\dfrac{b}{\lambda Sm}}$	式中: r_1, r_2——圆筒的内半径和外半径; L——长度; t_1, t_2——圆筒内、外壁面温度; S_1, S_2——圆筒壁内表面和外表面的面积; b——圆筒壁的厚度; S_m——圆筒壁的内、外表面的对数平均面积,m^2; r_m——圆筒壁的对数平均半径,m。
	多层	$Q = \dfrac{t_1 - t_{n+1}}{\sum\limits_{i=1}^{n}\dfrac{b_i}{\lambda_i S_{mi}}}$	
牛顿冷却定律		$Q = \alpha S\Delta T$ 当流体被加热时: $\Delta T = t_w - t$ 当流体被冷却时: $\Delta T = T - T_w$	式中: Q——对流传热速率,W; S——总对流传热面积,m^2; α——对流传热系数,$W/(m^2 \cdot K)$; ΔT——流体与壁面之间(或反之)温度差的平均值,K 或℃; $T_w t_w$——壁面温度,K 或℃; T, t——流体(平均)温度,K 或℃。
无相变对流传热过程的准数关系式		$Nu = C\, Re^a\, Pr^k\, Gr^g$	式中: C, a, k, g——常数,其值由实验确定。
流体在管内的强制对流传热	圆形管 强制湍流	对于气体或低粘度($\mu < 2$ 倍常温水的粘度)液体: $Nu = 0.023\, Re^{0.8}Pr^n$ 或 $\alpha = 0.023\dfrac{\lambda}{di}\left(\dfrac{d_i up}{\mu}\right)^{0.8}\left(\dfrac{c_p\mu}{\lambda}\right)^n$	应用范围: $Re > 10^4, 0.7 < Pr < 120, L/d_i > 60$。 当 $L/d_i < 60$ 时,用式 4–17 计算出的 α 乘以 $\left[1 + \left(\dfrac{d_i}{L}\right)^{0.7}\right]$ 进行校正。 定性温度: 取流体进、出口温度的算术平均值 t_m; 特征尺寸: 管内径 d_i; n 取值: 视热流方向而定。流体被加热时,$n = 0.4$;流体被冷却时,$n = 0.3$。
		对于高粘度($\mu > 2$ 倍常温水的粘度)液体: $\alpha = 0.027\dfrac{\lambda}{d_i}\left(\dfrac{d_i up}{\mu}\right)^{0.8}\left(\dfrac{c_p\mu}{\lambda}\right)^{1/3}\left(\dfrac{\mu}{\mu_w}\right)^{0.14}$	应用范围: $Re > 10^4, 0.7 < Pr < 16700, L/d_i > 60$。 定性温度: 除 μ_w 取壁温外,其余均取流体进、出口温度的算术平均值 t_m; 特征尺寸: 管内径 d_i; 当壁面温度未知时,粘度修正项 $(\mu/\mu_w)^{0.14}$ 可取下列数值: 液体被加热时,取 $(\mu/\mu_w)^{0.14} = 1.05$;液体被冷却时,取 $(\mu/\mu_w)^{0.14} = 0.95$;气体被加热或冷却时,取 $(\mu/\mu_w)^{0.14} = 1.00$。
	强制滞流	$Gr < 25000$ 时,自然对流影响较小,可忽略不计: $N_u = 1.86\left(RePr\dfrac{d_i}{L}\right)^{1/3}\left(\dfrac{\mu}{\mu_W}\right)^{0.14}$	应用范围: $Re < 2\ 300, 0.6 < Pr < 6\ 700, (RePrd_i/L) > 100$。 定性温度、特征尺寸以及粘度修正项 $(\mu/\mu_w)^{0.14}$ 取法与前相同。
		$Gr > 25\ 000$ 时,自然对流的影响不能忽略: $Nu * f$ 校正因子: $f = 0.8(1 + 0.015Gr^{1/3})$	

名称		公式	说明
	强制过渡流	α 通常先按湍流计算公式计算,然后乘以校正系数 ϕ: $$\phi = 1.0 - \frac{6 \times 10^5}{Re^{0.8}}$$	当 $2300 < Re < 10\ 000$ 时,流体算作过渡流,一般只有高粘度液体(如牛奶、浓缩果汁、糖浆等)才会出现这种流动状况。
	强制对流	先按直管计算,然后乘以校正系数 f: $$f = \left(1 + 1.77\frac{d_i}{R}\right)$$	式中:R——弯管中心线的曲率半径。
	非圆形管	$$\alpha = 0.02\left(\frac{\lambda}{d_e}\right)Re^{0.8}Pr^{1/3}\left(\frac{d_2}{d_1}\right)^{0.53}$$	式中:d_1——套管的内管外径,m; d_2——套管的外管内径,m; d_e——环隙的当量直径,m。 应用范围:$Re = 12\ 000 \sim 220\ 000$,$d_2/d_1 = 1.65 \sim 17.0$;定性温度:流体进、出口温度的算术平均值 t_m;特征尺寸:环隙的当量直径 d_e。
大空间的自然对流传热		$$Nu = C(Gr \cdot Pr)^n$$	
膜状冷凝传热系数关联式	蒸汽在水平管束外冷凝	$$\alpha = 0.725\left(\frac{r\rho^2 g\lambda^3}{n^{2/3}ud_0\Delta t}\right)^{1/4}$$	式中:n——水平管束在垂直列上的管子数; r——蒸汽汽化潜热(饱和温度 t_s 下), J/kg; ρ——冷凝液的密度,kg/m³; λ——冷凝液的导热系数,W/(m·K); μ——冷凝液的粘度,Pa·s; Δt——蒸汽饱和温度与壁面温度之差, 即 $\Delta t = t_s - t_w$。 定性温度:取膜温,即蒸汽饱和温度与壁面温度的算术平均值,$t = (t_s + t_w)/2$;特征尺寸:管外径 d_o。
	蒸汽在竖直管外(或竖直板上)冷凝	$$\therefore Re = \frac{d_e u \rho}{\mu} = \frac{\left(\frac{4S}{b}\right)u\rho}{\mu} = \frac{\left(\frac{4S}{b}\right)\left(\frac{W_S}{S}\right)}{\mu} = \frac{4M}{\mu}$$ 当 $Re < 1\ 800$ 时,冷凝液膜的流动为滞流,其 α: $$\alpha = 1.13\left(\frac{r\rho^2 g\lambda^3}{\mu L\Delta t}\right)^{1/4}$$ 当 $Re > 1\ 800$ 时,冷凝液膜的流动为湍流,其 α: $$\alpha = 0.007\ 7\left(\frac{\rho^2 g\lambda^3}{\mu^2}\right)^{1/3}Re^{0.4}$$	式中:S——冷凝液流过的截面积,m²; b——冷凝液润湿周边,m; W_S——冷凝液的质量流量,kg/s; M——冷凝负荷,即单位长度润湿周边 上冷凝液的质量流量,g/(s·m)。 定性温度:除 r(取 t_s 下 r)外,其余均取膜温,物性为冷凝液在膜温下的物性;特征尺寸:垂直管长或板高 L。
总传热速率微分方程		$dQ = k(T - t)dS = k\Delta t dS$ 或 $dQ = K_o(T - t)dS_o = K_i(T - t)dS_i = k_m(T - t)dS_m$ 或 $\dfrac{k_o}{k_i} = \dfrac{dS_i}{dS_o} = \dfrac{d_i}{d_o}$ 或 $\dfrac{k_o}{k_m} = \dfrac{dS_m}{dS_o} = \dfrac{d_m}{d_o}$	式中:dQ——通过微元传热面积 dS 的传热速率,w; K——总传热系数,w/(m²·K); T、t——换热器任一截面上热流体和冷流体的平均温度,K 或 ℃。 K_o、K_i、K_m——基于管外表面积、内表面积和内外表面平均面积的总传热系数,w/(m²·K); S_o、S_i、S_m——换热器管外表面积、内表面积和内外表面平均面积,m²。 d_i、d_o、d_m——管内径、管外径和管内外径的平均直径,m。

续表

名称		公式	说明
总传热系数 K		$K_o = \dfrac{1}{\dfrac{1}{\alpha_0} + \dfrac{bd_0}{\lambda d_m} + \dfrac{d_0}{\alpha_i d_i}}$ 或 $K_i = \dfrac{1}{\dfrac{1}{\alpha_i} + \dfrac{bd_i}{\lambda d_m} + \dfrac{d_i}{\alpha_0 d_0}}$ 或 $K_m = \dfrac{1}{\dfrac{d_m}{\alpha_o d_o} + \dfrac{b}{\lambda} + \dfrac{d_m}{\alpha_i d_i}}$ 平壁:$K = \dfrac{1}{\dfrac{1}{\alpha_o} + \dfrac{b}{\lambda} + \dfrac{1}{\alpha_i}}$	
污垢热阻		$\dfrac{1}{K_o} = \dfrac{1}{\alpha_o} + R_{so} + \dfrac{b}{\lambda}\dfrac{d_o}{d_m} + R_{si}\dfrac{d_o}{d_i} + \dfrac{1}{\alpha_i}\dfrac{d_o}{d_i}$	式中:R_{so}、R_{si}——传热面外侧、内侧的污垢热 阻,$m^2 \cdot K/W$。
总传热速率方程		$Q = KS\Delta t_m$	式中:K——换热器的平均局部总传热系数, 简称为总传热系数,$w/(m^2 \cdot K)$; Δt_m——换热器间壁两侧流体的平均温 差,K 或℃; S——换热器的总传热面积,m^2。
传热平均温度差 Δt_m	恒温差	$\Delta t_m = T - t$	
	逆流和并流时	$\Delta t_m = \dfrac{\Delta t_1 - \Delta t_2}{\ln \dfrac{\Delta t_1}{\Delta t_2}}$	
	错流和折流时	$\Delta t_m = \varphi_{\Delta t}\Delta t_{m逆}$ 其中,$\varphi_{\Delta t} = f(P, R)$ $P = \dfrac{t_2 - t_1}{T_1 - t_1} = \dfrac{冷流体的温升}{两流体的最初温度差}$ $R = \dfrac{T_1 - T_2}{t_2 - t_1} = \dfrac{热流体的温降}{冷流体的温升}$	式中:$\varphi_{\Delta t}$——温度差校正系数,量纲为 1; $\Delta t_{m逆}$——按逆流计算的对数平均温度 差,℃。
热量衡算与热负荷	流体无相变化	$Q = G_1(H_1 - H_2) = G_2(h_2 - h_1)$ 或 $Q = G_1 c_{p1}(T_1 - T_2) = G_2 c_{p2}(t_2 - t_1)$	式中:Q——换热器的热负荷,W; r——饱和蒸汽的冷凝潜热,J/kg; T_s——冷凝液的饱和温度,℃; C_{P1}——热流体(或冷凝液)的平均恒压 比热容,$J/(kg \cdot ℃)$; C_{P2}——冷流体的平均恒压比热容,$J/(kg$ $\cdot ℃)$。
	流体有相变化	$Q = G_1[r + c_{p1}(T_s - T_2)] = G_2 c_{p2}(t_1 - t_2)$	
传热面积 S	K 为常量	$S = \dfrac{Q}{K\Delta r_m}$	
	K 随温度呈线性变化	$S = Q\dfrac{\ln \dfrac{K_1\Delta t_2}{K_2\Delta t_1}}{K_1\Delta t_2 - k_2\Delta t_1}$	式中:K_1、K_2——换热器两端处的局部总传热 系数,$w/m^2 \cdot ℃$; Δt_1、Δt_2——换热器两端处的冷、热流体 的温度差,℃。
	K 随温度不呈线性变化	$S = \sum\limits_{j=1}^{n} \dfrac{AQ_j}{K_j(\Delta t_m)_j}$	式中:n——分段数; J——任一段的序号。

名称	公式	说明
斯蒂芬－波尔茨曼定律（Stefan-Boltzmann's Law）又称四次方定律	$E_b = \sigma_o T^4 = C_o \left(\dfrac{T}{100} \right)^4$	式中：E_b——黑体的辐射能力，W/m^2； σ_o——黑体的辐射常数，其值为 5.67×10^{-8} $W/(m^2 \cdot K^4)$； C_o——黑体的辐射系数，其值为 5.67 $W/(m^2 \cdot K^4)$； T——黑体表面的绝对温度，K。
物体的黑度	$\varepsilon = \dfrac{E}{E_b} = \dfrac{C}{C_o}$	式中：E——灰体的辐射能力，W/m^2； C——灰体的辐射系数，$W/(m^2 \cdot K^4)$。
灰体的辐射能力	$E = C \left(\dfrac{T}{100} \right)^4 = \varepsilon C_o \left(\dfrac{T}{100} \right)^4$	
克希霍夫定律（Kirchhoff's Law）	$E_1 = A_1 E_b$ 或 $E_b = \dfrac{E_1}{A_1}$ 推广：$\dfrac{E_1}{A_1} = \dfrac{E_2}{A_2} = \dfrac{E_3}{A_3} = \cdots \dfrac{E}{A} = E_b$	
两固体之间的辐射传热	$Q_{1-2} = C_{1-2} \varphi_{1-2} S \left[\left(\dfrac{T_1}{100} \right)^4 - \left(\dfrac{T_2}{100} \right)^4 \right]$	式中：Q_{1-2}——净的辐射传热速率，W； C_{1-2}——总辐射系数，$W/(m^2 \cdot K^4)$； φ_{1-2}——几何因子或角系数； S——辐射面积，m^2； T_1——高温物体表面的热力学温度，K； T_2——低温物体表面的热力学温度，K。
对流和辐射的联合传热	$Q = Q_C + Q_R = (\alpha_C + \alpha_R) S_W (t_W - t) = \alpha_T S_W (t_W - t)$ 空气自然对流，且 $t_W < 150℃$： ①平壁保温层外：$\alpha_T = 9.8 + 0.07(t_W - t)$ ②管道及圆筒壁保温层外：$\alpha_T = 9.4 + 0.052(t_W - t)$ 空气沿粗糙壁面强制对流： ①空气流速 $u \leqslant 5m/s$ 时：$\alpha_T = 6.2 + 4.2u$ ②空气流速 $u > 5m/s$ 时：$\alpha_T = 7.8u^{0.78}$	式中：α_T——称为对流—辐射联合传热系数，$\alpha_T = \alpha_C + \alpha_R$，$W/(m^2 . K)$。

第五章　蒸发

名称	公式	说明
有效温度差	$\Delta t = T - t$	式中：T——加热蒸汽的温度； t——溶液的沸点。
溶液沸点升高	$\Delta = t - T'$	式中：T——溶液的沸点温度； T'——二次蒸汽的温度。
温度差损失 — 溶液蒸汽压下降引起 Δ'	$\Delta' = \dfrac{0.162 \, (T' + 273)^2}{r'} \Delta'_a$	式中：Δ'——操作压强下溶液蒸汽压下降引起的温度差损失，℃； Δ'_a——常压下溶液蒸汽压下降引起的温度差损失，℃； T'——操作压强下二次蒸汽温度，℃； r'——二次蒸汽化潜热，kJ/kg。

名称		公式	说明
温度差损失	加热管内液柱静压强引起 Δ''	$p_m = p' + \dfrac{\rho g l}{2}$ 由 p_m 查水的相应沸点 t_m，则沸点升高： $\Delta'' = t_m - T'$	式中：p_m——蒸发管中的平均压强，Pa； p——液柱上方二次蒸汽压强，Pa； ρ——液体密度，kg/m^3；l，液层厚度，m。
	管路中流动阻力引起 Δ'''	$\Delta = \Delta' + \Delta'' + \Delta'''$	
单效蒸发计算	生产能力 W	$Fx_0 = (F - W)x_1$　　　(5-8) 或 $W = F\left(1 - \dfrac{x_0}{x_1}\right)$　　(5-9)	式中：F——进料量，kg/h； W——蒸发水量，kg/h； x_0——原料液中溶质质量分率，%； x_1——完成液中溶质质量分率，%。
	加热蒸汽消耗量 D	$D = \dfrac{WH' + (F - W)h_1 + Fh_0 + Q_L}{H - h_W}$ $D = \dfrac{Fc_0(t_1 - t_0) + Wr' + Q_L}{r}$ $D = \dfrac{Wr'}{r}$	式中：H、h——蒸汽及料液的焓； Q_L——热损失； r、r'——加热蒸汽和二次蒸汽的汽化潜热。
	单位蒸汽消耗量 e	$e = \dfrac{D}{W} = \dfrac{r'}{r}$	
	传热表面积 A	$A = \dfrac{Q}{K\Delta t_m} = \dfrac{Dr}{K(T - t_1)}$	
蒸发器的生产强度		$U = \dfrac{W}{A}$ 若沸点进料，并忽略蒸发器的热损失，则： $U = \dfrac{Q}{Ar'} = \dfrac{K\Delta t}{r'}$	式中：U——蒸发强度，$kg/(m^2 \cdot h)$； W——水蒸发量，即生产能力，kg/h； A——蒸发器的传热面积，m^2。
加热蒸汽的经济性		$E = \dfrac{W}{D} = \dfrac{1}{e}$	

第六章　食品冷藏

单级压缩制冷循环的理论计算	单位质量制冷量 q	$q = h_1 - h_4$	
	制冷剂循环量 G	$G = \dfrac{Q}{q} = \dfrac{Q}{h_1 - h_4}$	
	制冷剂的放热量	$Q = G(h_2 - h_3)$	
	压缩机的理论压缩功 W	$W = h_2 - h_1$	

名称		公式	说明
	压缩机的理论压缩功率 P	$P = GW = G(h_2 - h_1)$	
	制冷系数的理论值	$\varepsilon = \dfrac{q}{W} = \dfrac{h_1 - h_4}{h_2 - h_1}$	
食品的冷冻	水分结冰率 ψ 也称冻结率或结冰率	$\psi = m_i / (m_i + m_w)$ $\psi = 1 - \theta_r / \theta$	式中：m_i——冰晶体质量； M_w——液态水质量； θ_r——食品的冰点，℃； θ——冻结终了时食品温度，℃。
	冻结速率	$V_f = \dfrac{l}{t}$	式中：l——食品表面与热中心的最短距离，cm； T——食品表面达 0 ℃至热中心达初始冻结温度以下 5 K 或 10 K 所需的时间，h。
	冻结时间估算	$t = \dfrac{\rho r_i}{\Delta T}\left(\dfrac{Px}{a} + \dfrac{Rx^2}{4\lambda}\right)$	式中：x——冻结食品的特征尺寸，m； P, R——形状系数，其值与被冻结食品的几何形状有关。 板状食品：$P = 1/2, R = 1/8$ 圆柱状食品：$P = 1/4, R = 1/16$ 球状食品：$P = 1/6, R = 1/24$

第七章　传质基础

名称		公式	说明
分子扩散	费克定律	$J_A = -D_{AB}\dfrac{dc_A}{dz}$	式中：J_A——A 组分在 z 方向上的扩散通量，kmol/(m² · s)； c_A——A 组分的摩尔浓度，kmol/m³； D_{AB}——A 组分在 A、B 的混合物扩散时的扩散系数，m²/s； "−"扩散沿着浓度降低方向进行。
		气体：$J_A = -\dfrac{D}{RT}\dfrac{dp_A}{dz}$	式中：p_A——A 组分分压，Pa； T——气体的温度，K； R——气体常数，等于 8 314 J/(kmol · K)。
	传递速率	$N_A = \dfrac{D}{RTz}(p_{A1} - p_{A2})$ 对液体：$N_A = \dfrac{D}{z}(c_{A1} - c_{A2})$	
	单向扩散通量	$N_A = \dfrac{D}{RTZ}\dfrac{p}{p_{Bm}}(p_{A1} - p_{A2})$	式中：p_{Bm}——组分 B 分压力的对数平均值， $p_{Bm} = \dfrac{p_{B2} - p_{B1}}{\ln(p_{B2}/p_{B1})}$。
		对液体则：$N_A = \dfrac{D}{Z}\dfrac{c}{c_{Bm}}(c_{A1} - c_{A2})$	式中：c_{Bm}——组分 B 浓度的对数平均值， $c_{Bm} = \dfrac{c_{B2} - c_{B1}}{\ln c_{B2}/c_{B1}}$。

名称		公式	说明
对流传质	对流传质速率方程	$J_A = -(D + D_E)\dfrac{dc_A}{dz}$	式中:D——分子扩散系数,m^2/s; D_E——涡流扩散系数,m^2/s。
	相内对流传质速率方程	$N_A = \dfrac{D_G}{RT\delta'_G}\dfrac{P}{p_{BM}}(p - p_i)$ $N_A = \dfrac{p - p_i}{1/k_G} = k_G(p - p_i)$ 液相:$N_A = \dfrac{c_i - c}{1/k_L} = k_L(c_i - c)$ 根据浓度差表示:$N_A = k_y(y - y_i)$ 或 $N_A = k_x(x_i - x)$	式中:k_G、k_y——气相对流传质分系数,kmol/$[m^2 \cdot s \cdot Pa]$,kkmol/$[m^2 \cdot s]$; k_L、k_x——液相对流传质分系数,m/s,kmol/$[m^2 \cdot s]$; x、y——液相、气相主体浓度; x_i、y_i——液相、气相界面浓度; 下标 i——界面上的物理量参数。
气液相平衡	亨利定律	$p_A^* = Ex$ 或 $p_A^* = \dfrac{c_A}{H}$ 或 $y^* = mx$	式中:p_A^*——溶质 A 在气相中的平衡分压,kPa; X——液相中溶质的摩尔分数; E——称为亨利系数,kPa; c_A——液相中溶质的浓度 kmol/m^3; H——溶解度系数,kmol/$(m^3 \cdot kPa)$; y^*——溶质在气相中的平衡摩尔分率; M——相平衡常数。m 值大,则表示溶解度小。
	亨利系数	$E = \dfrac{C_M}{H} = \dfrac{\rho_M}{HM_m}$ 纯溶剂:$E = \dfrac{\rho_s}{HM_s}$	式中:下标"m"和"s"——混合溶液和溶剂的性质参数; M——物质分子量。
总传质速率方程		$N_A = K_y(y - y^*)$ 其中,$K_y = \dfrac{1}{1/k_y + m/k_x}$	式中:K_y——以气相浓度差$(y - y^*)$为推动力的总传质系数,kmol/s·m^2。
		$N_A = K_G(p - p^*)$ $N_A = K_L(c^* - c)$ 其中,$K_G = \dfrac{1}{1/k_G + 1/Hk_L}$ $K_L = \dfrac{1}{H/k_G + 1/k_L}$ $K_G = HK_L$ $K_y = PK_G$ $K_x = CK_G$	
		$N_A = K_y(y - y^*) = \dfrac{y - y^*}{1/K_y} = \dfrac{总推动力}{总阻力}$ 即:$\dfrac{1}{K_y} = \dfrac{1}{k_y} + \dfrac{m}{k_x}$	式中:$1/K_y$——总传质阻力; $1/k_y$——气相阻力; m/k_x——液相阻力。

第八章　蒸馏

名称		公式	说明
双组分溶液的汽液相平衡	拉乌尔定律	$p_A = p°_A x_A$ $p_B = p°_B x_B = p°_B(1 - x_A)$	式中:p_A、p_B——溶液上方组分 A 和组分 B 的分压,kPa; $p°_A$、$p°_B$——分别为纯组分 A 和 B 的饱和蒸气压,kPa; x_A、x_B——分别为溶液中组分 A 和 B 的摩尔分数。

名称		公式	说明
蒸馏平衡	泡点方程	$x = \dfrac{p - p^\circ{}_B}{p^\circ{}_A - p^\circ{}_B} = f(t)$	
	露点方程	$y = p^\circ{}_A x / p = \dfrac{p^\circ{}_A}{p} \dfrac{p - p^\circ{}_B}{p^\circ{}_A - p^\circ{}_B} = \phi(t)$	
	安托因（Antoine）方程	$\lg p^0_A = A - \dfrac{B}{t + C}$	式中：A、B、C——各种物质的安托因常数。
	相对挥发度 α	$\alpha = \dfrac{v_A}{v_B} = \dfrac{p_A / x_A}{p_B / x_B} = \dfrac{p y_A x_B}{p y_B x_A} = \dfrac{y_A x_B}{y_B x_A}$ 对于理想溶液： $\alpha = \dfrac{p^\circ{}_A}{p^\circ{}_B}$	
	相平衡方程	$y = \dfrac{\alpha x}{1 + (\alpha - 1)x}$	
	物料衡算	$D/F = \dfrac{x_F - x_W}{y_D - x_W} = f$ $y_D = \dfrac{f - 1}{f} x_W + \dfrac{x_F}{f}$	式中：F, D, W——原料液、顶部产品、底部产品的量； x_F, y_D, x_w——原料液、顶部产品、底部产品中 A 组分的摩尔分数。 f——汽化率，即原料液的汽化比例 $f = D/F$。
	热量衡算	$F \cdot c_p (T - t_b) = f \cdot F \cdot r$ $T = t_b + f \dfrac{r}{c_p}$	式中：c_p——混合物料的平均摩尔比热容，kJ/（kmol·K）； R——平均摩尔汽化热，kJ/kmol； t_0、T、t_b——物料的初始、预热后（节流前）和节流后（泡点）平衡温度。
	汽液相平衡关系	$y_D = \dfrac{\alpha \cdot x_w}{1 + (\alpha - 1) x_w}$	
	简单蒸馏	$\ln \dfrac{F}{W_2} = \dfrac{1}{\alpha - 1} \left[\ln \dfrac{x_F}{x_2} + \alpha \ln \dfrac{1 - x_2}{1 - x_F} \right]$ $D = F - W_2$ $D \bar{x}_D = F x_F - W_2 x_2$	式中：F、W_2——蒸馏初态和终态时釜内的液体量； x_F, x_2——蒸馏初态和终态时釜内的液体量的组成； D——馏出液总量； $\bar{x}_D$——易挥发组分的平均组成。
精馏塔物料衡算		全塔物料衡算：$F = D + W$ 全塔易挥发组分的物料衡算：$F x_F = D x_D + W x_W$ 馏出液量：$D = \dfrac{x_F - x_W}{x_D - x_W} F$ 釜液流量：$W = \dfrac{x_D - x_F}{x_D - x_W} F$ 塔顶易挥发组分的回收率：$\eta = \dfrac{D x_D}{F x_F} \times 100\%$ 塔底难挥发组分的回收率：$\eta = \dfrac{W(1 - x_W)}{F(1 - x_F)} \times 100\%$	式中：F——原料流量，kmol/h； D——塔顶产品（馏出液）流量，kmol/h； W——塔底产品（釜液）流量，kmol/h； x_F——原料中易挥发组分的摩尔分数； x_D——馏出液中易挥发组分的摩尔分数； x_W——釜液中易挥发组分的摩尔分数。

名称	公式	说明
精馏塔进料的热状态参数	$q = \dfrac{每千摩尔进料变为饱和蒸汽所需热量}{进料的千摩尔汽化潜热\ r} = \dfrac{H - i_F}{r}$	式中:i_F——进料摩尔焓,kJ/kmol ; H——蒸汽的摩尔焓,kJ/kmol ; h——下降液体的摩尔焓,kJ/kmol。
操作线方程	精馏段操作线方程 $y_{n+1} = \dfrac{R}{R+1}x_n + \dfrac{x_D}{R+1}$ 其中,回流比 $R = \dfrac{L}{D}$	式中:V——精馏段内每块塔板上升的蒸气量,kmol/h; L——精馏段内每块塔板下降的液体量,kmol/h; D——馏出液流量,kmol/h; y_{n+1}——从精馏段第 $n+1$ 板上升的蒸气中易挥发组分的摩尔分数; x_D——馏出液中的易挥发组分的摩尔分数; x_n——从精馏段第 n 板下降的液体中易挥发组分的摩尔分数。
	提馏段操作线方程 $y_{m+1} = \dfrac{L'}{V'}x_m - \dfrac{W}{V'}x_w$ 或 $y_{m+1} = \dfrac{L'}{L'-W}x_m - \dfrac{W}{L'-W}x_w$	式中:L'——提馏段中每块塔板下降的液体流量,kmol/h; V'——提馏段中每块塔板上升的蒸汽流量,kmol/h; x_m——提馏段第 m 块塔板下降液体中易挥发组分的摩尔分数; y_{m+1}——提馏段第 $m+1$ 块塔板上升的蒸汽中易挥发组分的摩尔分数。
	q 线方程或进料方程 $y = \dfrac{q}{q-1}x - \dfrac{x_F}{q-1}$	
板效率	总板效率 E_T $E_T = \dfrac{N_e}{N_P}$	
	单板效率又称默弗里板效率 气相:$E_{mv,n} = \dfrac{y_n - y_{n+1}}{y_n^* - y_{n+1}}$ 液相:$E_{ml,n} = \dfrac{x_{n-1} - x_n}{x_{n-1} - x_n^*}$	式中:y_{n+1}、y_n——进入和离开 n 板的汽相组成; y_n^*——与板上液体组成 x_n 成平衡的汽相组成。 x_{n-1}、x_n——进入和离开 n 板的液相组成; x_n^*——与 y_n 成平衡的液相组成。
全回流最少理论板数	芬斯克(Fenske)公式 $N_{min} + 1 = \dfrac{\log\left[\left(\dfrac{x_D}{1-x_D}\right)\left(\dfrac{1-x_W}{x_W}\right)\right]}{\log \bar{\alpha}}$	式中:N_{min}——全回流时所需的最少理论板数(不包括再沸器); $\bar{\alpha}$——全塔平均相对挥发度。
最小回流比	$R_{min} = \dfrac{x_D - y_q}{y_q - x_q}$ $R_{min} = \dfrac{x_D}{b} - 1$,其中截距 $b = \dfrac{x_D}{1+R_{min}}$	
适宜回流比	$R_{opt} = (1.1\sim2.0)R_{min}$	
塔径计算	$D = \sqrt{\dfrac{4V_s}{\pi u}}$	式中:D——塔径,m; V_s——汽相流量,m³/s; U——适宜的空塔速度,m/s。

名称		公式	说明
塔高的确定		$H = N_T \cdot H_T$ 其中,$N_T = \dfrac{Ne-1}{E_T}$	式中:N_T——总板数; 　　　H_T——板间距。
精馏装置的热量衡算	冷凝器的热负荷	$Q_c = V \cdot r = (R+1)D \cdot r$	式中:Q_c——冷凝器的热负荷,kJ/h; 　　　R——塔顶上升蒸气的平均冷凝潜热, 　　　　　kJ/kmol。
	冷却剂用量	$G_c = \dfrac{Q_C}{c_p(t_2-t_1)}$	式中:Gc——冷却剂用量,kg/h; 　　　c_p——冷却剂的平均比热容,kJ/(kg 　　　　　·℃); 　　　t_1、t_2——分别为冷却剂进、出口温度,℃。
	再沸器的热负荷	$Q_B = Q_D + Q_w + Q_c + Q_l - Q_F$ 或 $Q_B = V' \cdot r'$	式中:Q_D,Q_w——塔顶、塔底产品带出去的热 　　　　　量,kJ/h; 　　　Q_c——冷凝器中冷却剂带出的热 　　　　　量,kJ/h; 　　　Q_F——进料带入的热量,kJ/h; 　　　Q_l——设备的热损失,kJ/h; 　　　r'——塔釜上升蒸气的平均汽化 　　　　　潜热,kJ/kmol。
	加热剂用量	$G_B = \dfrac{Q_B}{H_1-H_2}$	式中:H_1、H_2——加热剂进、出再沸器的比焓, 　　　　　kJ/kg。

第九章　膜分离

分离效率	$R = 1 - \dfrac{c_p}{c_b}$ 或 $R_0 = 1 - \dfrac{c_m}{c_b}$	式中:c_b、c_p、c_m——料液、透过液、膜表面上溶 　　　　　质的浓度,kg/m³。
通量衰减系数	$J_\theta = J_0 \theta^m$	式中:J_0——初始时刻的渗透通量; 　　　J_θ——时间 θ 的渗透通量; 　　　m——衰减系数。
膜的孔道分布	$d_{max} = \dfrac{4\sigma\cos\theta}{p_b}$ 亲水膜:$d_{max} = \dfrac{4\delta}{p_b}$	式中:d_{max}——最大孔径; 　　　σ——水的表面张力; 　　　θ——水与膜面的接触角度; 　　　p_b——泡点压力。
Van't Hoff 公式	$\pi = RT\sum c_{si}$	式中:c_{si}——溶液中溶质 i 的摩尔浓度,mol/ 　　　　　L。
质量流量 J_w	$J_w = \dfrac{D_w c_w V_w}{RT\delta}(\Delta p - \Delta\pi) = A(\Delta p - \Delta\pi)$	式中:A——溶剂透过系数。
体积流量为 J_v	$J_v = L_P(\Delta p - \Delta\pi)$	式中:L_P——溶剂透过系数。
无机盐的反渗透	$J_s = B(c_1 - c_2) = B\Delta c$	式中:B——溶质的扩散系数; 　　　c_1、c_2——溶质的质量浓度; 　　　Δc——膜两侧溶液中溶质的浓度差。
J_s 和 J_w 的关系	$J_s = J_w \dfrac{c_2}{c_{w2}}$	式中:c_{w2}——溶剂在透过液中的浓度,kg/ 　　　　　m³。

续表

名称	公式	说明
分离率 R	$R = 1 - \dfrac{c_2}{c_1} = \dfrac{F(\Delta p - \Delta \pi)}{1 + F(\Delta p - \Delta \pi)}$	
溶质浓度比（c_{2p}）	$c_{2p} = \dfrac{J_s}{J_v} = \dfrac{B\Delta c_2}{L_p(\Delta p - \delta \Delta \pi)}$	
有机溶质的反渗透	$J_v = L_p(\Delta p - \delta \Delta \pi)$ $J_s = c_2(1 - \delta)J_v + B\Delta c_2$	式中：δ——膜对有机溶质的反射系数。
浓度极化模型	$J_v = \dfrac{\Delta p - \Delta \pi}{\mu(R_m + R_g)}$ 若凝胶层仅由高分子物质或固性成分构成,则： $J_v = \dfrac{\Delta p}{\mu(R_m + R_g)}$	式中：R_m,R_g——膜和凝胶层的阻力。
浓度极化模型方程	$J_v = k\ln\left(\dfrac{c_m - c_p}{c_b - c_p}\right)$ 当压力很高时：$J_v = k\ln\left(\dfrac{c_g - c_p}{c_b - c_p}\right)$ 形成凝胶层时(凝胶极化模型方程)：$J_v = k\ln\left(\dfrac{c_g}{c_b}\right)$	式中：B——溶质的扩散系数； X——虚拟滞流底层厚度； c_m——膜表面浓度。 c_b——主体料液浓度； c_p——透过液浓度；； k——传质系数,$k = B/\delta$。
牛顿型流体通过圆直管作稳定层流时	$\Delta P = \dfrac{32ul\mu}{d^2}$	
通过一个孔的流速	$u = \dfrac{d^2\Delta p}{32\delta\mu}$	
体积流量	$qv = \dfrac{\pi und^2}{4}$	
孔隙率	$\varepsilon = \dfrac{\pi nd^2}{4S}$	
通量	$J = \dfrac{qv}{S} = u\varepsilon$ $J = \dfrac{d^2\varepsilon\Delta p}{32\delta\mu} = \dfrac{K_1\Delta p}{\mu}$	

第十章 吸附和离子交换

		公式	说明
大孔吸附树脂物理性能	平均孔径	$r_{平均} = \dfrac{2v_{孔径}}{s}$	
	比表面	$S = \dfrac{NAv_m}{22\,400} = kv_m$	式中：N——阿弗加德罗常数； A——吸附分子的截面积。
	孔容	$V_{孔容} = \dfrac{1}{\rho_a} - \dfrac{1}{\rho_T}$ 湿态树脂的孔容为： $V_{孔容} = \dfrac{W_1 - W_2}{\rho_{溶剂} \cdot W_2}$	式中：$\rho_{溶剂}$——其指溶剂在测试温度下的密度。

名称		公式	说明
离子交换树脂的理化性能	湿真密度	$d_\tau = \dfrac{(m_2 - m_1) \cdot d_w}{(m_2 - m_1) - (m_4 - m_2)}$	式中:d_τ——离子交换树脂的湿真密度,g/mL; m_1——加有部分纯水时比重瓶的质量,g; m_2——加有部分纯水及树脂样品时比重瓶的质量,g; m_3——加满纯水时比重瓶的质量,g; m_4——加有树脂样品并加满纯水时比重瓶的质量,g; d_w——测定温度下水的密度,单位为g/mL。
吸附平衡		$q^* = f(c, T)$	
亨利(Henry)型吸附平衡		$q^* = mc$	式中:m——分配系数。
佛罗德里希(Freundlich)经验方程		$q^* = K_A C^{\frac{1}{n}}$	式中:K_A, n——常数,其值仅与溶液的温度有关,须由实验测得。
兰格缪尔(Langmuir)经验方程		$q^* = \dfrac{q_\infty c}{K_d + c}$	式中:q_∞——饱和吸附容量,mg/g; K_d——吸附平衡解离常数。
单组分和双组分吸附的吸附容量		$q_a = \dfrac{V}{m}(c_0 - c^*)$	式中:q_a——表观吸附容量,m^3/kg; V——液相初始体积,m^3; M——吸附剂质量,kg; c_0, c^*——初始和平衡时液相吸附质浓度,kg/m^3。
双组分吸附中表观吸附量 q_a 和选择吸附量 q_s		$q_a = \dfrac{V}{m}(x_0 - x)$ $q_s = \dfrac{V x_0}{m} - \left(\dfrac{V}{m} - q_s\right)x = \dfrac{V}{m}\dfrac{(x_0 - x)}{(1 - x)} = \dfrac{q_a}{1 - x}$	式中:x_0——液相的被吸附组分的初始容积分率,%; q_s——吸附剂选择吸附容量,kg/kg。
总吸附容量为 q_T 和固中被吸附组分的容积分率 y		$q_T = q_s + (V_P - q_s)x = q_a + V_P x$ $y = \dfrac{q_T}{V_P} = \dfrac{q_a}{V_P} + x = \dfrac{V}{m V_P}(x_0 - x) + x$	式中:q_T——总吸附容量,kg/kg; V_P——吸附剂孔内体积,m^3。
总传质速率方程		$N = k_L a_v (C_m - C_i) = k_S a_v (q_i - q_m)$	式中:N——体积吸附速率,kg/$m^3 \cdot$s; k_L——液相侧传质膜系数,m/s; C_m——液相中吸附质的平均浓度,kg/m^3; C_i——界面层液相中吸附质的浓度 kg/m^3; a_v——单位床体积吸附剂的表面积,m^2/m^3; k_S——吸附剂固相侧传质分系数,kg/$m^2 \cdot$s; q_i——吸附剂外表面上的吸附质含量,kg/kg; q_m——吸附剂上吸附质平均含量,kg/kg。

名称	公式	说明
吸附的传质阻力	$\dfrac{1}{K_L a_V} = \dfrac{1}{k_L a_V} + \dfrac{1}{k_s a_V K_A}$	式中:$K_L a_v$——液相的总体积传质系数,1/s。
外部扩散阻力与内部扩散阻力的比值 ε	$\varepsilon = \dfrac{k_s a_V K_A}{k_L a_V} = \dfrac{2}{3} \cdot \dfrac{\pi^2 D_i}{k_L d_P}$	式中:Di——吸附剂内部细孔内的扩散系数; d_p——颗粒直径,m。

第十一章 干燥

<table>
<tr><td rowspan="12">湿空气的状态参数</td><td>水蒸气分压</td><td>$\dfrac{p_v}{p_a} = \dfrac{p_v}{p - p_v} = \dfrac{n_v}{n_a}$</td><td>式中:$p, p_v, p_a$——湿空气总压、水蒸气分压、干空气分压,Pa;
n_v, n_a——湿空气中水蒸气、绝干空气的摩尔数,mol。</td></tr>
<tr><td>湿度</td><td>$H = \dfrac{湿空气中水气的质量}{湿空气中绝干空气的质量} = \dfrac{n_v M_v}{n_a M_a} = \dfrac{18.02}{28.96} \times \dfrac{n_v}{n_a} = 0.$
$622 \dfrac{n_v}{n_a}$
常温下:
$H = \dfrac{18.02 p_v}{28.96(p - p_v)} = 0.622 \dfrac{p_v}{p - p_v} = 0.622 \dfrac{p_v}{p_a}$
或 $H = 0.622 \times \dfrac{\varphi p_s}{p - \varphi p_s}$</td><td>式中:$H$——湿空气的湿度,kg/kg;
M_v——水蒸气的摩尔质量,$M_v = 18.02 \times 10^{-3}$kg/mol;
M_a——绝干空气的摩尔质量,$M_a = 28.96 \times 10^{-3}$kg/mol。</td></tr>
<tr><td>饱和湿空气的湿度</td><td>$H_s = 0.622 \dfrac{p_s}{p - p_s}$
或 $H_s = f(t, p)$</td><td>式中:H_s——饱和湿空气的湿度,kg 水汽/kg 绝干空气;
p_s——饱和湿空气的水蒸气压,Pa。</td></tr>
<tr><td>相对湿度</td><td>$\varphi = \dfrac{p_v}{p_s} \times 100\%$</td><td></td></tr>
<tr><td>湿空气的比热</td><td>$c_H = c_a + c_v H$ 或 $c_H = 1.01 + 1.88H$</td><td>式中:c_H——湿空气的比热,kJ/(kg 绝干气·℃);
c_a——绝干空气的比热,kJ/(kg 绝干气·℃);
c_v——水气的比热,kJ/(kg 水气·℃)</td></tr>
<tr><td>湿空气的比容</td><td>$v_H = \left(\dfrac{1}{M_a} + \dfrac{H}{M_v}\right)\dfrac{RT}{p} = (287.1 + 461.4H) \times \dfrac{T}{p}$</td><td>式中:$T$——湿空气的干球温度,K</td></tr>
<tr><td>湿空气的焓</td><td>$I = c_a t + H(r_0 + c_v t) = 1.01t + H(2\,490 + 1.88t)$
$= (1.01 + 1.88H)t + 2\,490H$</td><td>式中:$r_0$——水在0℃时的汽化潜热,近似为 2 490 kJ/kg。</td></tr>
<tr><td>干球温度(t)和湿球温度(t_w)</td><td>$Q = \alpha S(t - t_w) = k_H S(H_s - H) r_w$
或 $t_w = t - \dfrac{k_H r_w}{\alpha}(H_S - H)$</td><td>式中:$\alpha$——对流传热系数,kW/(m²·℃);
S——传热(质)面积,m²;
H_s——液滴表面空气层的饱和湿含量;
H——湿空气的湿含量;
k_H——汽化系数,kg/(m²·s);
r_w——水在t_w下的汽化潜热,kJ/kg;</td></tr>
<tr><td>露点温度(t_d)</td><td>$H_s = \dfrac{0.622 p_d}{p - p_d}$</td><td>式中:$p_d$——露点下水的饱和蒸汽压,Pa。</td></tr>
<tr><td>绝热饱和温度(t_{as})</td><td>$t_{as} = t - \dfrac{r_{as}}{c_H}(H_{as} - H)$</td><td>式中:$H_{as}$——绝热饱和湿度,kg 水汽/kg 绝干空气;
r_{as}——绝热饱和温度t_{as}下水的汽化热,J/kg</td></tr>
</table>

名称		公式	说明
物料含水量的表示方法	湿基含水量 w	$w = \dfrac{湿物料中水分的质量}{湿物料的总质量} \times 100\% = \dfrac{m_w}{m} = \dfrac{m_w}{m_s + m_w}$	式中:m——湿物料质量,kg; 　　　m_w——湿物料中所含水分质量,kg; 　　　m_s——湿物料中所含绝干物料质量,kg。
	干基含水量 X	$X = \dfrac{湿物料中水分的质量}{湿物料中绝对干物料的质量} = \dfrac{m_w}{m_s} = \dfrac{m_w}{m - m_w}$	
	关系	$X = \dfrac{w}{1 - w}$ 和 $w = \dfrac{X}{1 + X}$	
干燥系统的物料衡算	水分蒸发量 W	$W = G_1 - G_2 = G(X_1 - X_2) = G_1 \dfrac{w_1 - w_2}{1 - w_2} = G_2 \dfrac{w_1 - w_2}{1 - w_1} = L(H_2 - H_1)$	式中:W——水分蒸发量,kg/s; 　　　G——绝干物料进入或离开干燥器的流量,kg/s。 　　　L——绝干空气的质量流量,kg/s; 　　　H_1, H_2——湿空气进、出干燥器时的湿度,kg水/kg 绝干空气; 　　　X_1, X_2——湿物料进、出干燥器时的干基含水量,kg 水/kg 绝干料; 　　　w_1, w_2——湿物料进、出干燥器时的湿基含水量,%; 　　　G——湿物料中绝干物料质量流量,kg/s
	干空气消耗量 L	$L = \dfrac{G(X_1 - X_2)}{H_2 - H_1} = \dfrac{W}{H_2 - H_1}$	
	比空气用量 l	$l = \dfrac{L}{W} = \dfrac{1}{H_2 - H_1}$	式中:l——单位空气消耗量,kg 绝干空气/kg 水。
	干燥产品的流量 G_2	$G_2 = \dfrac{G_1(1 - w_1)}{1 - w_2}$	
干燥系统的热量衡算	预热器的热量衡算	$LI_0 + Q_P = LI_1$ $Q_P = L(I_1 - I_0)$	式中:$C_{m2} = C_s + X_2 \cdot C_w$ 　　　c_s——干物料的比热,kJ/(kg·℃); 　　　c_w——水的比热,4.187 kJ/(kg·℃)。 　　　L——绝干空气的流量,kg/s; 　　　I_0, I_1, I_2——进入预热器、进入干燥器和离开干燥器湿空气的焓,kJ/kg 绝干空气; 　　　t_0, t_1, t_2——进入预热器、进入干燥器和离开干燥器湿空气时的温度,℃; 　　　Q_p——预热器的传热速率,kw; 　　　G_1, G_2——进入和离开干燥器湿物料的质量流量,kg/s; 　　　θ_1, θ_2——进入和离开干燥器湿物料的温度,℃; 　　　I_{G1}, I_{G2}——进入和离开干燥器湿物料的焓,kJ/kg 干物料; 　　　Q_D——向干燥器中补充热量的速率,kW; 　　　Q_L——干燥器的热损失速率,kW
	干燥器的热量衡算	$LI_1 + G_1 I_{G1} + Q_D = LI_2 + G_2 I_{G2} + Q_L$ $Q_D = L(I_2 - I_1) + G_2 I_{G2} - G_1 I_{G1} + Q_L$	
	干燥系统消耗的总热量	$Q = Q_p + Q_D = L[(1.01 + 1.88H_2)(t_2 - t_1)] + W(1.88t_2 + 2\,490) + GC_{m2}(\theta_2 - \theta_1) + Q_L$	
	干燥系统的热效率	$\eta = \dfrac{蒸发水分所需的热量}{向干燥系统输入的总热量} \times 100\%$ $= \dfrac{W(2\,490 + 1.88t_2)}{Q} \times 100\%$	

名称		公式	说明
湿物料中的水分	湿物料中水分活度	$a_w = \dfrac{p_v}{p_s}$	
干燥过程的热质传递	物料水分内部扩散的传质过程	$\dfrac{dm_w}{dt} = -k_w S \dfrac{dM_w}{dx}$或$\dfrac{dm_T}{dt} = -k_T \dfrac{dT}{dx}$ 水分传递：$m_s = m_w + m_T$	式中：S——干燥物料的表面积； k_w——物料内部水分扩散系数。 k_T——物料内部水分扩散系数
干燥时间的计算	干燥速率	$U = \dfrac{dW}{Sd\tau} = -\dfrac{GdX}{Sd\tau}$	式中：U——干燥速率，$kg/(m^2 \cdot s)$； S——干燥面积，m^2； W——水分汽化量，kg； τ——干燥时间，s。
	恒速干燥段	$\tau_1 = \dfrac{G}{SU_c}(X_1 - X_c)$ $U_c = \dfrac{\alpha}{r_{tw}}(t - t_w)$	式中：τ_1——恒速干燥阶段干燥时间，s； U_c——临界干燥速率，$kg/(m^2 \cdot s)$。 α——对流传热系数，$W/(m^2 \cdot K)$； m^2； r_{tw}——水在温度t_w的汽化热，J/kg； t, t_w——空气的干球温度和湿球温度，$℃$。
	降速干燥段	$\tau_2 = \int_0^{\tau_2} d\tau = -\dfrac{G}{S}\int_{X_c}^{X_2}\dfrac{1}{U}dX = \dfrac{G}{S}\int_{X_2}^{X_c}\dfrac{1}{U}dX$ 近似计算法： $\tau_2 = \dfrac{G}{S}\int_{X_2}^{X_c}\dfrac{1}{U}dX = \dfrac{G}{S}\dfrac{X_c - X^*}{U_c}\int_{X_2}^{X_c}\dfrac{1}{X - X^*}dX$ $= \dfrac{G}{S}\dfrac{X_c - X^*}{U_c}\ln\dfrac{X_c - X^*}{X_2 - X^*}$	